国家科学技术学术著作出版基金资助出版

海洋生物资源开发利用高技术丛书

海洋生物制品开发与利用

张玉忠　杜昱光　宋晓妍　主编

科 学 出 版 社

北 京

内 容 简 介

海洋是地球上生物资源最丰富的领域,海洋生物资源的高效、深层次开发利用,对于促进我国海洋生物资源开发利用水平,推动"蓝色"经济的发展具有重要的意义。本书系统介绍了我国近年来在海洋生物制品开发与利用领域所取得的重要成就,包括海洋生物制品概述、海洋生物制品的开发利用现状、海洋生物制品的原料来源及其生物制品生产关键技术、海洋酶制剂的开发与利用、海洋生物医用材料及介质材料的开发与利用、海洋农用生物制品的开发与利用、海洋动物疫苗及佐剂的开发与利用和海洋功能食品的开发与利用。

本书包含近年来我国在海洋生物制品开发与利用领域的最新进展,提出了存在的问题和未来的发展方向,具有较高的应用和学术参考价值,可供从事海洋生物制品开发与利用的科技人员、高等院校相关专业的师生及科技管理人员参考阅读。

图书在版编目(CIP)数据

海洋生物制品开发与利用 / 张玉忠,杜昱光,宋晓妍主编.
—北京:科学出版社,2017.11
(海洋生物资源开发利用高技术丛书)
ISBN 978-7-03-055196-2

Ⅰ.①海… Ⅱ.①张… ②杜… Ⅲ.①海洋生物-生物制品-加工 Ⅳ.①S986.2

中国版本图书馆 CIP 数据核字(2017)第 269352 号

责任编辑:陈 露
责任印制:谭宏宇 / 封面设计:殷 靓

科 学 出 版 社 出版
北京东黄城根北街 16 号
邮政编码:100717
http://www.sciencep.com

南京展望文化发展有限公司排版
广东虎彩云印刷有限公司印刷
科学出版社发行 各地新华书店经销

*

2017 年 11 月第 一 版 开本:787×1092 1/16
2022 年 2 月第五次印刷 印张:18 1/2
字数:450 000
定价:**150.00 元**
(如有印装质量问题,我社负责调换)

《海洋生物制品开发与利用》编委会

主 编

张玉忠　杜昱光　宋晓妍

副主编

陈秀兰　曹海龙

编　委（按姓氏笔画排序）

Foreword | 丛书序

海洋是生物资源的巨大宝库,据估计,地球上约80%的物种生活在海洋,种类超过1亿种。种类多样的海洋生物除提供人类优质蛋白质以外,其独特的环境孕育了特有的生命现象。海洋生物在高渗、低温或低氧生境下生存并进化使得它们拥有与陆地生物不同的基因组和代谢规律,合成产生了一系列结构和性能独特、具有巨大应用潜力的功能天然产物,是开发海洋药物、生物制品、食品和其他功能产品的重要资源。

海洋生物技术是现代生物技术与海洋生命科学交叉的产物。现代海洋生物高技术的内涵包括海洋生物基因工程、细胞工程、蛋白质工程和发酵(代谢)工程等。当前,海洋生物高技术的快速发展,极大地推动了海洋生物资源的高效保护与利用以及海洋生物战略性新兴产业的形成与壮大,并已成为世界海洋大国和强国竞争最激烈的领域之一。

自20世纪80年代以来,美、日、俄等国以及欧盟分别推出了"海洋生物技术计划""海洋蓝宝石计划""极端环境生命计划""生物催化2021计划"等,投入巨资加大对海洋生物高技术的研究与应用力度。自2004年以来,国际上已接连批准了6个海洋药物,产值达到百亿美元;海洋生物制品已成为新兴朝阳产业,一批高性能海洋生物酶、功能材料、绿色农用制剂、健康食品等实现产业化,产值达到千亿美元。我国海洋生物资源丰富,在海洋生物资源开发利用方面具有较好的基础。近年来在国家863计划、国家科技支撑计划等的支持下,分别在海洋药物、海洋生物制品、海洋功能基因产品、海洋微生物技术与产品、海水产品加工与高值化利用、海洋渔业资源可持续利用等方面取得了明显的成绩,缩短了与发达国家的差距,为我国海洋生物技术的快速发展奠定了良好的技术、人才和产品基础。随着"建设海洋强国"战略的实施和面向海洋战略性新兴产业发展的国家需求,发展海洋生物高技术创新体系,建设高技术密集型海洋生物新兴产业,实施海洋生物资源高值化开发战略,是我国海洋生物高技术发展的必然之路。

"海洋生物资源开发利用高技术丛书"是在国家863计划海洋技术领域办公室、中国21世纪议程管理中心的领导下组织编写的。在唐启升、管华诗、戚正武、陈冀胜、徐洵、张偲等院士的指导下,丛书组成了强大的编写队伍,分别由"十二五"863计划海洋生物技术主题专家组成员和国内著名海洋生物科技专家担纲各分册主编。丛书共分6个分册,分别为《生物技术在海洋生物资源开发中的应用》《海洋生物资源评价与保护》《海洋天然产物与药物研究开发》《海洋生物制品开发与利用》《海洋生物功能基因开发与利用》和《海洋水产品加工与食品安全》。我们希冀本丛书的问世，为进一步推动我国海洋生物高技术的发展和海洋生物战略性新兴产业的壮大作出一定的贡献。

　　本丛书吸纳了国家海洋领域技术预测和国家"十三五"海洋科技创新专项规划战略研究部分成果。编委会对参与技术预测和规划战略研究专家所贡献的智慧一并表示诚挚的谢意！

863 计划海洋生物资源开发利用技术主题专家组

2016 年 3 月

Preface | 前言

　　海洋生物资源是海洋资源的重要组成部分,其高效、深层次的开发利用,尤其是海洋高端生物制品的研究与产业化已成为发达国家竞争最激烈的领域之一,也是我国战略性新兴产业重要的突破口。

　　1996年,我国就将海洋生物技术纳入国家高新技术研究发展计划(863计划),海洋生物制品开发利用成为大力支持的方向之一,经过多年的发展,我国已经拥有一批海洋生物制品开发利用的人才队伍,初步建立了海洋生物制品开发利用的研究平台,相关企业也积极投入海洋生物制品的产业化开发,催生了一批以海洋生物资源开发和利用为主的朝阳产业和先导产业。进入21世纪后,我国海洋生物技术得到了快速发展,海洋生物资源的开发和利用已成为我国海洋生物技术的前沿领域之一。在我国"十五""十一五""十二五"863计划等项目的支持下,我国科技工作者在海洋生物制品开发利用领域开展了深入研究,掌握了海洋生物制品开发利用的关键技术,取得了一批具有重要创新性的研究成果。目前我国已发现和研制了20余种具有重要工业、农业、医药和环境用途的海洋生物酶及酶制剂,一批新型医用海洋生物功能材料(珊瑚人工骨、壳聚糖介入治疗栓塞剂、海藻多糖胶囊、甲壳素药物缓释材料等)纷纷上市,海洋寡糖及寡肽植物免疫调节剂得到广泛应用,鱼类病原全细胞疫苗在海水养殖行业成功应用,已有多种多糖、寡糖、肽类等海洋资源用于功能食品的生产。海洋生物制品的开发与利用进入了一个空前发展的新阶段,这些研究新进展全面提升了我国海洋生物资源的综合开发能力,为海洋生物制品进一步产业化提供了重要的科技支撑。

　　本书是在国家863计划海洋技术领域办公室及海洋生物技术领域专家组的指导和关怀下完成的,在编写的过程中得到了科学出版社的领导以及陈露编辑的支持与帮助。在此,致以诚挚的感谢。参与本书的编写人员是来自国内从事海洋生物制品研究与开发领域的专家与学者。参编人员结合自己的研究工作,介绍了近年来我国在海洋生物制品开发利用领域所取得的重要成就,以及海洋生物制品开发利用关键技术,提出了海洋生物制品开发利用中所存在的问题和未来的发展方向。本书旨在为从事海洋生物制品研究与开发的科研人员、高等院校师生及科技管理人员提供参考。由于参编人员从事科研工作的局限性,书中疏漏甚至不当之处恐仍难免,敬请读者批评指正。

张玉忠　杜昱光　宋晓妍

2017 年 4 月

Contents | 目　录

第一章

海洋生物制品概述

第一节　海洋生物制品的定义及基本概念

海洋生物制品不同于海洋生物产品。海洋生物产品是包含海洋生物资源(海洋鱼类、海洋软体动物、哺乳类动物、海洋植物等重要生物)及其直接简单加工的食用产品,而海洋生物制品是以海洋动物、植物或微生物来源的核酸、蛋白质及多糖等为原料,利用基因工程、酶工程、生物化工及发酵工程等现代生物工程技术,所制备的包括海洋酶制剂、海洋功能材料、海洋农用生物制剂、海洋生物饲料和饲料添加剂、海洋动物疫苗及疫苗佐剂等新型生物制品。其中海洋酶制剂广泛应用于工业、农业、食品、能源、环境保护、生物医药和材料等众多领域;海洋功能材料主要用于制造创伤止血材料、组织损伤修复材料、组织工程材料(皮肤、骨组织、角膜组织、神经组织、血管等)、运载缓释材料(自组装药物缓释材料、凝胶缓释载体、基因载体等);海洋农用生物制剂是利用海洋寡糖及寡肽通过激活植物的防御系统达到植物抗病抗逆目的的一类全新生物农药。海洋寡糖如壳寡糖、褐藻寡糖等,不仅作为新型饲料添加剂,同时也作为饲用抗生素的替代品。海洋动物疫苗及疫苗佐剂研发符合无环境污染及食品安全的理念,具有针对性强、主动预防等特点,已成为当今世界水生动物疾病防治研究与开发的主流对象。

海洋生物制品已在工业、农业、人口健康、资源环境等领域显示出越来越重要的应用价值。

第二节　海洋生物制品的用途及意义

海洋中蕴藏着种类繁多的海洋生物。目前研究表明,海洋生物的多样性及其生物活性物质化学结构的多样性远远超过了陆生生物资源,其药用功能活性物质、生物信息物质、功能食品及生物功能材料等方面不仅具有重大的基础研究意义,还具有广阔的实际应用前景。

海洋生物资源的高效、深层次开发利用,尤其是海洋高端生物制品的研究与产业化已成为发达国家竞争最激烈的领域之一。世界海洋大国和强国纷纷投入巨资,加大对海洋生物制品的研究与开发力度。例如,海洋生物酶已成为发达国家寻求新型酶制剂产品的重要来源。丹麦的诺维信(Novozymes A/S)、瑞士的杰能科(Genecor)和美国的维仁妮(Verenium)等已从海洋微生物中筛选得到 140 多种酶,其中新酶达到 20 多种。英国施乐辉公司(Smith & Nephew)、美国强生公司(Johnson & Johnson)等均投入巨资开展生物相容性海洋生物医用材料产品的开发。鱼类病原全细胞疫苗是目前世界各国商业鱼用疫苗的主导产品,挪威作为世界海水养殖强国和大国,在以疫苗接种为主导的养殖鱼类病害防治应用中取得了显著成效。日本、韩国等国家在海洋饲用抗生素替代物方面的研究取得了瞩目的进展,已将壳寡糖、褐藻寡糖、岩藻多糖等作为饲用抗生素替代品。

海洋多糖生物大分子具有生物适应性强、活性多样、易降解等特点,广泛应用于医学相关的生物材料开发。海藻酸钠已被开发出水凝胶、纳米纤维、微球等多种形态的生物材料,具有良好的作为药物载体及组织修复基质的开发前景。壳聚糖作为天然资源中唯一带有正电荷的生物材料,已被制成纤维、薄膜等多种形态。壳聚糖生物材料可形成良好的多孔结构,已被应用于骨再生等组织工程材料的研究开发。壳聚糖还具有抗菌、促进伤口愈合、镇痛、止血等生理活性,且可被人体降解吸收,目前已被美国食品药品监督管理局(FDA)批准应用于伤口敷料。此外,卡拉胶、琼脂等多种海洋多糖也被应用于生物材料的开发。海洋多糖也是纳米技术应用的天然优良资源,目前已有50多个海洋多糖纳米材料应用的专利被应用于包括药物传递、基因传递、组织工程、癌症治疗、生物传感器、污水处理等多个领域。近期,海洋微生物所产生的胞外多糖受到了更多的关注。海洋微生物所处环境复杂多样、条件极端,其胞外多糖展现出独特的化学结构和生理活性。例如,一种海洋丝状真菌 *Keissleriella sp.* 所产生的胞外多糖具有良好的自由基清除能力;*Penicillium sp.* 的胞外多糖也具有优秀的抗氧化活性;而从深海分离出的一种细菌 *Vibrio diabolicus* 的胞外多糖则具有显著的促进骨伤愈合的活性;海藻表面筛选出的湿润黄杆菌 *Flavobacterium uliginosum* MP-55 的胞外多糖具有显著的抗肿瘤活性,这种胞外多糖已以佐剂的形式作为抗肿瘤药物应用于临床治疗。这些特性使得海洋微生物胞外多糖具有良好的生物医学材料开发前景。虽然一些海洋生物多糖已有广泛的应用,但大多数的研发仍处于实验室水平,仍有待包括临床试验等更多的研究和推广。利用海洋生物多糖独有的特性,并通过纳米技术进一步改造,制备具有温敏性、磁敏性或电敏性的智能生物材料,是目前生物材料开发的新方向。

海洋中丰富的微生物资源和复杂的自然环境,使得海洋源生物酶制剂具有良好的工业应用前景。海洋微生物来源的酶制剂种类多样,脂酶可用于保健食品和化妆品生产,海藻多糖降解酶可用于生物能源、农业、食品、造纸、污染处理等多个领域,蛋白酶可用于促消化及抗炎药物等。这些酶可分别在35~70℃的温度范围,3.0~11.0 的 pH 范围发挥功效,适用于工业生产中高盐、高 pH、高温、高压等条件,极具应用、开发前景。目前,海洋微生物酶制剂开发的瓶颈主要在于海洋微生物的培养,由于海洋环境的复杂性,人们对其培养条件仍认识不足有待优化,方便、便宜的大规模培养技术仍有待开发。

海藻含有大量的钾、钙、镁、锌、碘等40余种矿物质元素及丰富的维生素。据统计,2012年全世界海藻产量达2490万t,其中有相当比例的海藻作为生长促进剂及土壤调节剂被应用于种植领域。目前海藻粉生产企业所用原料以褐藻为主,绝大多数通过化学或物理工艺提取,产品相对低端,生产过程易造成环境污染。生物法提取可在保留海藻活性成分的同时减少环境污染,是理想的海藻肥生产方法,然而目前研究仍相对较少。

海洋寡糖(如壳寡糖等)通过对植物的免疫调节作用,产生抗病、抗菌、抗虫等生物活性,且具有促生长、抗逆等效果,已作为海洋新型寡糖生物农药开发的热点,产业化的系列产品应用于农业绿色种植。有关海洋微生物用于植物病害防治的研究起步较晚,但近期逐渐引起更多关注。目前国内外首个海洋微生物农药"10 亿 CFU/g 海洋芽孢杆菌可湿性粉剂"已于 2014 年 10 月获得防治番茄青枯病、黄瓜灰霉病的农药正式登记证。

海藻作为畜禽饲料的研究开始于 20 世纪 50 年代。挪威是主要的海藻粉生产国。研究表明,在饲料中添加海藻有利于加强动物自身的抗病能力及促生长作用。我国具有丰富的海藻资源,然而目前海藻饲料开发仍相对较少。浒苔是高蛋白、高膳食纤维、低脂肪、低能量、富含矿物质和维生素的天然理想营养食品原料,作为饲料加工原料,已受到广泛关注。浒苔能提高蛋鸡产蛋性能,降低蛋黄中胆固醇含量;并具有提高动物免疫力和促进生长等作用。

海洋疫苗及佐剂的研究起步较晚,其中壳聚糖作为疫苗佐剂的研究相对较多,具有较好的免疫增益作用。目前,利用壳聚糖或海藻酸盐纳米材料的温敏凝胶特性,开发凝胶佐剂,有望解决无有效黏膜免疫佐剂的难题,拓展传统以注射为主的免疫递送方式,已成为研究关注的热点之一。

目前我国已从海洋中挖掘了一批在工业、农业、医药和环境等领域具有应用潜力的海洋生物酶制剂,一批新型医用海洋生物功能材料(珊瑚人工骨、壳聚糖介入治疗栓塞剂、海藻多糖胶囊、甲壳素药物缓释材料等)纷纷上市,海洋寡糖及寡肽植物免疫调节剂得到广泛应用,鱼类病原全细胞疫苗在海水养殖行业成功应用等,预示着海洋生物制品的研究与开发迎来一个空前发展的新阶段,海洋生物制品的开发与利用已成为新兴朝阳产业。

建设高技术密集型海洋生物新兴产业,发展海洋生物制品创新技术,实施海洋生物资源高值化开发战略,是我国海洋生物资源开发利用发展的必然之路。我国可开发海洋生物制品的资源丰富,具有一定的研究基础。近年来,在海洋生物酶、海洋功能材料、海洋绿色农用生物制剂等方面的研究已取得明显的成绩,部分产品已进入应用推广阶段。因此,加强对海洋生物制品研发的投入,创制一批具有市场前景的新型高端海洋生物制品,对于提高我国海洋生物资源开发利用水平,推动"蓝色"经济的发展具有重要的意义。

第三节　海洋生物制品研发的核心关键技术

海洋生物制品在工业、农业、人口健康、资源环境等领域已显示出越来越重要的应用价值。保持海洋生物资源高效、可持续利用水平,研制具有显著海洋资源特色、拥有自主知识产权和国际市场前景良好的高端海洋生物制品,必须具备不断发展完善的一批核心关键技术。近年来,生物技术已从传统的基因工程、细胞工程、蛋白质工程、酶工程和发酵工程,发展出系列的组学(基因组、转录组、蛋白质组、代谢组、糖组等)技术,形成了以系统生物学、合成生物学、化学生物学等多学科交叉的新的研究内容和方向。这些现代生物技术已逐步应用在海洋生物技术中,这将加快我国海洋生物制品的研发进程。

海洋生物制品技术包括新型海洋生物制品发现和功能验证集成技术,海洋生物活性制品高通量、高内涵筛选技术,海洋生物制品快速、高效分离、鉴定技术,海洋生物制品生物合成机制及遗传改良优化高产技术,海洋生物制品系统性功效评价技术,海洋生物制品大规模产业化制备技术,海洋生物制品质量控制技术,海洋生物制品制剂和应用技术等。

海洋生物制品的核心关键技术主要包括以下几类。

　　1）海洋生物酶研发及产业化技术：① 新型海洋生物酶发掘技术；② 新型海洋生物酶功能评价技术；③ 产新型海洋生物酶菌种的大规模发酵技术；④ 新型海洋生物酶异源表达技术；⑤ 高附加值海洋生物酶大规模分离纯化技术；⑥ 高附加值海洋生物酶制剂技术；⑦ 高附加值海洋生物酶应用技术。

　　2）海洋生物功能材料研发及产业化技术：① 新型海洋生物功能材料改性技术；② 新型海洋生物功能材料组合、配伍、成型技术；③ 新型海洋生物功能材料功效评价技术；④ 新型海洋生物功能材料工业化生产技术；⑤ 新型海洋生物功能材料质量控制技术；⑥ 高附加值海洋生物功能材料应用技术。

　　3）海洋绿色农用生物制剂研发及产业化技术：① 新型海洋绿色农用生物制剂发掘技术；② 新型海洋绿色农用生物制剂功能评价技术；③ 新型海洋绿色农用生物制剂工业化生产技术；④ 新型海洋绿色农用生物制剂应用技术。

　　4）海水养殖动物疫苗研发及产业化技术：① 新型海水养殖动物疫苗发掘技术；② 新型海水养殖动物疫苗功能评价技术；③ 新型海水养殖动物疫苗安全性评价技术；④ 新型海水养殖动物疫苗大规模制备技术；⑤ 新型海水养殖动物疫苗应用技术。

　　我国开发海洋生物制品的资源丰富，具有一定的前期研究基础。海洋生物酶经过多年的研究积累，筛选出多种具有显著优良特性的酶类，部分品种已进入产业化实施阶段，在国内外市场具有一定的竞争优势；在海洋功能材料方面，海洋多糖的纤维制造技术已实现规模化生产，新一代止血、愈创、抗菌功能性伤口护理敷料和手术防粘连产品均已实现产业化；海洋寡糖农药开发应用在世界上处于先进水平，并已进入应用推广阶段。上述工作为我国海洋生物制品产业的快速发展奠定了坚实的基础。因此，开发高端海洋生物制品不仅是提升我国海洋生物资源深层次开发利用水平的关键，还是培育与发展海洋战略性新兴产业的核心。

第四节　海洋生物制品的发展趋势

　　随着人们对天然产品需求的日益增加，海洋生物技术制品市场也随之迅猛增长。2015年，全球海洋生物技术市场已到达 41 亿美元的规模，预计 2022 年达到 59 亿美元，这主要与海洋生物来源的医疗健康技术产业的快速发展有关。此外，海洋生物制品资源丰富，适用性广，已逐渐应用于制药、化工、化妆品、食品、农药等诸多方面，进一步推动了市场的发展。

　　国际海洋生物制品研发的热点主要集中在海洋生物酶、功能材料、绿色农用制剂，以及保健食品、日用化学品等方面。随着世界主要海洋强国对海洋生物技术投入的不断增加，海洋生物制品的发展迎来了新的机遇。当前，国际上海洋生物制品领域的发展趋势主要体现在下列三个方面。

　　首先，海洋生物资源的利用逐步从近浅海向深远海发展。针对目前深海生物及其基因资源自由采集研究的现状，联合国已展开多次非正式磋商，酝酿出台保护深海生物及其基因资源多样性的法规。我国充分利用后发优势，研制成功了定点、可视取样装备包括载人潜水器、遥控无人潜水器（remote operated vehicle，rov）和深拖等平台；完善了船载和实验室深海环境模拟培养/保藏体系；建立了相应的深海微生物培养、遗传操作和环境基因克隆表达等生物技术平台,有望开发出一批新型海洋生物制品。

其次,各种陆生生物高新技术在海洋生物资源的开发中得到充分和有效的利用。

最后,以企业为主导的海洋生物制品研发体系成为主流。国际上已出现专门从事海洋生物制品研究开发的公司,并取得了令人瞩目的成绩。世界海洋大国和强国纷纷投入巨资,加大对海洋生物制品的研究与开发力度。一些国际知名的医药企业或生物技术公司纷纷投身于海洋生物制品的研发和生产,包括丹麦诺维信,瑞士杰能科和美国的维仁妮等。随着海洋生物制品研究丰硕成果的不断涌现,企业在海洋生物制品创制方面的主体意识不断增强,建设了完整配套的海洋生物制品研究开发技术链,逐步推动了以企业为主体的专业性海洋生物制品研发平台的发展,促进了海洋生物制品研究和产业的整体水平和综合创新能力的提升。

当前,我国海洋生物制品开发迎来了历史上的发展机遇。《国家中长期科学和技术发展规划纲要(2006—2020年)》已明确将"开发海洋生物资源保护和高效利用技术"列为重点领域中的优先主题,海洋技术领域海洋生物资源开发利用将作为"十三五"国家重点研发计划涉及海洋生物资源开发利用的重要内容。2015年8月1日,国务院以国发〔2015〕42号印发《全国海洋主体功能区规划》,明确了到2020年的中期目标,即主体功能布局基本形成,海洋空间利用格局清晰合理。海洋经济发展步入快车道。其在产业政策方面提出,严格控制高能耗、高污染项目建设,支持海洋药物与生物制品、海洋工程装备制造及海洋可再生能源等产业发展。

与此同时,我国海洋生物制品科技和工程与世界发达国家相比尚有不小的差距,发展依然面临挑战,主要体现在"资源、技术、产品、体制"四个层面。资源层面上,开发利用的海洋生物资源种类十分有限;技术层面上,研究基础薄弱,关键技术亟待完善与集成;产品层面上,品种单调,产业化程度低、应用领域狭窄;体制层面上,资助力度小,企业参与度低,研究力量分散。尽管我国海洋生物制品产业与国外领先水平尚存一定的差距,我们面临挑战,但我们也迎来了巨大的机遇,因为海洋生物制品的研究与开发迎来一个空前发展的新阶段,海洋生物制品已成为新兴朝阳产业。

(杜昱光　张玉忠)

主要参考文献

孙晓磊,闫培生,王凯,等.2015.深海细菌及其活性物质防控植物病原真菌的研究进展.生物技术进展,5(3):176-184.

王明鹏,陈蕾,刘正一,等.2015.海藻生物肥研究进展与展望.生物技术进展,5(3):158-163.

中国工程院.2013.中国工程科技论坛:中国海洋工程与科技发展战略.北京:高等教育出版社:397-419.

Aleman A, Martinez-Alvarez O. 2013. Marine collagen as a source of bioactive molecules: A review. The natural products, 10: 105-114.

Green David W., Lee Jong-Min, Jung Han-Sung. 2015. Tissue Engineering Part B: Reviews. October, 21(5): 438-450. doi: 10.1089/ten.teb.2015.0055.

John W. Blunt, Brent R. Copp, Robert A. Keyzers, et al. 2016. Munroand Mich'ele R. Prinsep, Marine natural products, Nat. Prod. Rep., 33, 382.

Kim, Hyeongmin, Jaehwi Lee. 2016. "Strategies to Maximize the Potential of Marine Biomaterials as a Platform for Cell Therapy." Ed. Paola Laurienzo. Marine Drugs 14.2 (2016): 29. PMC. Web. 16 Nov.

Manivasagan P, Oh J. 2016. Marine polysaccharide-based nanomaterials as a novel source of nanobiotechnological applications.

International Journal of Biological Macromolecules, 82: 315 - 327.

Morris VJ. 2012. Marine polysaccharides — food applications. Trends in Food Science & Technology, 25(1): 53.

Rafaella C. Bonugli-Santos, Maria R. dos Santos Vasconcelos, Michel R. Z. Passarini, et al. 2015. Marine-derived fungi: diversity ofenzymes and biotechnologicalapplications, Frontiers in Microbiology, May.

Research and Markets. Global Marine Biotechnology Market Insights, Opportunities, Analysis, Market Shares And Forecast 2016 - 2022.

第二章

海洋生物制品的开发利用现状

第一节 酶制剂及功能蛋白

一、酶制剂

世界各国,特别是欧美、日本等发达国家和地区,将海洋极端微生物资源和海洋酶制剂资源的开发提升到国家战略的高度,纷纷制定重大研究计划并开展基础和应用基础研究。1997年,美国国家科学基金会启动了关于极端微生物的研究专项(Life in Extreme Environments, LexEn),开展对极端微生物的物种多样性、功能多样性(包括功能机制)、生命进化(包括生命行为规律)等方面的研究。早在20世纪80年代初,欧洲国家就开始研究极端微生物生命过程的分子基础,以及新酶和新产品的开发。1993~1996年,欧洲联盟(简称"欧盟")第三框架计划由39所欧洲科研单位和企业联合开展了"极端微生物(Extremophile Project)"项目研究,进行了极端微生物的分离与培养、基因调控机制、酶的发掘及开发、糖类与小分子化合物机制等的研究,共发表相关论文270篇。1996~1999年,欧洲的"冷酶计划"(Cold Enzyme)和欧盟第四框架"极端细胞工厂计划"(Extremophiles as Cell Factory)启动,由59家单位(包括13家企业)参与,以进一步优化极端微生物和生物酶催化剂的生产力,探索极端微生物在不同工业中的可能用途,利用生物技术改造现在的化学工业过程。2000~2013年,欧盟陆续开展的几个框架计划中,极端微生物的相关研究均成为欧盟的重要科技发展内容。欧盟于2014年正式启动的"地平线2020"(Horizon 2020)研究计划(2014~2020年)将重点开展应用研究,着重发展可持续、有竞争力的生物制造为基础的工业。日本是较早开展深海极端微生物资源研究的国家。1991年,日本开始实施了著名的"深海之星计划"(Deep-Star),投资50亿日元开展了为期5年的极端微生物的研究,从深海中获取了1000多株嗜压、嗜冷、嗜热、嗜碱及耐有机溶剂的多类型极端微生物,这些微生物在新酶、新药开发及环境整治领域应用潜力巨大。2003~2013年,在日本政府开展的"综合大洋钻探计划"(Integrated Ocean Drilling Program, IODP)中,极端微生物酶的研究也占有重要地位。1993年,在德国召开了第一届极端环境微生物学术会议。在1997年创刊的 *Extremphililes* 杂志的发刊词中,K. Horikoshi 将极端微生物定义为一个新的微生物世界(a new microbial world extremophiles)。2009年,德国启动了"生物催化计划"(Biocatalysis 2021),旨在从海洋微生物中开发具有工业应用前景的可持续的生物催化剂,并实现其在非常规条件下(极端温度、压力、pH、盐浓度和溶剂)的精细化品和活性组分生产中的应用。迄今为止,已从海洋微生物中筛选得到200多种酶,其中新酶达到30多种,海洋生物酶已成为发达国家寻求新型酶制剂产品的重要来源。目前在海洋微生物酶领域至少有8家大型公司参与了工业酶的开发,著名的丹麦的诺维信(Novozymes A/S)、美国的杰能科(Genecor)、美国西格玛奥德里奇(Sigma-Aldrich)和美国的维仁妮(Verenium)等都在进行极端酶的研发竞争,并开发出了系列商品酶制剂。

我国自"九五"开始,针对海洋生物酶的开发利用技术开展了系统的研究,经过多年的积累,具备了较好的技术基础,拥有了一支较为稳定的队伍。目前,已筛选到多种具有较强特殊活性的海洋生物酶类如中性蛋白酶、碱性蛋白酶、溶菌酶、酯酶、脂肪酶、壳聚糖酶、海藻糖酶、超氧化物歧化酶、漆酶等;已克隆获得了一批新颖海洋生物酶基因,如 β-葡萄糖苷酶、β-半乳糖苷酶、深海适冷蛋白酶等。一些海洋生物酶与现有的陆地来源酶相比具有低温和室温下活性高、抗氧化、在复杂体系中稳定性良好等优越的性质,在国内外市场具有较强的竞争优势,其中已有部分酶制剂在开发和应用关键技术方面取得重大突破,进入产业化实施阶段。这些成果引起国外研究机构和国际著名商业集团的重视,为我国海洋生物技术创新与产业发展做出了重要贡献,缩短了我国在海洋生物酶研究开发技术上与国际先进水平的差距。

到目前,发现并研究的酶有3000多种,其中130多种酶已经实现了工业化生产和规模化应用。世界工业酶制剂的产值有数百亿美元,美国酶制剂行业的产值(含酶转化的中间体和酶制剂)已达200亿美元。我国工业酶制剂的市场潜力巨大,2012年我国的饲料工业用酶量为8万t,同比增长5.3%,复合酶同比增长35.7%。随着不可再生的石化能源的日益枯竭,地球难以承受进一步的污染之重,对现有高污染企业生产方式的转变和改造,提高资源的利用效率、降低能耗、减少污染,寻找可再生替代能源等已经迫在眉睫。美国提出,到2020年,通过生物酶催化技术,实现化学工业的原料、水资源及能源的消耗降低30%,污染物排放量和污染扩散量减少30%。这些发展领域为酶制剂的研究、开发和应用提供了更为广阔的空间。

国外开展海洋微生物酶研究开发利用的有37个国家,而发展中国家,主要集中在酶的筛选、性质和菌株培养条件等方面,深入研究的较少,只有少数酶种进行了深入研究和应用。欧洲和美国等发达国家和地区,对海洋酶研究的整体水平高,完成了大量海洋酶的晶体结构解析,阐明了许多新型海洋酶的催化机理并进行了应用。目前已获得的海洋微生物酶有270多种,以嗜冷、嗜热、嗜碱及耐有机溶剂的极端酶作为重点,应用酶催化技术开发高附加值的手性化合物,尤其是药物和药物中间体是目前的主要产品。海洋极端酶在手性合成中的应用前景十分广阔,将是未来发展的重要方向之一。酶的发现与获得仍列为重要课题。近年来,在酶分子改造和制剂技术方面取得了一些新的突破,同时,研究正逐步走向集成。国家基金机构、大学和研究机构及以赢利为导向的公司之间,从战略制定到研发分工的联合在不断加强,也是各大公司竞相发展的热点。海洋酶应用开发向材料和大宗化学品等领域的渗透日趋明显。

就国内而言,生态环境和产业结构的调整使酶制剂市场显示了比世界市场高得多的增长速度(年平均增长率达21%),酶制剂是我国实现化学加工业的生产方式变更、产品结构调整与建立清洁高效生物加工业的有力手段,符合我国中长期科技规划指导思想中提出的关于提升我国制造能力的这一根本目标,酶制剂用于催化和转化的生物制造产业被列为我国中长期科技规划发展纲要优先支持发展的重点领域。

尽管国内外酶制剂工业的发展空间越来越大,且我国酶制剂行业的市场潜力巨大,但近年来,我国工业酶制剂行业面临前所未有的压力。1998年,我国产量最大、历史最悠久的酶制剂企业——无锡酶制剂厂因生存问题,被迫与美国著名的酶制剂公司杰能科合资,成立了无锡杰能科生物工程有限公司,从此我国失去了最大的民族酶制剂企业的品牌——无锡酶制剂。我国其他的酶制剂企业,由于技术、酶制剂的种类和规模有限,生产的基本是国外专利的老品种,已经很难对杰能科等国际知名品牌构成威胁。为了抢占中国市场,世界最大的酶制剂公司——丹麦的诺维信在北京成立了研发中心。可见世界各国无论对我国的酶制剂市场、还是对我国的酶制剂资源都倍加关注。因此,我国急需支持酶制剂的研究,开发具有我国自主知识产权的酶制剂,只有这样才能在世界酶制剂工业领域占有一席之地。

因此,加强对海洋生物酶研发的投入,创制一批具有市场前景的新型高端海洋生物酶制品,建立以生物酶催化为基础的新物质加工体系,促进工业生产方式变革和提高产品品质及安全性,参与国际竞争,具有重要经济和战略意义。

二、海洋功能蛋白

蛋白质是生命的物质基础,是生物有机体生长、繁殖及新陈代谢不可缺少的营养物质。海洋生物的多样性及海洋环境复杂性使得海洋生物成为地球上最大的天然蛋白质库。海洋生物中不同种类蛋白质的识别、功能研究及规模制备工艺等是海洋生物资源高值化综合利用的重要研究内容,也是海洋蛋白质资源深度开发的基础。

大型海藻、鱼类、虾类及贝类等易于捕捞,部分种类已实现了规模化种植或养殖,其副产物和传统意义上废弃物的综合利用引起广泛关注,部分副产物中的蛋白质资源的综合利用已达到相当大的规模。

1. 海洋鱼蛋白

传统的鱼肉加工会导致大量的鱼头、内脏、鱼骨、鱼鳞和鱼皮等副产物,合计占鲜鱼总重量的40%~60%,这些副产物中蛋白质含量从17%~22%不等。鱼肉中的蛋白质主要包括肌浆蛋白、肌原纤维蛋白和基质蛋白,占鱼总蛋白的65%~75%。目前以鱼为原料制备的蛋白质多集中在胶原蛋白。鱼骨、鱼鳞和鱼皮中含有丰富的胶原蛋白。目前对胶原蛋白的研究主要集中于提取工艺研究、不同来源胶原的理化性质差异分析、水解物中多肽的生物活性研究等,目前鱼胶原水解产物已广泛用于食品、保健食品、化妆品、固体饮料等领域。

胶原蛋白作为生物材料应用范围十分广泛,但哺乳动物来源的胶原蛋白存在疯牛病和口蹄疫等病毒风险。由于海洋生物胶原蛋白具有免疫原性低等优点,近年来,海洋胶原蛋白在生物材料、组织工程与再生医学领域安全性评价及应用研究日益广泛,胶原蛋白已成功应用于眼角膜等人工组织,以及骨再生材料等组织修复材料或伤口快速处理的敷料。

2. 贝类蛋白

海洋贝类资源十分丰富,新鲜贝类的蛋白质含量达7%~23%,其肌肉蛋白与鱼肉蛋白组成类似,肌球蛋白和肌动蛋白占总盐溶蛋白的65%~78%。此外,还含有脊椎动物所没有的副肌球蛋白等。海洋贝类蛋白资源的酶解利用是近十年来贝类综合利用的研究重点,目标是综合利用贝类加工下脚料,提高低值贝类的附加值。在酶解贝类种类方面,主要为牡蛎、扇贝、文蛤、贻贝、珍珠贝等中低值贝类,其中牡蛎的相关研究集中。常用蛋白酶包括枯草杆菌中性蛋白酶、碱性蛋白酶、酸性蛋白酶等微生物蛋白酶,胃蛋白酶、胰蛋白酶等动物蛋白酶,菠萝蛋白酶、木瓜蛋白酶等植物蛋白及酶的复合应用。酶加入量一般控制在 0.5%~3%,酶解时间、pH 及温度等与酶种类和原料组成等密切相关。近年来,贝类水解物中生物活性组分筛选与应用被广泛关注,部分贝类水解产物成功用于保健食品、营养强化和特殊膳食食品等。

部分贝类可永久或暂时性地黏附于各种固体表面,其分泌的黏附蛋白在材料领域具有广阔的前景,如贻贝足丝的主要成分为贻贝足丝蛋白,可作为黏附材料,具有高强度、高韧性和防水性能,以及耐腐蚀性强和良好的生物相容性及低免疫原性等特点,在海洋工程、生物医学及表面化学等领域具有广泛的应用前景。

3. 大型海藻蛋白

全球水产业每年的大型海藻产量超过 650 万 t,主要为褐藻、红藻和绿藻。海藻因其特殊的组成及功能性而有着广泛的用途,海藻中含有一定量的蛋白质与较多的多糖,少量脂肪,丰富的无机盐和维生素。在亚洲国家,海藻经常被人们当作海洋蔬菜来食用,近年来,海藻逐渐被开发成食品添加剂和海洋蔬菜类食品。

海藻的蛋白质含量由于品种不同而有所差异并受季节影响。一般来说,红藻中的蛋白质含量较高,最高可达干重的 47%,绿藻中蛋白质含量为干重的 9%~26%,而褐藻中蛋白质含量一般为干重的 3%~15%。大型海藻蛋白均含有人体必需的氨基酸,谷氨酸和天冬氨酸的含量较高,可达干重的 7.9%~44%,含硫氨基酸及苏氨酸、赖氨酸、色氨酸和组氨酸含量较低。海藻中蛋白质含量受洋流、水温、光照及盐分影响十分显著。

海藻由于其高蛋白质含量作为一种潜在食物蛋白资源引起广泛关注,在欧洲已被开发成一种新型的功能性食品。海藻中还含有色素蛋白,按照吸收波长的差异分为藻红蛋白和藻蓝蛋白。藻红蛋白可用于免疫荧光反应中染色和食品着色剂等;藻蓝蛋白是天然蓝色素的资源宝库,可以通过刺激免疫系统来实现抗肿瘤作用。此外,许多海藻蛋白降解物中存在大量的生物活性多肽,用于制备具有抗氧化、提高免疫力、降血压或抗凝血效果的食品原料。

4. 海洋微藻蛋白

海洋微藻的种类较多且繁殖快,在海洋生态系统的物质循环和能量流动中起着极其重要的作用,近年来人类对海洋微藻的研究开发已进入一个崭新的时期。由于海洋微藻营养丰富,富含微量元素和各类生物活性物质,而且易于人工繁殖,生长速度快、繁殖周期短,因此在医药、食品工业、环境监测、生物技术、可再生能源等方面具有广阔的应用前景。

不同海洋微藻中蛋白质含量存在一定差异,如极大节旋藻中蛋白质含量高达干重的70%。尽管海洋微藻中存在大量蛋白质,但从技术和成本考虑,其蛋白质分离一般结合脂肪酸和淀粉等目标产物进行联产,如生物炼制后的微藻残渣蛋白可制备成水产养殖业的饲料等。海洋微藻中的蛋白质具有丰富多样的生物活性,如具有降低血脂效果的蛋白质,螺旋藻中含有可降低乙醇毒性的蛋白质组分等。

海洋生物蛋白种类的多样性使其在不同领域中的应用前景十分广阔。在食品领域,许多蛋白质被用作食品原料、色素和营养补充材料等,越来越多的具有不同生物活性的蛋白质及其水解物被用于功能食品;在材料领域,有些蛋白质被用于黏合剂或材料表面改性剂等;此外,还有一些功能性的蛋白质被用于再生医学和组织工程、生化试剂或诊断材料等领域。

(张玉忠　孙谧　张贵峰)

第二节　海洋生物材料的开发与应用

我国有 1.8 万 km 的海岸线,海洋生物资源丰富,蕴藏着许多具有独特生物功能的生物大分子物质,如甲壳素/壳聚糖、褐藻酸、琼胶、卡拉胶、胶原蛋白等,这些海洋生物大分子往往在结构、性质、生物功能等方面与陆生生物有所不同,其独特的结构和功能在海洋生物材料开发中受到国内外的极大关注。海洋生物大分子在生物材料方面应用开发的优点主要体现在:① 原材料资源丰富,加工成本相对低廉;② 海洋生物大分子材料的来源和提取过程避免了陆生动物诸如疯牛病、口蹄疫、烂耳病等传播的风险;③ 纯化工艺相对稳定,易于去除热原等杂质;④ 海洋生物大分子材料通常具有良好的生物安全性和生物降解性;⑤ 海洋生物大分子的降解产物或单体通常具有较好的生物活性;⑥ 海洋生物大分子材料易于进行化学修饰。因此,海洋生物大分子材料应用于生物功能材料的应用开发具有巨大的发展前景和市场潜力。

一、海洋生物医用材料

海洋生物医用材料是生物材料科学领域研究开发的一个重要分支,基于海洋生物材料的功能性和生物安全性,近 20 年来引起国内外生物材料学术界、医学界、政府、机关企业界等的广泛关注,在应用基础研究和产品开发方面取得了长足的进展。结合我国海洋强国战略,在各级政府主管部门的支持下,海洋生物医用材料研究和开发取得了创新性发展,先后创新性地以甲壳素为基材研发出了术后防粘连功能产品"医用几丁糖";以壳聚糖为基材研发出了内脏手术止血功能产品"术益纱"三类医疗器械;以褐藻酸盐为基材研发了肿瘤血管栓塞剂"海藻酸钠微球栓塞剂"三类医疗器械并投入市场应用多年,为海洋生物医用高端新兴产业的发展奠定了基础。

1. 分类

海洋生物功能材料多应用于生物医用材料的研究与开发,依据其化学组成可分为无机类材料和天然大分子材料。无机类材料主要涉及珊瑚礁基质材料、开发应用于临床的骨支架材料及骨替代材料。天然大分子材料主要包括海洋多糖类和蛋白质类两大物质,海洋多糖类主要涉及海洋动物多糖如甲壳素、壳聚糖和海洋植物多糖如褐藻酸、琼脂、卡拉胶等,蛋白质类目前研究的主要是鱼皮胶原蛋白。甲壳素、壳聚糖、褐藻多糖在海洋生物医用材料领域的研究开发是目前的研究热点。

2. 开发应用现状

甲壳素是由 $2-N-$乙酰基$-\beta-D-$葡萄糖胺通过 $\beta-1,4$ 糖苷键连接的直链大分子多糖,甲壳素经碱处理脱乙酰基制得壳聚糖,壳聚糖是自然界唯一带正电荷的多糖。甲壳素、壳聚糖在糖单元的 C-6 位羟基(—OH)、C-3 位羟基(—OH)及 C-2 位氨基(—NH₂)易于进行化学修饰,可通过化学修饰改性赋予多糖新的理化特性和生物学特性。甲壳素、壳聚糖及其衍生物具有成胶性、成膜性、可纺性等,可制成适合临床应用的不同形态、性质和功能的材料产品。

甲壳素、壳聚糖及其衍生物具有止血、抑菌、镇痛、促进创面愈合、抑制瘢痕增生等多种生物学功能,同时可生物降解,其降解产物氨基单糖(氨基葡萄糖 GlcNH₂ 和乙酰氨基葡萄糖 NAG)是构成机体透明质酸(HA)、硫酸软骨素(CS)、肝素(HP)等氨基多糖的组成成分,也与免疫调节、神经传导、细胞生长调控等有密切关系。

目前,国外以壳聚糖及其衍生物用于生物医用材料产品的开发。成功开发成商品的有美国 Homcon 公司生产的 Homcon 止血绷带,英国 MedTrade Products 公司生产的 Celox 止血颗粒等。国内以壳聚糖及其衍生物开发生产生物医用材料产品的企业超过 80 家,获产品批文超过 100 个,其中生产三类医疗器械产品的企业为 6 家,产品功能涉及手术止血和防术后粘连两个品种,其他属二类医疗器械产品,用于皮肤损伤创面的止血、愈创、抑菌、消炎等。

褐藻酸盐是由 β-D-甘露糖醛酸(M)和 α-L-古罗糖醛酸(G)通过 1,4 糖苷键连接而成,分子链中既有均相片段(如 MM、GG),也有非均相片段(如 MG),且 G 和 M 比例随原料产地和季节不同而变化。在生物医用材料方面,采用褐藻酸钠胶液喷丝于 CaCl₂ 的热水凝固浴中,通过拉伸,可制得褐藻酸钙纤维,经非纺布制造工艺,再加工成敷料贴,用于创面止血和溃疡创面护理,国外在 20 世纪 80 年代就有应用。我国近些年有多家企业生产褐藻酸盐敷料,产品多以加工外销为主。近几年以褐藻酸钙纤维生产皮肤创面功能敷料的生产厂家有 30 余家,褐藻酸盐血管栓塞剂三类医疗器械已批准上市,褐藻酸盐用于组织工程的细胞支架材料、载药缓释微球材料也有研究。但褐藻酸盐在体内没有有效的水解酶类,体内降解时间长。褐藻酸盐在生物医用材料方面的应用,现尚不及甲壳素、壳聚糖研究得深入,结合褐藻酸盐的性质特点,需进行系统深入的研究和评价。

海洋动物的胶原蛋白(主要是鱼皮胶原蛋白)也是生物医用材料研究发展的一个重要资源。这种材料相对易于提取纯化,无陆地哺乳动物原料可能携带病毒传播的风险,目前主要用于创伤止血材料研究。海洋动物的胶原蛋白作为生物医用材料原料,尚需要进行系统性研究和评价。

二、海洋多糖分离介质材料

我国每年从石花菜、江蓠等海洋红藻中提取的琼脂高达上万吨,但琼脂的利用多处于初加工阶段,产品附加值低,价格低廉,并且技术落后,资源利用率低。作为一种海洋天然产物,琼脂的结构与性质受到原料种属、收获季节和产地等多种因素影响,存在明显的差异。此外,琼脂的提取方法对最终产品的质量也有很大影响。为了解决琼脂原料差异和批件稳定性问题,需要加强如下三方面工作:首先,深入研究琼脂结构与性质的影响因素及影响规律,指导琼脂原料的养殖、收获和提取;其次,以新型、高效的琼脂提取方法替代原有的粗放提取方法,实现高纯度、高品质琼脂的提取;最后,建立严格的琼脂质量标准及相应的检测方法,对不同批次、来源的琼脂产品进行严格的质量监控。以琼脂为原料可精制得到琼脂糖,进一步加工得到高附加值的琼脂糖微球和带有各种功能基团的分离介质。目前我国的琼脂糖分离介质主要依靠进口，尤其是在生物制药领域，基本为国外产品所垄断。此外，现有琼脂糖分离介质在粒径均一性控制、孔道调控、耐压性能方面还存在不足，不能满足蛋白质等生物活性分子高效纯化的需求，特别是对于乙肝疫苗等类病毒颗粒疫苗，疫苗颗粒难以进入微球内部孔道，导致介质载量低、分离速度慢、疫苗活性损失等。今后应重点攻克琼脂糖分离介质的制备、质控和性能评价方面的标准化工作，并建立分离介质的企业标准、质量管理体系，申报和获得国家食品药品监督管理总局（CFDA）的认证。此外，完善用于制备粒径均一、可控琼脂糖微球的膜乳化技术，用于制备超大孔微球的致孔技术，用于提升微球强度的新型交联技术，进一步提升现有介质的性能，并早日实现产业化。

总之，海洋生物功能材料的发展是一个新兴产业，从长远发展来看，基础研究和应用开发都需要科学、合理、系统规划，这样可起到四两拨千斤的作用，加快我国海洋生物功能材料产业的快速发展。

（刘万顺　马光辉　苏志国）

第三节　农用生物制剂

民以食为天，作为农业大国，保障我国粮食安全与食品安全是关系到国家安全的重要根基，也是备受社会各界关注的热点问题。利用丰富的海洋生物资源，尤其是海洋中的甲壳素、壳聚糖、褐藻胶等多糖资源；各种微生物资源及其代谢产物；海洋微藻等各种生物资源等，可以开发出系列绿色高效的农用制剂，作为生物肥料、生物农药、饲料添加剂和饵料应用于农业的各个方面。

海洋生物农肥尤其是糖类农肥的研究与开发，在国际上得到持续的关注和重视。近几年来此领域的研究报道持续增多，机理研究更加深入。虾蟹壳粉末、海带渣施用于田间防治病害已有千余年的传统，如何获得其中的有效成分，提高使用效果，对充分利用这些海洋生物资源有重要意义。近年来，在此方面已有所突破，对来源于虾蟹壳的甲壳素及其系列衍生物（包括甲壳素、甲壳寡糖、壳聚糖、壳寡糖等）、来源于海藻的海藻酸及其衍生物的功效已得到了公认。尤其是近年来甲壳素及其寡糖在植物上的受体被日、美、中科学家揭示并解析结构，极大地推动了此领域的发展。海洋微生物源生物农药开发仍是目前国际研究热点，除了传统的筛选微生物并将其开发成为生物农药外，通过在海洋微生物中寻找特殊的先导化合物，筛选具有杀虫、杀菌、除草的有效成分，利用生物合成或化学修饰技术，开发新农药是主要的研发途径。此外，利用近年来兴起的合成生物学技术，对海洋微生物进行可控设计，更好地生产相关有效成分，也是今后此领域的研究方向之一。海洋生物饲料从粗放、大宗生物体直接作为饵料发展到提取、研究其中活性物质，开发高活性、高附加值生物饲料及饲料添加剂。

我国在海洋生物农肥的研发上有较好的基础，在国家高技术研究发展计划（863计划）等项目的持续资助下，在海洋生物肥料、农药、饲料添加剂的研发方面取得了一些成绩，有些方面发展速度较快，如以中国科学院大连化学物理研究所、中国科学院海洋研究所等单位为代表，已开发出甲壳寡糖、壳寡糖等一系列海洋寡糖、农肥产品，并成功实现产业化。这些产品已在我国大部分省市,针对水稻、小麦等粮食作物,苹果、酥梨、樱桃、猕猴桃等水果,黄瓜、小白菜、油菜、苦瓜等蔬菜,茶叶、枸杞、花椒等经济作物进行了大规模推广应用,累计推广面积近亿亩[①],创造了直接和间接经济效益数百亿元,部分产品已销往国外。除了传统的防病抗病、促生长作用之外,在研究与实际应用推广过程中,抗逆(低温、干旱)、保花保果、提高品质、降低农残、采后保鲜等新功能也一一被发现,这使得寡糖产品的应用面越来越广,前景越来越广阔,为后期开发高端产品奠定基础。此外,在寡糖产品的作用机制研究上,我国也达到了国际水平,针对寡糖作用靶点、信号网络、功能实现等方面开展了深入系统的研究,在国际上率先提出了糖链植物疫苗的概念,认为此类产品作用"防胜于治",为其应用模式及应用方法提供了理论依据。在产品开发方面,我国也走在了世界前列,目前已登记的海洋寡糖农药产品有数十种,且近几年呈大幅度上升趋势,显示在产品开发方面已经由开创期进入发展期。

由于海洋微生物生存环境与陆地微生物不同,常常表现出特殊的生物活性。将海洋微生物开发为新型微生物肥料资源也成为微生物肥料研发的新思路和新途径。从海洋微生物中筛选用于农业增产抗病的农用生物制剂,对于促进绿色大农业的发展意义重大。我国在海洋微生物农药研发领域近年来也取得了较大成绩。在传统海洋微生物农药上,已经由实验室阶段进入了产业化阶段,如海洋枯草芽孢杆菌、高抗根结线虫病的海洋链霉菌和海洋细菌生物制剂等蔬菜真菌病害防治药剂均已获得产品推广上市或已进入产品报批阶段。在海洋木霉、海洋放线菌、萎缩芽孢杆菌等新资源上也进行了发掘,获得了新的有效品种。利用海洋源天然产物及农用抗生素作为农药是近几年来的一个热点,如利用微生物来源脂肽用于抗真菌病方面的研究就较为有特色。已从多种海洋资源,如海水、海泥及海绵、海参、珊瑚、海鱼、贝类、海草等海洋动植物中分离出大量海洋微生物菌株,目前已获得对番茄灰霉病有特效及防止黄瓜枯萎病为主的肽类抗生素(宁康霉素、3512等)。此外,还筛选获得了Dibenzo-p-dioxin类、lobophorins类、Speradine类新衍生物、单端孢霉烯族毒素等多种新型抗生素。

畜牧水产科学规范化的养殖是食品安全的重要保障,推行绿色无害养殖是我国畜牧水产业的发展方向。而充分利用海洋生物资源,可以在此过程中发挥巨大作用。一方面,海洋生物饵料或活饵料在水产养殖中已经得到大规模应用,不可或缺,尤其是在水产幼体阶段,往往都依赖于生物饵料。目前,在水产养殖和育苗生产中,应用最广的海洋生物饵料主要包括微藻、轮虫、卤虫、桡足类、枝角类和糠虾等。近年来,在优化这些生物饵料的生产和应用技术上,已取得了大量的成果,高效集约式培养、收集、利用已经成为主流。另一方面,通过提取、研究海洋生物资源中活性物质,开发高活性、高附加值生物饲料及饲料添加剂,不仅可以应用于水产养殖,还可广泛应用于畜禽养殖。目前我国围绕海洋多糖、寡糖,已经研发了壳寡糖、褐藻酸寡糖、甘露寡糖等系列海洋寡糖产品并获得了国家饲料添加剂产品许可证。这些产品具有促进营养物质的肠道吸收、优化肠道健康菌群、增强机体免疫力、提高肝脏相关抗性酶系表达、缓解病原菌感染和炎症发生等功能,已在生猪、蛋鸡、肉鸡、对虾、石斑鱼、刺参等产品的养殖中实现规模化应用,表现出增产增重、提高繁殖能力、改善产品品质等一

---

① 1亩≈666.67m²

系列效果,为解决我国畜牧水产养殖业的食品安全问题做出了一定贡献。虽然我国海洋生物农用制品的基础研究、产品研发、应用推广工作都比较出色,但在实际研究与应用工作中仍存在海洋生物农用制品种类少、产能有限,海洋生物农用制品规模化生产工艺尚有待改进,海洋生物农用制品作用机制尚不明确,海洋生物农用制品应用技术体系还不完善,海洋生物农用制品市场认知度不足等问题。为解决这些问题,今后我国海洋生物农用制品发展趋势应加强：① 新原料、新品种海洋生物农用制品研发；② 新功能、高端海洋生物农用制品研发；③ 绿色清洁的规模化生产技术研究；④ 海洋生物农用制品作用机制的深入研究；⑤ 海洋生物农用制品应用技术研究；⑥ 政企金媒产学研合作提升海洋生物农用制品认知度。相信在保障国家粮食安全和食品安全、提倡绿色发展、保护生态、构建低碳化社会的大背景下,通过政策、研发、生产、市场、宣传等多层面推动海洋生物农用制品的研发应用,在不远的未来将会有更多海洋生物农用制品如雨后春笋般出现,为我国绿色农业建设做出更大的贡献。

(杜昱光　李鹏程　胡江春　李元广　尹恒)

第四节　疫苗及佐剂

随着全球范围内对水产品需求的日益增长,水产养殖生产强度及规模不断上升、养殖品种增加及渔品贸易更加频繁,导致水产养殖病害暴发和病原传播的风险也随之增大。世界水产养殖业近40年的发展历程昭示：病害防控是水产养殖业可持续发展不可或缺的产业支撑,而疫苗预防接种则是其中最为重要的防控手段。

鱼类免疫学研究证实,鱼类动物拥有一套主要由头肾、胸腺、黏膜相关淋巴组织组成的免疫防御系统,保护其在生长过程中免受生存环境中病原的侵害。鱼类疫苗同人类和陆地动物疫苗一样,通过激发宿主靶动物的适应性免疫系统识别病原的特异性免疫原性结构,从而实现对特定病原的免疫性防治。联合国粮食及农业组织(FAO)的统计资料显示,全球范围内每年至少有10%的水产养殖动物因各种传染病害而死亡,经济损失高达百亿美元。以大西洋鲑和虹鳟为代表的现代水产养殖业的持续发展有赖于水产疫苗工业体系的建立,也可以说世界现代水产养殖业的发展史也正是一部世界鱼类疫苗的产业发展史。疫苗接种已成为世界现代水产养殖业的行业规范和渔品国际贸易流通壁垒。

目前国外已商品化的海水鱼类疫苗主要针对鲑鱼(挪威、法罗群岛、爱尔兰、英国、加拿大、美国和智利)、舌齿鲈和金头鲷(地中海地区)、鰤鱼(日本)和牙鲆(韩国和日本)的养殖病害。这些疫苗的主要生产制备基本采用传统的细菌发酵培养或病毒细胞培养获得全培养物后使用福尔马林或烷基化合物灭活,后续采用过滤浓缩或纯化制备抗原。产品剂型绝大多数为油基佐剂的灭活疫苗,采用注射给药方式进行接种免疫。产品效价分为单价和多价(最多的含有7种抗原),用于防治鳗弧菌、杀鲑气单胞菌、美人鱼发光杆菌、格氏乳球菌、海豚链球菌、传染性胰腺坏死病毒、传染性鲑鱼贫血症病毒、鲑胰腺病等细菌和病毒病害。值得一提的是,其中鲑鱼传染性造血坏死病毒疫苗是采用基因重组技术生产制备出来的首例商品化 DNA 疫苗(加拿大许可使用),而传染性胰腺坏死病毒疫苗和传染性鲑鱼贫血症病毒疫苗则是利用基因重组技术开发出的两种商品化亚单位疫苗(分别由挪威和智利许可使用)。

接种途径是鱼疫苗开发中非常重要的研究内容，其中注射接种剂量精确、效价最好，但劳动强度大，对鱼的应激刺激也最高，常会有免疫副作用产生，从而影响鱼的加工品级，这种免疫方式是目前商品化疫苗最为普遍采用的方式。浸泡免疫目前在生产应用水平证实有效的仅有鳗弧菌和美人鱼发光杆菌两种灭活疫苗，这其中的免疫机制尚未被揭示清楚。同样，口服接种作为以黏膜免疫途径的疫苗给药方式在生产实际应用中目前仍难以取得良好的效果。这两种免疫途径的开发有赖于鱼类黏膜免疫机制的深入研究，这一领域的突破，将会极大丰富鱼类疫苗产品的应用方式和完善现有接种方式的不足，更大程度上发挥疫苗在鱼类养殖生产全过程中的应用。

从上述水产养殖发达国家和地区的疫苗开发和应用现状可以看出，细菌灭活疫苗的有效性使得人们在技术上并没有过多采用一些当下更为尖端的前沿技术，这也正是由商业开发的技术经济成本所决定的。而对于病毒病害，由于灭活疫苗的低免疫效价，诸如 DNA 疫苗、重组表达亚单位疫苗、基因重组活疫苗等当下先进产品技术被广泛应用于病毒疫苗的商业开发。另外，对于新出现的养殖细菌性病害和新养殖市场，基因缺失减毒活疫苗、多价载体活疫苗等也被积极应用到细菌疫苗的产品设计和开发。尽管如此，限于商业经济性的考量及行政许可管控政策的风险考量，业界普遍的共识是，在未来 5～10 年中，鱼疫苗的开发技术主导方向是对于现有商品化疫苗的优化和改进，如给药方式的深度开发（注射、浸泡和口服接种方式的优化组合）和多价联合疫苗的优化开发等。许多前沿疫苗技术更多地处于临床前的研究领域和鱼类免疫机制的深度揭示。

我国虽是世界水产养殖大国，但鱼类疫苗学研究起步较晚，也十分薄弱，特别是商业化开发迟迟难以取得实质性突破。近年来，随着我国以海水鱼类养殖为代表的水产养殖业向工业化转型的加速，以及国内外消费市场对于安全水产品的消费认知度日趋提高，我国对于水产品安全问题的管控愈发严格。这给以疫苗接种为核心的新型水产养殖病害防控技术的加速发展提供了充分的产业机遇。在过去的 10 年间，经过国家"十一五"和"十二五"各项研发计划的支持，我国的海水鱼类疫苗的基础研发和商业开发都取得了长足发展和推进。2011 年，海洋鱼类鳗弧菌基因工程减毒活疫苗获得我国首例鱼用活疫苗《农业转基因生物安全证书（生产应用）》，开启了我国海洋动物基因工程活疫苗的商业化开发基础。2015 年，国际上首个商业许可的大菱鲆迟缓爱德华菌菌活疫苗（EIBAV1 株）获得国家一类兽药注册证，随后 2016 年该疫苗获得生产文号，准予商业化生产应用，实现了我国海水鱼类疫苗商品化零的突破。2016 年，大菱鲆鳗弧菌基因工程活疫苗（MVAV6203 株）正式向农业部提交新兽药注册申报。同时，一大批新的海水鱼类疫苗相继完成临床前研发，进入临床阶段和产品注册环节，未来 5 年里，我国的海水鱼类疫苗的商品化将迎来井喷式成果，这些疫苗的陆续上市，将为我国以海水鱼类为代表的水产养殖业的可持续健康发展提供可靠的病害防控技术与配套产品支持，从而助力我国由水产养殖大国向强国转变。

伴随着免疫学和分子生物学技术的发展，众多新型疫苗被开发出来，如亚单位疫苗和基因工程疫苗等。这些疫苗抗原纯度高、不良反应少、安全性良好，对于传染性疾病的预防和治疗具有重要价值。然而，相对于传统的减毒、灭活疫苗，这些新型疫苗的免疫原性较低，必须添加佐剂（adjuvant）这种非特异性免疫增强剂，才能构成安全且高效的疫苗。

佐剂是一类加入疫苗制剂中后能够促进、增强或者延长机体产生针对抗原的特异性免疫应答反应的物质。Le Moignanc 和 Pinay（1916）发现将鼠伤寒沙门菌（*Salmonella typhimurium*）悬浮于矿物油进行免疫可以促进动物体内抗体的产生。这是关于疫苗佐剂的最早报道，随后的系列研究进一步推动了疫苗佐剂的发展。目前所报道的佐剂主要包括无机盐佐剂、油乳佐剂、细胞因子类佐剂、免疫刺激复合物佐剂等，多糖佐剂也是其中重要的一种。众多的研究表明，某些多糖可以起到免疫调节作用，如活化抗原提呈细胞、促进细胞因子分泌、激活补体系统和网状内皮系统等。此外，还可以将多糖材料制备成不同的剂型，如颗粒或凝胶制剂等，实现保护抗原活性、调控抗原释放速度、靶向特定组织或器官等目的，进一步增强免疫应答。

目前研究的疫苗佐剂中，来源于海洋的壳聚糖是报道最多的多糖材料。壳聚糖由氨基葡萄糖和 *N*-乙酰氨基葡萄糖共聚物组成，是自然界中唯一的天然阳离子多糖。有文献报道，壳聚糖可以与巨噬细胞表面受体相互作用，并激活巨噬细胞分泌细胞因子。更重要的是，壳聚糖的阳离子特性使其具有很好的黏膜黏附性及促渗透吸收性。它可以与黏膜中带负电荷的黏蛋白相互作用，延长抗原在黏膜处的停留时间，并能有效打开黏膜上皮细胞间的紧密连接，促进抗原的渗透吸收。因此，关于壳聚糖作为黏膜免疫佐剂的报道呈逐年增长的趋势。尤其是近年来禽流感、埃博拉出血热等烈性呼吸道感染疾病时有发生，注射免疫不能促进黏膜处抗体的产生，因此开发可用于鼻腔或肺部等呼吸道免疫接种的新型黏膜免疫制剂日益受到研究者的重视。但呼吸道处的黏膜屏障作用及鼻腔纤毛等的异物清除效应等不利因素的存在限制了呼吸道黏膜免疫制剂的发展。壳聚糖的黏膜黏附性及促渗透性对于解决上述问题提供了帮助。

褐藻酸是另一种来源于海洋的重要多糖材料，褐藻酸盐的重要性质在于它可以与二价阳离子（特别是钙离子）或聚阳离子通过静电作用，形成凝胶，因此可将褐藻酸凝胶作为抗原储库，通过缓慢释放抗原，延长抗原的作用时间，以获得更好的免疫效果。此外，褐藻酸凝胶具有明显的 pH 敏感性，它在酸性状态下保持稳定，而在碱性环境中，由于与阳离子之间的作用减弱，凝胶会发生溶胀乃至溶解。褐藻酸还可作为口服疫苗的抗原载体，避免抗原受到较强酸性胃液的作用，而在肠部定点释放。

除壳聚糖和褐藻酸外，研究者发现多种来源于海洋的多糖及皂苷等物质同样具有免疫调节作用，如蒋伟明等的研究发现，从马尾藻中提取的多糖能够促进 T 淋巴细胞的转化增殖，提高机体的细胞免疫水平。在未来，伴随对海洋生物资源的进一步发现和深入研究，将有助于开发更多的天然药物佐剂，并为海洋生物材料的高值化利用开辟新的途径。

（张元兴　马悦　马光辉　许青松　吴颉）

第五节　海洋功能食品

海洋功能食品是以海洋生物为资源开发的功能食品，海洋生物多样性决定海洋生物活性组分的多样性，为研制开发海洋功能食品提供了有利条件。当今世界医学发展趋势是，疾病医学向健康医学转移，以疾病治疗为中心转向健康管理与促进为中心，功能食品是健康医学和健康管理与促进的产业支撑的重要组成部分，海洋功能食品给水产品的综合利用提供了一个全新的思维。

海洋功能食品不以治疗为目的,是调节人体内环境平衡和生物节律,增强机体防御功能以达到保健或康复的目的,要求在正常摄入范围内无任何毒副作用,没有剂量限制,可按照人体正常需要自由摄取。利用现代科学技术从海洋生物中识别出具有生理调节功能的活性物质并制备功能食品成为趋势,海洋功能食品产业逐渐发展成为海洋经济的重要组成部分。海洋生物活性物质具有储量大、种类繁多、结构差异显著、含量不均一、活性强及副作用小等特点。因此,海洋生物活性物质的识别方法、功能研究、规模制备工艺、量效关系及作用机理研究等已成为该领域的热点研究方向。许多生物活性蛋白、多肽、多糖和脂肪酸等已经实现规模化生产并成为功能食品的重要组成部分,产生了巨大的经济效益和社会效益。

一、海洋功能食品分类

海洋功能食品可根据生物活性物质种类、生物活性种类和生物来源进行分类,也可根据产品形态、调节人体的机能作用或不同的消费人群进行分类。主流分类方法是依据化合物种类、生物活性和功能成分的生物来源进行分类。

1. 依据化合物种类

海洋功能食品可分为蛋白质、多肽和氨基酸类,纤维素、多糖和寡糖类,脂肪酸类,脂蛋白和糖蛋白类,微量元素类,维生素类,酚类、萜类和生物碱等小分子化合物。

2. 根据生物活性分类

海洋生物活性成分根据调节人体生理活动功能可分为多种类型,包括我国保健食品列出的部分功能,如具有增强免疫力的活性成分,具有调节血脂、血压和血糖的活性成分,具有抗氧化、增加骨密度、提高缺氧耐受力和对化学性肝损伤有辅助保护功能等活性成分。

3. 根据功能成分的生物来源分类

依据海洋生物的种类可分为来源于藻类、鱼类、虾类和贝类等生物活性成分,也可根据物种进行细分,如来自微藻的活性成分,来自褐藻、绿藻或红藻的活性成分等。

二、海洋功能食品现状

海洋生物活性组分在保健食品、营养强化及特殊医学配方食品领域应用十分普遍,在食品和饮料行业可用于制备固体饮料、调味剂、稳定剂、抑菌剂和乳品添加剂等,部分海洋蛋白和多糖类已成功用作乳化剂、食品定型或赋型材料、食品包装材料等。

1. 海洋生物活性肽

海洋生物活性肽是以海洋生物为原料制备的具有生理活性的肽类物质总称,其主要来源分为自然存在于海洋生物体中的活性肽和蛋白酶水解海洋生物蛋白产生的活性肽。自然存在于海洋生物体中的线性活性肽和环肽主要来自海鞘、海葵、海绵、海星、海兔、海藻和贝类等;目前市场上主要销售的多肽多以海洋蛋白为原料,经过酶水解的方法制备。海洋生物活性肽的活性主要体现在抗高血压、抗氧化、降血脂、抗肿瘤、免疫调节、抗凝血、防止胰岛细胞凋亡和改善胰岛素抵抗、护肤、增强骨强度和预防骨质疏松等方面,其来源包括鱼类和贝类加工后副产物和大型藻类或微藻提取蛋白质的酶解产物。

2. 海洋生物多糖

功能糖是功能食品中重要的组成部分,近年来利用虾蟹、海参、牡蛎、鲍鱼、海藻等海洋生物资源制备功能糖的研究十分活跃,功能多糖在食品领域中的应用日益增加,其中应用较为广泛的是壳聚糖、壳寡糖、海参多糖和海藻多糖等。壳寡糖具有调节提高免疫力、抗氧化、调节胆固醇含量、调节肠道菌群、保肝护肝、减肥和调节激素分泌水平等多种功效,广泛应用于保健食品、功能饮料及食品添加剂等方面。海参多糖包括糖胺聚糖和岩藻多糖,具有较高的免疫调节和抗肿瘤等活性,目前已用作保健食品原料。褐藻寡糖主要由甘露糖醛酸和古洛糖醛酸两种单元糖组成。褐藻寡糖分子质量低,水溶且稳定性好,具有抗肿瘤、抗氧化、抑菌、促生长等多种生物活性。绿藻中含有大量的水溶性硫酸多糖,其组分和结构随着绿藻种类的不同而不同,通常可分为两类,一类为木糖-阿拉伯糖-半乳糖聚合物,另一类为葡萄糖醛酸-木糖-鼠李糖聚合物。绿藻多糖具有降血脂、降血糖、抗氧化、抗肿瘤、抗病毒、免疫调节、抗凝血、抗辐射、抗菌、抗炎等多种生物活性。

在食品领域,许多多糖用于胶凝剂、稳定剂、增稠剂、分散悬浮剂或成膜剂等,起着增加食品黏度、赋予食品黏滑而富有弹韧性的口感等功能,如由红藻中提取的琼脂主要用于增稠和胶凝;皱波角藻等提取的卡拉胶主要用于增稠、乳化和成膜,以改善食品外观;褐藻胶也在多种食品中用作助剂等。

3. 脂类和脂肪酸

脂类和脂肪酸在功能食品、膳食补充剂及营养食品中普遍应用,目前研究和应用较多的海洋生物活性脂包括鱼油、海狗油和磷虾油等,研究和应用较多的脂肪酸主要是不饱和脂肪酸系列。人体自身不能合成但又必需的脂肪酸称为必需脂肪酸(EFA),目前研究较为明确的 EFA 主要包括 $\omega-3$ 和 $\omega-6$ 多不饱和脂肪酸,其中二十二碳六烯不饱和脂肪酸(DHA)和二十碳五烯不饱和脂肪酸(EPA)与人体的健康和疾病密切相关,引起国内外营养和医学专家的广泛关注。EPA 具有辅助降低胆固醇和甘油三酯及促进体内饱和脂肪酸代谢的功能,从而可以降低血液黏稠度,增进血液循环并防止脂肪在血管壁的沉积,对预防动脉粥样硬化、预防脑血栓、脑溢血等心血管疾病具有显著效果。DHA 对脑神经生长发育至关重要,并对婴儿视觉发育、智力发育及抗过敏和增强免疫力等有重要作用。冷水域或深层栖息的鱼类和浮游生物中含有大量的 EPA 和 DHA,是目前制备这些不饱和脂肪酸的主要原料。

4. 生物活性物质

皂苷类化合物广泛存在于海洋动物、海洋植物和海洋微藻,从海星和海参等棘皮动物中提取皂苷的研究较多,许多研究表明海参皂苷具有抑菌效果和兴奋平滑肌等功能。萜类化合物在许多海洋动物中被发现,深海鱼类中存在天然链状三萜类化合物——角鲨烯,其他鱼类如沙丁鱼、银鲛鱼和鲨鱼中也存在角鲨烯,研究表明角鲨烯具有增加血压溶氧、提高免疫力和减少紫外线伤害等功效。β-胡萝卜素属于萜类化合物,在提高人体免疫力、降低血压黏稠度和减少动脉粥样硬化等方面具有显著效果,β-胡萝卜素在盐藻中具有较高含量,如在盐生杜氏藻中的含量可达藻体干重的 10% 以上。类胡萝卜素具有强抗氧化能力,具有有效消除紫外线照射导致的自由基、抑制细胞膜被氧化等功效,杜氏盐藻和雨生红球藻等藻类中含有十余种类胡萝卜素,在功能食品领域具有广阔的应用前景。其他用于食品的小分子化合物或肽类还包括牛磺酸、肌酸、环肽、降钙素等多种生物活性物质。

（张贵峰　曹海龙）

第六节　存在问题与措施

　　1998 年,海洋技术被批准列为我国 863 计划的新领域,海洋生物技术是海洋技术领域的主题之一,海洋生物制品的研究与开发,一直是海洋生物技术主题的重要研究内容,从此揭开了我国海洋生物制品研究与开发的新篇章。我国海洋生物技术研究领域的科技工作者,历时十余年的努力和奋斗,在海洋生物制品研发方面取得了较好的成绩,研发了一系列具有自主知识产权的海洋生物制品,有些海洋生物制品,如海洋农用生物制品、海洋医用材料、海洋酶制剂、海洋功能食品等已经实现了产业化开发,取得了良好的经济和社会效益。但与欧美、日本等发达国家和地区相比,我国仍然存在很多不足。存在的问题与措施建议如下:① 我国拥有的具有自主知识产权和重要创新性的海洋生物制品核心关键技术相对较少,需要进一步加强源头创新;② 目前我国某些海洋生物制品领域已经取得了较好的进展,但总体来说,我国海洋生物制品的种类偏少,海洋生物资源的高值化开发利用的比率偏低,急需加大研究力度与扩大开发范围,提高新型高端海洋生物制品的种类和数量;③ 海洋生物制品研究与开发是一个系统工程,目前我国在海洋生物制品的关键技术研究方面投入精力较多,而前期的基础研究、后期的技术集成和企业的参与度不够,基础研究的缺乏,使得创新驱动力不足,技术集成和企业参与度不够,制约了技术和成果的产业化进程。从国家"十三五"规划开始,我国大力推动科技体制改革,加强和推动海洋生物制品的基础研究、技术研究和产业化开发的全创新链设计,一体化组织实施,将极大地推动我国海洋生物制品的研究、开发和产业化,推动我国海洋生物技术的健康发展。

（张玉忠　杜昱光）

主要参考文献

姜威,朱婷,王玉霞,等.2012.多糖佐剂在疫苗中的应用.中国新药杂志,21(13):1470-1478.

蒋伟明,李彦,王士长,等.2009.马尾藻多糖佐剂对猪 PRRS 疫苗免疫效果影响的研究.广西农业科学,40(10):1356-1359.

李八方.2009.海洋保健食品.北京:化学工业出版社.

王贵学,兰华林,王溢,等.2014.贻贝粘蛋白的黏附成膜机理及应用研究进展.功能材料,14(45):14013-14020.

吴园涛,孙恢礼.2007.海洋贝类蛋白资源酶解利用.中国生物工程杂志,27(9):120-125.

闫秋丽,郭兴凤.2008.海藻蛋白研究及应用进展.食品研究与开发,29(1):179-182.

Aleman A, Martinez-Alvarez O. 2013. Marine collagen as a source of bioactive molecules: A review. The natural products, 10:105-114.

Becker EW. 2007. Micro-algae as a source of protein.Biotechnology Advances, 25:207-210.

Calder PC. 2015. Marine omega-3 fatty acids and inflammatory processes: Effects, mechanisms and clinical relevance. Biochimica et BiophysicaActa (BBA) — Molecular and Cell Biology of Lipids, 1851(4):469-484.

Dash M, Chiellini F, Ottenbrite RM, et al. 2011. Chitosan — A versatile semi-synthetic polymer in biomedicalapplications. Progress in Polymer Science, 36:981-1014.

Eppstein DA, Byars NE, Allison AC. 1989. New adjuvants for vaccines containing purified protein antigens. Advanced Drug

Delivery Reviews, 4: 233 – 253.

Ferraro V, Cruz IB, Jorge RF. 2010. Valorisation of natural extracts from marine source focused on marine by-products: A review. Food Research International, 43: 2221 – 2233.

Fleurence J. 2004. Seaweed proteins. *In*: Yada R Y. Proteins in Food Processing. Cambridge: Woodhead Publishing Limited: 197 – 213.

Galland-Irmouli AV, Fleurence J, Lamghari R, et al. 1999. Nutritional value of proteins from edible seaweed Palmariapalmata (dulse). The Journal of Nutritional Biochemistry, 10: 353 – 359.

Harnedy PA, FitzGerald RJ. 2012. Bioactive peptides from marine processing waste and shellfish: A review. Journal of Functional foods, 4: 6 – 24.

Hayes M. 2012. Marine Bioactive Compounds: Sources, characterization and applications, Springer US, LLC. 55.

Kang KW, Qian ZJ, Ryu BM, et al. 2012. Protective effects of protein hydrolysate from marine microalgae naviculaincerta on ethanol-induced toxicity in hepg2/cyp2e1 cells. Food chemistry, 132(2): 677 – 6852.

Kim SK. 2013. Marine Proteins and Peptides: Biological Activities and Applications, John Wiley & Sons, Ltd.

Kin SK, Wijesekara I. 2010. Development and biological activities of marine-derived bioactive peptides: A review. Journal of Functional Foods, 2(1): 1 – 9.

Krion V, Phromkunthong W, Huntley M, et al. 2012. Marine microalgae from biorefinery as a potential feed protein source for atlantic salmon, common carp and whiteleg shrimp. Aquacluture Nutrition, 18: 521 – 531.

Morris VJ. 2012. Marine Polysaccharides — Food Applications. Trends in Food Science & Technology, 25(1): 53.

Muzzarelli RA. 2009. Chitins and chitosans for the repair of wounded skin, nerve, cartilage and bone. Carbohydrate Polymers, 76: 167 – 182.

Nagai T, Suzuki N. 2000. Isolation of collagen from fish waste material skin, bone and fins. Food Chemistry, 68: 277 – 281.

Ngo DH, Kim SK. 2013. Sulfated polysaccharides as bioactive agents from marine algae. International Journal of Biological Macromolecules, 62: 70 – 75.

Pallela R, Venkatesan J, Bhatnagar I, et al. 2013. Marine biomaterials: Isolation, characterization and applications. CRC-Taylor & Francis, Se-Kwon Kim, 519 – 528.

Paul W, Sharma CP. 2004. Chitosan and Alginate Wound Dressings: A Short Review. Trends in Biomaterials and Artificial Organs, 18 (1): 18 – 23.

Raposo MFJ, Morais RMSC, Morais AMMB. 2013. Health applications of bioactive compounds from marine microalgae. Life Sciences, 93(15): 479 – 486.

Rinaudo M. 2006. Chitin and chitosan: Properties and applications. Progress in polymer science, 31: 603 – 632.

Samarakoon K, Jeon YJ. 2012. Bio-functionalities of proteins derived from marine algae — A review. Food Research International, 48(2): 948 – 960.

Saravanan P, Davidson NC, Schmidt EB. 2010. Cardiovascular effects of marine omega – 3 fatty acids. The Lancet, 376(9740): 540 – 550.

Singh M, Chakrapani A, O'Hagan D. 2007. Nanoparticles and microparticles as vaccine-delivery systems. Expert Review of Vaccines, 5: 797 – 808.

Song E, Kim SY, Chun T, et al. 2006. Collagen Scaffolds derived from amarine source and their biocompatibility. Biomaterials, 27(15): 2951 – 2961.

Stout EP, Kubanek J. 2010. Marine Macroalgal Natural Products Chemistry, Molecular Sciences and Chemical Engineering, 2: 41 – 65.

Vareltzis K. 2000. Fish proteins from unexploited and underdeveloped sources. *In*: Doxastakis G, Kiosseoglou V. Novel Macromolecules in Food Systems. Amsterdam: Elsevier: 133 – 159.

Venugopal V. 2009. Sea food proteins: functional properties and protein supplements. *In*: Marine productsfor healthcare: Functional and bioactive nutraceutical compounds from the ocean. Boca Raton: CRC Press: 51 – 102.

Venugopal V. 2011. Marine Polysaccharides: Food Applications. Boca Raton: CRC Press.

Wijesekara I, Pangestuti R, Kim SK. 2011. Biological activities and potential health benefits of sulfated polysaccharides derived from marine algae. Carbohydrate Polymers, 84(11): 14 - 21.

Yang SW, Chan TM, Buevich A, et al. 2007. Novel steroidal saponins, Sch 725737 and Sch 725739, from a marine starfish, Novodiniaantillensis.Bioorganic & Medicinal Chemistry Letters, 17(20): 5543 - 5547.

Zhao Q, Buehler MJ. 2014. Molecular mechanics of mussel adhesion proteins. Journal of the mechanics and physics of solids, 62: 19 - 30.

第三章

海洋生物制品的原料来源及其生物制品生产关键技术

第一节　海洋微生物酶的来源及其制备关键技术

海洋占地球表面积的70%以上,其中绝大多数海域是深度超过1000m的深海。不同的海域具有高盐、低温、高温、高压、黑暗等多样化的极端环境特性,但仍生存着数量巨大、种类多样的微生物资源,是当今地球上为数不多的未被充分开发和利用的微生物资源之一,是开发微生物酶制剂的重要资源,具有巨大的开发潜力。因此,海洋微生物酶是世界各国,尤其是发达国家研究开发的热点。

一、海洋微生物酶的获取技术

1. 通过可培养技术获取海洋微生物酶资源

海洋生物酶存在于海洋动物、植物和微生物中。但是商品酶的筛选主要来源于微生物,因为海洋微生物种类多,几乎所有的酶都能从微生物中找到。另外,有些海洋微生物易于大量培养,从而容易获得大量的酶。

（1）样品采集

获取海洋微生物酶资源的样品采集,一般根据需要采集不同的海洋样品,包括海水、沉积物、动植物等。例如,如果要获取高温耐压蛋白酶,则需要采集深海热液口区的高温沉积物样品;如果要获取适冷耐压蛋白酶,则需要采集深海中低温的沉积物样品;如果要获取适冷耐盐的海洋蛋白酶,从海冰样品中可能更容易筛选到;如果要获取海洋动植物共生或寄生微生物的蛋白酶资源,则需要采集相关的海洋动植物样品。

（2）产酶海洋微生物的筛选

对于产胞外酶的海洋微生物,目前常用的筛选方法是使用平板涂布法。例如,对产胞外蛋白酶的微生物的筛选,常用酪蛋白培养基或脱脂牛奶培养基进行平板筛选。如果要筛选具有特定酶学活性的目标酶,可以在筛选培养基中添加相应的底物。例如,如果要筛选能够产弹性蛋白酶的微生物菌株,一般在培养基中加入弹性蛋白进行筛选;如果要筛选能够产明胶酶或胶原酶的微生物菌株,一般在培养基中加入明胶进行初步筛选;若要筛选产褐藻胶裂解酶的菌株,可在培养基中加入褐藻胶。

对于海水中的细菌来说,可以直接取海水涂布平板;如果海水中细菌数量较少,可先通过过滤将海水中细菌收集在滤膜上,然后将细菌从滤膜上洗下涂布筛选平板。对于沉积物中的微生物,一般需要先称取少量沉积物,放置于锥形瓶中,加入一定体积的无菌海水和玻璃珠,于培养箱中振荡数小时,待分散均匀之后静置或离心,取上清液用无菌海水进行系列梯度稀释,然后将不同稀释度的菌液涂布于筛选培养基平板上。选择合适的温度进行静置培养,培养温度的选择一般根据样品的原位温度确定。来源于深海热液口的样品,可能需要在 50~100℃培养,深海和极地来源的低温样品则一般在 15℃以下培养,海水样品一般在 20℃左右进行培养。培养过程中,观察平板上菌株生长情况和菌株产生透明水解圈的情况,测量水解圈和菌落的直径比,一般比值越大,表明菌株的产酶力越高。根据菌落形态和产酶力情况挑选生长的各种产蛋白酶的菌株,对挑选的菌株进行平板划线纯化和保种。

如果样品中含产酶菌量太少,可先利用液体富集培养基进行富集培养,然后再进行平板分离。海洋产酶微生物的分离筛选也要了解采集样品所处的海洋生态环境参数,尽量根据样品的环境温度、pH,设计分离培养条件和培养基组成。可在分离培养基中添加若干复杂底物及生长因子的前体物质以激活微生物某个特殊基因,促进抗性的产生并维持下来,有利于海洋微生物专一性或必需的酶系的形成和完善。

对于平板初筛得到的产酶菌株,可以进行进一步复筛确定菌株的产酶力并得到产酶能力较高的菌株。复筛一般采用液体发酵培养。将初筛得到的菌株接种于液体发酵培养基中进行培养,每天测定发酵液中胞外酶的活力。通过比较各菌株发酵液的酶活力,就可以确定每个菌株的产酶能力,可从中选择酶活力较高的菌株进行后续研究。

（3）产酶海洋微生物菌种的选育

筛选到产酶菌株之后,如果要使菌株的产酶能力得到强化,或去除菌株的一些不良性质,可运用遗传学原理和技术对海洋产酶微生物进行多方位的改造。育种的方法主要有诱变、原生质体融合、基因转移和基因重组等,其中诱变育种是最常规的手段。产酶菌种经过反复选育,往往可以获得高产菌株,但高产突变株可能不够稳定,所产的酶蛋白的结晶形状、分子质量、等电点及最适 pH、对酸碱及温度的稳定性等也可能有所不同。

（4）产酶海洋微生物菌种的保藏

产酶海洋微生物的保存和长期保藏是极为重要的,保藏不当可造成菌种退化,包括基因型改变引起的菌种退化和基因型不变引起的菌种退化。分析菌种退化原因要从生理学、遗传学方面对产酶菌种进行详细的研究,在实际应用中首先要排除杂菌污染及各种影响酶活力的因素。产酶菌种理想的保藏方法应达到以下目标：① 经过长期保藏后菌种存活健在;② 保证产酶突变株不改变表型和基因型,特别是不改变初级代谢产物和次级代谢产物的高产性能。根据产酶海洋微生物特性和保存时间的不同可采取不同的保存方式,包括 4℃保存、−20℃保存、−80℃保存、超低温(−196℃)液氮灌保存、冻干保存、矿物油保存和固相载体保存,并且发现在液氮中长期保藏的菌种的存活率远比其他保藏方法高且回复突变的发生率低。

2. 通过非培养技术获取海洋微生物酶资源

随着分子生物学技术的飞速发展,除了通过筛选可培养的海洋微生物获取海洋微生物酶资源之外,也可以通过宏基因组学的方法获得海洋微生物酶资源。最常用的方法是从海洋样品中提取宏基因组,构建宏基因组文库,通过筛选培养基进行平板活性筛选,对筛选到的活性克隆进行直接测序或进一步构建亚克隆文库,通过序列比对分析确定其中所含的酶基因。因此,通过宏基因组学的方法有可能筛选到一些来自未培养微生物所产的蛋白酶,也可能会发现新的蛋白酶序列。Zhang 等从北极黄河站附近海岸沉积物中提取了总 DNA,并且构建了宏基因组文库,通过牛奶培养基筛选,从文库中筛选到了一个活性克隆,通过测序发现这是一种新型的海洋丝氨酸蛋白酶。通过对该蛋白酶进行重组表达,发现该蛋白酶的最适温度为 60℃,最适 pH 为 9.0,是一种碱性蛋白酶,而且发现钙离子可以增加该酶的热稳定性,在有钙离子存在的条件下,50℃保温 2h 后,酶活力仍然能够保留 73%。Lee 等构建了韩国西海岸一个沉积物样品的宏基因组文库,从中筛选到一个新的锌金属蛋白酶基因,通过分析异源表达的酶的性质表明,该酶最适温度为 50℃,最适 pH 为 7.0,能降解纤维蛋白,可能在治疗血栓中具有应用潜力。由此可见,宏基因组学技术在海洋蛋白酶研究中的应用,可以为开发利用新型的海洋蛋白酶提供丰富的资源,尤其是对于开发利用目前尚不可培养的微生物来源的酶,宏基因组学技术是一个非常有效的方法。

另外,随着基因组测序技术的飞速发展和普遍应用,已经有大量的海洋微生物基因组序列和环境基因组序列公布在各个公共数据库中。这些基因组中含有大量预测的酶基因。利用异源表达的方法对这些预测的蛋白酶基因进行表达,也是一种有效的获取海洋微生物酶资源的方法。

二、产酶海洋微生物的发酵技术

1. 产酶海洋微生物培养条件的优化

产酶海洋微生物的性能是决定产酶活性的主要因素,但是培养条件对产酶的影响也非常重要,包括培养基组成、培养基 pH、培养温度、装液量、接种量和通气量等。另外,培养和发酵成本的高低也是决定海洋微生物酶能否走向产业化的一个关键因素。因此,培养基和发酵条件的优化对海洋微生物酶的基础研究和应用开发都非常重要。由于各个产酶菌种的培养条件可能都不一样,每个产酶菌的培养和发酵条件都需要分别进行优化。产酶海洋微生物培养条件的优化方法有单因子优化和多因子优化。由于微生物培养的各个条件之间往往相互关联,因此一般在单因子优化的基础上,再通过正交设计或响应面法等进行多因子优化,以获得最优的培养条件和最高的产酶量。

2. 产酶海洋微生物发酵生产技术

海洋微生物酶是一种生物催化剂,可以通过发酵生产。与其他海洋动物和植物来源的酶相比,海洋微生物酶在生产上有如下优点:① 不受海洋自然环境影响,可以大规模生产;② 通过发酵培养人工控制来大量积累目的酶,易获得;③ 生产周期短,容易把目的酶提取出来;④ 生产成本低,原料来源广,便宜易得,并且易获得高产优良的变异株;⑤ 生产上易于管理,并可通过改变生产工艺条件来提高酶产量。

根据培养基状态,酶的发酵生产技术分为固体发酵和液体深层发酵两种生产技术。固体发酵是指微生物在不含流动水的湿润培养基上进行生长和代谢的培养方式。固体发酵过程中不需要大量的培养液,所以反应容器体积小且紧凑,生产投入较低。然而,固体发酵也有许多缺点。例如,只能选择适于较低湿度培养的微生物。此外,与液体深层发酵相比,温度、pH、湿度和空气流量等参数的检测也比较困难。由于液体培养基中 80%～90%是水,具有利于能量、氧和物质传递等优点,因此液体深层发酵技术为海洋微生物酶大规模发酵生产的主要方式。与固体发酵相比,液体深层发酵易于控制,不易染杂菌,生产效率高。液体深层发酵常采用分批(batch)、连续(continuous)或补料分批(fed-batch)发酵生产方式。

（1）分批发酵

在分批发酵过程中,所有营养物一次加入发酵罐中。每次发酵时,发酵罐必须重复装料、灭菌、接种、发酵、收取酶液和清洗这些步骤,但由于便于控制培养条件,酶的产量高,并有利于阻止杂菌的污染,是目前最为常用的一种方法。其缺点是周期长,生产效率较低。

（2）连续发酵

连续发酵或连续培养,也称为连续流动培养,即培养基料液连续输入发酵罐,并同时放出含有酶的发酵液。所加入的培养基是一种限制性基质,并保持在较低的恒定值,因此在其他条件如溶氧、无机物等都很充足的条件下,细胞内复杂的连锁反应取决于限制性基质的吸收速度,培养液中的菌体浓度能保持一定的稳定状态。与分批发酵相比,连续培养具有以下特点:① 能维持低基质浓度;② 可以提高设备利用率和单位时间的产量,节省发酵罐的非生产时间;③ 发酵罐内微生物、基质、酶产物和溶解氧浓度等各参数维持在一定水平,易于控制;④ 由于长时间连续培养难以保证纯种培养,并且菌种发生变异的可能性较大,因此对操作要求高。此法多用于实验室以研究海洋微生物的生理特性。

（3）补料分批发酵

补料分批发酵又称半连续发酵或半连续培养,是指在分批培养过程中,间歇或连续地补加新鲜培养基的培养方法。补料分批发酵与传统分批发酵相比,具有如下优点:① 可以除去快速利用碳源的阻遏效应,并维持适当的菌体浓度,不至于加剧供氧的矛盾;② 可以避免培养基积累有毒代谢物;③ 与连续发酵相比,不会产生菌种老化和变异等问题。为了解除基质过浓的抑制、产酶的反馈抑制和糖分解阻遏效应,以及避免在分批发酵中因一次性投糖过多造成产酶菌大量生长,耗氧过多而供氧不足的状况,采用中间补料的培养方法是较为有效的。近年来,随着理论研究和工业应用的不断发展,从补料方式到计算机最优化控制等都取得较大进展。就补料方式而言,有连续流加和变速流加。每次流加又可分为快速流加、恒速流加、指数速率流加和变速流加。从补加的培养基成分来区分,又可分成单一组分补料和多组分补料等。为了有效地进行中间补料,必须选择恰当的反馈控制参数,以及了解这些参数对于海洋微生物代谢、生长、基质利用与产酶之间的关系。采用最优的补料程序则依赖于比生长曲线形态、产酶生成速率及发酵的初始条件等情况。因此,欲建立分批补料培养的数学模型及选择最佳控制程序都必须充分了解海洋微生物在发酵过程中的代谢规律及对环境条件的要求。

三、海洋微生物酶的提取、纯化和制备技术

海洋微生物酶分为胞外酶和胞内酶。胞外酶在菌体生长过程中释放在培养基中,可以将发酵液离心除菌,从上清液中分离纯化获得。胞内酶分为两类,一类是游离于细胞质里的酶,这类酶的提取可以将细胞破碎,用水或缓冲液提取,再离心除渣,从上清液中纯化获得;

另一类是结合于细胞膜上的酶,这类酶往往需要用碱、有机溶剂及表面活性剂等进行提取。

1. 海洋微生物酶的细胞破碎提取

为了分离海洋微生物细胞内的酶,需要使细胞破碎。细胞破碎方法分为物理法和化学法。常用的物理法有研磨法、机械捣碎法、高压法、减压法、超声波震荡法和快速冰冻融化法等;化学法有渗透作用法、干燥处理法、自溶法、酶处理法、表面活性剂处理法、噬菌体作用法和电离辐射法等。

2. 海洋微生物酶的离心分离

发酵液中菌体的分离、菌体破碎液除渣及酶的纯化等,都离不开离心技术方法的应用。不同的离心机均有说明书说明操作规程。值得注意的是对称离心管平衡的问题,一般只注意重量平衡,而忽略重心平衡。重心平衡是指,对称管不能盛密度相差悬殊的物质,否则回转体的重心不在转轴中心线上,当重心偏离较大时,可能造成转轴断裂和驱动部件的损坏。

离心机分为三大类:常速离心机、高速离心机和超速离心机。制备型离心机常用的有碟式离心机和管式离心机。碟式离心机一般是连续加料,间断排出沉降固形物或连续排出沉降固形物,不停止操作下自动间断式排出沉降固形物的,在出料时由于压力太大,有可能使部分酶失活。这种离心机分离效果较好,但清洗麻烦,并有部分沉淀会损失。管式离心机的机身是圆柱空心体,连续加料,沉淀沉积于内壁,沉淀越多回转半径越小,致使离心力越来越小,在离心工程中需要根据情况随时调整加料速度。这种离心机操作简单方便,清洗便利,固形物可以完全回收,但分离固形物多的发酵液需要经常处理固形物,比较麻烦。

3. 海洋微生物酶的纯化制备

海洋微生物酶的纯化制备技术包括盐析、有机溶剂沉淀、超滤、凝胶过滤层析和离子交换层析等。

（1）盐析

由于中性盐的亲水性大于酶蛋白的亲水性,当酶溶液中加入大量的中性盐时,电荷被中和,酶蛋白被沉淀出来,此过程称为"盐析"。不同的酶或杂质蛋白在同一浓度的中性盐溶液中溶解度是不同的,利用这一特性,可以把不同的酶或杂质蛋白通过盐析分离开。常用的中性盐有 $MgSO_4$、$(NH_4)_2SO_4$、Na_2SO_4 和 NaH_2PO_4。其中,$(NH_4)_2SO_4$ 是最常用的盐析剂,它在低温下溶解度比较高,这一点对于海洋生物酶具有重要意义,有许多海洋生物酶只在较低的温度下稳定,而在低温下 Na_2SO_4 和 NaH_2PO_4 的溶解度很低。不同的酶盐析剂的用量是不同的,也受酶溶液中杂质的种类和数量影响,所以盐析剂的用量只能依据小试结果绘制盐析曲线来决定。

（2）有机溶剂沉淀

常用于酶蛋白沉淀的有机溶剂有丙酮、异丙醇、乙醇和甲醇等。由于不同的酶蛋白对不同有机溶剂的稳定性不同,针对某个酶,只能通过小试结果来确定最适的有机溶剂种类和用量。对有机溶剂沉淀法影响较大的因子是温度和 pH。

（3）超滤

超滤是一种加压的膜过滤方法,它可以按照溶质的分子质量、形状、大小差异,将大溶质分子阻留在膜的一侧,而小溶质分子则随溶质透过膜到另一侧,从而使大、小分子得到分离。影响超滤的因素有膜的渗透压、溶质的性状、大小及扩散性、压力、流体剪切力、溶质浓度、离子环境和温度等。

（4）凝胶过滤层析法

凝胶过滤层析法是使具有大分子质量的酶不能进入凝胶而被排阻在外，小分子质量的盐等物质进入凝胶，利用它们通过凝胶柱的速度不同，将其分开。凝胶过滤介质有交联葡聚糖凝胶、聚丙烯酰胺凝胶和琼脂糖凝胶等。目前常用的凝胶过滤介质及其性质如表3-1所示。凝胶的物理特性包括分段分离范围、得水值、排阻限度和颗粒的形状与大小等。凝胶过滤层析具有条件温和、方法操作简便、分离范围广等优势，普遍应用于酶的脱盐和纯化。影响分离效果的因素有洗脱液及洗脱液的流速、凝胶特性及颗粒的大小等。

表 3 - 1　常用的凝胶过滤介质及其性质

凝胶过滤介质	常见凝胶过滤填料	球蛋白分离范围 Mr/Da	特性/应用
葡聚糖凝胶	Sephadex G-10	<700	快速分离多种高分子质量和低分子质量组分
	Sephadex G-15	<1500	实验室中的缓冲液交换、脱盐、去除酶液中的小分子，分离分子质量接近的小分子、肽等
	Sephadex G-25	1000~5000	工业上的缓冲液交换、脱盐
	Sephadex G-50	1500~30 000	肽类分离、脱盐、清洗生物提取液、分子质量测定
	Sephadex G-75	3000~80 000	蛋白质的纯化和分离、分子质量的测定
	Sephadex G-100	4000~15×10^4	蛋白质的纯化和分离、分子质量的测定（需要较高分辨率时选用）
	Sephadex LH-20	<5000	胆固醇、脂肪酸、激素、维生素、天然产物的纯化和分离
琼脂糖凝胶	Sepharose 2B	70 000~40×10^6	蛋白质、大分子复合物、病毒、不对称分子如核酸和多糖的分离，分子质量的测定
	Sepharose 4B	60 000~20×10^6	蛋白质、多糖、肽类的分离和纯化，分子质量的测定
	Sepharose 6B	10 000~4×10^6	蛋白质、多糖、肽类的分离和纯化，分子质量的测定
复合凝胶（由琼脂糖和葡聚糖聚合而成）	Superdex Peptide	100~7000	纯化、制备、分析多肽和其他小生物分子
	Superdex 75	3000~70 000	纯化、制备、分析蛋白质、多肽、寡核苷酸和其他小生物分子；在筛选实验中快速分析蛋白质大小均一性
	Superdex 200	10 000~60×10^4	纯化、制备、分析蛋白质、DNA片段和其他小生物分子；在筛选实验中快速分析蛋白质大小均一性
高度交联的琼脂糖凝胶	Superose 6	5000~50×10^5	纯化、制备蛋白质、多肽、寡核苷酸、多糖和核酸
	Superose 12	1000~30×10^4	纯化、制备蛋白质、多肽、寡核苷酸、多糖和核酸
聚丙烯酰胺凝胶	Sephacryl S-100	1000~10×10^4	纯化、制备蛋白质和多肽
	Sephacryl S-200	5000~25×10^4	纯化、制备蛋白质，如血清蛋白
	Sephacryl S-300	10 000~15×10^5	纯化、制备蛋白质，如膜蛋白
	Sephacryl S-400	20 000~80×10^5	纯化、制备多糖和其他具有伸展结构的大分子，如蛋白多糖和脂质体
	Sephacryl S-500	无数据	纯化、制备大分子，如分离DNA酶切片段

（5）离子交换层析法

酶是两性电解质，整个分子根据环境溶液的 pH 不同可以是正离子，也可以是负离子，所以可以和阴离子或阳离子交换剂发生作用。此外,因为酶是多价电解质,所以对离子交换剂的亲和力取决于和离子交换剂形成的静电键数目,也和酶分子的大小及电荷的排列方式有关。离子交换剂带电基团所依附的骨架有多糖、合成或天然的聚合物等,目前常用的离子交换剂及其性质如表3-2所示。骨架的性质决定离子交换离子交换剂的机械性能、物理稳定性等。带电基团的性质决定离子交换剂的类型和交换能力。带电基团的总数决定离子交换剂的容量。

表3-2　常用的离子交换剂及其性质[a]

离子交换层析用途	样品条件	应　用	常见离子交换填料	特　性
精细纯化	高纯度的样品	去除微量杂质或性质接近的物质	MiniBeads(Q,S) MonoBeads(Q,S)	最高的分辨率 最高的分辨率
中度纯化	部分纯化后的样品	去除大多数杂质	Source 15(Q,S)	高分辨率、高通量、容易放大;当分辨率是最优先考虑时选用
			Source 30(Q,S)	高分辨率、高通量、容易放大;当速度是最优先考虑时选用
			Sepharose High Performance(Q,SP)	分辨率高,容易放大
			Sepharose Fast Flow (Q, SP, DEAE,CM,ANX)	容易放大,选择性宽
捕获	澄清或浑浊的样品	分离、纯化、稳定目标蛋白	Capto(Q,S,DEAE,adhere,MMC)	容易放大
			Sepharose XL(Q,SP)	对所选择的蛋白载量高,容易放大
			Sepharose Big Beads(Q,SP)	大规模,黏性样品
			Streamline(Q XL,SP Oeal Hst)	工业规模,过滤和一步吸附

　　a 如果目标蛋白等电点(pI)已知:缓冲液 pH 高于等电点时选择阴离子交换剂(Q,DEAE,ANX);缓冲液 pH 低于等电点时选择阳离子交换剂(S,SP,CM)。
　　如果 pI 未知:使用一个强离子交换剂如 Q,S,SP 检测其选择性。强离子交换机比弱离子交换剂更能在一个宽的 pH 范围内保持带有的电荷并应用更广泛。

　　影响分离的因素有离子交换剂和缓冲液的选择。离子交换剂的选择需要考虑酶蛋白电泳结果、等电点等,离子交换剂孔径会影响酶的结合容量,离子交换剂的颗粒大小会影响分辨率和流速。缓冲液离子的选择需要考虑缓冲液的 pK 值最好接近所要用的 pH,较高的缓冲能力可以有效地控制缓冲离子与离子交换剂相互作用而产生的 pH 的改变,避免出现 pH 交错界面,形成假峰,缓冲液的离子强度将影响结合容量。缓冲液 pH 的选择要考虑酶的等电点、稳定性和溶解度等。

　　(6) 亲和层析法

　　用亲和层析法分离纯化酶首先要制备或购买亲和吸附剂。制备亲和吸附剂首先要选择一固相支撑物作为载体,再选择一个能够与酶特异结合的化合物(酶的底物、抑制剂、辅因子或效应剂等)作为配基,偶联制成亲和吸附剂。当酶溶液通过亲和层析柱时,只有与配基有专一亲和力的酶才能结合在柱子上,其余杂质将从柱子上流出,然后再选择洗脱剂将专一结合的酶洗脱。影响亲和层析的因素有载体的筛选、配基的筛选、载体和配基的偶联、吸附和洗脱条件等。

每一种酶都有独特的结构和物理化学特性,和不同的配基也有不同的作用方式,所以进行亲和层析必须选择专一性的条件,在这种条件下使酶和配基发生结合,而且又能完整地将酶洗脱,达到分离纯化的目的。一种专一性的亲和吸附剂只能分离一类酶或一个酶,可以达到专一分离的目的。也可以筛选通用型的配基制成的亲和吸附剂,再通过不同的洗脱条件,将酶和杂蛋白分离洗脱。

四、海洋微生物酶的结晶和结构解析技术

1. 酶蛋白的纯化与结晶

对酶进行结晶,首先需要得到高纯度、高浓度的酶。因此,纯化需要结晶的酶至少要经过一次离子交换层析和一次分子筛层析,以获得电荷和聚集态都均一的高纯度酶。根据酶的性质种类不同,结晶所需浓度可能有所不同,一般在 5~30mg/ml。需要注意的一点是,有些酶由于具有自溶的特点,往往不够稳定。因此,在结晶之前需要先测定酶的稳定性。如果酶不够稳定,可以尝试与抑制剂进行共结晶,或通过突变获得活性丧失的突变体,对突变体进行结晶。

影响蛋白质晶体生长的因素有很多,如蛋白质的纯度、沉淀剂的种类、离子强度、溶液的酸碱度和蛋白质浓度、结晶温度等。另外,蛋白质样品是否均一将极大地影响晶体的形状与衍射能力,因此在纯化过程中需要使用等电聚焦、动态光散射和凝胶过滤层析等手段对蛋白质的微观均一性进行验证。但在实际实验中,因为条件的限制和实验的方便程度,大多采用凝胶过滤层析的手段进行蛋白质分散均一程度的验证。

在进行结晶实验时,沉淀剂的选择通常是结晶能否成功的最主要因素。聚乙二醇(PEG)为现今最为常用的沉淀剂,超过 50% 的晶体是通过 PEG 作为沉淀剂实现的。PEG 具有不同的聚合状态,平均相对分子质量为 400~20 000。虽然不同分子质量的 PEG 对于蛋白质结晶具有一定影响,但是没有确定的相关性和规律性。PEG 主要是通过改变水的结构并与水形成网络结构而减少蛋白质溶解性,促使蛋白质结晶。当获得了初始结晶条件后,需要进行结晶条件的优化。一般,首先进行 pH 的优化,以明确缓冲液种类与大致结晶的 pH 范围;其次进行沉淀剂种类和结晶浓度的初筛,这个过程很重要,因为沉淀剂的种类往往是决定晶体生长好坏的主要条件;最后进行添加剂的筛选,这一步通常是作为晶体优化的最后一个步骤。盐作为添加剂时,通常固定盐浓度为 0.2mol/L;有机溶剂为添加剂时,通常固定有机溶剂浓度在 1%~5%,具体浓度取决于蛋白质性质和所用的沉淀剂的浓度。另外,添加剂的筛选还可以采用 Hampton 公司的 Additive screen、Detergent screen 等常见试剂盒进行。以上各步骤可以重复进行,以最后得到可用数据为终点。

2. 酶的晶体衍射数据收集

目前,几乎所有的蛋白质晶体 X 射线衍射数据收集工作都采用冷冻晶体学的方法进行,即在 100K 的低温液氮蒸气下,将晶体冻结在液体形成的玻璃体中进行数据收集。为了防止晶体在极低温度中失去有序性,需要使用防冻液来保护晶体。通常使用的防冻液是由晶体生长的母液和甘油配制而成,甘油浓度在 10%~30%,一般如果母液富含盐类,则可适当提高

甘油的使用浓度。虽然对于不同的晶体，数据收集过程不尽相同，但一般都遵循以下标准。

1）探测器和晶体之间应保持合适的距离，尽可能在利用晶体衍射极限的同时还充分利用探测器面积。

2）选择合适的单片摆转角，尽可能避免衍射点重叠，如晶体的某一晶轴过长，则可使用较小的单片摆转角。

3）选择合适的晶体曝光时间与光强，尽可能在提高信噪比的同时，避免晶体衰减过快（即积分时 B-因子上升过于迅速）。

3. 酶的晶体结构解析、结构修正和数据提交

晶体结构的解析是利用收集到的衍射数据通过复杂的计算过程获得蛋白质结构模型的过程。由衍射数据和相位信息即可计算出电子密度，从而进行模型搭建。获得晶体的相位信息是晶体结构解析过程中的一个重要过程。随着晶体学的发展，获得相位信息的方法也越来越多，如常见的同晶置换法、反常散射法、分子置换法等。获得了初始模型后，需要对模型进行手工或计算机辅助修正。修正过程可采用 phenix 或者 Refmac5 和 coot 交替进行。最终获得的模型写成 PDB 文件（.pdb）和结构因子文件（.mtz or .sca），供分析使用。PDB 文件和衍射数据需要提交 PDB（protein data bank；www.rcsb.org/），提交 PDB 时应用网站上提供的分析 server 查找结构中存在的可能错误并仔细修正，以确保结构完整和正确。最后向 PDB 数据库提交结构，获得登录号。

五、海洋微生物酶的固定化技术

1. 固定化方法

固定化酶可以通过物理和化学方法制备，较为常用的方法有包埋法、吸附法、交联法和共价结合法。

（1）包埋法

包埋法根据包覆材料的不同可以分为三种，即凝胶包埋、纤维包埋和微胶囊包埋。将包埋材料制备成半透性载体，将酶包埋其中，即可得到包埋的固定化酶。使用包埋法并不会使酶参与到结合反应当中，不会对酶的氨基酸残基产生影响，对酶性质的影响小，因而酶的活力损失较小。但是由于使用包埋法固定化酶，在酶促反应时需要让反应底物穿过包埋载体的微孔进入内部与酶结合并发生反应，而大分子底物在体系中难以扩散，因此使用此类方法固定的酶一般难以催化有大分子底物参与的反应。微囊中的酶也可以用戊二醛直接交联达到稳定化，然后将其包埋在合适的凝胶中，可以提高操作稳定性和防治酶的脱落。

（2）吸附法

吸附法是利用载体和酶表面次级键所具有的非特异性作用达到吸附的效果，使酶结合在载体上的一种固定化方法。吸附法根据吸附剂的特点又可以分为离子吸附法和物理吸附法。

离子吸附是将酶以离子结合的方式固定到具有离子交换基团的非水溶性载体上制成固定化酶的过程。采用离子吸附时，缓冲液体系和 pH 会影响到酶与载体的结合情况。当两者发生变化时，会导致离子吸附效果发生改变，当离子强度过高时，会发生酶分子从载体脱落的现象。常用的离子载体有离子交换树脂、CM-纤维素、DEAE-纤维素等。物理吸附是将酶蛋白吸附到水不溶性惰性载体上制成固定化酶的过程。这种结合一般是通过载体和酶在氢键、疏水键、偶极键上的相互作用而实现。相对离子吸附来说,物理吸附作用较弱,吸附的酶较容易脱落。常用的物理吸附载体有活性炭、高岭土、纳米二氧化硅、白土等。采用吸附法对酶进行固定化处理,操作简单,作用条件温和,载体价格低廉,离子吸附比物理吸附可以得到更大的吸附容量。使用吸附法固定化酶,酶活力不易损失,酶的空间构象没有明显的改变。

（3）交联法

交联法是利用双功能基团可以与酶分子间形成共价键的特点,通过反应形成网架结构固定酶的方法。交联法中最常用到的交联剂是戊二醛,另外还有双重氮联苯胺、4,4-二异硫氰二苯基-2,2-二磺酸、甲苯-2-异氰酸-4-异硫氰酸和六甲基二异氰酸等。交联法操作较为简单,且固定效果较强。但因为交联反应比较激烈,容易在交联过程中导致酶构象的改变,所以在交联反应过程中应格外注意控制条件,否则会造成酶活力的严重丧失。

（4）共价结合法

共价结合法是通过在载体表面修饰活性官能团,活化后通过交联剂与酶分子反应,使载体表面的官能团和酶分子上的官能团相互作用,将酶蛋白结合在载体上。共价结合法常用的载体有二氧化硅、聚苯乙烯、四氧化三铁、脲醛树脂等。此法操作较复杂,反应条件较剧烈,酶活力的丧失相对较高。但是使用共价结合的优点也非常明显,用这种方法固定化酶,酶与载体的结合较为牢固,酶蛋白不易脱落,使用周期长,拥有较好的重复利用性和稳定性。但共价结合所采用的载体修饰较为困难,成本较高。

2. 固定化酶的优点

将游离的海洋微生物酶进行有效的固定化,可以解决海洋生物酶制剂使用过程中的以下问题。

1）有效地将游离酶进行固定化,可以使酶制剂得以多次重复利用,降低反应成本,为酶和产物的分离提供了便利。

2）有些海洋生物酶经过固定化处理后还可以延伸酶的性能,提高酶的温度和 pH 稳定性,在非水相体系中也可以进行有效的生物催化反应。

3）使用固定化酶进行生物催化反应能够对反应进程进行精确操控,可以通过添加和回收固定化酶随时启动或终止反应进程,能够有效地构建多酶联合作用体系,实现连续操作和自动化控制。

所以,如何将游离状态的酶在尽可能减少酶自身活力损失的前提下进行高效的固定化,已经成为酶工程领域内的研究热点。通过研究海洋生物酶的固定化,对酶的构象或者保存体系进行修饰和改造,改变其所处的微环境和立体选择性,提高酶的稳定性,使酶便于回收和重复利用,从而降低成本和扩大应用范围,提高酶的经济价值,是当今海洋生物酶规模化应用研究的主要方向之一。

3. 固定化酶的缺点

海洋生物酶的固定化能够解决酶制剂在实际应用中的多种不足,但是固定化酶本身也存在不足,主要有以下几个方面。

1）制备固定化酶载体材料成本高。虽然部分固定化载体价格便宜，但是这些载体并不能够满足所有酶制剂的固定化需求，对于某些分子结构上有特殊基团导致传统载体不能够有效对酶进行固定化的情况，需要根据不同要求制备特殊的载体，部分昂贵材料的选取直接提高了固定化酶的成本。

2）制备固定化酶时会造成部分酶活力损失。在使用不同材料对游离状态的酶进行固定化处理过程中，不可避免地会发生酶活力损失的情况。包埋和吸附的固定化方法虽然处理条件温和，但在反应过程中由于酶分子质量和带电性质的不同，会导致酶和载体包覆和结合能力的不同，有的酶与载体结合不牢固，或载体孔径不适宜导致酶的扩散损失。共价结合法会因为酶和载体基团相对剧烈的结合反应，在一定程度上改变酶活性中心或自身的构象，也会使酶活力出现不同程度的损失。所以，在固定化过程中需要根据酶活力保留的程度选择正确的固定化处理方法。

一般来说，经过固定化处理的酶在自身性质上与游离状态酶会出现不同程度的改变，需要合理地根据固定化酶性质选择适宜的应用方向。

六、海洋微生物酶的干燥和保藏技术

1. 酶的喷雾干燥技术

喷雾干燥技术是利用不同的喷雾器，将悬浮液或黏滞的液体喷成雾状，与热空气之间发生热量和质量传递而进行干燥的过程。喷雾干燥要求将料液分散成极细的雾滴，因此料液能形成很大的比表面积，使雾滴同热空气产生剧烈的热交换，在几秒至几十秒内迅速排除物料水分而获得干燥。成品以粉末状态沉降于干燥室底部，连续或间断地从卸料器排出。喷雾干燥技术的特点如下。

1）干燥速度快，停留时间短，一般为 3~30s。由于料液雾化成 20~60m 的雾滴，其表面积相应高达 200~5000m²/m³，物料水分极易汽化而干燥。

2）干燥温度低。虽然采用较高温度的热空气，但由于雾滴中含有大量水分，其表面温度不会超过加热空气的湿球温度，一般为 50~60℃，加之物料在干燥器内的停留时间短，因此物料最终温度不会太高，非常适合热敏性物料的干燥。

3）制品具有良好的分散性和溶解性，成品纯度高。但喷雾干燥的容积干燥强度小，故干燥室体积大，热量消耗多，一般蒸发 1kg 水分需 2.5~3.5kg 的蒸气。

适合于酶制品喷雾干燥的设备有流式喷雾干燥、离心式喷雾干燥、沸腾造粒干燥（颗粒状酶制剂）、喷雾干燥与振动流化干燥结合（颗粒状酶制剂）。酶活的回收率在很大程度上取决于排风温度，但为了保证排风的相对湿度不高于 10%，排风温度不宜过低，否则将使产品的干度达不到要求。

喷雾干燥技术一般用于工厂化大规模生产的酶制剂的干燥，而且只适用于热稳定性较好的酶制剂。

2. 酶的冷冻干燥技术

对于热敏感的海洋酶类，适于用冷冻干燥的方法进行干燥。冷冻干燥方法是将浓缩的酶溶液冷冻成固体的状态下抽真空，水分直接从表面升华，获得呈干粉状态的酶。与喷雾干燥技术相比,采用冷冻干燥技术酶活的回收率大幅度提高,但成本较高。需要注意的是,一般冷冻干燥机的真空泵只适用于对水溶液进行干燥;如果酶溶液中含有有机溶剂,需要采用可冻干含有机溶剂溶液的真空泵及冻干机。

3. 液体酶保藏技术

有些酶干燥后容易失活,酶活回收率低,这类酶只适合液体保藏。如果酶要在液体状态下保藏,一般需要加入稳定剂进行保护。特别是对热敏感的酶,加入合适的稳定剂非常关键。提高酶稳定性的稳定剂种类较多,最常用的是甘油、海藻糖和其他各种糖类和有机醇。一种酶用哪种稳定剂合适需要通过实验分析。利用正交法等筛选复合稳定剂也可能比单一稳定剂的效果好。

七、酶的质量监控和评价技术

1. 酶的活性分析

酶的催化活性是对酶进行质量监控和评价的主要指标之一。测定方法有定性和定量法。定性的方法包括组织化学法、底物平板法和试纸测定法等。定量测定酶活性的方法包括分光光度法、荧光法、滴定法、测压法、碘量法、放射同位素法及色谱法等。由于酶催化反应速度受温度、pH、离子强度及使用的底物等许多因素的影响,因此所谓的酶活性测定是指在特定的反应体系和条件下测到的反应速度。一般多以测定产物的生成量确定酶的活性,只有在产物测定非常困难或者底物测定特别方便时才采用测定底物减少量的方法。

一个酶的活性测定方法对于研究和应用都是非常重要的,一个精确、快速、简便的测定方法,可以大大提高工作效率。由于反应速度是通过测定一定的时间内底物或者产物量的变化而求得的,因此计时的精确性十分重要。酶反应受温度影响很大,因此反应要放在自动控温的恒温水浴中,底物与酶液混合之前应预保温,使温度恒定,然后再混合。有些酶对 pH 变化十分敏感,pH 改变显著影响反应速度。特别注意有时酶样本身含的酸或碱会严重改变反应系统的 pH,可以先将样品的 pH 调到所需的 pH,再测定。有时不同种类的缓冲液,即使 pH 和离子强度相同,测定的酶活性也不一样,最好不要轻易变动缓冲系统,除非经过实验证明对反应速度和测定没有影响。另外,在酶活性测定中,空白对照非常重要,尤其是对纯度不高的粗酶活性的测定,如果忽略空白对照,可能会引起相当大的误差。

液体样品的酶活性往往用酶液中含有的酶活单位数表示。国际酶学委员会将酶活单位定义为,在特定条件下,$1min$ 内转化 $1\mu mol$ 底物,或者底物中 $1\mu mol$ 有关基团所需的酶量。国际酶学委员会定义的酶活单位被称为酶的国际单位(IU),已被广泛应用。但在酶制剂的生产和应用中,往往会根据具体情况各自制定不同的酶活单位(U)。因此,比较文献报道的或不同品牌酶制剂的酶活性时,必须注意它们的单位定义及测定系统和条件,不可根据报道或注明的酶活单位数进行盲目的比较。

2. 酶的纯度分析

酶的纯度也是对酶进行质量监控和评价的主要指标。酶的纯度的分析方法包括比活分析、电泳分析、FPLC 和 HPLC 分析等。

比活是指单位重量的酶制剂中所含的某种酶的酶活单位数,是表明酶纯度的重要指标。因此,商品酶制剂一般用单位重量酶制剂中含有的酶活单位数表示。分析比活是比较不同酶制剂中酶纯度和含量的最重要指标。此外,电泳法,特别是 SDS－PAGE 电泳也常用来分析酶制剂中酶的纯度;在 FPLC 或 HPLC 上过凝胶柱可以通过比较酶蛋白的峰面积与其他杂蛋白的峰面积分析酶在酶制剂中的相对蛋白含量。

(孙谧 宋晓妍 张玉忠)

第二节 海洋蛋白资源及其利用关键技术

随着世界人口增长、环境问题日益突出及人民生活水平不断提高对食品营养与健康的需求增加,蛋白质资源的缺乏已经成为人类共同面临的问题。提高现有蛋白质资源的利用率、积极寻找新的蛋白质来源、开辟新的蛋白质饲料资源是缓解我国蛋白质资源短缺的有效途径。海洋是生物资源的宝库,人类对海洋的依赖性日益彰显,海洋生物包括超过 2 万种植物和 18 万种动物及大量的微生物,其中与人类生活关系密切的鱼类、虾类、贝类、大型藻类等动植物有 1 万多种。在正常生态平衡的情况下,海洋每年可为全世界提供 30 亿 t 水产品,但从蛋白质的生产力估算,世界各海洋里每年能生产各种海洋动物蛋白质约 4 亿 t,相当于全世界现有人口对整个蛋白质需要的 7 倍左右。由于海洋存在许多极端环境,如高压(深海)、低温(极地、深海)、高温(海底火山口)和高盐等环境,为了适应这些极端的海洋生境,海洋生物蛋白质无论氨基酸的组成或序列都与陆地生物蛋白有很大的不同,许多蛋白质或多肽表现出多种生物活性。我国《食品工业"十二五"发展规划》指出,要加大植物蛋白和水产蛋白的高效提取和综合利用,在水产产品加工与综合利用方面,加强鱼类加工,贝类的净化与加工,海藻加工及综合利用,水产品骨血及内脏、皮、鳞、鳍等副产物的综合开发与利用。

一、原料的获取或培养技术

1. 海洋渔业蛋白资源

海洋捕捞渔业占世界渔业总量的 50% 以上,其中海洋捕捞总量的 70% 用于深加工,每年产生大量的加工副产物;此外,贝类和甲壳类等深加工产生的废弃物总量也相当可观。仅欧盟每年就产生鱼类加工副产物和贝类或甲壳类加工的废弃物累计达 500 万 t。据统计,海洋渔业每年产生超过 2000 万 t 的副产物或废弃物,约占海洋捕捞总量的 25%。

大部分副产物或废弃物的经济价值不高,传统利用方式主要是以此为原料用于制备肥料、饲料及宠物饲料等,技术含量不高且产品附加值较低。鱼产品加工的副产物(包括鱼鳍、鱼鳞、鱼皮、鱼头和内脏等)由于含有大量蛋白质,采用生物技术提取有价值的蛋白质、鱼油及多糖等并制备成健康快速消费品或保健食品等逐渐成为趋势。我国可供开发和利用的渔业资源总量非常丰富,有海洋生物 3000 多种,其中可捕捞和养殖的鱼类有超过 1600 种,经济价值较大的有 150 多种。以 2009 年为例,鱼类总产量近 3000 万 t,仅废弃鱼骨的数量近 1000 万 t。新鲜海鱼中鱼肉、鱼头、内脏、鱼骨和鱼皮等分别占鲜鱼的 40% ~ 50%、20% ~

24%、6%~7%、15%~18%和4%~6%,鱼肉中的蛋白质含量为18%~22%,蛋白质种类主要包括肌浆蛋白、肌原纤维蛋白和基质蛋白,占鱼总蛋白的65%~75%。加工后的鱼头、内脏和鱼皮等废弃物含水量一般在60%~70%,蛋白质含量在8%~23%,鱼皮中蛋白含量在22%~24%,主要是大量的胶原蛋白。

海洋鱼类加工副产物中的蛋白质采用适当方式提取后可制备成生物活性多肽,并表现出抗氧化、提高免疫力、辅助降血压等多种生物活性,可用于制备食品或保健食品的原料。海洋生物活性多肽制备方法主要包括溶剂提取法、酶法降解或微生物发酵法等。海洋渔业蛋白及多肽的营养价值很高并容易被人消化吸收,是我国渔业深加工领域和食品工业发展的重要方向。

2. 海洋贝类和甲壳类蛋白资源

贝类和甲壳类动物是一大类绚丽多姿的海洋软体动物,有数万种。贝类和甲壳类海洋动物中蛋白质也主要分为肌浆蛋白、肌原纤维蛋白和基质蛋白。在肌肉蛋白中肌浆蛋白在15%~35%,包括肌酸激酶、醛缩酶等与能力产生相关的蛋白质和酶类等。肌原纤维蛋白属于盐溶蛋白,是肌肉中含量最高的蛋白质,其中肌动蛋白和肌球蛋白是肌原纤维蛋白中含量最高的两种蛋白质,尤其是在收缩组织中的含量更高,其他与组织收缩相关的蛋白质还包括原肌球蛋白、肌钙蛋白、辅肌动蛋白和结蛋白等。贝类和甲壳类动物加工会导致大量贝壳和头等废弃物,占鲜重的30%~45%,甲壳是重要的几丁质和类胡萝卜素的来源,同时还含有约38%的蛋白质,虾壳中蛋白质含量约占湿重的41%或干重的69%。

20世纪50年代,我国主要养殖一些牡蛎、蛏等贝类,全国产量仅为20几万吨,20世纪90年代海水养殖迅速发展,到2012年贝类养殖产量超过1318万t,占海水养殖产量的80%,成为海水养殖业的最为重要组成部分,年出口总额位居我国水产品出口第二位,仅次于虾类。我国贝类和甲壳类海产品养殖产量、产品价格等与其他国家相比具有较强的优势,加工保鲜也具有一定的水平,废弃物资源的高值化综合利用逐渐成为趋势,目前多集中于蛋白质提取与酶解技术及生物活性多肽的筛选等方面。海洋贝类和甲壳类中蛋白质资源的高效利用是我国海洋生物资源可持续利用的重要发展方向,酶解技术已经成为海洋贝类蛋白质资源高值化、资源化、生态化开发的重要手段,具有重要的理论意义和实践意义。

3. 海藻蛋白资源

海藻主要分为大型海藻和海洋微藻两个大类,大型海藻中褐藻和红藻的养殖量已具备相当大的规模。我国以海带、裙带菜、昆布等藻类为加工原料,主要生产碘和海藻酸钠两种产品,海藻的工业利用率仅达30%左右,还有50%以上的海藻成分变为废弃物,而它们是宝贵的蛋白质资源。

(1)褐藻类蛋白资源

褐藻蛋白是褐藻含氮类化合物,褐藻海带科中粗蛋白含量为5%~20%,其中海带中含量为15%~20%。海带蛋白中的氨基酸种类齐全且比例适当,其含量十分接近理想蛋白质中必需氨基酸含量模式。海带蛋白对大肠杆菌、产气杆菌、金黄色葡萄球菌具有抑制作用,同时对高血压模型大鼠灌胃具有良好的降压作用。近年来世界海带产量逐年增加,养殖区域集中在亚洲的中国、日本、朝鲜和韩国,其中我国的产量最高,美洲及欧洲的海带年产量不到百吨。我国的海带产区主要集中在辽东半岛和山东半岛,近10年来年产量占全球海带产量的 83%～87%。我国海带贸易以出口为主,年出口总量稳定在 1.5 万 t 以上。在品种方面,目前我国海带的苗种培育技术已达到较高的水平,现有品种主要有'远杂 11 号''荣福 1 号''烟杂 1 号''福建海带''日本真海带''901'和'201',近年来利用克隆、转基因或杂交技术,逐渐培育出具有优良性状的优质海带苗。

裙带菜是经济价值、药用价值很高的大型褐藻,裙带菜中含有多种营养成分,粗蛋白含量与海带相近。在我国,对海带的研究和利用较早、较多,对裙带菜研究起步相对较晚。研究发现,裙带菜不仅含有大量的维生素、蛋白质、甘露醇和丰富的矿物质,还含有大量富有生物活性及人体必需的高不饱和脂肪酸、有机碘、膳食纤维等有益成分。国内裙带菜的开发主要以褐藻酸钠、甘露醇、碘为主要产品,工业利用率并不高,合理地综合利用裙带菜也势在必行。

(2) 红藻类蛋白资源

紫菜属海产红藻,蛋白质含量高达干重的 25%～50%,是蛋白质含量最丰富的海藻之一。紫菜中的蛋白质含量随着种类及生长时间、地点等的不同而不同。紫菜的食用和养殖在我国都有着悠久的历史,紫菜中蛋白质消化率最高可达到 70% 以上,是一种优质的蛋白质,其藻胆蛋白占干重的 4% 左右,其中藻红蛋白含量最高可达干重的 2.43%。藻红蛋白具有广泛的生物学功能和独特的应用价值,既可以作为天然色素广泛应用于食品、化妆品、染料等工业,又可制成荧光试剂,用于临床医学诊断、免疫化学及生物工程等研究领域中,同时还是一种具有开发潜力的光敏剂,用于肿瘤的光动力治疗等。

紫菜是中国水产品养殖业具有代表性的产业之一,产业规模在藻类当中仅次于海带位居第二。中国、日本、韩国是世界紫菜养殖主要国家,20 世纪 90 年代后期中国紫菜在国际市场占有率不断上升,2000 年中国超越日本一跃成为世界第一紫菜养殖大国,2009 年中国占世界养殖总量 65%。用于产业化人工栽培的品种主要有'坛紫菜'和'条斑紫菜'两大品种,这也是我国养殖紫菜的主要品种。20 世纪 80 年代,我国养殖的紫菜品种主要是传统品种——'坛紫菜',后来引进了条斑紫菜并实现了紫菜种植业的飞跃,产量由 90 年代初的 1.2万 t 上升至 2006 年的 9.2 万 t,2012 年我国养殖紫菜年产量约 11 万 t,从采苗、育苗、养殖和加工等各方面都取得了突破性的进步。

(3) 微藻蛋白资源

海洋微藻具有种类多、数量大、繁殖快等特点且营养丰富,海洋微藻富含蛋白质,可以作为单细胞蛋白的一个重要来源,并富含脂肪酸、多肽和类胡萝卜素等生物活性物质,在医药、食品、水产养殖、农业及环保等领域具有重要开发价值。我国海洋微藻资源丰富,近年来随着陆地资源的衰竭,丰富的海洋微藻资源成为人们关注的热点,海洋微藻在保健食品、药物、饲料、化妆品、生物农药、污水治理等方面展现出了广泛的应用前景。

海洋微藻的主要研究对象是单细胞微藻。微藻大规模工业化培养仅是近四五十年的产业成就,已经实现大规模(自养)培养的微藻物种主要有螺旋藻和杜氏盐藻等,可用于功能食品和饲料添加剂等行业。螺旋藻属于蓝藻门颤藻科的一种古老的低等原核生物,含有极其丰富的营养成分,蛋白质含量高达 50%～70%,是一种极好的蛋白源,其中又以藻胆蛋白的含量最高,可达细胞干重的 25%～28%,其藻蓝蛋白含量为 10%～20%。藻蓝蛋白可以作为天然色素广泛应用于食品、化妆品、染料等工业。杜氏盐藻是一种较为独特的单细胞真核绿藻,无细胞壁,也是真核生物中抗逆性最强的一种藻类,可在含 0.05~5mol/L NaCl 环境中生长。杜氏盐藻含有丰富的蛋白质、β-胡萝卜素、多糖、油脂等,同时含较高的钙、磷、锌等矿物质,还含有包括人类必需氨基酸在内的 18 种氨基酸,具有调节机体的代谢、提高免疫力和抗病能力及促进生长等功效。

微藻藻种的定向改良、养殖方式和培养条件的优化及高附加值综合利用是微藻产业发展的趋势,在微藻中选育生长速度快、结构简单、遗传信息比较稳定的工程藻,利用转基因技术,可将目标基因重组到藻体中表达,从而获得大量的高附加值产物,为海洋微藻的研究开发利用和产业化提供了更广阔的前景。

二、提取、纯化和制备技术

以海洋生物为原料制备的蛋白质或多肽根据其具体应用范围存在较大差异,如鱼类中存在的高丰度蛋白——胶原蛋白,海藻中存在的藻蓝蛋白等。分离鱼蛋白在食品添加剂领域应用十分广泛,可调制成液态或固态的产品,用作调味剂等。此外,海洋分离蛋白在饲料领域的应用也十分广泛。小分子肽可以由肠道直接吸收,且小分子肽的吸收途径比氨基酸的吸收途径具有更大的输送量。来自海洋生物的活性肽有两大类:一类是自然存在于海洋生物中的活性肽,主要包括肽类抗生素、激素等生物体的次级代谢产物,以及骨骼、肌肉、免疫系统、消化系统、中枢神经系统中存在的活性肽等;另一类是海洋生物蛋白质经酶解产生的活性肽,由于天然存在的活性肽含量较少,提取也较困难,从海洋蛋白酶解产物中寻找生物活性肽是目前研究的重点,尤其是抗高血压、抗血脂、抗肿瘤、提高免疫力等方面的多肽是海洋保健食品和海洋药物重要资源,具有极大的开发潜力和广阔的市场前景。

1. 海洋鱼蛋白提取工艺

(1)海洋鱼蛋白粉

美国根据其蛋白质、脂肪、灰分及碳水化合物的含量将海洋鱼蛋白粉分为三种类型:浓缩鱼蛋白(fish protein concentrate,FPC)是以全鱼、鱼皮或鱼肉、鱼鳍等任何部分制备的蛋白质含量在 50%~70%,脂类或脂肪酸含量在 1%~20%,含水量在 4%~8%的浓缩粉;分离鱼蛋白(fish protein isolate,FPI)是以全鱼或鱼任何部位为原料制备的蛋白质含量大于 90%,脂类或脂肪酸含量低于 1%的蛋白粉,图 3-1 是分离鱼蛋白的制备工艺流程;混合分离鱼蛋白粉(hybrid FPI)是脂类或脂肪酸含量低于 0.3%、蛋白质含量约 80%和矿物质可达 15%的蛋白粉。三种鱼蛋白粉与全鱼直接研磨成的鱼粉在物质组成方面存在显著差异。我国于 2008 年制定了海洋鱼低聚肽粉国家标准,其是以海洋鱼皮、鱼骨或鱼肉为原料,用酶法生产的、相对分子质量低于 1000Da 的低聚肽(GB/T22729—2008),其主要采用生物酶降解的方式制备。

(2)鱼皮胶原蛋白及多肽提取工艺

鱼皮、鱼鳍、鱼骨和鱼鳞中含有大量的胶原,经酶法、酸碱法或热提取法提取并降解后可制备成胶原蛋白肽。鱼皮中胶原蛋白含量可达到蛋白质总量的 80%以上,主要成分为纤维状胶原蛋白,还含有少量白蛋白、弹性蛋白和球蛋白等。胶原蛋白是一种由动物细胞表达的

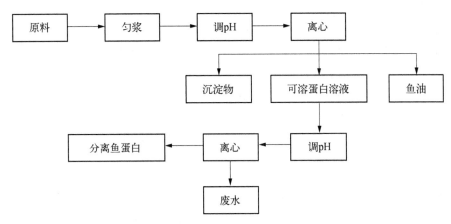

图 3 - 1　分离鱼蛋白的制备工艺流程图

天然生物高分子,作为细胞外基质的主要成分几乎存在于所有组织中。在生物学功能方面,胶原蛋白在生物体内扮演连接组织的角色,对皮肤、骨骼、筋骨和软骨都至关重要。胶原蛋白与糖蛋白、蛋白聚糖和弹性蛋白等相互作用构成复杂的网状结构,不但起到细胞结构支架的作用,而且对细胞和组织的形态结构、新陈代谢、生长、分化都有重要影响。胶原蛋白分子呈细棒状,长 300nm,直径为 1.5nm,分子质量约为 300kDa。胶原分子通常由 3 条肽链组成,每条肽链约 1000 个氨基酸残基,这些肽链被称为 α - 链,根据多肽链氨基酸序列的差异可分为多种类型。胶原的分子特征是其分子链呈三螺旋结构,每一分子形成一股左手螺旋,其中每 3 个氨基酸残基形成一圈螺旋,3 条左手螺旋形成一个右手螺旋,其螺旋结构称为三螺旋;胶原特有的左旋单链相互缠绕构成胶原的右手复合螺旋结构,这一区段称为螺旋区段。螺旋区段的最大特征是含有甘氨酸的氨基酸三联体结构(Gly - X - Y)形式重复排列着,其中 Gly 为甘氨酸残基,X、Y 为其他类型氨基酸残基,且脯氨酸和羟脯氨酸残基较多,约占 20%,胶原蛋白氨基酸序列中羟脯氨酸的含量直接影响胶原蛋白的热稳定性和机械强度。动物成纤维细胞表达后的胶原称为原胶原,含有胶原蛋白三螺旋结构的核心序列及非核心序列的端肽,原胶原在生物酶的催化作用下去除端肽形成胶原蛋白。胶原蛋白热变性后形成的分子质量不均一的多肽混合物称为明胶,胶原蛋白直接经过化学和酶法降解后的多肽也称为胶原蛋白多肽。

　　1)胶原蛋白制备工艺。海洋胶原蛋白的提取方法根据原料种类或来源不同而有所差异,但都是依据胶原蛋白的特性改变蛋白质所在外界环境,将胶原蛋白与其他蛋白质分离。目前报道的提取方法包括酸法、碱法、盐法、酶法及热水浸提法,或不同提取方法结合使用。酸法中,将鱼皮进行匀浆处理后用乙酸或柠檬酸进行溶胀,放在热水中浸提即可得到胶原蛋白的水溶液,或加酸制备匀浆后在低温下用酸浸提,离心即可得酸溶性胶原蛋白;碱法提取胶原蛋白过程中一般是把鱼皮匀浆处理后用 NaOH 浸提;盐法提取过程中采用不同浓度的氯化钠或氯化钾从鱼皮中提取盐溶性胶原蛋白;酶法提取常用胃蛋白酶、木瓜蛋白酶和胰蛋白酶等水解,得到不同的酶促溶性胶原蛋白,目前研究较多的是使用胃蛋白酶提取。

　　2)胶原蛋白肽制备工艺。酶法将胶原降解制备多肽是目前最常用的方法,该法的优势在于对胶原蛋白破坏性小,能更有效地得到活性蛋白。目前酶解胶原蛋白的工艺主要分为单酶水解法和多酶水解法,多酶水解法又分为混合酶水解法和分步酶水解法。酶法制备胶原蛋白肽具体实验工艺及条件的选取通常应考虑要开发的产品对分子质量的要求,要得到分子质量较小的胶原多肽一般采用多酶水解法。影响酶解效果的因素主要包括酶的种类、加酶量、酶解温度、酶解时间、提取溶液 pH 和固液比例。胶原蛋白肽制备过程常用的酶主要是被列入 GB2760—2004 的酶,包括木瓜酶、菠萝蛋白酶、胃蛋白酶、胰蛋白酶等,它们具有反应速度快、时间短、无环境污染等优点。例如,从马面鱼鱼皮中提取胶原蛋白过程中,酸性蛋白酶添加量为 1000U/g,料液比 1∶5,pH 3.0,酶解时间为 25h,得率为 57.95%。从鳕鱼皮中提取胶原蛋白过程中,使用碱性蛋白酶,最佳水解时间为 10.43h,水解温度为 16.32℃,酶浓度为 0.054%,提取得率为 27.53%。图 3-2 是胶原蛋白多肽制备工艺流程图,部分制备工艺中,为了控制产品分子质量范围,在脱腥处理后还要进行膜分离处理。

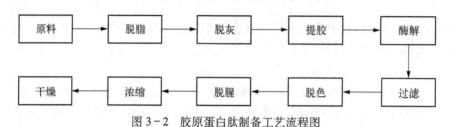

图 3-2　胶原蛋白肽制备工艺流程图

（3）海藻蛋白提取工艺

目前对海带、紫菜及裙带菜中蛋白质提取的研究比较少。大型海藻中的黏性多糖导致蛋白质溶出存在难度,使得传统法提取海藻蛋白的效率很低。国内外关于海藻蛋白的研究主要集中于少量的蛋白质提取与鉴定等。文献报道目前大型海藻蛋白的提取方法包括预处理、匀浆、浸出、盐析、层析等过程,浸出方法包括盐溶液浸出法、生物酶法和超声波辅助提取法等(图 3-3)。

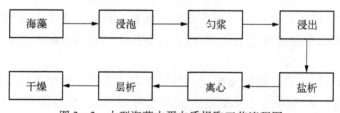

图 3-3　大型海藻中蛋白质提取工艺流程图

盐溶液浸出法利用稀盐或缓冲体系的水溶液对蛋白质稳定性好和溶解度大的特点,将海藻中的蛋白质溶出。例如,采用磷酸盐缓冲液提取紫菜蛋白,在物液比为 1∶5,浸泡时间为 36h 时,采用匀浆等组织破碎技术将紫菜破碎;反复提取后经过多次硫酸铵盐析,再经过层析分离后可制备出高纯度藻红蛋白和藻蓝蛋白。生物酶法提取过程的反应条件温和,不会产生有害物质,能更多地保留蛋白质的营养价值,目前用于提取海藻蛋白的酶主要有糖酶和蛋白酶。糖酶的作用方式是通过破碎植物细胞壁,使细胞内溶物充分游离出来,从而提高蛋白质的提取率。蛋白酶可将紫菜蛋白水解为可溶性的小分子肽,同时也会将与蛋白质相连的其他物质水解掉,提高蛋白质的提取率。超声波辅助浸出法可以提高蛋白质提取率,与常规水溶液萃取技术相比,超声波提取技术具有快速、高效、价廉的特点,超声处理在促进酶解进程的同时,并不破坏海藻蛋白的分子结构。盐析过程可使蛋白质沉淀,离心后收集沉淀物经凝胶过滤和吸附层析后可制备出海藻蛋白。

从海洋微藻中提取蛋白质的工艺与从大型海藻中提取蛋白质的工艺类似,对于不同种类的微藻,蛋白质提取过程的破碎条件、提取溶液种类、蛋白质沉淀方式及层析条件等略有差异;如从螺旋藻中提取藻蓝蛋白过程中一般先采用反复冻融或超声波处理的方法破碎细胞或加入溶菌酶进行破壁处理。细胞破碎液经离心或过滤处理后可获得藻胆蛋白粗提液,再经硫酸铵盐析和离心处理后获得蛋白质沉淀,沉淀物溶于低浓度磷酸盐缓冲液中并经透析、离心等得到上清液,进行柱层析后即可获得藻胆蛋白的纯化液。通常采用的层析法是羟基磷灰石(HA)柱层析,所用的洗脱液为梯度浓度的磷酸盐缓冲液,在优化的层析条件下可实现藻蓝蛋白和别藻蓝蛋白的分离。又如从杜氏盐藻中提取蛋白质过程中,可采用高压破碎及梯度离心技术分离出杜氏盐藻的叶绿体,随后用冻融法或研磨法处理,加入缓冲液提取叶绿体蛋白,采用乙酸铵甲醇沉淀蛋白,复溶后采用丙酮或乙醇进行洗涤后采用层析法可纯化出叶绿体蛋白。

(4)贝类蛋白提取工艺

利用发酵工程或酶工程等现代生物工程技术手段进行海洋贝类蛋白资源的高值化综合利用已经成为国内外贝类资源综合利用的重要方式,制备的蛋白质和多肽广泛应用于调味品、保健食品、营养食品、医药等领域。近十年来,国内外报道了大量关于贝类分离蛋白及酶解利用贝类蛋白工艺研究。与其他多肽制备方法类似,贝类蛋白酶解方面的研究主要集中于酶种类、酶活力、加酶量、固液比、温度、pH、酶解时间及产品的性能与应用等。在酶解贝类种类方面,主要为牡蛎、扇贝、文蛤、贻贝、珍珠贝等中低值贝类。

贝类分离蛋白制备工艺中,原料预处理过程包括组织解离和匀浆等过程,加入适当的提取溶液将组织匀浆悬浮,在一定温度和提取时间条件下将蛋白质溶出,离心或过滤后收集蛋白质提取液,调节 pH 后进行蛋白质沉淀,二次离心后收集沉淀的蛋白质,重新悬浮后进行喷雾干燥。制备的贝类分离蛋白主要用于海鲜调味料、保健食品、营养食品或饲料蛋白源等。

贝类蛋白酶解多肽的制备工艺中,首先将贝类肌肉或裙边等富含蛋白质的组织进行解离,采用低浓度碱溶液浸泡一定时间进行脱脂,采用胶体磨等匀浆设备将组织打浆,加水、调pH 并加入一定量的蛋白酶,在一定温度条件下进行酶解,酶解产物采用板框、卧螺离心机或沉降式离心机处理后收集清液,采用活性炭吸附、大孔树脂或离子交换层析等方法进行脱腥、脱色处理,采用超滤或纳滤的方法控制产品分子质量,透过液经三效浓缩后将固含量提高到 20%~28%,喷雾干燥后制备出贝类多肽(图 3-4)。在原料预处理方法上,主要研究集中在脱脂方法和脱灰工艺方面,包括碱的种类、用量及预处理时间与脂肪残留量关系等;在酶解工艺方面,常用工具酶包括中性蛋白酶、风味酶、木瓜蛋白酶、菠萝蛋白酶、胃蛋白酶等。有研究表明,利用贝类自溶酶等内源酶与外源酶结合进行贝类酶解可提高贝类酶解的效率。近年来,酶解工艺与生物活性肽含量的关系研究十分活跃,主要集中于酶种类、酶解时间和产品分子质量范围等对产物中特定生物活性多肽含量的影响。在产品分子质量范围控制方面,基于酶解-膜分离过程集成的多肽制备技术十分活跃,主要研究降解和超滤集成工艺参数,包括酶解动力学和透膜行为;酶促反应与膜分离过程集成可将酶解反应得到的多肽及时移出,避免酶促反应过度导致多肽进一步降解,制备出的多肽分子质量范围可通过选择合适截留分子质量范围的超滤膜进行控制,其最大特点在于酶解反应后的多肽分子范围具有可控性。

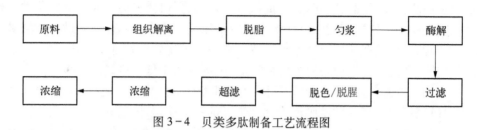

图3-4 贝类多肽制备工艺流程图

（5）海洋生物活性肽提取技术

自然存在于海洋生物中的活性肽具有含量低、生物活性高等特点,根据结构可分为环形肽和线性肽。目前研究较多或功效较为明确的多肽包括源于鱼精蛋白、海鞘、海葵、海绵、芋螺、海星、海兔、海藻、鱼类、贝类等的活性肽及在海洋生物中广泛分布的生物防御素等,其中鱼精蛋白是存在于许多鱼类成熟精细胞中的一种碱性蛋白,相对分子质量为4~10kDa;海鞘多肽是存在于海鞘中的环肽;海葵中存在的活性肽包括鞘磷脂抑制性碱性多肽、胆固醇抑制活性肽等;芋螺毒素是芋螺中天然存在的含10~30个氨基酸残基的有毒多肽;海兔中也存在多种细胞毒性环肽。

天然存在的海洋生物活性肽由于含量低和提取难度大等特点,目前较少用于大规模制备。文献报道的分离方法多采用超滤和层析相结合的方法,首先将原料进行匀浆处理,采用适当的缓冲体系使目标物充分释放,固液分离后采用吸附或超滤的方法进行粗分离,再采用离子交换、亲和或凝胶过滤等多种层析组合的方式进行精制,冻干后获得多肽产品（图3-5）。

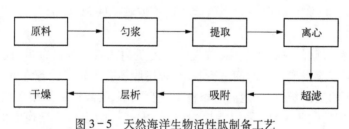

图3-5 天然海洋生物活性肽制备工艺

三、质量监控与评价技术

海洋蛋白质或多肽的质量评价指标主要包括营养指标和功能指标,营养指标中包括蛋白质消化率、氨基酸组成和分子质量范围等指标,功能指标是对蛋白质或多肽而言其中的生物活性肽种类及活性多肽的含量。污染物控制方面主要包括微生物和重金属等指标。

1. 蛋白质消化率

蛋白质消化率是指人体从蛋白质中吸收的氮占摄入氮的比值,反映了蛋白质被消化酶分解、吸收的程度,测定方法主要包括体外蛋白质消化率和体内蛋白质消化率两种方法。

（1）体外消化率测定法

体外消化法是利用精制的消化酶或生物体消化道酶提取液在试管内进行的消化实验,其测定值可较为准确地反映动物对蛋白质的消化率。该方法是基于模拟蛋白质在人体内消化过程的一种测定方法,不仅可以直接预测蛋白质的营养价值,还可提供蛋白质在胃、肠内消化和吸收的情况。由于该方法不需要活体动物且与体内消化率测定法有较高相关性,可以人为准确地控制实验条件,测定效率和稳定性好。体外蛋白质消化率测定法主要包括两个步骤:首先利用蛋白酶水解蛋白质,然后再通过测定蛋白质的水解度来计算蛋白质的消化率或采用其他方法对蛋白质的消化程度进行评价。在蛋白质酶解阶段分为一步消化法和多酶分步消化法,酶解产物分析方法包括 pH 降低法、pH 恒定法、三氯乙酸沉淀法、凝胶电泳法和反相色谱法等。蛋白质消化率(%)计算方法与采用的降解方法有关。体外测定法适用于大规模食品评定、蛋白质营养质量的分级和对蛋白质体内营养价值的预测,并能检测出同种物料的不同样品间质量稳定性等。

（2）体内蛋白质消化率测定法

该方法是基于动物实体研究和分析蛋白质的消化率、评价蛋白质质量的方法,能够比较真实地反映动物对蛋白质的消化情况。最为常用的测定方法是采用大鼠粪氮平衡实验来预测人体消化率方法,该方法以蛋白质在人体内的消化基本过程为基础,首先食物蛋白在胃蛋白酶作用下被消化,然后被肠道中的胰蛋白酶和糜蛋白酶进一步消化和吸收,最后少量肠道微生物细胞和脱落的肠内黏膜细胞及不能被消化的蛋白质经过肠道后一起从粪便中排出。摄入氮与粪氮的差值占摄入氮的比例称为表观消化率。该方法需要对无蛋白饲料条件下所产生的粪代谢氮进行测定来校正。体内蛋白质消化率测定法可真实地反映动物对食物的消化情况,但操作复杂、时间长、费用高,且受季节、温度、光照等外部环境影响,因此该方法常作为一种验证的方法,不适合做大规模蛋白质消化率评定。

蛋白质消化率与其分子质量范围、来源及氨基酸组成密切相关,一般蛋白质分子质量范围越高则其消化率越低,如果蛋白质中存在一定量的蛋白质抑制剂,其消化率尤其对于体外消化率测定的结果会偏低,糖蛋白中糖链在一定程度上也会影响蛋白质消化。此外,胰脏分泌的胰蛋白酶(酶解位点为 Lys 和 Arg)和糜蛋白酶作用位点(Phe、Trp、Tyr 和 Leu)有特异性,因此氨基酸组成对蛋白质消化率也存在一定的影响。

2. 氨基酸组成分析

异亮氨酸、亮氨酸、赖氨酸、甲硫氨酸、苯丙氨酸、苏氨酸、缬氨酸、色氨酸是人体需要从食物中摄取的 8 种必需氨基酸,对摄入量及比例也存在一定要求。任何一种必需氨基酸的摄入量过少会造成人体所需氨基酸之间出现新的不平衡,影响到机体的生理机能或导致代谢紊乱、机体抵抗力下降等。联合国粮食及农业组织规定 8 种人体必需氨基酸的比例为:亮氨酸17.2%、异亮氨酸12.9%、缬氨酸14.1%、赖氨酸12.5%、苏氨酸10%、甲硫氨酸10.7%、苯丙氨酸19.5%、色氨酸3.1%。在营养学上通常把营养价值较高、具有和人体要求比例相符的氨基酸组成的蛋白质称为参考蛋白质。一般而言,动物性蛋白质食品中含有人体必需的 8 种氨基酸,其构成比例与人体所需的比例基本一致。但以动物局部组织或提取某种特定蛋白质为原料制备的蛋白质或多肽,其氨基酸组成与人体必需氨基酸的最适比例存在一定差异。不同种类的海洋动物或植物,同种动物不同生长时期及不同部位的氨基酸组成不尽相同。新鲜海蜇伞部、口腕部和生殖腺三个部位氨基酸组成分析结果表明,总氨基酸质量比分别为 146.6mg/g、150.0mg/g 和 245.6mg/g,人体必需氨基酸质量分数分别为 29.33%、29.46% 和 37.17%;不同来源的微藻中必需氨基酸占氨基酸总量的比例也存在一定波动,一般为 35%~41%。

氨基酸组成分析方法可参看国家标准 GB/T5009.124—2003(食品中氨基酸的测定):其基本原理是食品中的蛋白质经盐酸水解成为游离氨基酸,经氨基酸分析仪的离子交换柱分离后与茚三酮等显色试剂反应生产有色物质,通过峰面积计算氨基酸的含量。

3. 分子质量范围测定方法

蛋白质或多肽分子质量测定方法包括凝胶电泳法、凝胶过滤色谱法、飞行时间质谱法及激光散射法等,不同样品采用的测定方法略有差异,如分子质量较高的蛋白质可采用凝胶电泳法、凝胶过滤色谱法或激光散射法;飞行时间质谱法可准确测定蛋白质的分子质量,精确度高,但适于分子质量高分散蛋白质的分析。多肽的分子质量范围可参考 GB/T22492—2008 附录中的高效凝胶过滤色谱法测定,即以多孔性填料为固定相,依据样品组分相对分子质量大小的差别进行分离,在紫外吸收波长 220nm 条件下检测,使用凝胶色谱法测定相对分子质量分布的专用数据处理软件(GPC 软件),对色谱图及其数据进行处理,计算得到多肽的相对分子质量大小及分布范围。

4. 功能多肽生物活性评价

生物活性肽从功能上可分为食品感官肽和生理活性肽。食品感官肽可改善食品的感官性状,包括味觉肽、增强风味肽、表面活性肽、硬度调节的多肽等。味觉肽包括甜味肽、酸味肽、咸味肽和苦味肽等,这些肽类添加到食品中,能明显改变食品原有的口感。

许多天然存在于海洋生物中的活性肽及经过酶解海洋蛋白得到的活性肽都表现出多种生理活性,主要体现在防止胰岛细胞凋亡和改善胰岛素抵抗、护肤、抗肿瘤、抗氧化、抗高血压、降血脂、免疫调节、增强骨强度和预防骨质疏松等方面,其他生物活性还包括抗菌性、保护胃黏膜及抗溃疡作用、抗过敏、促进伤口愈合、预防关节炎等活性。

生物活性肽产品的研发需要以现代生物学、现代医学、营养学和现代食品科学及传统医学为基础,客观、科学、公正地进行多肽的生物学功能评价。多肽的功能评价方法包括体外活性测定方法,如抗血管紧张素转化酶(ACE)抑制活性的测定方法等;功能评价动物实验,该评价方法需要借助动物模型实施,如增强免疫力的功能实验、辅助降压的功能实验等;人体试食实验,该评价方法需要选择合适的人群及对照组实施;细胞水平功能检验,该评价方法常借助体外细胞培养技术进行功效检测及细胞毒性实验,如抑制肿瘤的细胞实验,抑菌肽的抑菌效果测定等。多肽功效成分的分析方法及安全性评价方法有些已经在行业形成共识,有些已经形成行业标准或国家标准,是功能多肽产品开发的基础。

(张贵峰　张玉忠)

第三节　海洋多糖资源及其利用关键技术

一、原料的获取或培养技术

海洋多糖按来源分类,可分为海洋动物多糖、海洋植物多糖和海洋微生物多糖。目前,在海洋动物多糖及海洋植物多糖的原料获取方面,主要依赖养殖技术和海洋渔业捕捞技术。例如,我国在海洋植物多糖的最主要来源——大型海藻的获取方面,主要是通过近海养殖的方法。目前,我国大型海藻养殖主要有海带、紫菜、江蓠、麒麟菜等,我国大型海藻养殖量约有 1000 万 t/年,规模和产量位居世界首位。海洋微生物多糖的获取方面,目前主要依赖于对海洋微生物的发酵培养技术(表 3-3)。

表 3-3　几种重要的海洋多糖来源及其原料获取技术

海洋多糖名称	原　料	原料获取技术
几丁质及壳聚糖	虾、螃蟹、鱿鱼等	养殖或捕捞
黏多糖类	海参、海胆、海鞘、鲨鱼软骨等	养殖或捕捞
昆布多糖	昆布、海带等	养殖或捕捞
褐藻胶	海带、巨藻等	养殖或捕捞
岩藻多糖	海带、鹿角菜、裙带菜、石花菜等	养殖或捕捞
琼胶	石花菜、江蓠等	养殖或捕捞
卡拉胶	麒麟菜、石花菜、鹿角菜等	养殖或捕捞
海洋微生物胞外多糖	*Xanthomonas campestris*、*Bacillus polymyxa*、*Klebsiella pneumoniae* 等	发酵培养

二、提取、纯化和制备技术

1. 海洋多糖的提取方法

海洋多糖的种类繁多,来源广泛。因此,根据其来源及其物理化学性质,分离提取的方法很多,总结分析多糖的提取方法,可分为溶剂萃取法、酶解法和物理辅助提取法。

（1）溶剂萃取法

溶剂萃取法包括热水浸提法、酸碱提取法及超临界提取法等。

热水浸提法是多糖提取的一种传统方法,所需设备简单,易于操作。多糖溶于水,不溶于乙醇,加热条件下有利于多糖溶解在水中。采用热水浸提的方法提取多糖受到了水料比、提取时间、温度等的影响,从不同的物质中提取多糖的条件各不相同。例如,在海带多糖的提取中,热水浸提法考虑的主要因素有提取时间和次数、提取溶液的体积、浸提所用的温度、pH、有机溶液浓度和海藻颗粒尺寸等。

针对热水浸提的弊端,多糖提取工艺还可采用酸性溶液或碱性溶液来代替蒸馏水的改良方法。例如,从藻类中提取褐藻糖胶采用稀酸提取法,会取得较好的提取率。碱提法是溶剂提取法的又一改进工艺,并且多糖在碱溶液中一般较稳定,如黏多糖、酸性多糖可采用碱提法来提取。

超临界提取法是近些年来新兴的提取分离方法,通过改变压力和温度,使多糖密度改变,进而改变其溶解度,在超临界的状态流体与样品作用,有选择地将不同大小、不同极性的分子分离开来。该方法高效、天然、无污染,但提取过程所需的设备复杂、成本较高。

（2）酶解法

酶解法是利用生物方法来提取多糖,在溶剂浸提的基础上,增加酶解,可以使一些结合多糖易于分离提取,并有效降解蛋白类杂质,增加提取率。张晓玉等利用氨肽酶对南极大磷虾中的可溶性多糖进行了酶解提取,通过优化工艺取得了较好的提取得率。

（3）物理辅助提取法

运用物理辅助提取法提取海洋多糖,常用的方法有微波辅助提取法和超声辅助提取法。

微波辅助提取法的原理是利用不同的介质对微波能量的吸收程度不同,使被处理物质的局部和萃取体系中的部位被选择性地加热,这样萃取物可以从体系中特异性地分离出,进入介电常数较小、微波吸收能力很弱的萃取剂中。由于微波可以快速破坏细胞壁,因此可以加快海藻中海藻多糖的提取速度,增加提取产率。考虑到其选择性高,提取后海藻多糖能够保持优良的特性,提取液的清澈度超过常规方法。

超声辅助提取法的原理是借助超声波的空化功能,促进海藻活性成分的提取。另外,利用超声波的次级效应,如机械振动效应、乳化功能、扩散分离、击碎混合、化学功能等促进提取成分的扩散效率并与溶剂充分混合。超声波辅助与常规方法比较,具有以下优点：时间短、产率较高、没有加热措施等。

2. 海洋多糖的纯化

通常,通过从海洋动物或植物直接提取到的海洋多糖一般为粗多糖,是混合物。为便于后续研究,需要进一步对其中的杂质及多糖各组分进行分离和纯化。海洋多糖纯化的方法很多,常用的有分步沉淀法、盐析法、金属络合物法、季铵盐沉淀法、柱层析法、制备性区域电泳等。

（1）杂质的去除

最初得到的海洋多糖往往混有蛋白质、色素和盐等物质,必须通过特定的手段逐个去除。

通过醇沉或特异性溶剂沉淀所获得的海洋多糖,常混有各种蛋白质。脱去蛋白质的方法主要有 Sevage 法、三氟三氯乙烷法、三氯乙酸法及酶解法等。

海洋粗多糖中色素的去除方法主要有活性炭法、离子交换树脂、有机溶剂洗涤法等。活性炭属于非极性吸附剂,有较强的吸附能力,特别适合于水溶性物质的分离。目前,用于色谱分离的活性炭主要分为粉末状活性炭、颗粒状活性炭、锦纶活性炭三种。海藻多糖常含有酚类色素物质,酚型化合物颜色较深,这些色素都含有负离子,用活性炭吸收剂脱色难以去除,通过弱碱性树脂来吸附色素可达到去除色素的目的。此外,利用有机溶剂进行脱色,也是海洋多糖去除色素的常用方法之一。

（2）海洋多糖的纯化方法

海洋多糖的纯化是将海洋多糖混合物分离为单一海洋多糖的过程,通常用的纯化方法有以下几种。

1）分步沉淀法。根据各种海洋多糖在不同浓度的有机溶剂如低级醇或丙酮中溶解度不同，依次按一定的比例由小到大添加甲醇、乙醇、丙酮，同时收集不同浓度下析出的沉淀。这样经过反复溶解与沉淀，最后测得的物理常数恒定，常用的方法是比旋光度测定和电泳检查方法。此法适合分离溶解度相差较大的海藻多糖。为了保持海洋多糖的活性稳定，最好在 pH 为 7 时进行。但是酸性海洋多糖在 pH 为 7 时—COOH 是以—COO$^-$ 形式存在的，需要调节 pH 为 2~4 然后分离，同时防止苷键水解，操作要快。另外，也可将海洋多糖制备成各种衍生物，如甲醚化物、乙酰化物等，接着将海洋多糖衍生物溶在醇里，最后加入极性更小的乙醚等溶剂达到分级沉淀分离的目的。

2）盐析法。是在天然产物的水溶液中加入无机盐，待其达到特定浓度或达到饱和，这样有效成分在水中溶解度会降低形成沉淀析出，与水溶性相差较大的杂质就会被分离出来。盐析常用的无机盐有氯化钠、硫酸钠、硫酸镁和硫酸铵等。

3）季铵盐沉淀法。主要原料为季铵盐和氢氧化物，可以形成特定的乳化剂，与酸性海洋多糖形成沉淀，该方法可以用于酸性海藻多糖的分离。但是季铵盐及其氢氧化物不与中性海洋多糖产生沉淀，可以提高溶液的 pH 或者加入硼砂缓冲液增加糖的酸度，从而可以与中性海洋多糖形成沉淀。常用的季铵盐有十六烷基三甲胺的溴化物（CTAB）及其氢氧化物和十六烷基吡啶。当这两种盐类的浓度在海洋多糖溶液中为 1%~10%（m/v）时，可以将酸性海洋多糖同中性海洋多糖分开，控制季铵盐的浓度也能达到分离各种不同的酸性海洋多糖的目的。值得注意的是，酸性海洋多糖混合物溶液的 pH 一定要小于 9，同时不能混有硼砂，否则中性海洋多糖同样会以沉淀的形式析出。

4）柱层析法。包括纤维素柱层析、纤维素阴离子交换柱层析、凝胶柱层析、亲和层析、高压液相层析和其他柱层析。例如，用活性炭及硅胶作载体的柱层析来分离海洋多糖，或用硼砂型的离子交换树脂分离中性海藻多糖。

5）制备性区域电泳。其原理是根据分子大小、形状及所负电荷不同，海洋多糖在电场的作用下迁移速率不同，故可将不同的海洋多糖分开。

6）金属络合物法。常用的络合剂有费林溶液、氯化铜、氢氧化钡和乙酸铅等。

除通过上述方法外，还有超过滤法、活性炭柱色谱等。

三、质量监控和评价技术

海洋多糖的质量研究方法也是复杂多样的。由于海洋多糖原料一般来自天然或养殖，很多情况下是人工采收、加工，受地域差别、气候及人为因素影响特别大，因此建立海洋多糖的定性定量标准还是非常必要的。充分利用现代化分析测试技术手段对海藻多糖的质量标准进行深入的探索，对海洋多糖的开发应用有着极其重要的意义。

1. 薄层色谱法

薄层色谱法（TLC）是用塑料板、玻璃板或者铝基片做成载体，然后在载体上涂上均匀的固定相，进行点样和展开后，参考对照物，按同法所得的色谱图的比移值，这样可以进行测量品的含量确定、杂质检出或质量的鉴别等。该法的优点有操作方便、显色比较容易、设备非常简单等。Huang 等通过薄层色谱法对褐藻胶多糖通过酶解水解后的降解多糖进行了鉴别：取降解的海藻多糖和标准品分别加入乙醚,超声处理,过滤,然后蒸干滤液,残渣加入甲醇进行溶解处理,发现该酶降解的多糖多为 2～5 的低聚寡糖。根据薄层色谱法[《中国药典》(2010 年)一部附录ⅥB],在同一块硅胶 G 薄层板上分别用 3 种有机溶液,以石油醚、丙酮和乙酸乙酯为展开剂,进行展开,取出,最后晾干,放在紫外光灯下检视。这是海藻多糖进行质量鉴定的常规方法,该法的优点是操作简便、时间短、结果清晰、便于观察,因此该方法在寡糖的分析中被广泛利用。

2. 高效液相色谱法

高效液相色谱法是在经典液相色谱基础上进行了优化,结合气相色谱的理论与方法,同时进行改进而发展起来的一种广为接受的分离分析法。该方法具有高效化、高速化和高灵敏度等优点;此外,还具有分析范围和流动相选择范围都比较广、流出组分更容易收集、柱子可以反复使用、安全性高等优点。现已广泛用于海洋多糖的质量监控。

3. 指纹图谱法

海洋多糖指纹图谱法是运用现代分析测试技术对海洋多糖的化学信息以图像的方式进行表征,并加以数据描述的简便方法。该方法包括色谱法、光谱法、X 线衍射等。

4. 紫外分光光度法

紫外分光光度法是根据海洋多糖的分子或离子对某波长范围电磁波的吸收特性,建立起来的一种海洋多糖的定性、定量和结构分析方法。紫外分光光度计的主要组成有:辐射源、单色器、吸收池、检测器和显示装置 5 个部分。该仪器的优点是精确度、灵敏度和准确度非常高,而且与其他光谱仪器比较而言,该仪器操作较为简单、费用低、分析速度非常快。

5. 原子吸收光谱法

原子吸收光谱法(AAS)是通过检测蒸气中基态原子对特征电磁辐射的吸收强度,测定被测元素含量的高精确度分析方法,该方法可用于微量及痕量元素的测定。

(杜昱光　曹海龙　赵勇)

第四节　海洋脂类资源及其利用关键技术

脂类是人们广泛使用的词汇,关于其的定义有多个版本,而且一直存在争议。目前,较为严谨的定义是:脂类包括脂肪酸、脂肪酸衍生物及与其生物合成和功能相关的一系列物质的总称。通常,脂类是不溶于水而能被乙醚、氯仿、苯等非极性有机溶剂抽提出的化合物,它们在生物体中分布范围广,化学结构差异大,生理活性各异。

可以将脂类分为油脂和类脂,油脂是甘油和脂肪酸的酯化物,是脂类中存在最多、经济价值最高的部分;类脂包括磷脂、糖脂和类固醇等物质,这些物质往往具有一定的生理活性,某些类脂具有药用价值或者可以开发成保健食品。

海洋脂类的最大特点是包含 ω-3 系列超长链多不饱和脂肪酸(very long chain fatty acids, VLCFA),如二十碳五烯酸(EPA)、二十二碳五烯酸(DPA)和二十二碳六烯酸(DHA)。有意思的是,尽管海洋动物油脂中含有大量 VLCFA,但海洋动物本身几乎不能合成这些超长链多不饱和脂肪酸,海洋微生物才是 VLCFA 的主要制造者,VLCFA 通过食物链的方式在海洋动物中积累。另外,海洋植物也可以合成 VLCFA,但含量较微生物低。陆生植物也可以合成 ω-3 脂肪酸,但只能合成链长为 18 个碳原子的亚麻酸,动物可以将摄取的亚麻酸转化为 EPA 和 DHA,但转化率很低,一般在 1% 左右。目前,海洋脂类的商业化开发基本都和 VLCFA 相关,绝大多数技术都是为了解决 VLCFA 的获取和精深加工等相关问题。

海洋 ω-3 脂肪酸受到关注源于 20 世纪 70 年代丹麦 Dyerberg 博士在营养学研究方面的发现,他发现 45~64 岁这个年龄段,格陵兰的男性由于心脏病而死亡的比例是 5.3%,而在美国同样年龄段有着完全不同饮食的人群中,因冠心病而死亡的比例达到了 40%。研究表明格陵兰人血液中含有 EPA 和 DHA 两种特殊脂肪酸,相关研究发表在 1971 年的《柳叶刀》(*The Lancet*)杂志上。自此,拉开了海洋 ω-3 脂肪酸研究的序幕,至今,已有 10 000 多篇关于 ω-3 脂肪酸的研究论文。

一、原料的获取或培养技术

1. 海洋动物脂类资源

（1）海洋鱼油资源

绝大多数海洋鱼油是鱼粉工业的副产品,鱼粉是用一种或多种鱼类为原料,经去油、脱水、粉碎加工后的高蛋白质饲料。海洋鱼油主要的生产国分布在世界四大渔场附近,即日本的北海道渔场、加拿大的纽芬兰渔场、英国的北海渔场和秘鲁的秘鲁渔场。全世界的鱼粉生产国主要有秘鲁、智利、日本、丹麦、美国、挪威等,其中秘鲁与智利的出口量约占总贸易量的70%。中国鱼粉产量不高,主要生产地在山东、浙江,其次为河北、天津、福建、广西等省(自治区、直辖市)。根据联合国粮食及农业组织(FAO)的统计数据显示,过去 20 年中,全球海洋鱼油年产量在 100 万~140 万 t。

海洋鱼油的原料以小体型的海鱼为主,主要有沙丁鱼、鳀鱼等。另外,经济鱼加工的下脚料也可用来生产鱼粉和鱼油,如三文鱼(鲑鱼、大马哈鱼)和鳕鱼等。四大渔场中的主要鱼种如下：英国的北海渔场为鳕鱼、鲱鱼、毛鳞鱼;日本北海道渔场为鲑鱼、鳕鱼、太平洋鲱鱼、沙丁鱼、秋刀鱼;加拿大的纽芬兰渔场为鳕鱼;秘鲁渔场为秘鲁鳀鱼。秘鲁因为其国内鱼油需求量少,迄今为止是最大的出口国。

（2）南极磷虾油资源

磷虾是海洋浮游动物,分布范围较广,在南极大陆周围的海洋中大量分布,因此俗称南极磷虾。据已知的资料保守估计,南极磷虾的生物量为 6.5 亿~10.0 亿 t。磷虾是许多经济鱼类和须鲸的重要饵料,也是主要的渔获之一。南极磷虾作为人类巨大的潜在蛋白质库,它的商业开发早已引起人们的高度重视。20 世纪 60 年代是南极磷虾的试捕勘察工作的起点,70 年代中期开始进入大规模商业开发南极磷虾的阶段。目前捕捞磷虾的国家主要集中在发达国家,如亚洲的日本、韩国,欧洲的挪威、波兰和英国等。2000 年,南极海洋资源保存委员会(CCAMLR)出于对综合资源的合理利用和物种保护及维持南极生态系统稳定等多方面的考虑,将南极磷虾渔业捕获量从原先 150 万 t 上调至 400 万 t 上限,增长幅度接近最初的两倍,同时管理性的渔获量也大幅度提高。现在南极磷虾渔业每年约为 10 万 t 的捕捞量。我国自从 2010 年 3 月 19 日完成首次对南极磷虾的生产性探捕之后,也加入了开发利用南极磷虾的国际行列之中。

磷虾油是磷虾加工的副产物,富含虾青素和长链 ω-3 多不饱和脂肪酸,而且多以磷脂的形式存在。借鉴国外现有的开发路线并结合我国的具体国情,开发出一条具有中国特色的南极磷虾开发路线将是我国科研工作者面临的一个巨大的机遇与挑战。

（3）鲨鱼肝油资源

鲨鱼种类繁多,据统计全世界的鲨鱼有 300 多种,在我国分布的有 70 多种。我国南海、东海南部鲨鱼资源比较丰富,北方海区则种类和资源量较少,其中黄海、渤海只有 24 种,东海 68 种,台湾沿海 88~89 种,南海 89 种,中国地方特有种有 19 种。我国海域大部分鲨鱼为沿海或近岸种类,少数属于外海种类,如长尾鲨类、鲸鲨和姥鲨等。鲨鱼属于软骨鱼类,肝脏一般为其体重的 20% 以上,是提取鲨鱼肝油的主要原材料,肝脏中油脂含量大部分超过50%,有些深海鲨鱼的可以达到 80% 以上。鲨鱼肝油含有丰富的角鲨烯和烷氧基甘油类生物活性物质,是优良的功能食品原材料。

（4）鳕鱼肝油资源

鳕鱼通常是指隶属于鳕形目的鱼类,是海洋世界的一个大家族,已知有 500 种左右。它们广泛分布于世界各大洋,能根据水温、食物供应和繁殖地变化进行季节性洄游。鳕鱼生活在深海层,污染少,鳕鱼肝大而且含油量高(含油量 20%~40%),富含维生素 A 和维生素 D,是提取鱼肝油的原料。鳕鱼原产于北欧、加拿大、美国东部的北大西洋寒冷水域,目前主要出产国为加拿大、冰岛、挪威及俄罗斯。随着科学的进步和技术的提高,人们发现鳕鱼的肝脏是整个鳕鱼营养价值最高的部位。1848 年挪威开始用水蒸气加热法制造鱼肝油。1880年日本采用水煮法制造鱼肝油。从鳕鱼中提取的鱼肝油除了含有丰富的维生素 A 和维生素D 外,还含有丰富的长链 ω-3 多不饱和脂肪酸。

2. 海洋藻类脂类资源和培养技术

海洋植物种类繁多,包括原核生物的蓝藻门和真核生物的红藻类、褐藻类、硅藻类、甲藻类、金藻类、绿藻类,海洋种子植物的海草和红树林等,海洋植物以藻类为主。海藻大小悬殊,形态各异,有单细胞、群体和多细胞各种形态。单细胞海藻的个体微小,要借助显微镜才能看到;群体海藻由单细胞个体群集而成。藻体的大小从几毫米到几米不等,最大的长达60m 以上。形态上有丝状体、叶状体、囊状体和皮壳状体等。有些海藻(如马尾藻等)的外形虽然有类似根茎叶的形态,但不具备高等植物那样的内部构造和功能。

（1）海洋微藻的光能自养培养

微藻是一类光能自养型单细胞生物,能有效地利用光能将水、CO_2 和无机盐转化为有机资源,是地球有机资源的初级生产力。藻类的自养培养是利用光能作为能量来源进行碳素同化,海洋微藻具有非常高的光合作用效率,而且具有非常快的生长速度,从单位面积油脂产量来看,远远高于陆生植物和大型藻类。因此,海洋微藻的培养受到高度重视。海洋微藻的培养,分为光能自养培养和异养培养,光能自养培养被认为在解决未来能源和资源问题具有重要意义。

海洋微藻的大规模光能自养培养的基本要求包括:① 需要足够的光照;② 需要供应大量的 CO_2 和排放大量的 O_2;③ 混合均匀,防止细胞沉降,且使细胞受光均匀。

满足以上条件要通过合理的反应器设计,因此微藻培养反应器是微藻高效率生产的关键。通常，微藻反应器有敞开式培养反应器和密闭式反应器。敞开式反应器的优点在于结构简单、建造成本低和易于操作，但也存在条件可控性差、光能利用率低和易于污染等缺点，只能用来生产少数几种藻类。而密闭式光照反应器则可以解决上述不足，但成本要高很多。

海洋微藻不仅可以用来生产油脂，还是色素、蛋白质和多种生理活性物质的重要潜在来源，也是解决未来能源问题的方法之一。近年来，微藻产业受到高度重视，已有一些藻类产品应用于食品医药领域，但总体来说，海洋微藻产业的规模仍然较小。主要存在以下问题亟待解决：① 藻种选育。目前，高产油的藻种在生长性能方面往往处于劣势，由于藻类培养不是纯培养，随着培养的进行，高产油藻类在培养系统中不断减少，影响了产量和增加了不确定外来污染风险。随着藻类基因改良手段的进步，人们有望不断改进藻种的生产性能。② 大规模培养技术。目前为止，现有的反应器仍是制约微藻产业的瓶颈问题之一。③ 微藻细胞的低成本采收技术。

（2）海洋微藻的异养培养

藻类通常被视为自养植物，但实际上，一些微藻完全可以利用非光合的代谢途径，并非必须依赖光和 CO_2。所谓微藻的异养培养，简单而言，即利用有机碳源作为能源和碳源进行的需氧发酵培养，类似于微生物的代谢发酵模式。这种培养方式摆脱了光的限制，并有效地避免了其他微生物污染，而且在这种条件下，微藻的生长速率还比光照条件下快得多。因此，海洋微藻的异养培养成为一种重要的规模化生产方法。

在自养培养体系中，由于外界环境条件不易控制，环境中的理化因子、细菌及其他的一些生物都可能在微藻的生长过程中对其产生不良影响甚至污染。虽然培养池这样的养藻环境可以建在远离污染源的地方，或建在温室中，但是始终无法从根本上规避污染风险。并且，由于光合培养中光既是能源，也是限制因子，往往导致光能不足或过剩，严重影响微藻的生长。异养培养使高密度规模化微藻培养成为现实，并且这种方式可有效提高底物的转化率和微藻细胞产量，缩短培养周期。

目前我们的发酵罐培养单罐体积可以达到100t以上，产量稳定，而理论上单罐的产量是能够达到600t以上的，因此现有产能还有很大的增长空间。同时，微藻细胞密度相当可观，通常异养培养所获得的培养密度为自养培养密度的几十倍，而且培养周期更短，所以生产效率得以大幅度提升。

经过十几年的实践表明，微藻异养培养由于具有可控性而更适合工业化生产，目前国内外最成功的微藻生产均属异养方式。与之相比，光合自养养殖更像农业，可重复性差。当然，异养培养方式也并不是毫无条件地适用于所有微藻品种，必须通过实验筛选出适合异养的微藻种类。据统计，迄今为止被业界筛选出来适合异养方式培养的微藻有几十种，其中小球藻、隐甲藻、裂殖壶菌和部分硅藻在异养方式研究及量产化方面较为成熟。

尽管异养具有多种优势，但是对于大宗物质的生产，异养培养方式往往是不经济的。因此，有研究者将异养培养和自养培养相结合，开发了"异养—自养"两段培养法，即用异养方式获得高密度的原种，在自养体系中进一步增殖。

在海洋微藻的异养培养中，裂殖壶菌（*Schizochytrium* sp.）是个特例，裂殖壶菌又称为裂壶藻，在分类学上，裂殖壶菌属于真菌门（Eumycota）卵菌纲（Oomycetes）水霉目（Saprolegniales）破囊壶菌科（Thraustochytriaceae）。破囊壶菌是一种类似于微藻但缺乏叶绿体故而不行光合作用的专性海生真核微生物,共分 7 属: *Althornia*、*Aplanochytrium*、*Japonochytrium*、*Labyrinthuloides*、*Schizochytrium*、*Thraustochytrium* 和 *Ulkenia*。在此,暂且把裂殖壶菌纳入海洋微藻来进行讨论。裂壶藻可进行异氧发酵培养,其发酵特性更接近于真菌,具有生长粗放、增殖速度快、油脂产量高的优点,其油脂含量可占细胞干重的 40% 以上,其中 DHA 含量占 40% 以上,是一种理想的食品级 DHA 的优良生产藻种。因为裂壶藻良好的生产性能,近年来 DHA 生产企业纷纷将 DHA 生产菌种转向裂壶藻。中国是裂壶藻发酵大国,发酵水平也和世界处于同步水平,具有巨大的生产能力。

二、海洋脂类的加工技术

1. 海洋油脂原料的提取及精炼

海洋鱼油主要来源于鱼粉加工过程中的副产物,是在鱼粉生产过程中通过挤压(压榨)的方式获得的液态物料经油水分离后得到的。提取后的鱼油通常称为毛鱼油,一般颜色较深、黏度较大,并带有强烈的腥臭味,需要经过适当的精炼工艺才能作为饲料或食品使用。与普通动植物油脂的精炼工艺相似,毛鱼油经过预处理后,一般经过脱胶、脱酸、脱色、脱臭工艺进行精制。由于海洋鱼油中的不饱和脂肪酸对光、氧、热等因素不稳定,其精炼工艺比普通油脂的精炼工艺要求更为严格,海洋鱼油的精炼过程最好是在密闭或者氮气保护的系统中进行。精炼后的海洋鱼油中含有一定量熔点较高的油脂,有时在室温下即可凝固析出,不利于统一产品的规格和产品推广及应用,因此需要进行冬化分提处理。海洋鱼油冬化分提工艺与普通动植物油脂的分提工艺类似,但需注意的是,需要根据不同的海洋鱼油种类设定特定的分提过程,以在生产操作的同时获得更高的液态油得率。

综上所述,海洋鱼油加工工艺和植物油的精炼相似但需要特别注意对鱼油中多不饱和脂肪酸(特别是 EPA 和 DHA)的保护,生产过程中的参数选择应以较低的温度和避免与氧或空气、重金属离子接触为原则。并注意在成品油中添加适当的抗氧化剂,以避免鱼油的氧化酸败。

2. EPA/DHA 的浓缩及分离技术

常见的海洋鱼油中 EPA 和 DHA 的总含量一般在 20%~30%,同时还含有一定量的饱和及单不饱和脂肪酸等低效成分或杂质,它们不仅没有 ω-3 长链多不饱和脂肪酸的生物活性还会增加人体热量,影响 EPA 和 DHA 的生物利用度。随着人们对鱼油产品生理功能特性研究的深入,医药用品和高级营养品对 EPA 和 DHA 的纯度有了更高的要求。目前我国的相关标准规定 EPA/DHA 总含量在 80% 以上时可以作为医药产品应用,国际上一些鱼油加工企业推出的鱼油多烯酸乙酯中 EPA/DHA 总含量最高可以达到 96% 以上。因此,越来越多的海洋鱼油被用于浓缩型 EPA/DHA 产品的生产。其生产过程一般是将粗鱼油简单精炼后进行乙酯化,得到混合脂肪酸乙酯,然后通过 EPA/DHA 浓缩及分离技术得到高纯度的 EPA/DHA 乙酯。

(1)分子蒸馏技术

分子蒸馏(molecular distillation)也叫作短程蒸馏,其原理是在高真空下将混合脂肪酸或脂肪酸乙酯加热,利用混合物中各组分的分子自由程不同而实现不同组分的分离。天然鱼油中的多不饱和脂肪酸主要以脂肪酸甘油三酯的形式存在,一般先对鱼油原料进行乙酯化反应,将鱼油甘油三酯转化为乙酯混合物。然后对鱼油脂肪酸乙酯混合物进行分子蒸馏分离,利用蒸馏温度、操作压力等条件的控制调节,经过一级或多级分子蒸馏,将乙酯混合物中多不饱和脂肪酸乙酯分离出来。分子蒸馏分离纯化鱼油乙酯中 EPA/DHA 乙酯一般在绝对压强为 1.33~0.0133Pa 的高真空下进行。在这种条件下,脂肪酸分子间引力较小,沸点明显降低,挥发度较高,因而蒸馏温度比常压蒸馏大大降低,有利于避免热敏性的 EPA/DHA 被破坏。

分子蒸馏的特点在于真空度高、蒸馏温度低于常规的真空蒸馏且物料受热时间短,可有效防止多价不饱和脂肪酸受热氧化分解,避免了使用有机溶剂,环境污染小,工艺成本低,易于工业连续化生产,尤其适用于高沸点、高热敏性物质的分离提纯,在 PUFA 的富集生产上已经得到了广泛的应用。目前工业生产中采用分子蒸馏法分离鱼油乙酯,通过多级蒸馏得到的产品中 EPA/DHA 总量可达 70% 以上。而且利用分子蒸馏工艺生产的产品色泽较浅、腥味较淡,难点是需要特殊的高真空设备以获得较高而且稳定的高真空环境。

（2）尿素包合技术

尿素包合技术是一种较常用的多价不饱和脂肪酸分离方法,可以把脂肪酸或乙酯混合物按不饱和程度的差异进行分离。尿素包合技术由于其设备简单、工艺简便、尿素包合物可保护不饱和脂肪酸的双键不被氧化而被广泛应用于脂类化学的研究之中。用尿素包合技术分离饱和脂肪酸、单烯和多烯不饱和脂肪酸早已商业化应用,而且近年来还在不断改进。它的分离原理是尿素分子在结晶过程中能够与饱和脂肪酸形成较稳定的晶体包合物析出,与单价不饱和脂肪酸形成不稳定的晶体包合物析出,而多价不饱和脂肪酸由于双键较多,碳链弯曲,不易被尿素包合,除去饱和脂肪酸和单价不饱和脂肪酸与尿素形成的包合物,就可得到较高纯度的多价不饱和脂肪酸。

（3）精馏技术

精馏实际上是多次简单蒸馏的组合,常用的精馏工艺是一种通过控制馏分回流比例使液体混合物得到高效分离的蒸馏方法,广泛用于石油、化工、轻工、食品等领域。海洋鱼油的加工工艺中,可以将鱼油乙酯化后,利用精馏分离纯化鱼油乙酯中的 EPA/DHA。可以利用不同组分间沸点的差异达到浓缩 EPA 和 DHA 的目的,也可以通过多个精馏塔的联用最终获得高纯度的 EPA 或 DHA 产品。精馏属于热分离过程,由于鱼油中的 EPA 和 DHA 等多不饱和脂肪酸属于热敏性物质,受热温度过高时双键会发生反式,失去生物活性,因此该精馏操作一般是在较高的真空度、较低的温度下进行的。与分子蒸馏分离纯化 EPA/DHA 相比,精馏工艺可以避免中间产品（含有一定浓度的 EPA/DHA）,而且更加容易进行连续式大规模生产。但是,由于精馏塔压力降的存在,为了保持精馏塔整体的真空度,需要优良的塔内件和低压降设计。

（4）超临界萃取技术

超临界萃取是一项新的萃取技术,通过调节温度和压力使原材料中各组分在超临界流体中的溶解度发生大幅度变化,同时利用分段分离等操作方式达到分离纯化目标物质的目的。与传统萃取方法相比,超临界萃取结合了蒸馏和萃取的特点,既可按挥发度的差异也可按分子间亲和力的不同进行混合物的分离,适用于热敏物质和易氧化物质的分离。利用超临界流体萃取可有效分离鱼油乙酯中链长差别较大的脂肪酸,但是为了将碳链长度相近的脂肪酸乙酯分开,还必须结合其他分离技术。超临界萃取工艺需要特定的设备才能进行,而且超临界流体一般是在高压下实现的,因此抽提器压力很高,需要养护高压泵和回收设备,这是超临界萃取的缺点。

(5)色谱分离技术

色谱法分离纯化海洋鱼油中的 EPA/DHA 是利用不同鱼油分子与固定相亲和力的不同,以流动相对固定相中的混合油脂分子(乙酯或甘油酯)进行洗脱,混合物中不同的分子会以不同的速度沿固定相移动,最终达到洗脱分离的效果。色谱法一般用于富集游离脂肪酸型或乙酯型鱼油中的 EPA/DHA,所用的固定相一般有 PAK - 500/C18 柱、Permaphace ODS等,洗脱液有乙醇、正己烷、石油醚等。目前日本已有生产商,利用大型的制备色谱柱来进行生产高纯 EPA 和 DHA,可以达到年产百吨级规模。

3. 海洋油脂中有害物的去除技术

(1)过氧化物的脱除

海洋油脂中富含多不饱和脂肪酸,与氧或氧化物接触会产生过氧化物,油脂过氧化物含量高会影响油脂的风味,过氧化物继续氧化会分解成低级的醛、酮、羧酸、酯类等具有特殊刺激性气味的有害化学物质。研究表明,过氧化脂质与癌症、冠心病和衰老都有密切相关性,油脂氧化酸败产生的过氧化物对人体健康危害极大。因此,海洋油脂加工过程中需要严格控制过氧化物的产生,同时脱除油脂中的过氧化物。研究发现,在充分避免与氧接触的条件下,油脂置于一定温度下恒温(20~110℃)放置,油脂过氧化物会分解,且温度越高,过氧化物分解速率越快,利用此方法可以使油脂中的过氧化物含量降低至较低的水平。这一过程的原理是在隔绝氧气的情况下,将油脂中的初级氧化产物通过热处理降解成次级氧化产物,因此需要在后续加工中采取适宜的工艺去除这些物质。另外,也可在油脂中添加少量具有还原性的氨基酸等物质(如半胱氨酸),使过氧化物发生还原反应,以实现降低油脂过氧化物含量的目的。

油脂精炼过程中,在脱色和脱臭工艺中也可以实现过氧化物脱除的效果。研究发现,海洋油脂脱色过程中通常使用的活性白土对过氧化物有显著的脱除效果,可以有效降低油脂的过氧化值。脱臭处理是降低动植物油脂过氧化物含量的常用方法,在脱臭过程中油脂中的过氧化物会降解成次级产物而被真空和蒸汽脱除。

(2)重金属的脱除

海洋脂类来源于海洋动植物的脂肪组织,由于海洋环境污染等问题,一些海域来源的海洋油脂中会带有一定量的重金属。另外,海洋生态系统中的食物链也使一些食物链上层的海洋鱼体内积累更多的重金属,以这些鱼类为来源的油脂中往往带有常见的汞、镉、铅、砷等重金属。在海洋油脂加工中,一般会比较严格地控制原料中的重金属含量。在加工过程中,碱炼脱酸、白土或活性炭吸附脱色工艺均可以脱除油脂中的重金属离子。为了得到更低重金属含量的海洋油脂产品,对单独处理重金属的工艺研究表明,添加适量的螯合剂如壳聚糖等,可以显著降低海洋油脂特别是鱼油中的重金属含量。

(3)有机污染物的脱除与控制

二苯呋喃(PCDD/F)、二恶英类多氯联苯(DL - PCB)、多环芳烃(PAH)和有机氯杀虫剂等是对人类健康存在潜在危害的污染物,而 PCDD/F 和 DL－PCB 是海洋鱼类及鱼油的主要有机污染物。海洋油脂特别是海洋鱼油精炼工艺对这些有机化学品具有一定的脱除效果,特别是脱臭过程可以将多环芳烃和有机氯污染物的含量降低至所需水平内,但是脱臭处理对一些低沸点的有机污染物脱除效率很低。其他去除海洋油脂中有机化学品的方法还有吸附剂吸附、超临界 CO_2 萃取和分子蒸馏等。活性炭吸附法可以有效去除鱼油中的二恶英和二苯呋喃,但对于 DL－PCB 的去除效果不佳,这是因为活性炭对单邻位取代基的 PCB 吸附性能较弱。将超临界 CO_2 萃取技术结合活性炭吸附法用于鱼油中去除有机污染物,是近几年新兴的技术,对鱼油中的 DL－PCB 去除率可以达到93%以上。

4. 磷虾油的提取及精制

与普通虾类相比,南极磷虾粗脂肪含量较高,为干重的12%～15%,主要集中在头胸部。磷虾油提取工艺一般是先对原料进行蒸煮,然后进行压榨,对榨出的液体进行离心分离,以及采用精加工设备进行提纯。溶剂提取法也是在探索中的一种提取方法,南极磷虾脂质的提取多使用乙醇、石油醚、正己烷、乙酸乙酯等毒性较低的有机溶剂。

磷虾油中不饱和脂肪酸含量较高,但其毛油中的游离脂肪酸、水分和氟含量由于新鲜度的不同及加工工艺的差异而有很大差别。目前,控制磷虾油产品中游离脂肪酸含量和氟含量主要是通过严格控制原材料新鲜度的方式进行,一般对磷虾产品捕捞后进行就地加工。对一些游离脂肪酸和氟含量较高的磷虾油,由于含有大量磷脂,进一步精制的难度很高。

5. 海洋 ω－3 脂肪酸的酶法加工技术

（1）甘油酯型浓缩鱼油的酶法转化

人类和陆生动物最为缺少的 ω－3 脂肪酸为 EPA/DHA,目前只能通过食用海洋鱼类或者海洋鱼油来摄取。海洋鱼油产品按 EPA/DHA 不同的存在形式可以分为非甘油酯型(主要是乙酯型和游离脂肪酸型)和甘油酯型两种。研究表明,乙酯型的 EPA/DHA 生物利用度较低,而且可能存在一定的安全隐患;游离型的 EPA/DHA 虽然易于消化和吸收,但是容易氧化,而且有明显的脂肪酸味,口感差。甘油酯型 EPA/DHA 产品是 PUFA 的天然存在形式,而且性质稳定、易被人或动物体消化吸收,因此 EPA/DHA 的甘油酯型是人体利用的最佳型式。天然鱼油虽然是甘油三酯的形式,但是采用物理化学方法很难将原料鱼油中的非 ω－3 PUFA 组分去除。可行的方法是,先把天然鱼油转化成乙酯或游离型脂肪酸,浓缩富集制得高纯度的 EPA/DHA 产品,然后再将其转化成甘油酯的形式,可以获得以 EPA/DHA 含量在60%～80%以上的甘油三酯产品。也有研究生产单甘酯形式的 EPA/DHA 产品。目前国际上部分鱼油加工企业已经利用此方法实现了高含量 ω－3 脂肪酸甘油酯型产品的工业化生产。

（2）DHA－磷脂的酶法转化

磷脂中的 PUFA 相对于甘油酯型 PUFA,不但氧化稳定性更好,而且消化吸收速度更快,再加上磷脂本身具有改善脂肪代谢、增强免疫力等活性,因此富含 EPA/DHA 的磷脂可能成为和甘油酯型 EPA/DHA 并列的一种新型产品。但是,天然的 ω－3 磷脂主要来源于磷虾油。显然,该资源已无法满足需求,而且海洋自然资源是有限的。这就要求我们寻求其他的方法获得 ω－3 磷脂。在过去的几十年里,酶法转化制备 ω－3 磷脂一直是科学工作者的研究关注点,人们利用廉价且丰富的植物磷脂和鱼油,通过酶法催化获得所需要的 ω－3 磷脂。

从反应机理上分类,酶法制备 $\omega-3$ 磷脂最常用的反应过程为酸解反应和酯酯交换反应。所用催化剂主要分为脂肪酶和磷脂酶,由于固定化酶相对于游离酶更易回收、稳定性更好,而且可以控制更低的水分含量,有利于降低反应过程中水解副反应的发生,因此用于合成 $\omega-3$ 磷脂的酶常采用固定化酶。目前常用的脂肪酶有 Lipozyme RM IM 和 Lipozyme TL IM,常用的磷脂酶有固定化 PLA_1 和固定化 PLA_2。关于酶法制备 $\omega-3$ 磷脂的研究如表 3-4 所示。

表 3-4　酶法合成 EPA/DHA 磷脂

底　物	反应类型	结合率/%	脂肪酶	溶剂体系
乙酯[a]/磷脂	酯交换	12.3	Lipozyme RM IM	正己烷
FFA[b]/PC	酸解	43	固定化 PLA_1	无溶剂
FFA[c]/PC	酸解	35	固定化 PLA_1	无溶剂
FFA[b]/PC	酸解	28	游离酶 PLA_1	无溶剂
FFA[d]/PC	酸解	20	固定化 PLA_2	无溶剂
FFA[e]/PL	酸解	18.9	Lipozyme TL IM	无溶剂

a 52% EPA 和 20% DHA;b 12.2% EPA,10.1% DPA 和 60.7% DHA;c 78.4% EPA+DPA+DHA;d 纯度>99% DHA;e 35% EPA 和 25% DHA

（3）EPA/DHA 脂肪酸的酶法富集

在油脂工业中,脂肪酶技术的应用是近半个世纪以来的研究热点之一。脂肪酶催化的油脂反应具有作用条件温和、专一性强和产物易分离等特点,非常适用于 $\omega-3$ 多不饱和脂肪酸的加工处理。利用脂肪酶技术富集 EPA/DHA,常用的工艺路线为脂肪酶选择性水解法、醇解、酸解和酯交换反应。

脂肪酶选择性水解法：海洋鱼油中 EPA/DHA 分布在甘油三酯的 Sn-2 位上较多,Sn-1,3 位上则较少。大部分脂肪酶催化油脂水解时具有 Sn-1,3 位置选择性,利用这一特性可以选择性地去除 Sn-1,3 位上的脂肪酸,分离后得到的甘油酯中 EPA/DHA 即可得到富集。部分脂肪酶虽然对甘油酯无位置选择性或特异性较弱,但对脂肪酸酰基具有选择性。例如,对于酰基的碳链越长、不饱和程度越高的脂肪酸,脂肪酶对其的水解活性越低。因此,利用具有良好选择性的脂肪酶,除去部分饱和脂肪酸或低不饱和脂肪酸酰基,也可以有效地富集甘油酯中 EPA/DHA。

醇解反应富集 EPA/DHA 的机理和水解相似,也是选择性地反应 Sn-1,3 位及非 EPA/DHA 脂肪酸,从而得到富含 EPA/DHA 的甘油酯组分。通常,在具有经济性的水解和醇解程度内,并不能大幅度提高 EPA/DHA 的含量,一般可以获得 EPA/DHA 为 40% 左右的甘油酯型鱼油。

酸解是采用高纯度的 EPA/DHA 脂肪酸和甘油酯间进行反应,由于脂肪酸氧化稳定性差,该方法在工业化中未见应用。

酯交换反应是利用脂肪酶选择性催化甘油酯中的 Sn-1,3 酰基与高浓度的 EPA/DHA 乙酯发生酰基交换反应,得到 EPA/DHA 含量更高的甘油三酯,该方法为一种方便地获得 EPA/DHA 为 40%~50% 的甘油三酯型鱼油的方法。

（4）鱼油的酶法脱酸

目前海洋鱼油加工业中的大部分原料来源于鱼粉加工的副产物,对于以新鲜水产品为原料的大型鱼粉生产厂家,得到的毛鱼油的酸价一般不高于 5(KOH)/(mg/g),可以采用常规的化学精炼工艺进行加工。但是,当水产品新鲜度差和毛鱼油加工不及时,常常会得到游离脂肪酸含量较高的油脂,毛油中的酸价可以达到 20~50(KOH)/(mg/g)。高酸价油脂在进行常规化学精炼时,会损失大量的中性油,还会带来沉重的环保负担。

高酸价的动植物油脂加工中的脱酸是油脂加工领域的共性问题,常采用的方法包括物理蒸馏脱酸法、分子蒸馏脱酸法、膜技术脱酸法、酯化脱酸法等方法。物理蒸馏脱酸是在 240~270℃的高温条件和 200~400Pa 的高真空条件下采用水蒸气蒸馏脱酸,可以有效地去除游离脂肪酸,但是在此温度条件下 EPA/DHA 等多不饱和脂肪酸会生成大量的反式酸,不适用于高酸价鱼油的加工。分子蒸馏脱酸能够在较低温度下进行,但存在能耗高、成本高的缺点;膜技术脱酸在脱酸效率和成本上还未达到工业化的要求;酯化脱酸是采用化学催化剂或脂肪酶催化游离脂肪酸和甘油反应重新酯化为甘油酯,该方法的酰基受体通常选择甘油,由于游离脂肪酸和甘油的反应速度较慢,需要耗费大量的脂肪酶,综合成本较高,因此该方法尚未应用于工业化生产。研究表明,脂肪酶比化学催化剂对油脂中的游离脂肪酸具有更好的选择性,采用脂肪酶为催化剂,乙醇或其他短链醇为酰基受体,在特定条件下反应可以达到经济的酶法脱酸效果。

（5）含 EPA/DHA 结构脂的酶法制备

结构脂又称为重构脂或质构脂,是通过人为的方法改变甘油骨架上脂肪酸酰基的组成和排列所得到的一类新型油脂。结构脂具有独特的营养价值和生理功能,是一种更加优化的油脂,是未来油脂家族的重要成员。在天然鱼油中,EPA/DHA 更倾向于分布在 2 位,一般可选用"1,3 位特异性脂肪酶"将鱼油的 1,3 位脂肪酸替换为 $C_6 \sim C_{10}$ 的脂肪酸。研究表明,这种分子结构的鱼油结构脂更加利于消化,具有更高的生物利用度,可以用于脂肪乳药物和保健品中。

6. 微胶囊包埋技术

微胶囊包埋技术是利用天然的或合成的高分子材料,将芯材即分散的固体、液体或气体物质利用适宜的壁材包裹起来,形成具有半透性或密封囊膜的微型胶囊的加工技术,广泛应用于医药、食品、化工等领域。

常用的微胶囊化方法有喷雾干燥法、喷雾冷却法、包合法、挤压法、空气悬浮法、界面聚合法、界面络合法和锐孔-凝固浴法等。目前海洋脂类微胶囊化最常用的方法为喷雾干燥法,常用的微胶囊壁材及添加剂有明胶、阿拉伯胶、麦芽糊精、大豆分离蛋白、蔗糖、甲基纤维素、羟丙甲基纤维素等。海洋脂类经微胶囊化处理后可以使鱼油与环境中的热、湿、光和氧隔离开,不仅可以有效地防止其氧化变质,还能够掩盖鱼腥味,改变其物性状态,有利于在食品和医药领域的推广使用。目前微胶囊化的海洋油脂,特别是海洋鱼油微胶囊主要应用于婴幼儿食品,如配方奶粉、功能性饮料、糖果及宠物食品等。

7. 海洋脂类的抗氧化技术

油脂的氧化危害极大,油脂的过氧化还会对膜、酶、蛋白质造成破坏,甚至可以导致老年化,得很多疾病,还可以致癌,严重危害人体健康。海洋脂类不饱和度高,更容易发生氧化。

海洋油脂的氧化主要为自动氧化(autoxidation)。所谓自动氧化,是指化合物和空气中的氧在室温下,未经任何直接光照,未加任何催化剂等条件下的完全自发的氧化反应,随反应进行,其中间状态及初级产物又能加快其反应速度,故又称为自动催化氧化。油脂的氧化和酸败过程可以分为诱导期、传播期、终止期和二次产物的形成四个阶段。油脂氧化产物多而复杂,可达200多种,其中主要是氢过氧化物等初级产物和由初级产物分解、聚合出来的次级产物。氧化最终形成小分子挥发性物质,如醛、酮、酸、醇等刺激性气味即哈喇味,这些小分子化合物可进一步发生聚合反应,生成二聚体或多聚物。

油脂氧化和温度、水活度、光照、氧气和金属离子等都有关,要控制油脂的氧化,就要做好以上几个条件的控制,尽量避免诱发油脂氧化启动的因素。也就是说,在自动氧化的链式反应尚未进入快速传播期时,将氧化的链式反应切断,发挥这个功能的物质就是抗氧化剂。油脂常用的抗氧化剂包括:① 叔丁基对苯二酚(TBHQ);② 丁基羟基茴香醚(BHA);③ 二丁基羟基甲苯(BHT);④ 没食子酸丙酯(PG);⑤ 生育酚(V_E);⑥ 迷迭香提取物。

在以上抗氧化剂中,TBHQ通常具有最优良的抗氧化效果。但目前,尚有一些国家不允许应用。使用抗氧化剂时,应该注意,抗氧化剂只能起到阻碍氧化反应和延缓食品开始败坏的作用,但不能改变已经变坏的后果。因此,在使用抗氧化剂时,必须在早期阶段使用,以发挥其抗氧化作用。由于食品的成分非常复杂,有时使用单一的抗氧化剂很难起到最佳抗氧化作用。这时,可以采用多种抗氧化剂复合使用,同时还可以使用抗氧化增效剂,使抗氧化作用明显增加。抗氧化增效剂是指本身没有抗氧化作用,但与抗氧化剂并用时,却能增加抗氧化剂的抗氧化效果的一类物质,油脂中常用的增效剂为柠檬酸,用量为50mg/kg左右,其可以络合微量的金属离子。

8. 糖脂的提取技术

糖脂是糖和脂质结合所形成的物质的总称,主要分为糖基酰甘油和糖鞘脂。海洋生物来源的糖脂主要是从海藻(如鞘丝藻、螺旋藻等)中提取获得的。从海洋藻类中提取的糖脂成分主要为单半乳糖基甘油二酯(MGDG)、二半乳糖基甘油二酯(DGDG)和硫代异鼠李糖二乙酰甘油酯(SQDG)。海洋生物来源的糖脂中含有大量的 $\omega - 3$ 多不饱和脂肪酸,与植物糖脂或陆生动物糖脂相比,海洋糖脂具有更好的生理活性,主要作为保健食品或一种保健功能成分来使用。

海洋糖脂主要是通过萃取法获得,通常采用乙醇等有机溶剂萃取或超临界流体萃取,然后经过氯仿、甲醇、冰醋酸等混合溶剂处理得到精提液,除去有机溶剂后再利用柱层析进行分离纯化。在制备过程中初步萃取的提取液通过硅胶柱层析分离得到较纯的海洋糖脂。

三、质量监控和评价技术

海洋脂类,其主要特征有两个方面:第一,海洋脂类通常含有较多双键,容易氧化;第二,海洋并非洁净,海洋中存在的污染物会通过食物链的方式在不同海洋动物中积累,从而导致海洋脂类存在质量风险。在产业界,海洋生物制品的附加值高低往往不是在竞争有效成分的含量,更多是在竞争食品安全相关指标的控制能力。我们认为以下几点是海洋脂类质量的关键。

1. 有效成分分析

常见的海洋脂类生物制品中的有效成分包括功能性脂肪酸、角鲨烯、烷氧基甘油、维生素 A、维生素 D 和虾青素等。对于这些功效成分的分析方法，行业已经形成了共识和标准，是产品开发最基础的工作。

2. 有效成分结构类型

对于 EPA/DHA 等功能脂肪酸产品，其存在的形式包括乙酯型、甘油三酯型、甘油二酯型和磷脂型等不同分子结构。不同的结构类型，其生物利用度、氧化稳定性和有害物残留水平等指标都有较大差异。以生物利用度为例，一般乙酯型产品的生物利用度只有甘油三酯型产品的30%左右，而目前行业内对 EPA/DHA 产品进行评价时，往往还仅看其百分含量，这显然进入了误区。今天，尽管人们已经开始关注 EPA/DHA 的存在形式实际上是比含量更重要的指标，但在消费领域仍对其知之甚少。我们认为，有必要对 EPA/DHA 的存在形式做特别标识，尤其是对乙酯型产品要特别标识。

3. 过氧化值

油脂氧化带来的危害是巨大的，发生氧化的 EPA/DHA 产品对人体的危害可能多于益处，因此过氧化值应该作为海洋脂类产品的关键控制指标。海洋脂类产品评价过氧化值一般同时检测过氧化值（POV）和茴香胺值（PAV），过氧化值反映油脂中过氧化物的多少，此类物质含量越多，在加热过程中就越容易产生小分子的醛、酮类物质；而茴香胺值反映油品中醛、酮、醌类等二级产物的多少，反映油脂已经承受的氧化过程。

4. 酸价

能产生酸价的物质有小分子酸氧化产物和游离脂肪酸，一般是游离脂肪酸的量较大。游离脂肪酸本身并没有危害，但游离脂肪酸易于氧化，会缩短油脂的氧化诱导期，对油脂的质量产生不利影响。

5. 氧化稳定性

氧化稳定性是评估油脂货架期的关键参数，油脂的自动氧化历程，首先要经过一个诱导期（induction period）。油脂氧化初期是缓慢的，在这一过程中，从不饱和脂肪酸的自由基反应开始，生成油脂氧化的第一级产物，即过氧化物。诱导期后便是氧化期，在这一阶段，生成第二级氧化产物，醇类和羧基化合物，进入氧化期后，油脂的自动氧化会急剧加速。油脂的氧化稳定性就是评估油脂诱导期的长短，可以用油脂氧化稳定性测定仪进行检测。

6. 主要污染物

（1）重金属

近半个世纪以来，由于工农业生产的快速发展，特别是沿海地区的轻工业和重工业的快速发展，导致了世界范围内的海洋环境重金属污染日益严重。目前，污染海洋的重金属元素主要有 Hg、Cd、Pb、As、Zn、Cr、Cu 等。海洋生物通过吸附、摄食或吸收而将重金属富集在海洋生物体内外，并随海洋生物的运动而产生水平和垂直方向的迁移，或经由浮游植物、浮游动物、鱼类等食物链而逐级放大，致使鱼类、虾类、海狗、海豹等高营养级的生物体内富集着较高浓度的重金属，人类食用了受重金属污染的鱼类等海洋生物及其产品后会引起中毒。例如，食用了汞（甲基汞）污染的鱼类后会引起水俣病；食用镉、铅、铬等也能引起机体中毒，或致癌、致畸等；其他的重金属的摄入量超过一定限度时，对人也会产生危害。因此，海洋脂类产品生产过程中监控这些重金属含量就显得尤为重要。

（2）有机污染物

海洋中的有机污染物（DDD、DDT、DDE、PCB、二恶英、HCB、PCB）能够沿着食物链传播，在海洋生物体内聚集。它们还会引起过敏、先天缺陷、癌症、免疫系统和生殖器官受损。它们都属于环境激素，即使浓度极小，也会影响人类的内分泌系统。这些污染会在海水中长期存在，不但难以生物降解，而且流动性很强，能够传播到世界各地，包括南极和北极。因此，要做好海洋脂类中有机污染物的监控，以保证海洋脂类产品的安全。

（3）塑化剂

海洋脂类的加工一般规模不大，在原料的收集、运输和生产环节比大宗油脂有更多机会接触到密封垫圈和塑料制品，引入塑化剂的风险更高。另外，某些类型的油脂，如乙酯型鱼油，具有很强的溶解力，大大增加了引入塑化剂的风险。必须从原料到生产的各个环节进行质量控制，还必须对生产环节的污染源进行排查。

7. 分析技术

如表 3-5 所示，海洋脂类的质量控制中涉及多种分析技术，涉及多种现代仪器。目前，行业分析难度较大、分析成本高的指标主要包括 PCB 和二恶英等指标，要达到要求的分析精度，需要用到高分辨质谱。

表 3-5　海洋脂类产品重要分析技术

检 测 项 目	分 析 仪 器	参 考 方 法
脂肪酸组成	气相色谱法	SN/T2922—2011
铅（Pb）	原子荧光分光光度计	GB/5009.12—2010
镉（Cd）	原子荧光分光光度计	GB/T5009.15—2003
汞（Hg）	原子荧光分光光度计	GB/T5009.17—2003
砷（As）	原子荧光分光光度计	GB/T5009.11—2003
DDD、DDT、DDE	气质联用	SN/T0127—2011
多氯联苯（PCBs）	高分辨气相色谱-高分辨质谱联用	US EPA 1668A
二恶英（dioxin）	高分辨气相色谱-高分辨质谱联用	US EPA 1668A
六氯苯（HCB）	气质联用	SN/T0127—2011
塑化剂	液相色谱-串联液质	—
氧化稳定性	氧化稳定性测试仪	GB/T21121—2007

（王永华　杨博）

第五节　存在问题与措施

以海洋生物资源为基础的海洋生物制品开发，是国家海洋战略性新兴产业的一个重要发展方向。借助于新一代的生物工程技术，通过对海洋生物中活性物质与功能物质的分析、分离、活性结构改性及制备、建立安全与质控技术、研究产业化开发技术等手段，开发海洋中以鱼、虾、贝、藻、微生物等为代表的经济海洋生物资源，获得海洋食品、海洋药物、海洋生物材料、海洋生物质能等高附加值产品,是海洋生物资源高值利用的重要方向和突破。

海洋生物制品的开发已经成为世界生物科技领域的热点。美国、日本、欧盟等国家和组织相继面向海洋生物制品领域推出开发生物活性物质和海洋药物在内的"海洋生物技术计划""海洋蓝宝石计划""海洋生物开发计划"等,从海洋动植物及微生物中发现并分离了上万种新型化合物,取得了众多科技成果。我国在海洋生物制品的研究开发领域,尽管落后于美国、日本等发达国家,但近年来在海藻、甲壳素资源、鱼类等生物资源的加工领域取得了长足的发展。褐藻酸钠、壳聚糖等海洋生物制品产量已占据全球第一。海洋生物制品产业是一项极具发展潜力的希望产业,在国家海洋经济中的比例正逐年提高,已成为我国战略性新兴产业重要的突破口。然而,海洋生物制品产业也存在一些制约该领域发展的瓶颈问题。

首先,我国海洋生物制品产业产品多以初级加工产品为主,缺乏高附加值的产品。而高附加值产品的缺乏,其中一个重要原因是对海洋生物高值利用的物质基础认识匮乏。当前从海洋生物中已分离得到了众多具有各种生物活性的成分,但其中大部分仍只停留在分离及获得层面,对其具体功效研究仍有欠缺,这严重影响了海洋生物制品的开发速度、产品种类。而海洋生物制品开发的核心问题之一是海洋生物功能活性成分的应用,且应用的前提就是对活性成分功效的了解。因此,亟须加强对海洋生物功能活性物质的结构鉴定及其构效关系的研究,在海洋生物制品研发方面形成原始创新和突破。

精深加工技术及装备欠缺是限制海洋生物制品行业发展的另一重要原因。海洋高端生物制品的创制依赖于对新型精深加工技术和装备的应用。在海洋生物制品的加工技术水平方面,我国当前主要的产品还是大量依靠机械脱水、制罐加工、速冻保鲜和浸渍加工等传统工艺,对真空冷冻干燥、气调保鲜、速冻保鲜、生物转化和催化等高新技术的应用范围仍相对较小。因此,需要加强海洋生物制品原料获取、加工方面产生的新技术、新装备的研发及其应用。

此外,在海洋生物制品标准化建设方面,尽管取得了长足进步,但仍存在海洋生物制品标准体系结构不够合理、海洋生物制品标准化管理机制仍需完善、海洋生物制品标准质量还需提高、海洋生物制品标准实施和监督急需加强、海洋生物制品国际标准化水平有待提升等问题。因此,需加快海洋生物制品标准体系的建设,推进标准化的结构性改革,并按照现有行业优势,引导企业积极加入海洋生物制品的标准化建设中,逐渐由政府主导的一元结构向政府与市场共同发挥作用的二元结构转变;进一步推动海洋生物制品标准水平向中高端迈进,大力提高海洋生物制品标准供给质量和水平,并加快在海洋等关键领域的新一轮国际标准布局。

(杜昱光　张玉忠)

主要参考文献

何海伦,陈秀兰,张玉忠,等.2003.海洋生物蛋白资源酶解利用研究进展.中国生物工程杂志,23(9):69-74.

李八方.2009.海洋保健食品.北京:化学工业出版社.

李响.2015.磷脂酶A1的固定化及其催化合成DHA/EPA型磷脂的研究.广州:华南理工大学硕士学位论文.

李勇.2007.生物活性肽研究现况和进展.食品与发酵工业,33(1):2-8.

罗丹,李晓蕾,刘涛,等.2010.我国发展大型海藻养殖碳汇产业的条件与政策建议.中国渔业经济,(2):81-85.

孙敏杰,木泰华.2011.蛋白质消化率测定方法的研究进展,食品工业科技,2:382-385.

王导,朱翠凤.2011.海洋生物活性肽的生理活性研究进展.医学综述,17(5):661-663.

王小生.2005.必需氨基酸对人体健康的影响.中国食物与营养,7:48-49.

吴园涛.2013.海洋生物高值利用研究进展与发展战略思考.地球科学进展,28(7):829-833.

曾名勇,崔海英,李八方.2005.海洋生物活性肽及其生物活性研究进展.中国海洋药物杂志,24(1):46-51.

张晓玉,刘云,吴志强,等.2013.响应面法优化南极磷虾多糖的提取工艺.食品工业科技,(14):254-258.

Astolfo A, et al. 2014. A simple way to track single gold-loaded alginate microcapsules using x-ray CT in small animal longitudinal studies. Nanomedicine, 10(8): 1821-1828.

Bang HO, Dyerberg J, Nielsen AB. 1971. Plasma lipid and lipoprotein pattern in greenlandic west-coast eskimos. The Lancet, 1143-1146.

Banos FG, et al. 2014. Influence of ionic strength on the flexibility of alginate studied by size exclusion chromatography. Carbohydr Polym, 102: 223-230.

Barnett BP, et al. 2011. Synthesis of magnetic resonance-, X-ray- and ultrasound-visible alginate microcapsules for immunoisolation and noninvasive imaging of cellular therapeutics. Nat Protoc, 6(8): 1142-1151.

Bedin M, et al. 2009. Urinary oligosaccharides: a peripheral marker for Sida carpinifolia exposure or poisoning. Toxicon, 53(5): 591-594.

Berntssen MHG, Sanden M, Hove H, et al. 2016. Modelling scenarios on feed-to-fillet transfer of dioxins and dioxin-like PCBs in future feeds to farmed Atlantic salmon (Salmo salar). Chemosphere, 163: 413-421.

Bertagnolli C, et al. 2014. Biosorption of chromium by alginate extraction products from Sargassum filipendula: investigation of adsorption mechanisms using X-ray photoelectron spectroscopy analysis. Bioresour Technol, 164: 264-269.

Furihata K, Hata K. 1998-11-24. Method to produce highly pure eicosapentaenoic acid or its ester: U.S. Patent 5,840,944.

Harnedy PA, FitzGerald RJ. 2012. Bioactive peptides from marine processing waste and shellfish: A review. Journal of Functional foods, 4: 6-24.

Hernandez R, et al. 2009. Structural organization of iron oxide nanoparticles synthesized inside hybrid polymer gels derived from alginate studied with small-angle X-ray scattering. Langmuir, 25(22): 13212-13218.

Huang L, et al. 2013. Characterization of a new alginate lyase from newly isolated Flavobacterium sS20. J Ind Microbiol Biotechnol, 40(1): 113-122.

Kim SK, Wijesekara. 2010. Development and biological activities of marine-derived bioactive peptides: A review. Journal of Functional Foods, 2(1): 1-9.

Kim SK. 2013. Marine Proteins and Peptides: Biological Activities and Applications. Hoboken: John Wiley & Sons, Ltd.

Maki Y, et al. 2011. Anisotropic structure of calcium-induced alginate gels by optical and small-angle X-ray scattering measurements. Biomacromolecules, 12(6): 2145-2152.

Maruyama Y, et al. 2012. Crystallization and preliminary X-ray analysis of alginate importer from Sphingomonas sA1. Acta Crystallogr Sect F Struct Biol Cryst Commun, 68(Pt 3): 317-320.

Mata TM, et al. 2010. Microalgae for biodiesel production and other applications: A review. Renewable and Sustainable Energy Reviews, 14(1): 217-232.

Moreno-Perez S, Luna P, Señorans FJ, et al. 2015. Enzymatic synthesis of triacylglycerols of docosahexaenoic acid: Transesterification of its ethyl esters with glycerol. Food chemistry, 187: 225-229.

Morris VJ. 2012. Marine polysaccharides-food applications. Trends in Food Science & Technology, 25(1): 53.

Neubronner J, et al. 2011. Enhanced increase of omega-3 index in response to long-term n-3 fatty acid supplementation from triacylglycerides versus ethyl esters. Eur J Clin Nutr, 65(2): 247-254.

Nimptsch K, et al. 2010. Differently complex oligosaccharides can be easily identified by matrix-assisted laser desorption and ionization time-of-flight mass spectrometry directly from a standard thin-layer chromatography plate. J Chromatogr A, 1217(23): 3711-3715.

Nishikawa T, et al. 2008. Detection and pharmacokinetics of alginate oligosaccharides in mouse plasma and urine after oral administration by a liquid chromatography/tandem mass spectrometry (LC-MS/MS) method. Biosci Biotechnol Biochem,

72(8): 2184 - 2190.

Oztekin N, Baskan S, Erim FB. 2007. Determination of alginate copolymer in pharmaceutical formulations by micellar electrokinetic chromatography. J Chromatogr B Analyt Technol Biomed Life Sci, 850(1 - 2): 488 - 492.

Pastell H, et al. 2008. Step-wise enzymatic preparation and structural characterization of singly and doubly substituted arabinoxylo-oligosaccharides with non-reducing end terminal branches. Carbohydr Res, 343(18): 3049 - 3057.

Pike IH, Andrew J. 2010. Fish oil: production and use now and in the future. Lipid Technology, 22(3), 59 - 66.

Rossell B. 2009. Fish Oil. Hoboken: Willey-Blackwell Press.

Rothenhofer M, et al. 2012. Qualitative and quantitative analysis of hyaluronan oligosaccharides with high performance thin layer chromatography using reagent-free derivatization on amino-modified silica and electrospray ionization-quadrupole time-of-flight mass spectrometry coupling on normal phase. J Chromatogr A, 1248: 169 - 177.

Samarakoon K, Jeon YJ. 2012. Bio-functionalities of proteins derived from marine algae - A review. Food Research International, 48(2): 948 - 960.

Shahidi F. 2015. Ambigaipalan Novel functional food ingredients from marine sources, COFS, http://dx.doi.org/10.1016/j.cofs. 2014.12.009.

Solaesa ÁG, Sanz MT, Falkeborg M, et al. 2016. Production and concentration of monoacylglycerols rich in omega - 3 polyunsaturated fatty acids by enzymatic glycerolysis and molecular distillation. Food chemistry, 190: 960 - 967.

Sun Y, et al. 2014. Electrospray ionization mass spectrometric analysis of kappa-carrageenan oligosaccharides obtained by degradation with kappa-carrageenase from *Pedobacter hainanensis*. J Agric Food Chem, 62(11): 2398 - 2405.

Venugopal V. 2009. Seafood proteins: functional properties and protein supplements. *In*: Marine Products for Healthcare: Functional and bioactive nutraceutical compounds from the ocean. Boca Raton: CRC Press: 51 - 102.

Volpi N. 2008. Micellar electrokinetic capillary chromatography determination of alginic acid in pharmaceutical formulations after treatment with alginate lyase and UV detection. Electrophoresis, 29(17): 3504 - 3510.

Zhou B, et al. 2014. Qualitative and quantitative analysis of seven oligosaccharides in Morinda officinalis using double-development HPTLC and scanning densitometry. Biomed Mater Eng, 24(1): 953 - 960.

第四章

海洋酶制剂的开发与利用

第一节 概　　述

一、海洋酶制剂种类

海洋占地球表面积的 70%,深度超过 1000m 的深海超过海洋总面积的 90%。海洋中含有数量巨大、种类繁多的生物资源。海洋生物能够合成种类繁多的生物酶,对于海洋生物的生长、繁殖、代谢等发挥重要作用。由于海洋环境极端、多样,如具有高盐、低温、高温、高压等特性,为适应独特而极端的海洋环境,许多海洋生物酶适应和进化形成了独特的结构、催化机制和环境适应特性,因此海洋酶具有结构和性质新颖、种类繁多等特点,在新型酶制剂的开发领域,具有巨大的开发潜力和应用价值。

1. 根据底物特异性分类

根据底物特异性分类,目前已研究的海洋酶类有蛋白质降解酶类、核酸降解酶类、多糖降解酶类、有机硫降解酶类、碱性磷酸酶类、超氧化物歧化酶类、过氧化物酶类及溶菌酶类等。每一类中又含有大量不同种类和类型的酶,其中多糖降解酶类的种类最多,包括几丁质降解酶类、葡聚糖降解酶类,以及岩藻多糖、琼胶、褐藻胶、卡拉胶、甘露聚糖、紫菜聚糖等各种海藻多糖的降解酶类。目前已有很多海洋有机质降解酶,特别是海洋多糖降解酶类得到开发应用。

2. 根据酶的极端特性分类

由于海洋中存在多种极端环境,如高盐、低温、高温、高压等,因此海洋中存在大量适应极端环境的、具有极端特性的酶类,包括嗜(耐)热酶、嗜(耐)盐酶、嗜(耐)冷酶、嗜(耐)酸酶、嗜(耐)碱酶等。由于这些酶具有极端特性,因此在一些特殊的工农业领域具有很高的应用价值或潜力。

二、海洋酶制剂研究开发现状

酶制剂是重要的生物催化剂,在工业、农业、食品、环境保护、医药、科学研究等领域具有重要和广泛的应用。世界工业酶制剂的产值有数百亿美元,美国酶制剂行业的产值(含酶转化的中间体和酶制剂)已达 200 亿美元,超过了生物医药行业。中国工业酶制剂的市场潜力巨大,2012 年中国的饲料工业用酶的产量达到 8 万 t,同比增长 5.3%,复合酶同比增长

35.7%。随着不可再生的化石能源的日益枯竭，以及地球难以承受进一步的污染之重，对现有高污染企业的生产方式的转变和改造、提高资源的利用效率、降低能耗、减少污染、寻找可再生替代能源等已经迫在眉睫。美国在发展规划中提出，到 2020 年，通过生物酶催化技术，实现化学工业的原料、水资源及能源的消耗降低 30%，污染物排放和污染扩散减少 30%。这些发展领域为酶制剂的研究、开发和应用提供了更为广阔的空间。世界各国，特别是欧美、日本等发达国家和地区，都对海洋极端酶制剂资源的开发给予了极大的关注，并纷纷制定重大研究计划，开展海洋酶的基础和应用基础研究。

我国自国家"九五"规划开始，在国家 863 计划等支持下，开展了系统的海洋微生物酶的研究和开发工作，在新型海洋生物酶的挖掘、酶的结构与催化机制、酶的催化特性及海洋生物酶制剂的开发和应用方面，都取得了长足的进步，已从深海、极地等海域发现和挖掘了大量产各种胞外酶的海洋微生物，从而储备了一批海洋微生物酶的菌种资源。同时，对微生物产的多种酶类进行了研究，获得了一批具有新的序列、结构和功能的海洋微生物酶，包括蛋白质降解酶类、海藻多糖降解酶类、几丁质降解酶类、脂类降解酶类、有机硫降解酶类和氧化还原酶类等。其中许多酶在工业、农业、食品加工、医药或生物技术领域具有很好的应用潜力，一些已得到产业化开发。这些成果为我国海洋生物酶产业的发展奠定了坚实的基础。

（张玉忠　陈秀兰）

第二节　海洋蛋白降解酶类

一、蛋白酶的定义与分类

蛋白酶(proteases，或称 peptidases，proteinases，proteolytic enzymes)(EC 3.4)是一大类可以催化蛋白质或肽类的肽键水解的酶类，广泛存在于动物、植物和微生物中，约占所有蛋白质的 2%，执行许多不同的生理功能。蛋白酶是用途最广泛的酶制剂之一，占世界酶类销售总额的 60%，在食品、医药、纺织、制革、洗涤剂、化妆品、动植物蛋白及废物处理等行业都有着很好的应用前景。

蛋白酶种类繁多，分类的方法也有很多种，通常可以通过蛋白酶的来源、底物特异性及催化类型等进行分类。在国际生物化学与分子生物学学会命名委员会(the Nomenclature Commitee of the International Union of Biochemistry and Molecular Biology，NC - IUBMB)规定的酶的分类中，蛋白酶属于水解酶类中水解肽键的亚类(EC 3.4)，其中包括丝氨酸蛋白酶(EC 3.4.21)、半胱氨酸蛋白酶(EC 3.4.22)、天冬氨酸蛋白酶(EC 3.4.23)、金属蛋白酶(EC 3.4.24)、苏氨酸蛋白酶(EC 3.4.25)等多个亚亚类，每个亚亚类中有编号不同的蛋白酶。例如，不同的胶原酶有不同的编号，Interstitial collagenase(Matrix metalloproteinase 1)编号为 EC 3.4.24.7，Neutrophil collagenase(Matrix metalloproteinase 8)编号为 EC 3.4.24.34，Microbial collagenase(Clostridiopeptidase A)编号为 EC 3.4.24.3。

MEROPS 数据库(http://merops.sanger.ac.uk)是专门通过等级分类提供蛋白酶信息的数据库，这个数据库里收录了有关蛋白酶性质、催化类型及其抑制剂等方面的详细信息。根据催化中心或催化中心周围氨基酸序列的相似性，将同源的蛋白酶划分为同一个家族

(family)，并以其催化中心关键氨基酸的简写字母作为不同家族的标志。同时，基于蛋白酶的三级结构或者催化位点在多肽链中的位置，同源的家族又可被划分为一个 Clan，一个 Clan 中可能包含一个或多个家族。目前，根据催化中心参与催化的氨基酸不同，MEROPS 数据库将蛋白酶划分成九大类(表 4-1)。

表 4-1　MEROPS 数据库中根据催化中心对蛋白酶的分类

中文命名	MEROPS 命名	EC 命名	催化氨基酸	家族数量
天冬氨酸蛋白酶	Aspartic peptides(A)	EC 3.4.23	Asp	36
半胱氨酸蛋白酶	Cysteine peptides(C)	EC 3.4.22	Cys，His	101
谷氨酸蛋白酶	Glutamic peptides(G)	EC 3.4.23	Glu，Gln	2
金属蛋白酶	Metallo-peptides(M)	EC 3.4.24	His	98
丝氨酸蛋白酶	Serine peptides(S)	EC 3.4.21	His，Asp，Ser	81
苏氨酸蛋白酶	Threonine peptides(T)	EC 3.4 25	Thr	7
天冬酰胺蛋白酶	Asparagine peptides(N)	EC 3.4.23	Asp	11
混合催化类型蛋白酶	Mixed peptides(P)	EC 3.4.	—	1
未知催化类型蛋白酶	Unknown peptides(U)	EC 3.4.99	—	9

按照蛋白酶在肽链上的酶切位置，可将蛋白酶分为内肽酶和外肽酶两类。内肽酶能水解蛋白质中间部分的肽键，形成小分子质量的肽段，而外肽酶则从蛋白质的游离氨基或羧基末端逐个将肽键水解，前者称为氨基肽酶，后者称为羧基肽酶。目前常用的酶制剂都是内肽酶。根据蛋白酶催化反应的最适 pH，可将蛋白酶划分为酸性蛋白酶、中性蛋白酶和碱性蛋白酶。根据蛋白酶催化反应的最适温度又可将其分为低温蛋白酶、中温蛋白酶和高温蛋白酶。

二、海洋蛋白酶研究进展

海洋是地球上最重要的生态系统之一，相比陆地生态系统，海洋环境中盐度较高，温度也相对较低。其中深海区域除了高盐和低温(热液口环境除外)外，还具有高压、黑暗和寡营养等极端特征。这些极端的环境孕育了大量的种类繁多的海洋生物。海洋生物的多样性为海洋蛋白酶多样性提供了丰富的来源，海洋蛋白酶资源可以来源于动物、植物和微生物。目前研究较多的是海洋动物蛋白酶和海洋微生物蛋白酶。

1. 海洋动物蛋白酶

很多海洋动物的消化道中含有丰富的蛋白酶。目前研究较多的动物蛋白酶是从鱼、虾等海洋动物消化道中获得的蛋白酶。每年全世界海洋渔业的渔获量非常大，而得到的鱼产品中，内脏多数以废弃物的形式抛弃掉。鱼的内脏可以占到鱼体重的 7% 左右，对于资源来说是一个较大的浪费。虽然部分加工工业会将鱼类内脏制作成为鱼粉应用于饲料行业，但是附加值较低。总体而言，鱼的内脏中，很多有较高应用潜力的物质没有得到较好的开发利用。鱼类在进食之后因需要对食物进行消化利用，其消化道中含有较丰富的酶类，所以鱼类内脏是一个很好的获取蛋白酶的资源。近些年来，鱼类内脏的蛋白酶资源已得到了较多的开发研究。这些研究不仅可以获取新型的蛋白酶资源，还可以提高鱼类内脏这一低值产品的附加值。目前从海洋鱼类消化道中分离得到的蛋白酶有胃蛋白酶、胰蛋白酶、糜蛋白酶、羧肽酶、胶原酶、弹性蛋白酶等,其中研究最多的是胰蛋白酶、胃蛋白酶和糜蛋白酶。得到的糜蛋白酶和胰蛋白酶多为碱性蛋白酶,适宜 pH 在 8.0 左右,在碱性环境中酶活较为稳定。而胃蛋白酶多为酸性蛋白酶,适宜 pH 为 2.0～3.5,如从红狮子鱼(*Hoplostethus atlanticus*)胃中分离得到的两种蛋白酶的最适 pH 分别为 2.5 和 3.5(Xu et al., 1996),突吻鳕(*Coryphaenoides pectoralis*)胃中分离得到的两种胃蛋白酶的最适 pH 分别为 3.0 和 3.5,在 pH 高于 6 的环境中容易失活。从海洋鱼类中提取得到的蛋白酶的适宜酶活温度多在 40～60℃。胰蛋白酶的分子质量多在 24kDa 左右,而胃蛋白酶的分子质量一般大于 30～35kDa(表 4-2)。

表 4-2 部分来自海洋动物的蛋白酶种类及性质

鱼 类	酶类	分子质量/kDa	最适 pH	最适酶活温度/℃
远东拟沙丁鱼(*Sardinops sagax caeruleus*)	糜蛋白酶	26	8.0	50
花鲈(*Lateolabrax japonicus*)	糜蛋白酶	27	8.0	45
		27.5	8.0	45
鲣(*Katsuwonus pelamis*)	胃蛋白酶	33.9	2.5	50
		33.7	2.0	45
长鳍金枪鱼(*Thunnus alalunga*)	胃蛋白酶	32.7	2.0	50
星鲨(*Mustelus mustelus*)	胃蛋白酶	35	2.0	40
突吻鳕(*Coryphaenoides pectoralis*)	胃蛋白酶	35	3.0	45
		31	3.5	45
许氏平鲉(*Sebastes schlegelii*)	胰蛋白酶	24	8.0	60
斑点盖纹沙丁鱼(*Sardinops melanostictus*)	胰蛋白酶	24	8.0	60
欧洲沙丁鱼(*Sardina pilchardus*)	胰蛋白酶	25	8.0	60
雀杜父鱼(*Alcichthys alcicornis*)	胰蛋白酶	24	8.0	50
澳洲鲭(*Scomber australasicus*)	胰蛋白酶	24	8.0	60
圆小沙丁鱼(*Sardinella aurita*)	胰蛋白酶	24	8.0	55
狭鳕(*Theragra chalcogramma*)	胰蛋白酶	24	8.0	50
太平洋鳕鱼(*Gadus macrocephalus*)	胰蛋白酶	24	8.0	50
远东宽突鳕(*Eleginus gracilis*)	胰蛋白酶	24	8.0	50
北太平洋磷虾(*Euphausia pacifica*)	胰蛋白酶	33,32	9,9	40,40
南极磷虾(*Euphasia superba*)	胰蛋白酶	30		20

甲壳类海洋动物也是重要的海洋动物资源。研究发现,很多甲壳类海洋动物都可以产胶原蛋白酶,如在招潮蟹(*Uca pugilator*)、南极磷虾(*Euphausia superba*)、南美白对虾(*Penaeus vannamei*)、斑节对虾(*Penaeus monodon*)、勘察加拟石蟹(*Paralithodes camtschatica*)、雪蟹(*Chionoecetes opilio*)、滨蟹(*Carcinus maenas*)中都分离得到过胶原酶。例如,Aoki 等从长额虾的肝胰腺中分离纯化得到了两种胶原酶,其最适 pH 分别是 11 和 8.5,适宜酶活温度在 40～45℃,这两种胶原酶都可以在 25℃、pH7.5 的条件下降解猪胶原蛋白。已研究的甲壳类动物产的胶原酶多属于丝氨酸蛋白酶。来自招潮蟹(*Uca pugilator*)的 S1 家族

丝氨酸蛋白酶(Crab collagenolytic serine protease 1)能够降解天然 I 型胶原蛋白,是第一个报道的丝氨酸蛋白酶。早在 1997 年,Perona 等就解析了该酶与大肠杆菌素(ecotin)复合物的晶体结构,分辨率为 2.5Å。对该酶的结构分析表明,该酶与胰蛋白酶 trypsin 的结构类似,但与 trypsin 相比,该酶的底物结合口袋的一边插入了数个氨基酸残基,导致催化腔增大,这可能是导致该酶具有降解胶原蛋白活性的重要原因。另外,结构分析结合突变分析表明,该酶的 S1 口袋能容纳具有不同性质侧链的氨基酸,从而导致该酶在 P1 为具有广泛的底物特异性。

一些其他海洋动物来源的蛋白酶也得到了广泛研究。例如,Fu 等研究了海参消化道中的蛋白酶混合酶系,发现其中的蛋白酶组分既有适宜 pH 在 2.0 或 5.0 的酸性蛋白酶,也有适宜 pH 在 8.0 甚至到 13.0 的碱性蛋白酶。在海参体壁中也分离得到了丝氨酸蛋白酶,以及具有明胶水解活性的金属蛋白酶。Krasko 等从海绵(*Geodia cydonium*)中分离得到了分子质量为 26kDa 左右的组织蛋白酶。

这些研究表明,海洋动物体内,特别是消化道内,存在种类繁多的蛋白酶。因此,在今后的海洋蛋白酶资源开发中,海洋动物蛋白酶开发仍然是一个重要研究方向。

2. 海洋微生物蛋白酶

广阔的海洋中孕育着数量巨大、种类繁多的微生物。海洋微生物是海洋蛋白酶资源的重要来源。但由于受到采样条件和培养技术等因素的限制,目前只有很少部分的微生物种类能够得到分离培养,这极大地影响了人们对海洋微生物蛋白酶资源的开发利用,尤其对于深海微生物类群所分泌的蛋白酶种类及其降解机制的了解还非常有限。

(1) 海洋微生物蛋白酶多样性

海洋微生物蛋白酶多样性的研究为人们开发新型海洋微生物蛋白酶提供依据。近年来一些研究对南北极海域中的产蛋白酶微生物多样性进行了分析。通过对南极乔治王岛海湾沉积物中产蛋白酶细菌的调查发现,每克沉积物中产蛋白酶的细菌可达 10^5 个,产蛋白酶细菌的类群主要属于四个门:Firmicutes、Bacteroidetes、Actinobacteria 和 Proteobacteria。总体来说,*Bacillus*(22.9%)、*Flavobacterium*(21.0%)和 *Lacinutrix*(16.2%)这 3 个属是优势属。对蛋白酶多样性的分析发现,乔治王岛海域沉积物中产蛋白酶细菌产的蛋白酶均为丝氨酸蛋白酶和金属蛋白酶。而在北极附近海域,Park 等对楚科奇海域中的海水微生物的调查发现,在分离得到的 15 696 株菌株中,能够产蛋白酶的菌株有 2526 株,占菌株总数的 16%。其中优势属是 *Alteromonas*(31%)、*Staphylococcus*(27%)和 *Pseudoalteromonas*(14%)。另一项对北极斯瓦尔巴德岛周边海域产蛋白酶微生物的调查研究发现,最主要的产蛋白酶菌株为 *Pseudoalteromonas*。

深海沉积物中含有丰富的微生物资源。寡营养是深海环境一个重要的特征,不可溶的颗粒有机氮(particular organic nitrogen, PON)很可能是深海微生物主要的营养来源。深海微生物依靠其分泌到胞外的多种蛋白酶对这些不可溶的氨基化合物进行降解,从而为自身提供能量,因此深海环境(尤其是深海沉积物)中很可能蕴藏着大量产蛋白酶的菌株,是重要的海洋微生物蛋白酶来源。Xiong 等对阿留申群岛附近深海沉积物中的微生物进行研究,发现了 106 株能产蛋白酶的微生物,其中产酶量最大的 6 株均属于 *Pseudoalteromonas* 属。Zhou 等对中国南海 8 个不同站点的海底沉积物中可培养的产蛋白酶细菌进行了深入研究,结果发现,这些沉积物样品中存在丰富的、种类多样的产蛋白酶细菌。该研究同时还发现这些产蛋白酶细菌所分泌的胞外蛋白酶都属于丝氨酸蛋白酶家族和金属蛋白酶家族,没有发现半胱氨酸蛋白酶家族和天冬氨酸蛋白酶家族的蛋白酶;而且这些菌株分泌的蛋白酶大多具有降解胶原蛋白和弹性蛋白的活性,这说明细菌胶原酶和弹性蛋白酶在深海沉积物环境中可能广泛存在。

由于近海沉积物中含有丰富的有机氮,其中存在丰富的产蛋白酶的细菌。Zhang 等对胶州湾 6 个站位的沉积物中产蛋白酶细菌的多样性及其胞外蛋白酶的多样性进行了分析,发现每克沉积物中可培养产蛋白酶的细菌达 10^4 个,可培养产蛋白酶的细菌主要属于 3 个属——*Photobacterium*(39.4%)、*Bacillus*(25.8%)和 *Vibrio*(19.7%),通过抑制剂分析发现这些菌所产的胞外蛋白酶主要是丝氨酸蛋白酶和金属蛋白酶,也可能有少量的半胱氨酸蛋白酶。

1972 年,Nobou Kato 从海洋细菌 *Pseudomonas* 分离纯化了一种碱性蛋白酶。自此,海洋微生物来源的蛋白酶陆续开始被分离纯化并且得到研究。海洋微生物的多样性使得微生物来源的蛋白酶也具有很高的多样性。目前从海洋微生物中已经鉴定得到了种类众多的蛋白酶。得到研究的产蛋白酶海洋细菌中芽孢杆菌较多,并且以碱性蛋白酶为主。此外,海洋细菌所产的蛋白酶多数比较耐盐,能够在高的盐离子浓度条件下保持活性(表 4-3)。

表 4-3　海洋微生物蛋白酶种类及性质

菌　　株	酶　　类	分子质量/kDa	最适 pH	最适酶活温度/℃
Alkalimonas collagenimarina AC40T	丝氨酸蛋白酶	97	8.5	45
Alkalimonas collagenimarina AC40T	丝氨酸蛋白酶	28	9	45
Alkaliphilus transvaalensis SAGM1	丝氨酸蛋白酶	30	12.6	70
Alteromonas sp. strain O-7	金属蛋白酶	115	7.5	50
Alteromonas sp. strain O-7	金属蛋白酶	56	10	60
Bacillus alveayuensis CAS 5	金属蛋白酶	33	9	50
Bacillus circulans	丝氨酸蛋白酶	39.5	11	70
Bacillus circulans BM15	丝氨酸蛋白酶	30	7	40
Bacillus clausii	丝氨酸蛋白酶	—	11.5	80
Bacillus firmus CAS 7	金属蛋白酶	21	9	60
Bacillus halodurans CAS6	金属蛋白酶	28	9	50
Bacillus mojavensis A21	丝氨酸蛋白酶	15	9	60
Bacillus mojavensis A21	丝氨酸蛋白酶	29	10	60
Bacillus sp. EMB9	丝氨酸蛋白酶	29	9.0	55
Bacillus sp. MIG	丝氨酸蛋白酶,丝氨酸蛋白酶	—	11,12	50,55
Bacillus sp. SM2014	丝氨酸蛋白酶	71	10	60
Bacillus subtilis AP-MSU 6	丝氨酸蛋白酶	18.3	9	40
Bacillus subtilis ICTF-1	丝氨酸蛋白酶	28	9	50
Bacillus subtilis Y-108		44	8.0	50
Exiguobacterium sp. SWJS2	金属蛋白酶	36	7	40~45
Flavobacterium YS-80	金属蛋白酶	49	9.5	30

菌　　　株	酶　　　类	分子质量/kDa	最适 pH	最适酶活温度/℃
Halorubrum ezzemoulense ETR14	—	—	9	60
Marinobacter sp. MBRI 7	—	—	7	40
Marinomonas arctica PT-1	丝氨酸蛋白酶	63	8	37
Myroides profundi D25	丝氨酸蛋白酶	56	8.5	60
	金属蛋白酶	23	9.5	50
Nocardiopsis sp. NCIM 5124	丝氨酸蛋白酶	21	10	60
Nocardiopsis sp. NCIM 5124	丝氨酸蛋白酶	23	10	60
Pseudoalteromonas issachenkonii UST041101-043	金属蛋白酶	34	7.5	35
Pseudoalteromonas sp. 129-1	丝氨酸蛋白酶	35	8	50
Pseudoalteromonas sp. CF6-2	金属蛋白酶 Pseudoalterin	19	9.5	25
Pseudoalteromonas sp. P96-47	金属蛋白酶	—		45
Pseudoalteromonas sp. SM9913	丝氨酸蛋白酶	60.7	7	35
Pseudoalteromonas sp. SM9913	金属蛋白酶	36	8	55
Pseudoalteromonas sp. strain 93	丝氨酸蛋白酶	45	10	45
Pseudomonas aeruginosa HY1215	—	32.8	10	25
Rhodotorula mucilaginosa L7	—	34.5	5	50
Roseobacter sp. MMD040	—	25	8	40
Streptomyces fungicidicus MML1614	—		9	40
Vibrio anguillarum strain W-1	金属蛋白酶	37	7	50
Vibrio harveyi	丝氨酸蛋白酶	—	8	50
Vibrio parahaemolyticus	金属蛋白酶	90	8	37
Vibrio sp. B-30	内肽酶	49	7.0	40
Vibrio sp. V26	金属蛋白酶	32	9.0	60
Vibrio vulnificus CYK279H		35	7.5	35
Vogesella sp.7307-1	金属蛋白酶	119	7.5	50
marine bacterium strain YS-80-122	金属蛋白酶	49	—	—

　　菌株来源不同,海洋细菌所产的蛋白酶的最适酶活温度和热稳定性也不同。深海极端嗜热菌 Methanococcus jannaschii 产生的蛋白酶的最适催化温度为 116℃,130℃下仍有活性,是目前已知最耐热的蛋白酶,而且该酶酶活性和热稳定性随压力提高而升高。分离自冲绳槽海底沉积物中的适冷菌 Pseudoalteromonas sp. SM9913 能分泌多种胞外适冷蛋白酶,其中蛋白酶 MCP-01 降解小肽底物的最适酶活温度只有 25℃左右。不同溶液环境也会影响蛋白酶的最适温度。海洋弧菌 Vibrio sp. B-30 所产的蛋白酶,在无钙离子存在的条件下最适酶活温度为 40℃,而在有 1mmol/L 钙离子存在的条件下,其最适酶活温度是 50℃。

　　海洋酵母菌所产蛋白酶也得到了研究。例如,Chi 等从海底沉积物中分离得到的酵母菌 Aureobasidium pullulans 中纯化到一种碱性蛋白酶,该酶的最大比活力为 623.1U/mg,最适 pH

为 9.0，最适酶活温度在 45℃。

海洋放线菌来源的蛋白酶也有很多研究。Ramesh 研究了 191 株海洋放线菌，发现其中 113 株菌株能产明胶酶，157 株能产酪蛋白酶，说明海洋放线菌也是重要的海洋蛋白酶资源。有些放线菌所产的蛋白酶具有非常好的性质，如放线菌 *Streptomyces fungicidicus* MML1614 所产的蛋白酶的热稳定性非常好，可以在 pH 11 和 60℃ 的条件下保持较高的酶活。

（2）海洋细菌金属蛋白酶

近年来对海洋细菌金属蛋白酶的研究取得了很大的进展。Gao 等对深海细菌 *Pseudoalteromonas* sp. SM9913 分泌的一个 Thermolysin 家族（M4 家族）金属蛋白酶 MCP－02 的结构和成熟机制进行了研究。MCP－02 成熟酶只含有一个 M4 家族催化结构域，但其前体含有一个信号肽、一个前导肽（propeptide）、一个 M4 家族催化结构域和两个 PPC（bacterial prepeptidase C-terminal domain）结构域。Gao 等对金属蛋白酶 MCP－02 的剪切后复合体和成熟酶进行了结晶和晶体结构解析。总体上，MCP－02 成熟酶由 N 端结构域 NTD 和 C 端结构域 CTD 两部分构成（图 4－1A），与 M4 家族的原型蛋白酶 Thermolysin 结构几乎完全相同。通过突变，Gao 等获得了 MCP－02 剪切后复合体的晶体结构（图 4－1B）。MCP－02 剪切后复合体的结构是 M4 家族酶报道的首个过渡态复合物的结构。在剪切后复合体中，MCP－02 的前导肽呈现一个巨大的"C"形结构环绕在 CTD 上。前导肽的 C 端深入催化结构域的活性中心中，最末端的 His204 取代了成熟酶中活化水分子而成为活性中心锌离子的第四个配位基，从而抑制了催化结构域的蛋白酶活力。在剪切后复合体中，催化结构域的第一个氨基酸 Ala^{205} 同在酶原中共价连接的 His^{204} 分开了大约 33Å 的距离，同时 Ala^{205}～Ser^{212} 之间的 8 个氨基酸形成一个新的 β 折叠片插入催化结构域 N 端一个相对独立的结构域中。根据结构分析、分子动力学模拟及生化分析，他们解释了 MCP－02 成熟的分子机制，提出了 Thermolysin 家族金属蛋白酶成熟分子机制的模型。这是首次阐明 M4 家族蛋白酶过渡态的结构及成熟的分子机制。E495 是北极海冰细菌分泌的一个 M4 家族金属蛋白酶。He 等的研究表明，E495 有两种成熟形式，一种只含有催化结构域（E495－M），一种含有催化结构域和一个 PPC 结构域（E495－M－C1）。E495－M 和 E495－M－C1 对寡肽有同样的亲和力和催化效率，但 E495－M－C1 对大蛋白如酪蛋白和藻胆蛋白具有更高的亲和力和催化效率，这表明 E495 的两种成熟形式在海冰中肽和蛋白质的降解中可能发挥不同的功能。

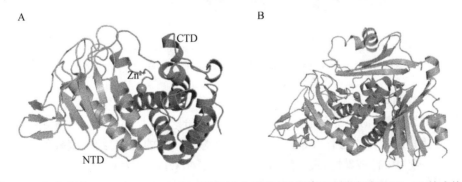

图 4－1　深海细菌 *Pseudoalteromonas* sp. SM9913 分泌的 M4 家族金属蛋白酶 MCP－02 的成熟酶结构（A）和成熟过程中剪切后复合体的结构（B）（引自 Gao et al., 2010）

弹性蛋白广泛存在于海洋动物中。由于弹性蛋白是水不溶性蛋白,因此弹性蛋白可能是海洋沉积物中颗粒有机氮(particular organic nitrogen)的重要组成部分。近年来,发现了一些深海沉积物细菌分泌的金属弹性蛋白酶。myroilysin 是深海细菌 *Myroides profundi* D25 分泌的一个新型 M12 家族蛋白酶,该酶对弹性蛋白具有很高的降解效率,是 M12 家族报道的第一个弹性蛋白酶。myroilysin 不仅能降解弹性蛋白,还对胶原蛋白具有膨胀作用,因而在深海中可能会促进胶原酶对胶原蛋白的降解。pseudoalterin 是深海沉积物细菌 *Pseudoalteromonas* sp. CF6-2 分泌的一个新型 M23 家族的金属蛋白酶。pseudoalterin 可以快速将不可溶弹性蛋白降解为可溶的肽段。Zhao 等通过光学显微镜和扫描电镜观察,结合液质联质谱和生化分析,揭示了 pseudoalterin 对弹性蛋白的酶解过程和机制,提出了 pseudoalterin 降解弹性蛋白的机制模型:pseudoalterin 优先降解弹性蛋白亲水的交联区,对疏水区作用较慢,因此在酶解过程中先使弹性蛋白分离成丝状,然后由丝状纤维进一步酶解为小球,最后酶解出弹性蛋白原单体并进一步降解为可溶的肽段和游离氨基酸(图 4-2)。目前报道的所有陆地来源的 M23 家族蛋白酶都仅显示出对疏水区甘氨酰键的酶解能力。而海洋来源的 M23 家族蛋白酶 pseudoalterin 首先降解弹性蛋白亲水区再降解疏水区的弹性蛋白,因此是一种崭新的 M23 家族蛋白酶降解弹性蛋白的机制。这也表明 pseudoalterin 是 M23 家族中一种新型的蛋白酶。对海洋新型 M23 家族蛋白酶 pseudoalterin 的弹性蛋白降解机制的分析为阐释深海沉积物中氮循环的研究提供了重要的证据,同时也为新型蛋白酶的开发利用提供了重要的理论基础。

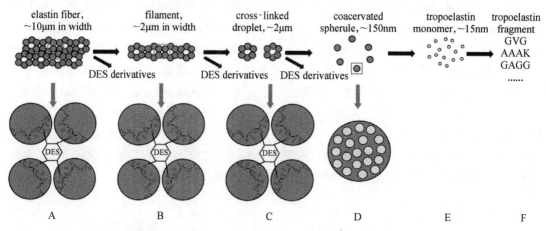

图 4-2 海洋细菌 *Pseudoa lteromonas* sp. CF6-2 分泌的 M23 家族蛋白酶 pseudoalterin 对弹性蛋白降解机制的示意图(引自 Zhao et al., 2012)

(3) 海洋细菌丝氨酸蛋白酶

除了金属蛋白酶,海洋细菌也分泌大量不同种类的丝氨酸蛋白酶。对海洋细菌分泌的各种丝氨酸蛋白酶的性质已有大量报道。由于对海洋环境的适应,细菌胞外丝氨酸蛋白酶的最适 pH 一般为中性或碱性,最适酶活温度一般在 40℃以上(表 4-3)。

近年来对海洋细菌分泌的 S8 家族丝氨酸胶原酶的结构和降解机制研究取得了重要进展。胶原蛋白降解酶包括来源于高等动物的 M10 家族基质金属蛋白酶、来源于梭菌和弧菌的 M9 家族金属蛋白酶,以及 S1 家族、S8 家族和 S53 家族中的部分丝氨酸蛋白酶。S8 家族丝氨酸蛋白酶大部分都没有胶原蛋白降解活性,近年来发现有少数 S8 家族蛋白酶具有胶原蛋白降解活性,是丝氨酸胶原酶。深海适冷菌 *Pseudoaltermonas* sp. SM9913 分泌的蛋白酶 MCP‐01 是一个 S8 家族丝氨酸胶原酶。该酶能够降解各种可溶和不可溶的胶原蛋白,尤其对鱼胶原蛋白的降解活性非常高。MCP‐01 在 0℃下仍具有 12.4% 的胶原酶活,是目前唯一报道的适冷胶原酶。MCP‐01 的成熟酶含有一个催化结构域和一个 C 端 PKD 结构域。通过显微分析和生化分析发现,蛋白酶 MCP‐01 能降解胶原蛋白,其催化结构域 CATD 也能降解胶原蛋白,但其 C 端 PKD 结构域不能将胶原蛋白降解为肽和游离氨基酸(图 4‐3)。因此进一步分析了 CATD 结合和降解胶原蛋白的机制,以及 PKD 结构域在酶催化降解胶原蛋白中的功能。

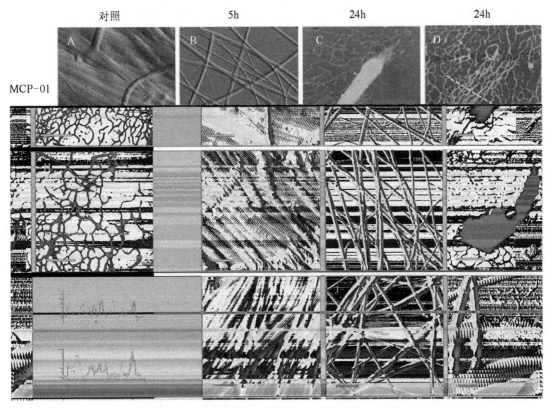

图 4‐3　原子力显微镜观察蛋白酶 MCP‐01 及其催化结构域 CATD 和
PKD 结构域对胶原蛋白的作用过程(引自 Ran et al., 2013)

　A,E,F. 未经酶处理的胶原蛋白;B. MCP‐01 处理 5h 后的胶原蛋白;C,D. MCP‐01 处理 24h 后的胶原蛋白;F. CATD 处理 5h 后的胶原蛋白;G,H. CATD 处理 24h 后的胶原蛋白;J. PKD 处理 5h 后的胶原蛋白;L,M. 分别是 D,H 中虚线位置的切面高度

　　实验表明,蛋白酶 MCP‐01 中的 PKD 结构域具有底物结合功能,对不可溶胶原蛋白具有很强的结合能力。突变证实,PKD 结构域中 36 位的色氨酸是其结合胶原蛋白过程中起关键作用的氨基酸。同时发现用异源表达的 PKD 结构域对胶原蛋白进行预处理可以明显提高 MCP‐01 的催化结构域对胶原蛋白的降解效率。进一步研究表明,PKD 结构域可以使胶

原蛋白发生膨胀,导致胶原纤丝和微纤丝解离,并游离出胶原三螺旋分子,而没有对三螺旋结构造成破坏。

催化结构域 CATD 作用于胶原蛋白纤维时首先对维系胶原蛋白结构稳定性的蛋白聚糖进行降解,释放出胶原蛋白纤丝(fibril)和微纤丝(microfibris),然后破坏微纤丝中胶原蛋白分子之间的吡啶交联,释放出具有三螺旋结构的胶原蛋白分子,最后将胶原蛋白分子降解,产生分子质量较小的肽段直至游离氨基酸。通过分析 MCP-01 在牛胶原蛋白上的酶切位点,发现 MCP-01 对胶原蛋白的特异性识别位点较多,与研究较详细的动物来源胶原酶不同。在这些酶切位点中,P1 位和 P1′位既有疏水性氨基酸,也有亲水性氨基酸;其中,Pro 最常出现在 P1 位,而 P1′位则更多地被 Gly 所占据,这说明 MCP-01 很可能偏好于降解 Pro 与Gly 之间的肽键,而这种非严格的偏好性正好与胶原蛋白肽链中独特的氨基酸构成相符。除此之外,还发现碱性氨基酸残基(如 Lys、Arg)也多次出现在酶切位点的 P1 位上。由于胶原蛋白肽链中含有很多碱性氨基酸,而 Lys 又是胶原蛋白单体中参与形成吡啶交联的主要氨基酸,对维持胶原蛋白结构稳定性发挥着重要作用,因此 MCP-01 对 Lys 的偏好性在一定程度上加速了其对胶原蛋白的降解。这些研究首次阐明了 S8 家族丝氨酸蛋白酶降解胶原蛋白的机制。

此外,Ran 等还发现了另一个海洋细菌产的 S8 家族胶原酶,即 *Myroides profundi* D25 分泌的蛋白酶 myroicolsin。他们分析了 myroicolsin 降解胶原蛋白的机制,发现虽然 myroicolsin 与 MCP-01 的结构有很大的差别,但它们降解胶原蛋白的机制非常类似。根据研究结果,他们提出了 S8 家族丝氨酸胶原酶 myroicolsin 降解胶原蛋白的机制模型(图 4-4)。

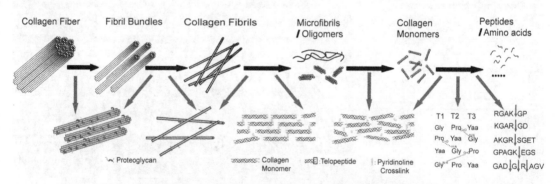

图 4-4　海洋细菌 *M. profundi* D25 分泌的 S8 家族细菌胶原酶 myroicolsin
对胶原蛋白降解机制的示意图(引自 Zhang et al., 2015)

3. 海洋蛋白酶资源的应用与展望

蛋白酶是用途最广泛的酶制剂之一,占世界酶类销售总额的 60%,在食品、医药、纺织、制革、洗涤剂、化妆品、动植物蛋白及废物处理等行业都有着很好的应用前景。皮革工业的脱毛和软化已大量利用蛋白酶,既节省时间,又改善劳动卫生条件。蛋白酶还可用于蚕丝脱胶、肉类嫩化、酒类澄清等行业。临床上可作药用,如用胃蛋白酶治疗消化不良,用酸性蛋白酶治疗支气管炎,用弹性蛋白酶治疗脉管炎,以及用胰蛋白酶、胰凝乳蛋白酶对外科化脓性创口的净化及胸腔间浆膜粘连的治疗,还可用于将组织处理成为单个细胞,进行细胞组织培养。碱性蛋白酶是加酶洗衣粉中的主要用酶,能去除衣物上的血渍和蛋白污物。目前对海洋蛋白酶的开发应用还比较少,但许多研究表明,海洋蛋白酶在洗涤、食品和医药等领域都具有很好的开发应用潜力。

（1）海洋蛋白酶在洗涤剂行业中的应用

很多海洋动物、微生物来源的蛋白酶都能够在较高的盐浓度下保持活性,而且有些蛋白酶可以在表面活性剂(如 Tween 80 或 Triton X－100)、氧化剂、还原剂、商业化的洗涤剂及漂白剂存在的条件下保持较好的活性。从赤鲉内脏中分离出的碱性蛋白酶粗提物在非离子表面活性剂(Tween 20, Tween 80 and Triton X－100)存在下非常稳定,在 1%高硼酸钠等氧化剂的存在下也能够保持原有酶活,在商业化液体和固体洗涤剂中都能够非常稳定地保持酶活。从海鲷、扳机鱼等海洋鱼类内脏中分离得到的蛋白酶,也具有很好的表面活性剂和漂白剂耐受性及去污剂相容性等。一种海洋微生物来源的蛋白酶能够高效去除血渍、鸡蛋污渍等多种蛋白类的污渍。这些研究表明,很多海洋蛋白酶在洗涤剂工业中可能具有很好的应用潜力。

（2）海洋蛋白酶在食品行业中的应用

海洋蛋白酶在食品工业中也具有潜在应用价值。来自海洋细菌的适冷蛋白酶 MCP－01 对肉类嫩化具有非常好的效果。与商品化的嫩化酶菠萝蛋白酶和木瓜蛋白酶相比,MCP－01 在低温下就具有很好的牛肉嫩化能力。MCP－01 处理后的牛肉保水性更好,并能保持肉类的新鲜色泽和品相(图 4－5)。MCP－01 与菠萝蛋白酶和木瓜蛋白酶的嫩化机制也有所不同,MCP－01 对结缔组织中的胶原蛋白的特异性选择较木瓜蛋白酶和菠萝蛋白酶高。另外,MCP－01 仅能降解肌纤维中的肌球蛋白重链,对肌动蛋白基本没有降解作用,而木瓜蛋白酶和菠萝蛋白酶能够同时降解牛肉的肌球蛋白重链和肌动蛋白。由于这些嫩化机制差异导致 MCP－01 嫩化后的牛肉的结构与形貌与木瓜蛋白酶和菠萝蛋白酶处理后的不同,因此 MCP－01 是一种新型适冷肉类嫩化酶,适用于肉制品的低温嫩化,在肉制品加工中可能具有应用潜力。另外,海洋虾类来源的丝氨酸蛋白酶可以减少奶酪制作所需的时间,提高奶酪的风味,在食品加工中也具有非常好的应用效果。

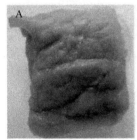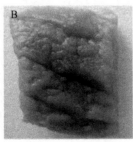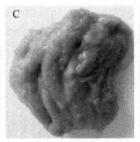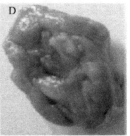

图 4－5　不同蛋白酶处理后的牛肉的外观(引自 Zhao et al., 2012)

A. 未处理的牛肉;B. MCP－01 处理后的牛肉;C. 菠萝蛋白酶处理后的牛肉;D. 木瓜蛋白酶处理后的牛肉

（3）海洋蛋白酶在医药领域中的应用

在医药领域,海洋蛋白酶也具有潜在的应用价值。从单环刺螠、沙蚕、刺沙蚕、松藻、枯草芽孢杆菌(Bacillus subtilis)中分离得到的多种蛋白酶,能够降解血纤维蛋白原,具有很好的抗血栓形成的能力,对这些酶的研究为发现新型治疗血栓栓塞的药物奠定了基础。

来自鳕鱼的胰蛋白酶在医药领域的应用潜力已有比较深入的研究。用该酶研制的酶-水凝胶软膏在治疗骨关节炎、肌腱炎、纤维肌痛、风湿关节炎、静脉炎、牛皮癣、痤疮、湿疹、皮炎和创伤伤口愈合等多种疾病中都有很好的效果。例如,在治疗骨关节炎的应用研究中,对17名骨关节炎患者进行了治疗,每天使用该酶胶1~2次,所有患者的病情在一周之内得到缓解,其中多数患者的症状可以在2~4d就得到缓解。该酶胶软膏用于治疗肌腱炎,8名患者每天使用该酶胶软膏涂抹患病部位1~2次,所有患者在两周之内得到缓解,其中多数在2~4d得到缓解。使用该软膏治疗肌纤维痛,2名患者每天2次使用该软膏涂抹患处,2名患者在三周之内症状均得到了缓解。使用该软膏治疗风湿关节炎,对5名关节炎患者涂抹给药,所有患者在5d之内症状均得到减轻。其中一位患者治疗之前在无帮助的情况下早晨无法起床穿衣服,治疗之后可以完全自理。该酶胶软膏用于治疗静脉炎,5位患者的小腿肚具有不同形式的静脉炎,其中一些患者还具有疼痛和难以入睡的症状,经过对患处涂抹酶胶软膏,几周之内所有患者的症状都得到缓解。通过对6名牛皮癣患者进行酶胶软膏的治疗,以及辅助日光浴或紫外线治疗的方法,6位患者的病症均在2周之内得到缓解,一些病斑永久消失。该酶胶软膏用于痤疮的治疗,也可以有效地缓解症状。在湿疹、皮炎及其他皮肤病的治疗中,该酶胶软膏也可以有效缓解病症,其中部分患者的病症得到永久缓解,部分患者通过长期或间断给药有效地控制了症状。这种酶胶软膏也可以应用于创伤愈合,两位手术后伤口不愈合的患者,经过涂抹酶胶软膏,在1~3周内伤口愈合而且无并发症。

(4) 海洋蛋白酶在生产高附加值产品中的应用

海洋渔业生产会带来小杂鱼及水产加工废弃物等海洋低值蛋白。低值海洋产品的高值化应用是一个水产产业的重要问题。以往这些低值蛋白主要被用于生产鱼粉,但是鱼粉的得率低并且污染严重。而通过海洋蛋白酶对这些低值海洋蛋白进行酶解,可以获得新型饲料添加剂或者新型饲料蛋白源等高附加值的产品,从而提高海洋蛋白的利用效益。

在利用虾类生产高纯度甲壳素的时候,需要去除掉虾类原料中的蛋白质。传统的生产工艺在去除蛋白质的过程中往往要消耗大量的碱液,会对环境造成极大的污染。通过蛋白酶解的方法可以有效地去除蛋白,减少酸碱的用量,减轻对环境的污染。研究人员发现,几种从海洋鱼类内脏中提取的蛋白酶,能够高效地去除虾类甲壳素制备中的蛋白质成分,因此这些蛋白酶在几丁质的工业生产中具有很好的应用潜力。

海洋蛋白酶也可以应用于脂类的提取,如鳗鲶是一种非常重要的渔业资源,除了可以提供鱼肉产品外,也具有丰富的脂类。通过使用来自虾类内脏中提取的蛋白酶对鳗鲶鱼肉进行处理,可以显著提高鱼油的产量。

虽然已经发现了很多来源于海洋动物和微生物的各种蛋白降解酶类,但是由于大部分微生物种类及很多动物种类尚未被发现,可以预测,海洋中仍有很多蛋白酶资源还未发现和开发。对海洋蛋白酶资源的深入开发将会发现在医药、工农业和生物技术领域具有应用潜力的新的类型的蛋白酶。

(陈秀兰　苏海楠)

第三节　海洋多糖降解酶类

海洋中动物、植物和微生物的种类繁多，数量巨大，它们产生很多种类的多糖，其中来自海洋动物的几丁质和来自藻类的各种海藻多糖数量巨大。在海洋生态系统中，这些生物多糖大部分被各种酶类降解，特别是来自海洋微生物的酶。

一、藻类多糖降解酶类

藻类是海洋中最主要的植物类群，这些藻类产生各种各样的多糖，因此存在各种海藻多糖降解酶，已经报道的有褐藻胶裂解酶、琼胶酶、卡拉胶酶、淀粉酶、菊粉酶、甘露聚糖酶和果胶酶等。由于褐藻产生的褐藻胶和红藻产生的琼胶和卡拉胶是海洋中最主要的海藻多糖种类。因此，目前对褐藻胶裂解酶、琼胶酶和卡拉胶酶的研究较为深入，下面着重介绍这三种海藻多糖降解酶的研究进展。

1. 褐藻胶裂解酶

（1）简介

褐藻胶（alginate，alginic acid）又名褐藻酸、海藻胶等，是一种酸性多糖。主要来源于褐藻的细胞壁中，多数以钙盐和镁盐的形式存在。另外，一些陆地微生物，如假单胞菌属（Pseudomonas）和固氮菌属（Azotobacter）的细菌也能够合成褐藻酸。褐藻酸是由两种单体构成，分别为 β-D-甘露糖醛酸（β-D-mannuronate，M）与其差向异构体 α-L-古罗糖醛酸（α-L-guluronate，G），通过 1,4 糖苷键相连而成的非支链的多糖。褐藻酸分子中存在三种序列模式，分别为聚甘露糖醛酸片段（polymannuronate，PM）、聚古罗糖醛酸片段（polyguluronate，PG）和甘露糖醛酸-古罗糖醛酸杂合片段（PMG）。褐藻胶为源自褐藻植物细胞壁的水溶性酸性多糖，在食品、医药和化工等领域具有广泛的应用价值，而褐藻胶降解产物因具有特殊的化学特性和生物活性，近年来成为一种新的、潜在的功能产品，不断受到人们的关注，其功能评价和开发研究得到不断深入，活性及药用价值研究已经成为新的热点。

褐藻胶裂解酶是催化褐藻胶降解的一类酶，它们通过 β-消除机制（β-elimination）裂解褐藻胶单体之间的 β-1,4 糖苷键，使高聚褐藻胶降解成一系列长短不一的寡聚物或单糖。目前已有很多褐藻胶裂解酶被报道，根据褐藻酸裂解酶的底物降解偏好性的不同可分为三类：专一裂解 PM 的裂解酶（EC 4.2.2.3）；专一性裂解 PG 的裂解酶（EC 4.2.2.11）；PM 和 PG 两种片段都可裂解的双功能裂解酶。根据氨基酸序列，褐藻酸裂解酶分布在碳水化合物活性酶数据库（CAZY）中 22 个多糖裂解酶（polysaccharide lyase，PL）家族中的 PL5、6、7、14、15、17 和 PL18 家族中。目前研究的褐藻酸裂解酶大多为内切酶，外切酶较少。PL5 和 PL7 家族的褐藻酸裂解酶研究最多。PL5 家族的褐藻酸裂解酶绝大多数都是 PM 专一裂解酶；PL7 家族既有专一性裂解 PM 或 PG 的酶，也有双功能酶；分布在 PL6、14、15、17 和 PL18 中的裂解酶相对较少。

（2）褐藻胶裂解酶的来源及性质

褐藻胶裂解酶主要来源于海洋微生物，包括细菌、真菌、噬菌体和病毒，这些微生物主要分离褐藻等藻类,还有一些分离自海洋软体动物和棘皮动物等。一些陆地细菌和真菌也发现产褐藻胶裂解酶,目前研究的褐藻胶裂解酶大多数来自海洋细菌。分泌褐藻胶裂解酶的细菌可以以褐藻酸为碳源和能源,有的甚至可以以褐藻酸为唯一碳源。

海洋细菌分泌的褐藻酸裂解酶在的适宜 pH 为 7.5~8.5,适宜温度为 25~50℃,一些海洋细菌所产褐藻酸裂解酶需要相对高浓度的 NaCl 激活,这可能与长期进化适应海洋环境有关。中国海洋大学的李丽妍等从海藻中筛选到一株褐藻胶降解菌 *Pseudomonas fluorescens* HZJ216,分离纯化得到 3 种褐藻胶裂解酶,金属离子 Na^+、K^+、Mg^{2+} 等均对 3 种酶的活力有促进作用,Fe^{2+}、Fe^{3+}、Ba^{2+} 和 Zn^{2+} 等则显示不同程度的抑制作用。经优化后发酵液酶活可达 1120U/mg,是制备褐藻胶裂解酶制剂比较理想的候选酶。来自 *Pseudoalteromonas* sp. CY24 的褐藻胶裂解酶在 pH5.7~10.6 内表现稳定的活性,Ca^{2+} 和 Ba^{2+} 可以提高酶活水平。链霉菌 *Streptomyces* sp. A5 产的褐藻胶裂解酶经硫酸铵分级沉淀、DEAE – cellulose 层析和 Sephadex G – 100 层析纯化,得到比活力为 101.6U/μg 的纯化酶。Kim 等报道了来自海洋细菌 *Streptomyces* sp. ALG – 5 的重组褐藻胶裂解酶。这两种来自链霉菌属的酶都具有 pG 降解专一性。Song 等(2003)报道了弧菌 *Vibrio* sp. QY101 产的褐藻胶裂解酶,经阴离子交换层析和凝胶过滤层析分离纯化得到 39kDa 的单一酶,该酶在 0~30℃、pH 6.5~8.5 内酶活稳定,底物特异性研究初步表明该酶作用于 pM 和 pG 底物,具有广泛的底物特异性。有些噬菌体和病毒也编码了褐藻酸裂解酶,如 *Azotobacter* 和 *Pseudomonas* 的噬菌体被发现有褐藻酸裂解酶活性,*Pseudomonas* 的噬菌体对其宿主外壁的乙酰化的富 PM 多糖有很高的降解能力,有助于噬菌体穿过细菌的荚膜,酶分子质量为 30~40kDa,适宜 pH 为 7.5~8.5。小球藻病毒(*Chlorella virus*)中也发现携带有褐藻酸裂解酶的基因,该酶分子质量为 39kDa,最适 pH 为 10.5,需要由 Ca^{2+} 激活。

此外,已有很多褐藻胶裂解酶的基因得到克隆,有些已成功地进行了异源表达。例如,来自 *Sphingomonas* sp. A 的 A1 – Ⅰ 至 A1 – Ⅳ 4 个褐藻胶裂解酶基因及来自 *Pseudomonas* sp. OS – ALG – 9、*Pseudomonassyringae* pv. syringae、*Pseudoalteromonas elyakovii*、*Streptomyces* sp. ALG – 5 和 *P. elyakovii* IAM 等的褐藻胶裂解酶基因均在大肠杆菌细胞中得到了表达。其中,*Sphingomonas* sp.的 A1 – Ⅰ 在大肠杆菌中的表达量是在原始菌株中的 10 倍,A1 – Ⅳ 在大肠杆菌中的表达量是原始菌株的 270 倍;*P. elyakovii* 的褐藻胶裂解酶基因在大肠杆菌中的表达水平是原始菌株的 39.6 倍。近年来,随着 cDNA 克隆技术的发明和推广,越来越多的真核生物的褐藻酸裂解酶基因被克隆研究,这些研究为褐藻胶裂解酶酶制剂的开发奠定了基础。

(3)褐藻胶裂解酶的结构和催化机制

目前蛋白质晶体结构得到解析的褐藻酸裂解酶有 13 个,分别是 PL5 家族中的 A1 – Ⅲ 和 AlgL;PL7 家族中的 AlyA、PA1167、AlyA1、AlyA5、AlyPG 和 A1 – Ⅱ;PL14 家族中 vAL – 1;PL15 家族中的 Atu3025;PL17 家族中的 Alg17c;PL18 家族中的 Aly272 和 aly – SJ02。各家族中褐藻酸裂解酶的结构如图 4 – 6 所示。PL5 家族的褐藻酸裂解酶有大量 α 螺旋(α – helix),以 α 螺旋组成的 $(\alpha/\alpha)_n$ 滚筒结构中有隧道型的催化裂口,与葡萄糖淀粉酶和纤维素酶中发现的结构相似。PL7 家族的褐藻酸裂解酶仅含有少量的 α 螺旋,富含 β 折叠片,β 折叠片形成 β 卷曲结构(β – jelly roll,β – sandwich)。其中催化中心的裂口上覆盖有两个盖环,盖环的柔韧性使得底物可以灵活进入,并决定了酶广泛的底物结合和催化特性。PL14

家族的褐藻酸裂解酶 vAL－1 来源于小球藻病毒,其结构与 PL7 家族的酶类似,都是采用了 β 卷曲结构,由于该酶的催化中心的氨基酸的排列方式与 PL7 家族酶完全不同,因此该酶的催化氨基酸还不是很明确。PL15 家族褐藻酸裂解酶 Atu3025 是一种外切酶,整个蛋白质是由三个球状结构域组成:N 端是小的 β 折叠片区域;中间是核心 α 螺旋区,组成 PL5 家族褐藻酸裂解酶类似的(α/α)$_n$ 滚筒结构;C 端 β 折叠片区组成了 18 个 β 折叠片和 4 个短的 α 螺旋。(α/α)$_n$ 滚筒核心区的 His 和 Tyr 在催化过程中分别作为质子受体和供体。(α/α)$_n$ 滚筒结构域中的一小段 α 螺旋和部分无规则卷曲位于催化腔一侧,使得该酶只能从底物的一端裂解,而不具备内切活性。PL17 家族褐藻酸外切酶 Alg17c 由两部分结构域组成:N 端的(α/α)$_n$ 滚筒结构与 C 端的 β 卷曲结构。在两个结构域之间的 Zn^{2+} 对于确定残基方向与结合底物有关。研究发现,虽然 Alg17c 与 PL15 家族的序列相似度低,但其结构与外切断裂的机制是类似的,进而表明(α/α)$_n$ 滚筒结构类的多结构域裂解酶在结构与功能上呈现趋同。PL18 家族的褐藻酸裂解酶的蛋白质结构也是以 β 折叠片为主的结构。该家族褐藻酸裂解酶 aly－SJ02 的 N 端结构域在酶成熟过程中起分子伴侣的作用,可以促进催化结构域的正确折叠,保证催化活性中心关键氨基酸的正确构象,酶成熟后 N 端结构域被切除。

通过生化和结构分析,多个家族的褐藻胶裂解酶的催化机制已经得到阐明。总体来讲,褐藻酸裂解酶的催化机制如下:褐藻酸分子中的羧基与酶分子中的碱性氨基酸残基结合,C－5 位的 C—H 电子对被 6 位的羧基吸引,5 位的 C—H 结合变弱,然后酶分子中的亲核性氨基酸残基与 C－5 位的质子结合,电子向着生成稳定的中间体的方向运动,最终在 C－4—C－5 间生成不饱和双键,在底物的非还原性末端生成 4－脱氧－L－*erythro*-hex－4－烯醇式吡喃糖醛酸的不饱和糖醛酸,在 230~240nm 处有强烈的紫外吸收。对于多个家族的褐藻胶裂解酶,氨基酸残基 Tyr、His、Asn(或者 Gln)形成的催化三联体在催化过程中起到关键作用。不同家族的褐藻胶裂解酶在结构和催化机制上会有一些差异,内切酶和外切酶在结构和催化机制上也会有差异。

(4)褐藻酸裂解酶的应用与展望

褐藻酸裂解酶作为一种重要的生物酶,在基础研究领域和食品、医药、能源等应用领域都有着广泛的应用价值。在分子生物学研究领域,褐藻酸裂解酶被用于分析褐藻酸的细微结构,以阐明褐藻酸的化学结构与其物理性质间的关系。在遗传工程研究领域,褐藻酸裂解酶被用于建立大规模制备褐藻和红藻原生质体,用于下游的藻类细胞融合杂交育种、藻类基因工程和食品领域的研究,极大地推动了海藻遗传工程的发展。褐藻酸裂解酶还被用于固氮菌和绿脓杆菌的褐藻酸代谢、墨角藻细胞壁的延伸及固氮菌噬菌体吸附动力学等的研究中。在医药领域,褐藻酸裂解酶可作为药品酶直接用于治疗由致病菌 *Pseudomons aeruginosa* 引起的肺炎。*P. aeruginosa* 黏性菌在宿主肺部产生褐藻多糖形成生物膜,产生对抗生素的耐药性,是导致囊性纤维化患者呼吸困难的主要原因。褐藻酸裂解酶可通过分解这种褐藻多糖膜,从而使 *P. aeruginosa* 恢复对抗生素的敏感性。此外,由于小分子褐藻多糖和褐藻寡糖具有多种生物活性及在医药、保健品领域广阔的开发应用前景,需求量越来越大。用褐藻酸裂解酶酶解制备褐藻低聚糖具有反应条件温和、可操控性强、产率高等优点,可逐步取代传统的通过加热水解或高温高压酸解来获取低聚糖的方式,为褐藻资源的生物降解、高值化应用提供了有力的工具。在生物能源领域,藻类具有作为可再生能源生产生物燃料的潜力,褐

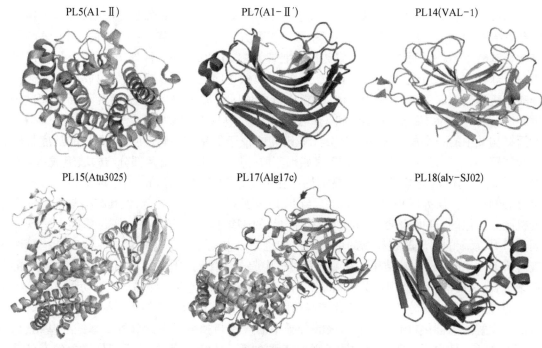

图4-6 褐藻酸裂解酶的三维结构

藻胶占褐藻干重的40%。已有报道,利用高效的双功能褐藻酸裂解酶基因构建工程菌株,可以将海藻中富含的褐藻酸降解为寡聚物,被工程菌株吸收进入胞内,代谢转化为乙醇。

虽然褐藻酸裂解酶有着非常广阔的应用前景,但是由于野生菌株来源的褐藻酸裂解酶产量低,分离、纯化难度大等,该酶还未在实际中被大规模应用。随着酶学、酶工程及蛋白质组学等的发展和技术的进步,褐藻酸裂解酶的研究将会有更广阔的发展空间,也将会有更多的褐藻酸裂解酶得到开发和应用。

2. 琼胶酶

（1）简介

琼胶是红藻细胞壁的主要组成成分,是由琼脂糖（agarose）和硫琼胶（agaropectin）组成的混合物。琼脂糖是由（1,3）- O - β - D -吡喃半乳糖残基与（1-4）- O - 3,6 -内醚-α - L -吡喃半乳糖残基交替组成的线性链状分子。琼胶是目前应用最广泛的海藻多糖之一,已广泛应用于生物技术、食品和医药等领域。

琼胶酶（EC 3.2.1）是指一类能够降解琼胶,生成琼胶寡糖的糖苷水解酶。根据琼胶酶水解糖苷键的不同,可以分为α-琼胶酶（EC 3.2.1.158）与β-琼胶酶两类（EC 3.2.1.81）,前者水解琼脂糖的α（1-3）糖苷键,后者水解琼脂糖的β（1-4）糖苷键。α-琼胶酶的报道很少,已报道的几个α-琼胶酶属于糖苷水解酶 GH96 和 GH117 家族。目前已有很多 β-琼胶酶得到研究,这些 β-琼胶酶大部分属于糖苷水解酶 GH16 家族,有少数分布在 GH50、GH86 和 GH118。绝大部分琼胶酶是胞外酶,但也发现少数琼胶酶位于胞内。随着对琼胶酶的研究的深入,琼胶酶的应用潜力也在不断地开发。目前琼胶酶已用于琼胶寡糖的制备、从琼脂糖凝胶中回收 DNA 及红藻原生质体的制备等方面。

（2）琼胶酶的来源和性质

绝大部分已报道的琼胶酶由海洋细菌产生，这些海洋细菌来自各种海洋环境，包括海水、沉积物、各种海藻及软体动物体内，极少数琼胶酶由分离自淡水和土壤中的细菌产生。产生琼胶酶的细菌分布在 *Alteromonas*、*Pseudomonas*、*Vibrio*、*Cytophaga*、*Agarivorans*、*Thalassomonas*、*Pseudoalteromonas*、*Bacillus* 和 *Acinetobacter* 等属。

目前已报道的 GH96 家族 α-琼胶酶仅有 2 个。AgaA33 是由分离自海洋沉积物的细菌 *Thalassomonas* sp. JAMB - A33 产的一个 α-琼胶酶，该酶是一个胞内酶，活性较低（40.7U/mg），分子质量为 85kDa，最适酶活温度 45℃，最适 pH 为 8.5，该酶已在枯草芽孢杆菌中成功进行了异源表达，产量高达 6950U/L，这为该酶的大规模生产和酶制剂的开发奠定了基础。分离自海水的细菌 *Alteromonas agarlyticus* GJ1B 产的 α-琼胶酶是一个胞外酶。该酶是一个分子质量为 360kDa 的二聚体，是已发现的最大的琼胶酶。该酶在 45℃以下稳定，最适 pH 为 7.2。这两个 α-琼胶酶的主要酶解产物均为琼四糖。

现在已有几十种 β-琼胶酶得到了研究，这些 β-琼胶酶来自各种海洋细菌及少数淡水和土壤细菌，包括 *Alteromonas*、*Pseudomonas*、*Vibrio*、*Cytophaga*、*Agarivorans*、*Pseudoalteromonas*、*Bacillus* 和 *Acinetobacter* 等属的异养细菌。有些细菌可以产生几个不同的琼胶酶。例如，Fu 等从海水分离到一株弧菌 *Vibrio* sp. F - 6，从该菌培养物中分离纯化出两种琼脂酶 AG - a 与 AG - b，分子质量分别为 54.0kDa 和 34.5kDa。最适反应 pH 分别为 7.0 和 9.0。AG - a 在 pH 为 4.0~9.0、AG - b 在 pH 为 4.0~10.0 内具有稳定的酶活力。AG - a 水解琼脂糖的产物主要为新琼四糖与新琼六糖，AG - b 水解琼脂糖的产物主要为新琼六糖与新琼八糖。此外，已有很多 β-琼胶酶在大肠杆菌和枯草芽孢杆菌中得到了高效表达。例如，克隆自 *Microbulbifer-like* JAMB - A94、*Agarivorans* sp. JAMB - A11、*Microbulbifer thermotolerans* JAMB - A94 和 *Microbulbifer* sp. JAMB - A7 的 β-琼胶酶基因在枯草芽孢杆菌中表达后，培养基上清液中 β-琼胶酶的产量分别为 7816U/L、19 000U/L、19 000U/L 和 25 831U/L，这些作为 β-琼胶酶的工业化生产和酶制剂开发奠定了很好的基础。

β-琼胶酶均为单体酶，但分子质量差异较大，最小的为 20kDa，最大的为 210kDa；酶活从 6.3~397U/mg 不等；最适温度在 30~45℃范围内；大部分最适 pH 为 6.5~8.0，只有少数酶的最适 pH 在 6.5 以下。例如，*Vibrio* sp. AP - 2 分泌的 β-琼胶酶的最适 pH 为 5.5。β-琼胶酶的酶解产物为聚合度为 2~10 的新琼寡糖。不同的酶产生新琼寡糖的聚合度可能不同。例如，来自 *Alteromonas* sp. E - 1、*Acinetobacter* sp. AGLSL - 1 和 *Vibrio* sp. AP - 2 的 β-琼胶酶的酶解产物为新琼二糖，*Alteromonas* sp. C - 1 产的胞外 β-琼胶酶的酶解产物为新琼四糖，很多细菌的 β-琼胶酶的酶解产物是几种新琼寡糖的混合物。了解琼胶酶的性质和酶解产物种类为将这些酶开发为酶法制备琼寡糖和新琼寡糖的工具奠定了基础。

（3）琼胶酶的结构和催化机制

α-琼胶酶中，只有 GH117 家族 α-琼胶酶的结构被报道。GH117 家族中，首个确认结构的 α-琼胶酶来自海洋细菌 *Zobellia galactanivorans*，随后 *Saccharophagus degradans* 和 *Bacteroides plebeius* 产生的该家族 α-琼胶酶的结构也相继被解析出来。这些结构表明，GH117 家族 α-琼胶酶为二聚体，单体呈五叶 β-螺旋桨折叠结构，两个单体结构域间的交叉维持了二聚体的稳定存在。通过解析 *B. plebeius* α-琼胶酶与新琼二糖复合物的结构，证

实 Asp^{97}、Asp^{252} 和 Glu^{310} 为位于 β-螺旋桨中心的活性位点,且在活性位点附近结合一个 Zn^{2+},因此推测该酶对琼胶的降解可能依赖于金属离子。

已有少数 β-琼胶酶的晶体结构被解析,包括来自 *Z. galactanivorans* 的 GH16 家族内切 β-琼胶酶 AgaA、AgaB 和 AgaD,以及来自 *S. degradans* 的 GH50 家族外切 β-琼胶酶等。*Z. galactanivorans* 所产生的琼胶酶 AgaA 和 AgaB 是 GH16 家族中最先确定三维结构的两个酶。该家族成员均是内切型酶,以新琼四糖和新琼六糖为终产物,这与酶蛋白分子中由约 30 个氨基酸残基组成的开放结合槽有关。催化过程中,GH16 家族 β-琼胶酶利用两个谷氨酸残基进行催化水解。GH50 家族外切 β-琼胶酶将琼脂糖降解成新琼二糖或新琼四糖。从 *S. degradans* 获得的 Aga50D 能识别新琼寡糖的非还原末端生成新琼二糖。Aga50D 是该家族中首个确定结构的酶,其包含两个结构域,一个 $(β/α)_8$ 桶状的催化结构域和一个 β-jelly roll fold 的碳水化合物结合结构域(CBM)。GH50 家族外切 β-琼胶酶也是利用两个谷氨酸残基进行催化水解。两个催化谷氨酸残基位于催化域中隧道型活性位点的底部,CBM 在隧道型活性位点入口处与催化域结合,通过色氨酸残基与底物连接,延长底物结合缝。

(4)琼胶酶的应用和展望

目前琼胶酶已在生物技术、食品和医药等领域得到开发和应用。从琼脂糖凝胶中回收 DNA 是生物工程中的重要步骤。由于琼胶酶能高效降解琼脂糖,Takara 等生物技术公司已将琼胶酶开发为 DNA 回收用酶,广泛用于从琼脂糖凝胶中回收 DNA。红藻原生质体被用于红藻的生理和病理研究及红藻的育种等方面。由于琼胶是红藻细胞壁的主要成分,琼胶酶被用于红藻原生质体的制备。例如,Araki 用来自海洋细菌的 β-1,4-甘露聚糖酶、β-1,3-木聚糖酶和琼脂糖酶三种酶成功地制备了 *Bangia atropurpurea* 原生质体。已有很多研究表明琼寡糖和新琼寡糖具有广泛的生理和生物活性,如抗氧化活性和抑菌活性,因此琼寡糖和新琼寡糖已被用于保健食品和饮料中。另外,因为具有很好的保湿效果,一些琼寡糖和新琼寡糖被用于化妆品中。相比于酸解法,以琼胶酶为工具,通过酶法从琼胶中制备琼寡糖和新琼寡糖反应条件温和,对环境污染少,产物可控。因此,琼胶酶已越来越多地用于琼寡糖和新琼寡糖的制备,成为目前开发利用琼胶酶的一个重要途径。

尽管目前已有几十种琼胶酶被发现和研究,但是海洋中仍有很多琼胶酶种类尚未被发现,发现和研究海洋中未知的琼胶酶仍然是海洋琼胶酶研究的一个重要方向。虽然琼胶酶在生物技术、医药、食品和日化等领域具有很好的应用价值,但目前仅有少数琼胶酶得到开发利用,今后还需要进一步加大琼胶酶应用的开发力度。

3. 卡拉胶酶

(1)简介

卡拉胶是由 1,3-β-D-吡喃半乳糖和 1,4-α-D-吡喃半乳糖作为基本骨架,交替连接而成的线性硫酸多糖,是红藻细胞壁的重要组分。根据半乳糖残基上硫酸基数量和位置的不同,卡拉胶被分成多种类型。卡拉胶已在食品工业中广泛用作凝固剂、增稠剂、黏合剂、悬浮剂和乳化剂等。

卡拉胶酶(EC 3.2.1)是一种水解酶,它可以降解卡拉胶的 β-1,4 糖苷键,生成系列偶数卡拉胶寡糖,按照底物类型主要分为 κ-卡拉胶酶(EC 3.2.1.83)、ι-卡拉胶酶(EC 3.2.1.157)和 λ-卡拉胶酶(EC 3.2.1.162)。κ-卡拉胶酶属于糖苷水解酶 GH16 家族,ι-卡拉胶酶属于糖苷水解酶 GH82 家族,而 λ-卡拉胶酶属于一个在 CAZY 数据库中没有编号的新家族。卡拉胶酶目前已被广泛用于生物技术、医药、食品、纺织和洗涤等领域中。

（2）卡拉胶酶的来源和性质

目前发现的卡拉胶酶大多来源于海洋革兰氏阴性菌,包括 *Pseudoalteromonas*、*Cellulophaga*、*Pseudomonas*、*Cytophaga*、*Tamlana*、*Vibrio*、*Catenovulum*、*Microbulbifer*、*Zobellia*、*Alteromonas* 等属的菌株。这些细菌多数分离自红藻,其他的分离自海水、沉积物和海洋动物体内等。此外,还发现少数卡拉胶酶由革兰氏阳性菌产生,目前还没有关于真菌产卡拉胶酶的报道。

从 20 世纪 60 年代开始,多种卡拉胶酶陆续得到了分离和研究。绝大部分卡拉胶酶是胞外诱导型酶,也有卡拉胶酶为胞内酶的报道。目前报道的卡拉胶酶在 25~75℃ 有活性,最适酶活温度一般为 30~40℃,最适 pH 在 5.6~8.0。*Bacillus* sp. Lc50-1 产的卡拉胶酶的最适酶活温度为 75℃,最适 pH 为 8.0,可能在酶法制备卡拉胶寡糖中有应用潜力。金属离子对卡拉胶酶活性的影响已得到广泛的研究。Na^+、K^+、Ca^{2+} 和 Mg^{2+} 一般会促进卡拉胶酶的活性,而 Hg^{2+}、Co^{2+}、Zn^{2+}、Cu^{2+}、Ag^+ 和 Pb^{2+} 一般抑制卡拉胶酶活性。EDTA、吲哚乙酸和 Tween-80 一般对卡拉胶酶酶活影响不大。一些卡拉胶酶的动力学参数也已报道。例如,菌株 *Pseudoalteromonas porphyrae* LL-1 产的卡拉胶酶以 κ-卡拉胶为底物时 K_m 为 4.4mg/ml,菌株 *Pseudomonas elongata* MTCC 产的卡拉胶酶以 κ-卡拉胶为底物时 K_m 为 6.7mg/ml。卡拉胶酶对各种卡拉胶的降解产物均为偶数的新卡拉寡糖,聚合度为 2、4 或 6。

随着生物技术的发展,越来越多的海洋细菌来源的卡拉胶酶基因得到克隆和表达。大多数卡拉胶酶基因以大肠杆菌为宿主进行表达,也有利用枯草芽孢杆菌和酵母成功进行高效表达的。例如,克隆自 *Microbulbifer thermotolerans* 的卡拉胶酶基因在枯草芽孢杆菌成功进行了表达,产量达到 10^5U/L,比野生菌提高 200 倍。这些卡拉胶酶异源表达体系的建立为卡拉胶酶的应用开发奠定了基础。

（3）卡拉胶酶的结构和催化机制

目前已解析结构的卡拉胶酶较少,仅有一个 κ-卡拉胶酶和一个 ι-卡拉胶酶的晶体结构得到解析。来自 *Pseudoalteromonas carrageenovora* 的 GH16 家族 κ-卡拉胶酶是目前唯一一个结构被解析的 κ-卡拉胶酶。*P. carrageenovora* 卡拉胶酶呈弯曲的三明治折叠结构,主要由 β 折叠片构成。*P. carrageenovora* 卡拉胶酶分子中含有 1 个隧道式的底物结合腔。在催化过程中,Asp^{165} 作为亲核残基,His^{183} 则起到催化酸/碱的作用,通过两步取代反应实现对 κ-卡拉胶底物的降解。来自 *Alteromonas fortis* 的 GH82 家族 ι-卡拉胶酶是目前唯一一个结构被解析的 ι-卡拉胶酶。该卡拉胶酶包含三个结构域,N 端的 β 片层核心结构域及 C 端的结构域 A 和 B。酶蛋白分子中含有 1 个 Na^+、1 个 Cl^- 和 3 个 Ca^{2+} 来稳定蛋白质的结构。残基 Glu^{24} 和 Asp^{247} 在催化中分别起到质子供体和催化碱的作用,碱性残基 Lys^{122}、Arg^{125}、Arg^{243}、Arg^{303} 和 Arg^{353} 则通过静电相互作用参与对底物的结合。结构域 A 的柔性很高,酶结合底物后,结构域 A 会移向核心结构域的 β 片层,形成一个结合腔隧道,以便于酶分子降解多糖链。*A. fortis* 卡拉胶酶采用反转机制来水解 ι-卡拉胶底物中的 β-1,4 糖苷键,通过一步取代反应实现催化水解。

（4）卡拉胶酶的应用与展望

卡拉胶酶已广泛应用于生物技术、食品和医药等领域。在基础研究领域,卡拉胶酶被用于制备红藻原生质体和研究卡拉胶的结构,也在红藻细胞壁蛋白的提取中用于降解细胞壁。一些卡拉胶寡糖具有很好的抗肿瘤活性,因此具有开发为药物的潜力。相比于化学法,以卡拉胶酶为工具,酶法制备卡拉胶酶寡糖条件温和,产物大小更均一,因此酶法制备卡拉胶酶寡糖具有很好的前景。Kang 等分离了一株芽孢菌 *Bacillus* sp. SYR4,能产琼胶酶和卡拉胶酶,因而可利用海藻食品加工等产生的下脚料为碳源生长并产生还原糖用于产生物乙醇,产量达到湿重的 7% ~ 10%,这项研究表明琼胶酶和卡拉胶酶在利用海藻生产生物燃料中可能具有应用价值。由于食品中的卡拉胶与衣物纤维具有很高的结合力,因此衣物上一些含卡拉胶的食品污渍难以清洗,将卡拉胶酶作为洗涤剂添加剂,将有利于衣物上此类污渍的清洗。另外,也有人尝试将卡拉胶酶用于纺织印染业中多余印染胶的去除。

尽管目前的研究证实卡拉胶酶具有广泛的应用价值和潜力,但目前得到的卡拉胶酶的序列和种类还很少。因此,从海洋和陆地中发现和研究更多的卡拉胶酶,将有助于筛选到性能优良并具有很好开发潜力的卡拉胶酶。

4. 其他多糖水解酶

乳糖酶(lactase)能使乳糖水解为葡萄糖和半乳糖,主要用于乳品工业。乳糖酶广泛存在于扁桃、杏、桃和苹果等植物和细菌、酵母菌和霉菌等微生物及幼小哺乳动物小肠中。现在乳糖酶的生产仍存在一些问题,如产量较低,提取困难,提取工艺繁杂,生产成本高居不下,酶学性质欠佳等,所以研究者也将目光投向了海洋微生物。宋春丽在 15℃ 条件下选到一株来自南极高产乳糖酶的海洋酵母菌,鉴定为一株普鲁兰久浩酵母 *Guehomyces pullulans*。Nakagawa 等克隆了极地海水细菌 *Arthrobacter psychrolactophilus* 中的乳糖酶基因并在大肠杆菌中进行了表达,用镍亲和层析柱纯化蛋白,纯化的酶(1.0U/ml)24h 可水解掉牛奶中 70% 的乳糖;Duan 等在大肠杆菌中表达了嗜热古菌(*Pyrococcus furiosus*)的乳糖酶,并采用镍亲和层析柱进行了纯化,得到分子质量为 58.0kDa 的纯化酶,酶的最适作用温度为 105℃。第二军医大学的王国祥从海洋细菌 *Halomonas* sp. S62 中克隆到一个新的适冷乳糖酶基因,并在大肠杆菌中进行了重组表达。重组蛋白的酶学性质研究表明,该酶 pH 稳定范围宽,热稳定性好,低温下活性高,耐受的金属离子较多,适合于在复杂体系中水解乳糖,有可能作为一种新的外源性乳糖酶应用于乳制品加工业。

菊糖酶(dextrase)能作用于 β - 2,1 糖苷键并将菊糖水解为果糖和葡萄糖,成为近年来研究的热点。海洋中有丰富的菊糖酶资源,许多酵母、丝状真菌和细菌能生产大量的菊糖酶。海洋藻类表面分离得到的 *Pichi guilliermondii* strain 1,在最适条件下,振荡培养48h 菊糖酶活力能够达到(61.5±0.4)U/ml。从南海海泥中分离得到的海洋金色隐球酵母 *Cryptococcus aureus* G7a,其菊糖酶蛋白分子质量为 60.0kDa,经过 42h 的振荡培养,菊糖酶活力达到(85.0±1.1)U/ml。Singhd 等报道,马克斯克鲁维酵母 *Kluyveromyces marxianus* YS - 1 在 1.5L 釜式反应器中,发酵 60h 得到 55.4U/ml 的菊糖酶活力。Tsujimoto 等从深海中分离到嗜热细菌 *Geobacillus stearothermophilus* KP1289 能产生耐热的菊糖酶,最适温度为 60℃,并且在 75℃ 还有酶活。目前已经有多个菊糖酶基因成功地进行了异源表达。酒精酵母或者巴斯德毕赤酵母是常用的表达系统。

纤维素酶(cellulase)是降解纤维素生成葡萄糖的一组酶的总称,主要由外切 β -葡聚糖酶、内切β-葡聚糖酶和β-葡萄糖苷酶等组成。海藻纤维素是海藻细胞壁的主要成分之一。Percival 等研究发现,海藻纤维素的结构与棉花纤维素的结构基本相同。海洋微生物能分泌纤维素酶来利用纤维素。海洋作为地球上巨大的资源宝库,为纤维素酶的多样性提供了广阔的来源。Kim 等从嗜热菌 *Aquifex aeolicus* VF5 中分离到一种耐高温的内切葡聚糖酶,其分子质量为 38.8kDa,最适反应温度是 80℃,在 90℃和 100℃分别放置 4h 和 2h,仍可保持 50%的酶活力。Xu 等从贻贝 *Mytilus edulis* 中分离出一种低分子质量的内切纤维素酶,其分子质量为 19.7kDa,适宜反应温度为 30~50℃,在 0℃下仍能保持 55%~60%的酶活,并且在 100℃煮沸 10min 活性仍不丧失。Zeng 等从深海嗜冷菌 *Pseudoalteromonas* sp. DY3 中分离出了具有冷活性的内切纤维素酶 CelX,该酶在低温下具有较高的活性,在 40℃以上活性迅速丧失,并且对碱性环境具有很高的抗性,分别在 pH9 和 10 的条件下保存 1h,仍能保持 64.3%和 37.6%的酶活。You 等发现海洋假交替单胞菌 *Pseudoalteromonas* sp. MB.1 产一种内切葡聚糖酶 CelA,其分子质量为 53kDa,在 30~40℃酶活均较高,0℃时酶活仍维持在 20%左右,属嗜冷酶;该酶在 pH4~8 稳定,对酸碱条件均有一定的抗性。Ekborg 等(2007)分离到一种高分子质量的内切纤维素酶,其分子质量为 108kDa,该酶分别含有 2 个催化结构域和碳水化合物结合域,为研究纤维素酶分子中不同结构域对其酶学性质的影响提供了很好的模板。

二、几丁质降解酶类

1. 简介

几丁质(又称甲壳素)是由 N-乙酰氨基葡萄糖为结构单元,通过 β-1,4 糖苷键连接而成的不溶性多糖(图 4-7),几丁质是海洋多糖资源中数量最大也是最为重要的一类,广泛分布于海洋虾蟹壳、真菌细胞壁、硅藻及鱿鱼软骨等海洋生物中。壳聚糖是几丁质的脱乙酰产物,脱乙酰度一般大于 50%,溶解于弱酸中。壳聚糖天然存在于接合菌纲等部分真菌的细胞壁中,而工业上通常使用碱法脱乙酰生产壳聚糖。

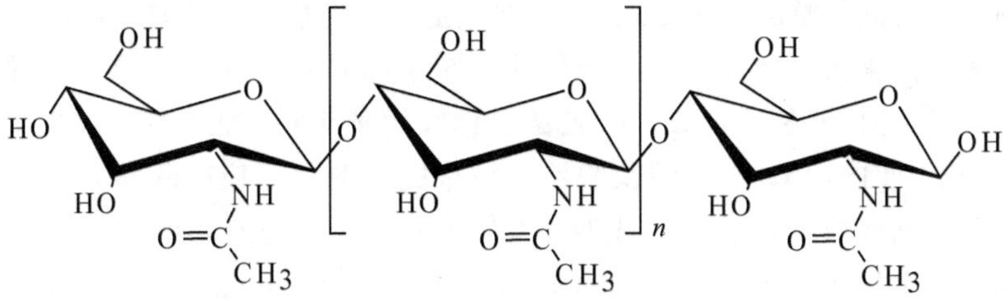

图 4-7 几丁质的化学结构

作为细胞壁的主要结构成分之一的晶体几丁质,其晶体内部层与层之间、链与链之间及链内存在致密的氢键结构,这样的结构使几丁质成为一种难降解的生物质。然而,自然界中的微生物,为了能够高效地降解几丁质,会分泌表达一种专门针对晶体几丁质降解的多糖裂解单加氧酶(lytic polysaccharide monooxygenase, LPMO),该酶可破坏几丁质的晶体结构,进而加速后续几丁质的酶催化水解反应的发生。几丁质通过两种方式被进一步生物降解:第一种方式是几丁质酶(endo-chitinase, EC 3.2.1.14)将几丁质降解为几丁寡糖(主要为几丁二糖),β-N-乙酰己糖胺酶(β-N-acetylhexosaminidase, EC 3.2.1.52)将其进一步降解为N-乙酰氨基葡萄糖;第二种方式是几丁质脱乙酰酶(chitin deacetylase, EC 3.2.1.41)将几丁质脱乙酰形成壳聚糖,壳聚糖在壳聚糖酶(endo-chitosanases, EC 3.2.1.132)的水解作用下形成壳寡糖,产物最终被氨基葡萄糖苷酶(glucosaminidase, EC 3.2.1.165)水解为氨基葡萄糖(图4-8)。这些酶类在细菌、病毒、高等植物及动物中均有分布,在营养获取、形态生成及抵御病原等过程中发挥重要作用。

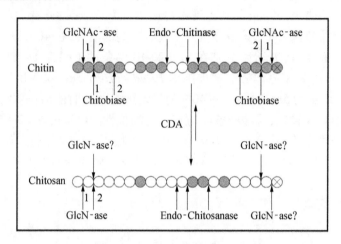

图4-8　几丁质降解途径中的关键酶(引自 Zhao et al., 2010)

参与几丁质降解的关键酶类包括:外切 β - N - 乙酰葡糖胺酶(GlcNAC - ase)、内切几丁质酶(endo-chitinase)、几丁二糖酶(chitobiase)、外切氨基葡萄糖苷酶(GlcN - ase)、内切壳聚糖酶(endo-chitosanase)和几丁质脱乙酰酶(chitin deacetylase, CDA)

在陆地和海洋中都存在大量可降解几丁质的微生物,这些微生物为了高效地降解几丁质,往往采用多酶协同降解的作用方式,即一种微生物在降解几丁质时会同时表达上述的多种酶。例如,黏质沙雷氏菌会同时分泌一种几丁质单加氧酶、一种几丁质内切酶、两种不同反应模式的几丁质外切酶和一种 β-N-乙酰己糖胺酶来共同完成对几丁质的降解。海洋弧菌会同时分泌几丁质内切酶、外切酶及脱乙酰酶来完成对几丁质的降解。几丁质经多步酶催化降解,产生寡糖或单糖被微生物吸收,可为其生长提供物质和能量。在过去的几十年内,美国约翰霍普金斯大学的 Saul Roseman 团队针对海洋来源几丁质的代谢途径做了大量的工作,他们利用遗传工程及生物化学的手段,解析了海洋弧菌的几丁质降解代谢途径,以及其中起关键作用的酶和膜蛋白等。

2. 几丁质降解酶类研究进展

(1)几丁质裂解单加氧酶

几丁质裂解单加氧酶(LPMO)是2010年发现的一类金属氧化酶,该类酶具有非常保守的催化活性中心,其活性中心主要有两个组氨酸和一个铜离子构成,在电子供体的辅助下,铜离子(Ⅱ)得到一个电子,转变为还原型的铜离子(Ⅰ),后者可活化氧分子,生成高能的铜氧自由基,进而攻击几丁质 C-1 位的 C—H 键,生成寡聚的糖酸或内酯。

该类酶主要来源于细菌和真菌。其中,细菌来源的 LPMO 被归为 AA10 家族,而真菌来源的 LPMO 被归为 AA9 家族和 AA11 家族。到目前为止,只有 AA10 和 AA11 家族的 LPMO 具有氧化降解几丁质的活性。研究比较清楚的 AA10 家族的 LPMO 包括来自黏质沙雷氏菌的 *Sm*CBP21、来自粪肠球菌的 *Ef*CBM33、来自苏云金芽孢杆菌的 *Bt*LPMO10A 等,只有 1 个来自 AA11 家族的 LPMO 已被功能解析,即来自米曲霉的 LPMO。

几丁质裂解单加氧酶最主要的功能是辅助几丁质水解酶,提升几丁质的酶水解效率。由于其独特的催化机制,以及该酶在生物质降解方面的巨大应用潜力,多糖裂解单加氧酶已成为近几年生物质转化领域的广泛关注的热点。然而,到目前为止,尚未有关于海洋微生物或海洋环境来源的几丁质裂解单加氧酶的报道。

(2)几丁质水解酶类

1)几丁质酶。几丁质酶以内切或外切的方式水解甲壳素分子链中的 β-1,4 糖苷键,属于糖苷水解酶类(glycoside hydrolases, GHs),主要分布在 GH18 及 GH19 家族中。GH18 家族几丁质酶分布极为广泛,在病毒、细菌、真菌、动物及特定植物中均有发现。该家族几丁质酶为保留型酶类(retaining enzymes),一些仅含有催化结构域,其余则另含有一个或多个糖结合模块(carbohydrate binding module, CBM)。在催化机制方面,该家族酶类使用-1 位置糖链的乙酰氨基作为亲核试剂,而不是使用酶蛋白上的羧酸侧链。这种特别的催化机制就要求糖链的-1 位必须是乙酰化的单糖,而对于其他部位的单糖是否也乙酰化则没有太严格的要求。GH19 家族几丁质酶主要分布在植物中,除此之外,细菌及病毒中也有发现。GH19 家族几丁质酶为反转型酶类(Inverting enzymes)。截至 2016 年 11 月,糖活性酶(carbohydrate-active enzymes, CAZY)数据库(http://www.cazy.org/)收录的 GH18 家族蛋白序列已经超过 10 000 条,已鉴定功能的蛋白质接近 500 个,其中绝大多数为几丁质酶。该数据库收录的 GH19 家族蛋白近 4000 条,鉴定功能的蛋白接近 200 个,也主要是几丁质酶。

自 1905 年 Benecke 首次报道 *Bacillus chitinovirous* 可以利用几丁质作为唯一碳源生长繁殖以来,现已有大量关于海洋微生物来源的几丁质酶的报道,已报道的产几丁质水解酶的微生物包括 *Alteromonas* sp.、*Vibrio* sp.、*Corollospora maritima*、*Microbulbifer degradans* 及白孢链霉菌等。后续的研究发现,几丁质水解酶还存在于海绵中。目前为止,已有大量关于几丁质酶的研究报道。其中,关于海洋微生物来源的几丁质酶,研究最多的是来自海洋弧菌的几丁质酶,包括高产几丁质水解酶的菌株的筛选鉴定、海洋弧菌几丁质水解酶的产酶条件及分离纯化、弧菌来源几丁质水解酶的基因克隆与异源表达,以及酶的生化特性和催化反应模式的研究等。近几年来,极端微生物来源的几丁质水解酶已成为研究的热点。例如,Stefanidi 等从南太平洋 1200m 处分离得到产几丁质水解酶的嗜冷微生物 *Moritella marina*。该几丁质酶的最适温度为 28℃,最适 pH 为 5.0。中国科学院大连化学物理研究所的王晓辉等从海底泥土中筛选得到一株假交替单胞杆菌 *Pseudoalteromonas* sp. DL-6,该微生物能够分泌嗜冷嗜盐的几丁质内切酶(ChiA)和外切酶(ChiC),这两个酶即使在 0~20℃ 及 4~5mol/L 氯化钠存在的条件下仍具有较高的催化效率。表 4-4 列举了近年来克隆自海洋微生物的几丁质酶。

与陆地来源不同的是,海洋来源的几丁质酶可能具有更好的低温降解活性及更高的盐耐受能力,具有一定的工业应用潜力。

表 4-4　部分已克隆的海洋来源几丁质酶基因及特性

来　源	分子质量/kDa	最适温度/℃	最适 pH	GenBank 序列号
Paenicibacillus barengoltzii	70.0	55	5.5	AIT70967
Pseudoalteromonas tunicata	53.5	45	7.5	EAR30107
Pseudoalteromonas sp.	113.5	20	8.0	AGU01016
Laceyella putida	38	75	4.0	BAO37115
Streptomyces sp.	34	50	8.0	ABY83190
Moritella marina	60.8	28	5.0	CAM88673
Alteromonas sp.	90	30	6.0	BAC53628
Vibrio sp.	79.4	35	8.0	AAG12973

2) 几丁质脱乙酰酶。几丁质脱乙酰酶可水解脱去甲壳素或壳聚糖分子上的乙酰基,同时产生乙酸。该酶属于糖酯酶家族 4(carbohydrate esterase family 4, CE-4s)的成员。该家族除几丁质脱乙酰酶外,还包括 NodB 蛋白及肽聚糖脱乙酰酶(peptidoglycan deacetylase)等,均含有保守的多糖脱乙酰酶结构域(polysaccharide deacetylase domain)。几丁质脱乙酰酶可以通过外切及内切两种方式进行脱乙酰。外切型几丁质脱乙酰酶可以从非还原端连续脱除乙酰基,而内切型几丁质脱乙酰酶则在甲壳素或壳聚糖分子链的任意部位脱去乙酰基。目前,已有多种来源于真菌及昆虫的几丁质脱乙酰酶被克隆及鉴定。虽然已有较多昆虫来源的几丁质脱乙酰酶的基因被鉴定,但目前为止,尚无关于昆虫几丁质脱乙酰酶活性的报道。活性研究最多的是真菌来源的几丁质脱乙酰酶,如来自 *Colletotrichum lindemuthianum*,*Mucor rouxii* 及 *Motierella* sp. DY-52 的几丁质脱乙酰酶。非常有意思的是,几乎全部的真菌来源的几丁质脱乙酰酶倾向于高聚合度的几丁寡糖底物或几丁聚糖,而海洋弧菌来源的几丁质脱乙酰酶却只能作用于几丁二糖。

3) 壳聚糖酶。根据对壳聚糖底物识别特异性的差异,可以将壳聚糖酶分为三个亚型:第 I 亚型水解糖苷键 GlcNAc—GlcN 及 GlcN—GlcN;第 II 亚型仅能水解糖苷键 GlcN—GlcN;而第 III 亚型可以水解糖苷键 GlcN—GlcNAc 及 GlcN—GlcN。所有壳聚糖酶均能水解糖苷键 GlcN—GlcN,而不能水解 GlcNAc—GlcNAc,这可以与几丁质酶相区别。而对于糖苷键 GlcNAc—GlcN 及 GlcN—GlcNAc,几丁质酶及壳聚糖酶都可能具有水解活性。壳聚糖酶在 GH 家族 5、7、8、46、75 及 80 中均有分布,其中 GH46、GH75 及 GH80 基本都是壳聚糖酶。GH8 家族酶为反转型酶,除壳聚糖酶外,还有纤维素酶及木聚糖酶等,这些酶类在细菌中分布,其中芽孢杆菌属细菌通常含有 GH8 家族壳聚糖酶。例如,来源于 *Bacillus* sp. No.7M 的壳聚糖酶即属于该家族,该酶仅能水解糖苷键 GlcN—GlcN,属于第 II 亚型壳聚糖酶。GH8 家族壳聚糖酶通常是双功能酶类,即同时具有纤维素酶和壳聚糖酶活性,但后者活性往往更强(Isogawa et al., 2009)。GH46 家族壳聚糖酶主要存在于细菌及病毒中,其中针对来自 *Streptomyces* sp. N174 的壳聚糖酶 CsnN174 及来自 *Bacillus circulans* 的壳聚糖酶 MH-K1 的研究较为深入。利用水解部分脱乙酰壳聚糖证实,CsnN174 可以水解糖苷键 GlcNAc—GlcN 及 GlcN—GlcN,为第Ⅰ亚型壳聚糖酶;而 MH－K1 可以水解 GlcN—GlcNAc 及 GlcN—GlcN,为第Ⅲ亚型壳聚糖酶。相对而言,GH75 家族壳聚糖酶的相关研究较少。这类酶主要存在于特定种属的真菌中,如曲霉属及链霉菌属等。该家族壳聚糖酶中研究最多的是来源于烟曲霉的内切型壳聚糖酶。该酶为反转型酶,可以水解糖苷键 GlcNAc—GlcN 及 GlcN—GlcN,属于第Ⅰ亚型壳聚糖酶。GH80 壳聚糖酶主要存在于细菌中,目前针对该酶的功能鉴定较少。

海洋中也存在大量产壳聚糖酶的微生物。Zu 等在海洋淤泥中筛选获得 20 多株壳聚糖水解活性菌株,来源于细菌及真菌等。对其中一株壳聚糖酶活性较高的真菌进行形态学及 18S rDNA 测序得知,该菌株为黄曲霉(*Aspergillus flavus*)。Liu 等将海洋细菌 *Pseudomonas* sp. OUC1 的壳聚糖酶基因 *chi* 克隆并在解脂耶氏酵母(*Yarrowia lipolytica*)中实现分泌表达。重组表达的壳聚糖酶分子质量为 31.5kDa,最适温度及 pH 依次为 50℃ 及 6.0。该酶可以将壳聚糖底物水解为聚合度 2~6 的壳寡糖。

3. 几丁质降解酶类的应用

（1）生物防治

由于几丁质是病原性真菌细胞壁的主要成分之一,通过降解病菌细胞壁中的几丁质,可抑制真菌病的发生。有大量的研究报道,几丁质水解酶可抑制多种病原性真菌的生长。有人将几丁质水解酶的基因转入棉花等植物中,可提高植物的抗病性。几丁质水解酶还被用于线虫防治。线虫病是农业上的一种主要病害,目前尚无有效的线虫生物防治办法。Oh 等报道了一种利用产几丁质水解酶的微生物 *Verticillum saksenae* A－1 来防治松树线虫病发生的方法。由于几丁质是线虫卵细胞壁主要组成成分,通过利用几丁质水解酶,降解线虫卵的细胞壁,可有效防治线虫病害的发生(图 4-9)。此外,几丁质水解酶还可用于昆虫病害的防治。几丁质是昆虫的重要的结构性组分,在昆虫生长发育的各个时期都需要一定量的几丁质来维持其代谢平衡。几丁质水解酶可降解昆虫体壁和围食膜中的几丁质,作为一种潜在的生物杀虫剂在害虫防治方面具有广阔的应用前景。

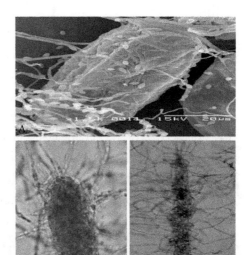

图 4-9　产几丁质水解酶的微生物对于线虫卵细胞壁的破坏
（引自 Oh et al., 2014）

　A. 线虫卵细胞壁经几丁质酶水解后的电镜分析图;B,C. 几丁质酶处理后的线虫卵

（2）功能糖制备

几丁质水解酶类还可用于制备功能性寡糖(几丁寡糖及壳寡糖)或单糖(*N*-乙酰氨基葡萄糖及氨基葡萄糖)。壳寡糖及几丁寡糖可与动植物细胞中的特定受体结合,通过激发先天免疫系统等方式发挥活性。在植物中,多种几丁寡糖的特定受体已经得到鉴定。因壳寡糖

及几丁寡糖的多种生物活性,已被开发成生物农药、动物饲料添加剂及功能食品等,而 N -乙酰氨基葡萄糖及氨基葡萄糖则已被用关节炎等疾病的临床治疗。

(陈秀兰　孙谧　徐菲　赵勇　程功)

第四节　海洋脂类降解酶类

一、脂类水解酶的定义与分类

脂类水解酶(lipolytic enzymes)(EC 3.1.1)代表了一大类能催化酯键水解与合成的水解酶,广泛存在于动物、植物和微生物中。脂类水解酶介导的催化反应在水相和非水相体系中均能发生。在水相体系中,脂类水解酶主要催化脂类的水解反应。在非水相体系中,脂类水解酶不仅能催化水解反应,还能催化醇解、酸解、酯化和转酯等合成反应。脂类水解酶已被广泛应用于食品、风味剂、洗涤剂、化妆品、药品、生物能源、精细化工和污水处理等多个领域,成为继蛋白酶和淀粉酶之后跃居世界工业酶制剂市场第三位的酶种,具有良好的发展和应用前景。

根据作用底物的不同,脂类水解酶分为酯酶和脂肪酶。其中,酯酶(esterase)(EC 3.1.1.1)通常作用于简单的酯类或低于 10 个碳原子的短链甘油酯,其酶活力检测一般以三丁酸甘油酯作为标准底物。脂肪酶(lipase)(EC 3.1.1.3)通常作用于难溶于水的长链甘油酯($\geqslant 10$ 个碳原子),其酶活力检测一般以甘油三油酸酯为标准底物。大多数脂肪酶能很好地降解酯酶的底物。脂肪酶催化的反应存在界面激活现象(interfacial activation),而酯酶介导的反应遵循经典的米氏动力学过程(Michaelis-Menten kinetics)。酯酶和脂肪酶都能稳定存在于有机溶剂中并表现出活性,但脂肪酶的这一特征更为突出。

早在 1999 年,Arpigny 和 Jaeger 根据氨基酸序列和生化性质将微生物来源脂类水解酶分为第 Ⅰ~Ⅷ家族(family)。其中,第 Ⅱ 家族又叫作 GDSL 家族或 SGNH 家族,这一家族脂类水解酶呈非典型 α/β 水解酶折叠结构;第 Ⅷ 家族呈 β 内酰胺酶折叠结构;其余家族均为 α/β 水解酶折叠结构。到目前为止,微生物脂类水解酶家族已扩增到 16 个,并且还在不断增加中。这些家族信息均被收录在 ESTHER 数据库中(http://bioweb.ensam.inra.fr/esther)(表 4-5)。这个数据库是一个综合数据库,整合了微生物、植物和动物来源脂类水解酶在序列、性质及蛋白质结构等方面的详细信息。主要根据序列相似性、保守基序和进化位置的不同,将脂类水解酶划分为 4 个 Block,即 Block C、H、L 和 X,再将每个 Block 细分成不同的超家族(superfamily)和家族(family)。ESTHER 数据库将微生物、植物和动物来源脂类水解酶归为 47 个超家族和 148 个家族。

根据氧离子洞的类型,LED(lipase engineering database)数据库(http://www.led.uni-stuttgart.de/)将脂类水解酶分为三大类(class):GGGX、GX 和 Y。再根据催化 Ser 残基所在的五肽基序的不同,将每一类细分为不同的超家族(superfamily)。相较于 ESTHER 数据库,LED 是一个基于序列进行比较归类的简化版数据库比对。根据脂类水解酶的最佳作用 pH 及 pH 稳定性,通常可将其分为酸性酶、中性酶与碱性酶三大类,根据其作用温度的高低又可分为低温酶、中温酶和高温酶。

表 4-5 ESTHER 数据库中与 Arpigny 和 Jaeger 家族分类相对应的
家族(引自 Lenfant et al., 2013)

ESTHER 家族	Arpigny and Jaeger 家族	ESTHER 家族	Arpigny and Jaeger 家族
Bacterial_lipase	Family_ I	UCP031982	Family_ V .3
Bacterial_lip_FamI.1	Family_ I .1	LYsophospholipase_carboxylesterase	Family_ VI
Bacterial_lip_FamI.2	Family_ I .2	Carb_B_Bacteria	Family_ VII
Bacterial_lip_FamI.3	Family_ I .3	(not α/β - hydrolase β - lactamase)	Family_ VIII
Lipase_2	Family_ I .4	PHAZ7_phb_depolymerase	Family_ IX
Bacterial_lip_FamI.5	Family_ I .5	Bacterial_EstLip_Fam X	Family_ X .1
Bacterial_lip_FamI.6	Family_ I .6	Fungal-Bact_LIP	Family_ X .2
Lipase_2	Family_ I .7	Lipase_3	Family_ XI
Not α/β - hydrolase SGNH	Family_ II	Bact_LipEH166_Fam XII	Family_ XII
Polyesterase-lipase-cutinase	Family_ III	CarbLipBact	Family_ XIII
Hormone-sensitive_lipase_like	Family_ IV	PC - sterol_acyltransferase	Family_ XIV
Hormone-sensitive_lipase_like_1	Family_ IV	Duf_3089	Family XV
ABHD6 - Lip	Family_ V .1	Bacterial_Est97	Family_ XVI
Carboxymethylbutenolide_lactonase	Family_ V .2		

二、海洋脂类水解酶研究进展

海洋环境是一个开放、多变、复杂的生态系统。海洋环境中物理、化学因素的特殊性和复杂性,造就了海洋生物在物种资源、基因功能和生态功能上的多样性。海洋来源的脂类水解酶通常具有与海洋环境相关的优良性质,包括耐高/低温、耐高压、耐高盐、耐碱性及优异的手性选择性等。这些性质赋予海洋脂类水解酶不同于陆地脂类水解酶的独特应用前景。海洋脂类水解酶广泛存在于动物、植物和微生物中,但目前的研究主要集中在海洋微生物脂类水解酶。

1. 海洋可培养微生物脂类水解酶

对海洋微生物酯酶和脂肪酶多样性的研究,可为人们开发新型海洋微生物脂类水解酶提供依据。目前常用的筛选产脂肪酶微生物的方法主要包括三丁酸甘油酯平板法、橄榄油-罗丹明 B 平板筛选法、pNPB 平板变色圈法和维多利亚蓝透明圈法等。海洋中大部分区域终年低温,这为人们获取新型低温脂类水解酶提供了丰富的资源。在南极附近海域,Loperena 等对南极菲尔德斯半岛、乔治王岛和迪塞普逊岛等多个岛屿中的海水、土壤、沉积物及鸟类和海洋动物粪便微生物的调查发现,在分离得到的 120 株细菌中,35%的菌株能在 4℃分泌脂类水解酶,这些产酶菌株主要来自 Pseudomonas、Psychrobacter、Arthrobacter 和 Bacillus 属。获得的这些脂类水解酶在 4℃低温表现出很高的降解能力,主要为低温酶。在北极海域附近,Srinivas 等(2009)从斯瓦尔巴特群岛沉积物中分离得到了 103 株细菌,基于 16S rRNA 基因序列将这些菌株归于 47 个系统类型(phylotype)。对其中 27 个代表性系统类型分析发现,有一半菌株能在 4℃低温产生脂类水解酶,这些产酶菌主要来自 Pseudoalteromonas、

Pseudomonas、*Arthrobacter* 和 *Marinobacter* 属。张晓华等对南太平洋深海微生物的多样性进行分析发现,在分离得到的 174 株细菌中,有 112 株细菌在 4℃条件下对 Tween 20 表现出降解活性,80 株菌对 Tween 40 表现出降解活性,77 株菌对 Tween 80 表现出降解活性,占菌株总数的 44% ~ 64%。这些产脂类水解酶菌株主要来自 Gammaproteobacteria 纲中的 *Pseudoalteromonas* 和 *Alteromonas*。迄今为止,已经有许多研究者对海洋低温脂肪酶进行了分离纯化、异源表达及酶学性质分析等研究。刘姝等从连云港海域海水及海泥样品中分离筛选获得一株低温碱性脂肪酶高产菌株 TS182,鉴定为荧光假单胞菌 *Pseudomonas fluorescens*,其脂肪酶最适温度和最适 pH 分别为 15℃和 9.0。Donatella 等发酵培养了来自南极的菌株 *Pseudoalteromonas haloplanktis* TAC125,此菌株分泌的脂肪酶具有低温耐受性。杨帆等从深海环境中筛选到了一株产低温脂肪酶菌株 Dspro004,对其进行了紫外诱变筛选后酶活力可达 2710U/mg。许冰等从海泥中分离出产脂肪酶海洋微生物菌株 L42,通过产酶条件的优化,产酶活力提高了 44.4%。Do 等从嗜冷细菌 *Colwellia psychrerythraea* 的基因组序列中找到了一个潜在脂肪酶基因 *CpsLip*,并将该基因在大肠杆菌中进行了异源表达和分离纯化。重组脂肪酶 CpsLip 的最适底物是 *p*NPC12,最适温度为 25℃,且在 7℃仍保持高达 75%的酶活力。这些海洋来源的微生物产生的脂类水解酶大多在低温碱性条件下保持最佳的活力,这使其在低温领域具有应用价值,可以有效地降低生产过程中能源的消耗,具有很大的工业化利用潜力。

深海热液口,作为海洋极端生境之一,有别于常年低温的绝大部分海域,具有高温、高压、高还原物质等特征,孕育了大量嗜热和超嗜热微生物,这为获取热稳定的新型脂类水解酶提供了丰富的资源。*Archaeoglobus*、*Pyrobaculum*、*Thermococcus* 和 *Sulfolobus* 等属嗜热菌株均能产生热稳定的脂类水解酶。序列分析发现,*Thermococcus sibiricus* 的基因组中含有 15 个编码酯酶/脂肪酶的基因,其中 4 个可能为胞外酶。脂肪酶 AFL,分离自超嗜热古菌 *Archaeoglobus fulgidus*,适宜温度为 70 ~ 90℃,适宜 pH 为 10 ~ 11,是极端嗜热嗜碱水解酶之一。酯酶 PestE,分离自超嗜热菌 *Pyrobaculum calidifontis* VA1,在高温条件下非常稳定,最适温度为 90℃,且能在 100℃高温中温育 2h 后仍保持最高酶活力。PestE 对甲醇、乙腈、二甲基甲酰胺等有机溶剂均表现出很好的耐受性,并且 PestE 是为数不多的能降解叔醇酯类底物的脂类水解酶(Hotta et al., 2002)。酯酶 Sto-Est,分离自嗜热嗜酸菌 *Sulfolobus tokodaii*,最适温度为 70℃,其在 85℃的半衰期为 40min。Sto-Est 对乙腈和二甲基亚砜等有机溶剂也表现出很好的耐受性。

除了海洋细菌,海洋真菌中也富含大量性质独特的脂类水解酶。Duarte 等对南极多个海洋和陆地样品中真菌多样性的调查发现,在分离到的 97 株酵母中,有 47 株菌能产生脂类水解酶,占到总数的 48.4%。这些产酶菌株主要来自担子菌门中的 *Rhodotorula*、*Cryptococcus* 和 *Leucosporidium* 属酵母。Loperena 等对南极多个岛屿中的海水、土壤和沉积物微生物的调查发现,在分离得到的 41 株真菌中,能够在 4℃产脂类水解酶的菌株有 8 株,主要来自 *Cryptococcus* 酵母和 *Geomyces* 丝状真菌。Smitha 等对阿拉伯海中真菌进行多样性分析发现,在分离到的 180 株菌株中,60.2%的菌株能降解脂类底物,这些产脂类水解酶菌株主要集中在 *Penicillium*、*Aspergillus*、*Scopulariopsis*、*Trichoderma* 和 *Endomysis*。其中,*Penicillium* 属菌株所产脂类水解酶的活性最高。早在 20 世纪 80 年代,研究人员发现南极嗜冷菌 *Candida antarctica* 能产生脂肪酶,其分泌产生的低温脂肪酶 A 和 B 是目前研究较为深入的海洋真菌来源脂肪酶之一,*C. antarctica* 菌株及其所产的脂肪酶均被授予了专利。*C. antarctica* 所产脂肪酶在合成非甾体类抗炎药物 NSAIDs、生物柴油和重要手性化合物等方面均有应用潜力(Bonugli-Santos et al.,2015)。Salis 等还用 *C. antarctica* 所产脂肪酶作为模型来研究脂肪酶在不同介质中催化三丁酸甘油酯水解的反应。研究人员分别在 *Pichia pastoris* 和 *Escherichia. coli* 中实现了 *C. antarctica* 脂肪酶的异源表达,并通过化学修饰和定向进化对其热稳定性进行了改造。Basheer 等从印度阿拉伯海水中分离到了一株产脂肪酶的真菌 *Aspergillus awamori*,并对其产酶条件进行了优化,酶活力高达 1164.63U/mg。Huang 等从 *Geotrichum marimum* 中分离纯化了一个脂肪酶,最适温度和 pH 分别是 40℃ 和 8.0,其活性能被 Na^+、K^+、Ca^{2+} 和 Mg^{2+} 激活。邵铁娟等从 2000 多份渤海海区海水海泥样品中分离获得一株新型脂肪酶高产菌株 BohaiSea-9145,经鉴定为适冷性海洋酵母 *Yarrowia lipolytica*。

相较于陆源真菌酯酶和脂肪酶的广泛研究,对海洋来源真菌脂类水解酶的研究还相对较少,仍需要进一步的深入研究。表 4-6 中展示了部分海洋微生物所产脂类水解酶的酶学性质。

表 4-6　部分已知海洋微生物脂类水解酶及其性质

菌　株　来　源	最适温度 /pH	稳定性 温度/pH	分子质量 /kDa	酶学性质评价
Acinetobacter sp. strain no. 6	20℃/Ns	Ns/Ns	Ns	对 $C_8 \sim C_{16}$ 的酰基乙酯具有特异性
Aeromonas sp. LPB 4	35℃/Ns	50℃/Ns	50	对中链对硝基苯酯有特异性
Bacillus sphaericus MTCC 7526	15℃/8.0	30℃/8	40	在有机溶剂中能保持稳定,与乳化剂相容性好
Microbacterium phyllosphaerae MTCC 7530	20℃/8.0	35℃/8	42	与乳化剂相容性好,脂肪酶活性保留较好
Pseudoalteromonas sp. wp27	20~3℃/ 7.0~8.0	Ns/Ns	85	在 4℃ 下能保留 60% 的活性
Pseudomonas sp. strain KB700A	35℃/8.0~8.5	Ns/Ns	49.9	与对硝基苯基癸酸反应活性最高
Pseudomonas sp. strain B11-1	45℃/8.0	5~35℃/ 6.0~9.0	33.7	被 Zn^{2+},Cu^{2+},Fe^{3+},Hg^{2+} 强烈抑制
Psychrobacter sp. 7195	30℃/9.0	Ns/7.0~10.0	Ns	Ca^{2+} 和 Mg^{2+} 能够提高其活性
Serratia marcescens	37℃/8.0	65℃/6.6	52	在 5℃ 下能够保留 90% 的活性
Aspergillus nidulans WG312	40℃/6.5	低温稳定/Ns	29	对含中短链脂肪酸的酯有较好作用

2. 海洋不可培养微生物脂类水解酶

海洋中,超过 99% 的微生物是不可培养的。随着基因组测序技术和宏基因组技术的发展,研究人员已从多种微生物菌株和不同环境中挖掘到多个不同类型的新型脂类水解酶。与传统上对可培养菌株的功能筛选方法相比,功能宏基因组技术具有无可比拟的优势,其不依赖于菌株的纯培养,能从各种环境中获取多种可培养和不可培养微生物的新型酶蛋白资源。

目前,已从表层海水、热泉、浅海沉积物和深海沉积物等多个区域中获得多个脂类水解酶,包括适冷性的脂类水解酶、耐高温的脂类水解酶,以及耐高压、高盐和耐有机溶剂的脂类水解酶等。并且,从环境样品中发现了多个脂类水解酶新家族,包括 LipG 家族、LipEH166 家族、EstD2 家族、FLS18 家族和 EM3L4 家族等。这些新型脂类水解酶表现出独特的生化性质。LipEH166 是耐冷碱性脂肪酶,其最适反应温度为 30℃,能在 pH 7~12 范围内表现出很高的酶活性。酯酶 O.16,分离自 Urania 深海盐盆地,表现出极好的耐盐性和抗压性,2~4mol/L NaCl 能使其酶活激增 180 倍,20MPa 高压下的酶活比常压增加 1.9 倍,O.16 能降解多种不同类型的底物,其在结构上整合了 3 个不同的活性中心。对这些新型酯酶/脂肪酶的探索,为实现其工业化应用奠定了基础。

3. 海洋微生物脂类水解酶的克隆表达

海洋微生物酯酶的成熟通常不需要分子内或分子间伴侣的辅助,因而易于在大肠杆菌等工程菌中实现异源表达,产生有活性的重组酶。相较于酯酶,脂肪酶更难成熟,其折叠成有活性的蛋白质需要分子伴侣、Ca^{2+} 及参与二硫键形成的 Dsb 蛋白,真菌来源的脂肪酶活性的发挥还依赖于糖苷化等翻译后修饰,这就造成了脂肪酶较难异源表达。

对海洋来源脂肪酶的研究发现,野生型菌株的发酵需要复杂的培养基组分,且脂肪酶的产量低,分离纯化困难,这些因素限制了野生型酶的进一步研究及应用。真菌来源的脂肪酶通常存在多个不同形式的同工酶(isozyme),这些同工酶往往具有不同的生化性质,进一步限制了野生酶的应用。脂肪酶的异源表达则使得酶蛋白的分离纯化更易于操作。常用的原核生物表达系统包括大肠杆菌表达系统和枯草芽孢杆菌表达系统。崔硕硕等将南极嗜冷菌 Moritella 的低温脂肪酶基因 lip-837 成功地在大肠杆菌进行了表达,表达量达到总蛋白的 39%。Jun 等将 Yarrowia lipolytica Bohaisea-9145 脂肪酶在 E. coli BL21(DE3)进行了表达,酶活力达到 17.6U/mg,重组酶的最适温度和 pH 分别为 35℃ 和 8.5。常用的真核生物表达系统包括酿酒酵母表达系统(Saccharomyces cerevisiae)及毕赤酵母(Pichia pastoris)表达系统。其中,巴斯德毕赤酵母异源基因表达系统是一种被广泛应用的真核表达系统,它克服了原核表达系统缺乏蛋白质翻译后修饰、加工、表达产物多以包涵体形式存在、复性困难且效率低、背景杂蛋白多、不易于纯化等一系列缺陷。Brocca 等将脂肪酶基因 Lip1 在巴斯德毕赤酵母中实现了高效异源表达,产酶量达到 150U/ml。李忠磊等克隆了 Yarrowia lipolytica Bohaisea-9145 的海洋低温碱性脂肪酶基因 lipYp,并将其在巴斯德毕赤酵母中进行了异源表达,酶活力达到 1956U/ml。王永杰等将南极低温脂肪酶基因 lip-948 在巴斯德毕赤酵母 GS115 中进行了表达,发酵 48h 后上清液中脂肪酶活力达到 27.5U/ml。

4. 海洋微生物脂类水解酶的结构和催化机制

对脂类水解酶结构与催化机制的了解有助于人们有目的地对酯酶和脂肪酶进行定向改造,设计适用于未来工业化应用的酶种。近年来,随着来自动植物和微生物脂肪酶的晶体结构的解析,脂类水解酶的结构和催化机制也逐渐明确。到目前为止,脂类水解酶相关的晶体结构已经超过了 1000 个。晶体结构显示,除了第 Ⅱ 家族和第 Ⅷ 家族脂类水解酶外,绝大多数酯酶和脂肪酶呈 α/β 水解酶折叠结构,结构中含有多个平行的 β 折叠片,在这些 β 折叠片周围环绕着若干个 α 螺旋(图 4-10)。这些脂类水解酶含有一个催化三联体 Ser—Asp—His/Glu,其中 Ser 催化残基位于 Gly—X—Ser—X—Gly 五肽基序上。脂类水解酶的催化三联体与丝氨酸蛋白酶的类似,因此酯类水解酶介导的催化过程被认为与丝氨酸蛋白酶催化的反应过程相类似。脂类水解酶的催化反应可以分为两步进行:第一步,底物进入催化腔引发 His 从 Ser 上夺取一个质子将其激活,Asp 的存在,稳定了 His 和 Ser。激活的 Ser 对脂类底物上的羧基碳进行亲核攻击,形成一个被氧离子洞稳定的四面体中间物。然后 His 贡献一个质子给底物,形成醇产物并释放。伴随着酯酰基-酶复合物的形成,第一步反应结束。第二步,进入的水分子被邻近的 His 残基激活,经活化的羟基离子对酯酰基-酶复合物上的羰基碳原子进行亲核攻击从而释放酸产物。与酯酶相比,脂肪酶在结构上多了一个疏水的 lid 结构。当缺少甘油酯底物或变性剂时,lid 结构遮住活性位点,脂肪酶构象处于"关闭"状态。存在底物时,lid 结构从活性位点上移开,脂肪酶构象处于"开放"状态,催化残基暴露出来对底物进行水解。lid 结构的存在,使得脂肪酶催化的反应存在界面激活现象。lid 结构域已经成为改造脂肪酶底物特异性和热稳定性的研究靶点。酶蛋白的疏水性与脂肪酶的活性和底物特异性密切相关。通过改变底物结合腔中氨基酸残基的疏水性,可以对脂肪酶的底物进行选择性改造。

第Ⅱ家族脂类水解酶不具有典型的五肽基序 Gly—X—Ser—X—Gly,其 Ser 催化残基位于 Gly—Asp—Ser—(Leu)(GDS(L))保守基序上,该家族也叫作 GDSL 家族。这些蛋白质的 Ser 残基比其他的脂类水解酶更靠近蛋白的 N 端。GDSL 家族脂类水解酶的催化残基包括 Ser、Gly、Asn 和 His,因此该家族又称为 SGNH 家族。GDSL 家族的关键残基 His 和 Asp 在序列上仅相隔两个氨基酸残基,而在其他的脂类水解酶中,这两个关键残基至少相隔 50 个残基。GDSL 家族酯类水解酶与其他家族酯类水解酶在保守基序和催化三联体上的差异也体现在它们的三维结构上。GDSL 脂类水解酶在结构上呈三层 α/β/α 折叠结构。到目前为止,该家族中只有少数几个酶蛋白的晶体结构被报道,包括酯酶 EstA、乙酰胆碱酯酶 ChoE 和溶血磷脂酶 TesA。通过功能和结构分析,揭示出 TesA 的催化三联体由 Ser^9、Asp^{156} 和 His^{159} 组成,氧离子洞由 Gly^{46} 和 Asn^{75} 构成。虽然 GDSL 家族脂类水解酶与其他家族脂类水解酶在结构上存在差异,但是在催化机制上却相似,均依赖于催化三联体。

第Ⅷ家族脂类水解酶在结构上明显不同于其他的脂类水解酶。该家族含有 Gly—X—Ser—X—Gly 基序。但是,对 *Burkholderia gladioli* 酯酶 EstB 的定点突变实验表明,Gly—X—Ser—X—Gly 基序在维持该酶功能上未起重要的作用。第Ⅷ家族脂类水解酶的关键 Ser 催化残基位于 Ser—X—X—Lys 基序上,这与 β 内酰胺酶相类似。根据对 β 内酰胺类抗生素降解活性的差异,可以将第Ⅷ家族脂类水解酶分为三类:① 不具有 β 内酰胺酶活性的酯酶,以 EstB 为代表;② 仅对头孢硝噻吩(nitrocefin)表现出降解活性的酯酶,以 EstC 为代表;③ 对第一代 β 内酰胺类抗生素(cephalosporins、cephaloridine、cephalothin 和 cefazolin)表现出降解活性的酯酶,以 EstU1 为代表。晶体结构上,第Ⅷ家族脂类水解酶呈 β 内酰胺酶折叠结构。通过解析 EstU1 的结构,揭示出 EstU1 的催化位点由 Ser^{100}、Lys^{103} 和 Tyr^{218} 构成。类似于 β 内酰胺酶,EstU1 依赖于两步反应的丝氨酸水解酶机制进行催化,在反应过程中 Ser 催化残基和水分子先后发生亲核攻击。

脂类水解酶在溶液中为单体或寡聚体,但通常以单体形式发挥活性。李平一等从南海沉积物中分离到了一个第Ⅳ家族酯酶 E25,其在溶液和晶体结构中均形成二聚体,而且只有二聚体的形式才有酶活。结构和突变分析表明,E25 的二聚体形成方式显著不同于已报道的第Ⅳ家族酯酶寡聚体。E25 主要通过 CAP 结构域间反向交叉排列的 N 端 loop 及催化结构域间 7 个保守亲水氨基酸残基形成的氢键和盐键来稳定二聚体结构。E25 的催化机制不同于其他的第Ⅳ家族酯酶,其通过对催化三联体中的 Asp^{282} 残基进行准确定位而影响 E25 的催化活性,因此二聚体的形成对维持酯酶 E25 的活性是必需的。这是目前为数不多的关于脂类水解酶以聚体形式发挥活性的报道之一。Ohara 等通过比较第Ⅳ家族中酸性酯酶 EstFa_R(最适反应 pH 为 5.0)和碱性酯酶 SshEstI(最适反应 pH 为 8.0)的晶体结构及随后的突变分析,揭示出催化三联体中 Asp 催化残基周围氢键数目的多少不仅影响酯酶的催化效率,还影响了酶的最适反应 pH。

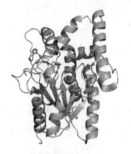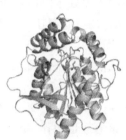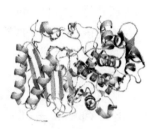

第Ⅰ家族脂肪酶
(α/β水解酶折叠结构)　　第Ⅳ家族脂肪酶
(α/β水解酶折叠结构)　　第Ⅱ家族脂肪酶
(三层α/β/α折叠结构)　　第Ⅷ家族脂肪酶
(β-内酰胺酶折叠结构)

图 4-10　代表性脂类水解酶的晶体结构

三、海洋微生物脂类水解酶的应用

已有大量关于酯酶和脂肪酶及其应用方面的文献报道,很多海洋微生物来源的脂类水解酶也已作为商品酶面世,这些酶蛋白被广泛应用于洗涤、造纸、化妆品、食品和有机合成工业。目前加酶洗涤剂在欧洲市场大约占 90%,在日本占 80% 左右。脂类水解酶在有机相中具有很高的稳定性和催化活性,在有机相催化中具有巨大的应用潜力。伴随着海洋资源的开发,数量和种类巨大的远洋鱼类逐渐成为主要的捕捞目标,但是这些鱼类的脂肪含量偏高,在贮藏、加工、销售的过程中人们必须要面对这一问题。目前针对这一问题的主要解决办法包括压榨、提取、碱处理等,相比这些传统方法,用酶制剂来处理具有无与伦比的优势,从而引起了学者的广泛关注。

1. 在洗涤行业的应用

人体衣服污渍含有大量的脂肪、蛋白质、灰尘等,海洋来源的酯酶和脂肪酶大多在低温(20~40℃)和碱性条件下维持活力,添加到洗涤剂中一方面能够有效增加洗涤效果,另一方面可降低洗涤时所需的温度。同时,加酶洗衣粉可以替代加磷洗衣粉,降低对环境的污染。Madhura 等筛选了一株海洋来源的产脂肪酶菌株 *Bacillus sonorensis*,研究了其脂肪酶添加到洗涤剂中的效果,结果表明,添加脂肪酶的洗涤剂比不添加的洗涤剂去污效果提升 20%。Lailaja 等将海洋微生物 *Bacillus smithii* BTMS 产的碱性脂肪酶添加到洗涤剂 Surf、Sunlight、Ariel、Henko、Tide 和 Ujala 中,结果显示其对棉质衣物去污能力均得到提升,并且发现此脂肪酶具有酯合成能力,能够催化不同碳链长度的脂肪酸与甲醇的酯化反应,生成相应的脂肪酸甲酯。

2. 在食品行业的应用

目前应用于食品中的脂类水解酶主要来源于动物内脏,用于增香、面粉及乳制品性质改良等方面。海洋来源的脂类水解酶还没有广泛地应用于食品中。郑毅等利用脂肪酶对鱼进行了脱脂研究,将鱼肉中的脂肪除去,制得了脂肪含量较少的脱脂鱼肉。Qing 等从海洋基因组文库中分离到一株产耐碱脂肪酶的菌株,并研究了其在增加奶香方面的应用。但是,相对于动物来源的背景简单的脂肪酶,人们对海洋来源的微生物脂肪酶的基础理论和生物学活性等研究还较少,这限制了其在食品行业的广泛应用。因此,人们需要加大对海洋来源微生物脂肪酶的研究,对一些来源背景简单、无危害副产物的产脂肪酶菌株进行深入探索,加快海洋脂肪酶在食品中的利用。

3. 在医药保健行业的应用

脂类水解酶是一种重要的药物靶或中间体标记酶,可以作为一种诊断工具预测疾病。目前,酯酶和脂肪酶在医药领域中最重要的应用是手性新药的研究和开发。研究表明,药物进入生物体后,其作用原理多与药物本身和体内靶分子之间的手性匹配及分子识别能力有关,不同手性药物的对映体会显示出不同的药理作用。相比化学拆分,酶法拆分具有绿色、高效等优点,因此酶法拆分手性药物中间体的科学研究和产品开发已经越来越受到人们的青睐。唐良华等将筛选到的来源于南极假丝酵母的脂肪酶成功地用于有机相中外消旋布洛芬的酯化拆分。蔡志雄将扩展青霉 TS414 脂肪酶在毕赤酵母 X-33 中表达,并研究了重组脂肪酶在有机相中催化外消旋萘普生的酯化拆分,转化率为 48%,产物对应体选择性可达 98%。

另外,脂肪酶也被用于生产多不饱和脂肪酸,而多不饱和脂肪酸所起的保健作用已经越来越多地被人们重视。多不饱和脂肪酸($n-3$ PUFA)主要是二十二碳六烯酸(DHA)和二十碳五烯酸(EPA),具有增强神经系统功能、益智健脑、预防老年性痴呆症、抑制血小板凝聚、减少血栓形成,防止心脑血管疾病发生、抗炎、抗癌、增强自身免疫力和保护视力等保健功效。它们主要以甘油酯或乙酯形式存在于鱼油中,但相对含量比较低,脂肪酶催化合成 $n-3$ PUFA 甘油酯的报道逐渐增多,Udaya 等利用包括海洋来源的多种脂肪酶,催化富集了鱼油中的 $n-3$ PUFA,并对富集后的 $n-3$ PUFA 的提取工艺进行了研究。Lorena 等利用包括海洋来源的 9 种脂肪酶富集了 EPA,并对富集的最佳条件进行了研究。

4. 在化工行业的应用

已报道的脂类水解酶能够催化包括水解、酯化、转酯化、酸解、醇解和胺解在内的多种反应,这使得脂肪酶在化工行业中得到广泛的应用。Rodica 等从南极假丝酵母提取了两种脂肪酶,运用生物酶法催化合成了中氮茚。Raghul 等研究了海洋微生物 *Vibrio azureus* 发酵生产脂肪酶的最佳条件,并利用此脂肪酶催化合成了聚羟基丁酸酯,为工业化生产聚羟基丁酸酯提供了依据。Renata 等从 *Bjerkandera adusta* R59 中提取了耐热性脂肪酶,并研究了此脂肪酶分别催化油酸和辛酸对丁醇的酯化能力,结果显示其酯化率分别为 93% 和 97%。此外,脂肪酶也被用于生物柴油的生产。Bharathiraja 等以从大型藻类 *Gracilaria edulis*、*Enteromorpha compressa* 和 *Ulva lactuca* 提取的油脂为原料,利用固定化的经巴斯德毕赤酵母过表达的南极假丝酵母脂肪酶 A 和 B 作为催化剂来制备生物柴油,生物柴油得率达 85%。

5. 在污染治理中的应用

碱性脂类水解酶在污染治理中的应用已经取得了显著的效果。应用生物酯酶和脂肪酶,可以对自然界中的或人为排放的油污进行清除,把严重污染水体的油污迅速地水解为易溶于水的小分子物质,达到去污的目的。Lin 等从分离自海水的 427 株酵母中筛选了 9 株能分泌脂肪酶降解油脂的海洋酵母,并研究了其对不同油脂的降解能力,为工业应用提供了基础。Ramani 等从海洋微生物 *Pseudomonas otitidis* 中提取了脂肪酶用于水解向日葵油污的研究,在最佳条件下降解效率可达 92.3%。Soorej 等将来源于海洋微生物 *Aspergillus awamori* BTMFW032 的脂肪酶用于处理废水废油的研究,结果表明,此脂肪酶能够去除 91.4% 的油污混合物。

(李平一 孙谧)

第五节 其 他 酶 类

一、二甲基巯基丙酸内盐裂解酶类

1. 简介

二甲基巯基丙酸内盐(dimethylsulfoniopropionate,DMSP)是海洋硫循环的主要载体物质。DMSP 主要由海洋浮游植物和大型藻类产生,每年全球约产生 10^9 t 的 DMSP。在大洋表面的某些区域,DMSP 的产量甚至占据了整个碳固定量的 10%。在海洋生物中,DMSP 是重要的渗透调节剂,DMSP 还可以作为一种抗氧化剂清除活性氧减轻氧化压力。由海洋浮游植物和大型藻类产生的 DMSP,除小部分被其产生者直接降解外,大量的 DMSP 通过海洋动物的捕食过程、海洋病毒的裂解过程及浮游植物的死亡而进入海水环境中。海洋微生物可以摄取海水环境中的 DMSP,并在细胞内完成对 DMSP 的代谢。目前已经发现,海洋微生物可以通过两种不同的途径对 DMSP 进行降解:去甲基化途径和裂解途径。在去甲基化途径中,DMSP 首先被 DMSP 去甲基化酶 DmdA 催化,在经过几步酶促反应后,最终被代谢为甲硫醇和乙醛。在裂解途径中,DMSP 在 DMSP 裂解酶的催化作用下,被裂解为二甲基硫(dimethyl sulfide,DMS)和丙烯酸。DMS 能对全球环境产生重要影响,因此研究 DMSP 的裂解反应过程也具有很大的生态学意义。

早在 1962 年,DMSP 裂解酶(EC 4.4.1.3)就被人们所知晓。然而,直到 2008 年,第一个 DMSP 裂解酶的编码基因才被英国的一个课题组鉴定出来。在接下来的几年中,更多的 DMSP 裂解酶被鉴定出来。到目前为止,已经鉴定出的 DMSP 裂解酶有 7 种,包括 DddK、DddL、DddP、DddQ、DddW、DddY 及 Alma1。在这些 DMSP 裂解酶中,有 6 种(DddK、DddL、DddP、DddQ、DddW、DddY)来自海洋细菌,只有 Alma1 来源于赫氏颗石藻。虽然这些 DMSP 裂解酶的序列各异,并分属于不同的蛋白家族,但是它们都催化相同的化学反应,将 DMSP 裂解为 DMS 和丙烯酸(图 4-11)。

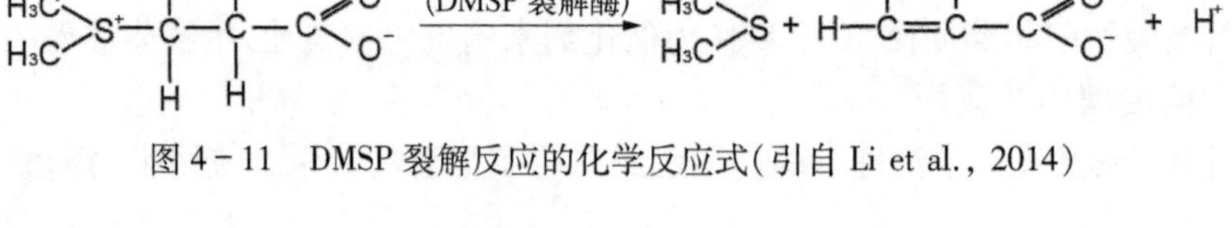

图 4-11 DMSP 裂解反应的化学反应式(引自 Li et al., 2014)

2. DMSP 裂解酶的蛋白家族分类

不同的 DMSP 裂解酶的一维蛋白质序列有着很大区别。DMSP 裂解酶 DddP（分子质量约 45 000Da）属于 M24B 金属肽酶家族，但是生化实验证明 DddP 具有 DMSP 裂解酶活性。DMSP 裂解酶 DddK、DddL、DddQ 和 DddW（分子质量为 14 000~26 000Da）蛋白序列中都含有保守的 cupin 基序，这四类 DMSP 裂解酶都属于 cupin 蛋白超家族。cupin 蛋白超家族包含很多功能各异的蛋白，它们的催化中心都含有金属离子。DMSP 裂解酶 DddY（分子质量约 46 000Da）与已知功能的蛋白质没有太高的序列相似性。在已经发现的细菌 DMSP 裂解酶中，只有 DddY 是定位于周质空间的，其他 DMSP 裂解酶都是定位在细菌细胞质内。DMSP 裂解酶 Alma1（分子质量约 38 000Da）属于天冬氨酸/谷氨酸消旋酶超家族，Alma1 定位于赫氏颗石藻细胞叶绿体膜上。

3. DMSP 裂解酶的性质

虽然不同 DMSP 裂解酶催化同一个生化反应，但它们的酶学性质各不相同。DMSP 裂解酶 DddP 的催化中心含有两个铁离子，其最适酶活温度为 60℃，最适酶活 pH 为 6.0，K_m 值为 17 mmol/L。DMSP 裂解酶 DddQ 的催化中心含有一个锌离子，DddQ 的最适酶活温度为 30℃，最适酶活 pH 为 8.0，K_m 值为 22mmol/L（Li et al.，2014）。DMSP 裂解酶 DddK 的 K_m 值为 82mmol/L。DMSP 裂解酶 DddW 的最适酶活 pH 约为 8.0，当 DddW 催化中心的金属离子是亚铁离子时，其 K_m 值为 9mmol/L；当 DddW 催化中心的金属离子是锰离子时，其 K_m 值为 5mmol/L。DMSP 裂解酶 DddY 的适宜酶活温度在 37~40℃，最适酶活 pH 为 8.0。DMSP 裂解酶 Alma1 的 K_m 值约为 9mmol/L。虽然不同种类的 DMSP 裂解酶酶学性质有所差异，但值得注意的是，目前已报道的大多数 DMSP 裂解酶的 K_m 值在毫摩尔量级。与其他种类的酶相比，DMSP 裂解酶都拥有相对较高的 K_m 值，这可能与 DMSP 的生理功能有关。

4. DMSP 裂解酶的晶体结构及催化机制

到目前为止，只有两种 DMSP 裂解酶 DddP 及 DddQ 的晶体结构及催化机制被阐明。

在蛋白质结构数据库（PDB）中，有两个不同菌株来源的 DddP 的晶体结构被报道，分别是来源于菌株 *Roseobacter denitrificans* 的 *Rd*DddP（PDB 编号：4B28）及来源于菌株 *Ruegeria lacuscaerulensis* ITI_1157 的 *Rl*DddP（PDB 编号：4RZZ）。这两个 DddP 的序列一致性大约为 72%，它们的三维蛋白结构也很相近。DddP 由两个结构域组成，N 端结构域和 C 端结构域。DddP 的催化中心位于 C 端结构域，催化中心中含有两个铁离子（图 4-12）。

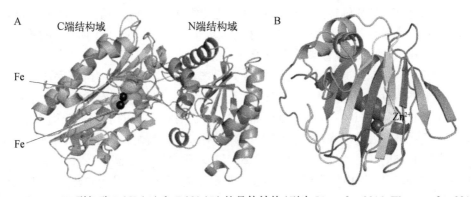

图 4-12　DMSP 裂解酶 DddP(A) 和 DddQ(B) 的晶体结构（引自 Li et al.，2014；Wang et al.，2015）

通过结构及突变分析,研究人员提出了 DddP 裂解 DMSP 产生 DMS 和丙烯酸的分子机制(图 4-13)。当 DMSP 没有进入 DddP 的活性中心时,DddP 活性中心的氨基酸残基与两个铁离子形成配位键。在 DMSP 进入活性中心后,DMSP 带负电的羧基吸引一个铁离子移动约0.9Å的距离,从而使 DMSP 与铁离子形成配位键,进而活化了 DMSP 分子中 C_α 的质子。随后,氨基酸残基 Asp^{377} 对 DMSP 发动亲核攻击,并引发了级联反应,最终导致 DMSP 的裂解。

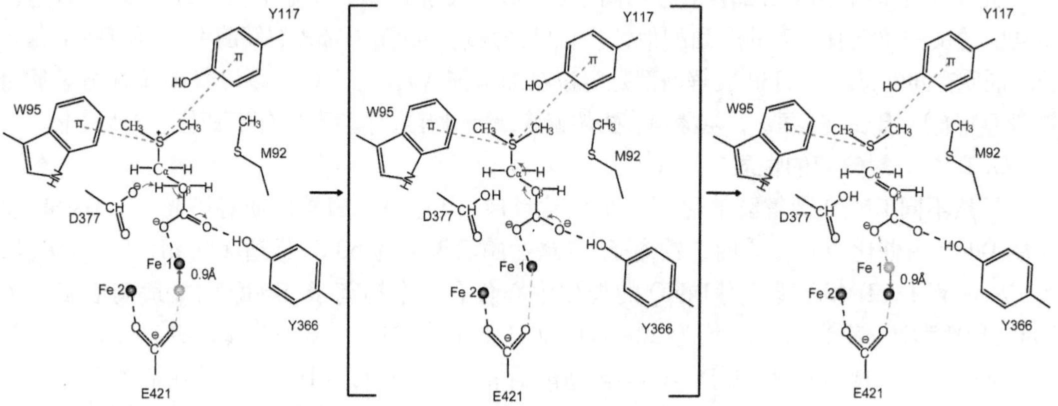

图 4-13 DMSP 裂解酶 DddP 裂解 DMSP 的分子机制(引自 Wang et al., 2015)

在 PDB 数据库中,有两个不同菌株来源的 DddQ 的晶体结构被报道,分别是来源于菌株 *Roseovarius nubinhibens* ISM 的 *Rn*DddQ Ⅱ(PDB 编号: 4B29)及来源于菌株 *R. lacuscaerulensis* ITI_1157 的 DddQ(PDB 编号: 4LA2)。这两个 DddQ 的序列一致性只有约44%,但它们的整体晶体结构很相近。由于来自 *R. lacuscaerulensis* ITI_1157 的 DddQ 被研究得更为透彻,因此以该 DddQ 为例进行介绍。DddQ 的晶体结构中包含 5 个 α 螺旋和 8 个反向平行的 β 折叠(图 4-12)。这 8 个 β 折叠片层形成了一个 cupin 超家族中典型的 β 桶状结构。DddQ 的催化中心中含有一个锌离子(图 4-12)。

通过结构分析、序列比对及突变分析,研究人员提出了 DddQ 裂解 DMSP 产生 DMS 和丙烯酸的分子机制(图 4-14)。当 DMSP 没进入 DddQ 的活性中心时,DddQ 活性中心的氨基酸残基 His^{125}、Glu^{129}、His^{163} 和 Tyr^{131} 与锌离子形成配位键以稳定 DddQ 的结构。当 DMSP 进入 DddQ 的活性中心后,DMSP 取代 Tyr^{131} 通过其羧基上的氧原子与锌离子形成配位键,Tyr^{131} 的侧链发生了 25° 的偏转。Tyr^{131} 的构象变化使得 Tyr^{131} 的酚羟基与 DMSP 之间的距离缩短,从而使 Tyr^{131} 酚羟基上负电性的氧原子可以攻击 DMSP。Tyr^{131} 对 DMSP 的攻击引发了级联反应,并最终导致 DMSP 被裂解为 DMS 和丙烯酸。

虽然最近几年研究人员们通过分子生物学、结构生物学及酶学的研究手段对 DMSP 裂解反应这一重要的生化反应的催化机制进行了很多研究,也使人们对 DMSP 及全球硫循环有了更为深入的理解,但是在 DMSP 的裂解反应中,仍有很多酶的催化机制尚不清楚,阐明它们的催化机制仍需大量深入的研究工作。由于对 DMSP 裂解酶的研究开展较晚,目前尚没有对该类酶的应用开发的报道。由于 DMSP 和 DMS 在海洋生态系统和全球气候变化中的重要性,对 DMSP 裂解酶的深入研究将进一步揭示它们在海洋乃至全球的生物地球化学循环中的作用。

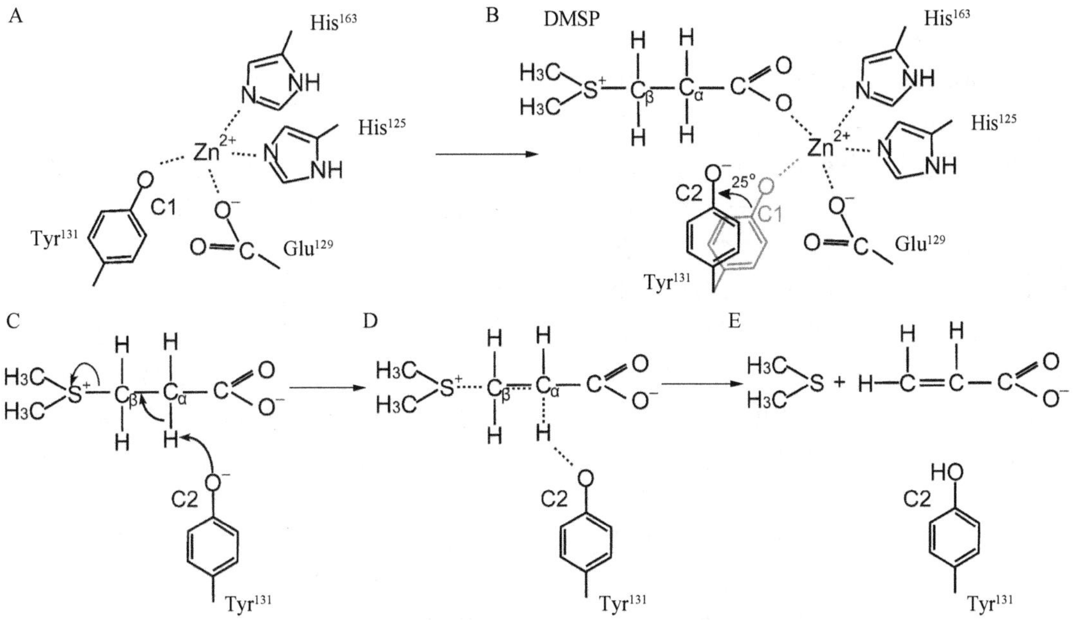

图 4-14 DMSP 裂解酶 DddQ 裂解 DMSP 的分子机制（引自 Li et al., 2014）

二、氧化还原酶类

1. 简介

根据酶学委员会的定义,氧化还原酶(EC1)是催化氧化还原反应的各种酶的统称。被氧化的底物是氢供体或电子供体。酶的系统命名的格式为"供体：受体氧化还原酶"(donor：acceptor oxidoreductase)。根据氧化还原反应中受体和供体的种类,酶学委员会将氧化还原酶分为 23 类。氧化还原酶的催化反应中心分为多种类型,主要包括氨基酸残基(酪氨酸或半胱氨酸),金属离子或复合体(铜、铁、钼、铁硫簇、血红素),辅酶[NAD(P)$^+$、FMN、FAD、蝶呤、吡咯喹啉醌]等。

氧化还原酶广泛存在于动植物及微生物体内。由于微生物相比于动植物具有种类多、易获得、生长周期短、酶产量高等特点,因此微生物成为氧化还原酶制剂的主要来源,涉及筛选、纯化等研究的氧化还原酶大多来源于微生物。海洋中有丰富的氧化还原酶资源,特别是在海洋的极端生态环境中。海洋极端微生物中可能有新型的或活性高的氧化还原酶,这些酶的优良特性和催化效果使其在生物技术、工农业中可能具有很好的应用价值。

2. 海洋氧化还原酶的研究进展与应用

氧化还原酶广泛应用于生物技术、食品、环境保护、生物传感器和生物检测、有机合成、医药和个人护理产品的生产制造等领域。但氧化还原酶市场份额较小,目前 130 多种工业酶中,氧化还原酶仅占约 2%。自然界中氧化还原酶的种类数量众多,但在工业中的实际应用很少。这种反差说明氧化还原酶具有巨大的潜在开发价值。因此,氧化还原酶类的开发在工业生物技术发展方面显得十分重要。国内海洋氧化还原酶研究主要集中在过氧化物酶和氧化酶。国外研究还包括了加氧酶/羟化酶和脱氢酶/还原酶等。

（1）过氧化氢酶和过氧化物酶

中国水产科学研究院黄海水产研究所 Sun 等研究了南极表层海水中过氧化氢酶（EC 1.11.1.6）基因多样性和紫外辐射的关系，建立了海水过氧化氢酶基因多样性的检测方法，研究发现过氧化氢酶重要的抗氧化作用使其成为维系南极表层海水生态系统的重要因素。Sun 等从南极海水中筛选到产低温过氧化氢酶的芽孢杆菌 N2a，完成了菌株产生的过氧化氢酶 BNC 的纯化、性质研究及基因克隆表达。BNC 为第三类单功能过氧化氢酶，是分子质量为 230kDa 的同源四聚体，单体含 486 个氨基酸残基，等电点为 4.2，最适温度为 25℃，在 pH 6~11 内保持高酶活性。同其他小亚基单功能过氧化氢酶类似，BNC 属于非温度依赖型酶。在南极的低温下，BNC 的高催化效率可保证细菌代谢产生的过氧化氢被迅速清除。BNC 来自在南极表层海水中自由生活的细菌，可以作为低温小亚基单功能过氧化氢酶的代表。BNC 和同源中温酶的活化能、催化效率及热稳定性差别不大，是低温酶的一个特例。

Wang 等还从青岛近海海域底泥筛选到一株产过氧化氢酶的不动杆菌 YS0810，其过氧化氢酶 YS0810CAT 经纯化、性质和基因克隆研究，确定属于第三类单功能过氧化氢酶，是分子质量为 229kDa 的同源四聚体，等电点为 5.5，该酶最适作用 pH 为 12.0，在 pH 6~10 稳定性较好；最适作用温度为 60℃，温度稳定范围为 0~60℃；在 4℃、pH11 的条件下孵育 3h，酶活力保留 81%；在 60℃、pH 7 的条件下孵育 30min，酶活力保留 73%。该酶已完成中试发酵制备，具有良好的应用前景。

挪威特罗姆瑟大学的 Willassen 等从鱼类病原菌 *Aliivibrio salmonicida* LFI1239 中克隆了低温过氧化氢酶 VSC 的基因并在大肠杆菌中表达出有活性的重组酶，性质研究表明其在低温下催化效率高。该酶的催化活性比中温的人类病原菌过氧化氢酶 PMC 高两倍。在解析了 VSC 的晶体结构之后，他们将其与 PMC 的结构进行了比较。结果表明，VSC 分子中过氧化氢进入催化中心的入口更宽，柔性更高；VSC 热稳定性较低的原因与其减少的离子对网络的数量有关，这是低温过氧化氢酶晶体结构的首次报道。

日本关西产业技术综合研究所的 Kazuhiko 等从嗜热古菌 *Aeropyrum pernix* K1 的基因组中克隆出一种硫氧化还原蛋白过氧化物酶（thioredoxin peroxidase, EC 1.11.1.15）的基因，并在大肠杆菌中进行了表达。对重组蛋白的结构分析表明，该重组蛋白有硫氧化还原蛋白过氧化物酶活性，该酶由两个完全相同的八聚体组成，Cys^{50} 和 Cys^{213} 发生突变会使其失去原有活性，这是对古菌中硫氧化还原蛋白过氧化物酶结构和生理生化分析的首篇报道。

（2）超氧化物歧化酶

国家海洋局第一海洋研究所 Miao 等从南极海水和海冰中筛选到四株产低温超氧化物歧化酶（EC1.15.1.1）的 γ 变形细菌。菌株 NJ062 产的超氧化物歧化酶为 Mn-SOD；菌株 NJ379、NJ522 和 NJ548 产的超氧化物歧化酶均为 Fe-SOD。这些超氧化物歧化酶的最适温度为 40~50℃，在 0℃ 仍有较高的活性，为最高活性的 20%~35%，热稳定性较差。

日本东京工业大学的 Susumu 等从深海酵母 *Cryptococcus liquefaciens* N6 中克隆了铜/锌超氧化物歧化酶 C1-SOD1 的基因，并在酿酒酵母中表达。挪威特罗姆瑟大学的 Ingar 等从鱼类病原菌 *Aliivibrio salmonicida* LFI1238 中克隆了铁超氧化物歧化酶 asFeSOD 的基因，在大肠杆菌中进行了表达和纯化，并解析了晶体结构。铁超氧化物歧化酶 asFeSOD 等电点为

4.9，在 0~30℃、pH7.5 时均有较高的活性，热变性温度（T_m）为 52℃。该酶表面负电荷较多，这是其比同源的中温超氧化物歧化酶热稳定性低的原因。这是低温超氧化物歧化酶晶体结构的首次报道。

（3）漆酶

安徽大学的 Xiao 等从南海细菌宏基因组分别克隆了两个漆酶（EC 1.10.3.2）基因，在大肠杆菌中进行了表达，并分离纯化出漆酶 Lac15 和 Lac21。Lac15 含 439 个氨基酸残基，耐氯化物，在 pH6.5~9.0 时活性高，最适 pH 为 7.5，最适温度为 45℃。在稳定性方面，Lac15 在 pH5.5~9.0 和 15~45℃时稳定性都较好。Lac21 和 Lac15 类似，两个酶的最适温度和最适 pH 相同。Lac15 和 Lac21 的良好温度和 pH 稳定性可能对工业应用的一些特殊领域很有意义。

浙江大学 Yao 等从东海底泥筛选到产漆酶的内生拟盘多毛孢菌 J63，产漆酶的最适温度为 26℃，最适的产酶 pH 为 6.0。纯化后漆酶的分子质量为 52.4kDa，最适反应温度为 60℃，在 60℃孵育 180min 后可保留 47%的酶活性；最适反应 pH 为 3.0，在 pH 3.5~6.0 较稳定，孵育 36h 后仍保留 50%以上的酶活。

中山大学 Liu 等从红树林土壤宏基因组中发现属于多铜氧化酶家族的基因，表达出的蛋白质具有漆酶活性。酶蛋白含有 500 个氨基酸残基，预测的分子质量为 57.4kDa。在最适的条件下，重组大肠杆菌的漆酶产量最高可达 380mg/L。以愈创木酚为底物，该酶的最适反应条件为 55℃、pH7.5，并且该酶在 pH7~10 都有较好的稳定性。该酶良好的适碱性和溶解性使其在工业领域具有很好的应用潜力。

印度国家海洋研究所的 Raghukumar 等从真菌 Cerrena unicolor MTCC 5159 中分离纯化到一种新型的漆酶 Lac II d。该酶的最适 pH 和温度分别是 3.0 和 70℃，70℃下半衰期为 90min，最稳定 pH 为 9.0，且在 50℃或 60℃下保存 180min 后还存留超过 60%的酶活性。1mmol/L 的 Pb、Fe、Ni、Li、Co 和 Cd 对该酶活性没有抑制作用。该酶是首次报道的来源于海洋真菌的热稳定且耐金属离子的漆酶，有一定的工业应用价值。印度巴拉迪大学的 Palanisami 发现，海洋蓝细菌 Phormidium valderianum 有漆酶和多酚氧化酶活性，可用于脱色。巴西坎皮纳斯州立大学 Sette 等研究了三株海洋来源的担子菌 Marasmiellus sp. CBMAI 1062、Peniophora sp. CBMAI 1063 和 Tinctoporellus sp. CBMAI 1061 的漆酶产生条件，并克隆了其漆酶的基因。他们也在真菌 Mucor racemosus 中检测到了漆酶的活性，并对漆酶的发酵条件进行了优化。这些研究结果有助于理解真菌在海洋生态系统中的作用。

（4）氧化酶

大连大学 Dou 等从海洋假单胞菌中筛选到一株产葡萄糖氧化酶（EC.1.1.3.4）的菌株 GOD2。该菌株所产的葡萄糖氧化酶最适反应温度为 20℃，最适 pH 为 7.0，热稳定性较差，60℃处理 1h，酶活基本丧失。该低温葡萄糖氧化酶在食品、药品的低温生产中具有一定应用价值。埃及国家研究中心的 Awad 等以响应曲面法优化了海洋真菌 Aspergillus niger NRC9 产葡萄糖氧化酶的发酵条件，其最高酶活达到 164.36U/ml。

浙江工业大学 Qiu 等获得了海洋假交替单胞菌属（Pseudoalteromonas）菌株的 L-氨基酸氧化酶（EC 1.4.3.2）基因，该基因编码 535 个氨基酸，可以在大肠杆菌中重组表达。高雄海洋科技大学 Xu 等从盐场中分离到产 L-氨基酸氧化酶的 Aquimarina 属细菌，该菌株产生的

L-氨基酸氧化酶能杀死有毒蓝细菌 *Microcystis aeruginosa*。Xu 等分离到产 L-氨基酸氧化酶的海洋细菌 *P. flavipulchra*,该菌株产生的 L-氨基酸氧化酶能杀死耐甲氧西林金黄色葡萄球菌。

西班牙穆尔西亚大学的 Sanchez－Amat 等从海洋细菌 *Marinomonas mediterranea* 中发现有赖氨酸氧化酶(EC 1.4.3.14)活性的抗菌蛋白 LodA,其相应的基因 *lodA* 和相邻的 *lodB* 组成操纵子。缺失 *lodA* 或 *lodB* 基因都使赖氨酸氧化酶活性丧失。LodA 分泌到胞外而 LodB 仅存在于细胞内;LodB 可能参与 LodA 和辅酶的结合过程。

日本千叶大学的 Seigo 等从 α 变形菌菌株 Q 中纯化出一种新型的碘化物氧化酶 IOE,通过质谱解析的肽段序列和基因组序列比对确定了其编码基因。该酶能将碘离子(I^-)氧化成分子碘(I_2),属于多铜氧化酶。IOE 分子质量约为 155kDa,在 pH 5.5 的乙酸钠缓冲液中活性最高,4℃时在碱性环境中活性也相对稳定,最适温度为 30℃,超过 40℃后活性会逐步降低,以碘化物为底物时,K_m 和 k_{cat} 分别为 2.64mmol/L 和 2480/min。NaN_3、KCN、EDTA、铜离子螯合剂对其有抑制作用,1mmol/L 的 Ca^{2+}、Mg^{2+}、Zn^{2+}、Mn^{2+} 对其无明显影响,而 1mmol/L 的 Fe^{2+} 和 Cu^{2+} 对其有 47% 和 17% 的抑制作用。

丹尼斯克公司的多元醇氧化酶(EC 1.1.3)专利中,包含了来自海洋菌 *Actinobacterium* PHSC20C1 的酶;该公司还申请了来自海藻 *Chondrus crispus*、*Iridophycus flaccidum* 和 *Euthora cristata* 的己糖氧化酶(EC 1.1.3.5)的专利。

荧光素酶(luciferase, EC 1.13.12.7)催化荧光素和氧气反应,发出荧光,广泛用于分子生物学和细胞生物学研究。Prolume 公司开发了海洋生物荧光素酶用作报道基因,如桡足类甲壳动物 *Gaussia princeps*、*Pleuromamma* sp.、珊瑚 *Renilla mullerei* 和 *R. reniformis* 的荧光素酶。纽英伦公司也有 *Gaussia* 荧光素酶试剂盒。其他很多试剂公司的荧光素酶也来自海洋生物,如 TaKaRa 公司的子公司 Clontech 的荧光素酶来自海洋桡足类长腹水蚤 *Metridia longa*。

(5)脱氢酶、还原酶与羟化酶

日本关西大学的 Tadao 等从南极海水细菌 *Flavobacterium frigidimaris* KUC－1 中克隆了低温苹果酸脱氢酶(EC 1.1.1.37)基因,在大肠杆菌中表达,并通过 X 射线衍射解析了其晶体结构。该酶是分子质量为 123kDa 的同源四聚体,需要 $NAD(P)^+$ 辅酶。该酶热不稳定,40℃的半衰期为 3min。该酶含 311 个氨基酸残基,脯氨酸和精氨酸含量比其他苹果酸脱氢酶低,这可能与其低热稳定性有关。Tadao 和 Toshihisa 等还解析了 *F. frigidimaris* KUC－1 产的新型 L-苏氨酸脱氢酶(EC 1.1.1.103)的晶体结构。该酶与报道的 L-苏氨酸脱氢酶序列差别较大,与金黄色葡萄球菌和嗜热古菌 *Thermoplasma volcanium* 中的 UDP－半乳糖 4-差向异构酶 GalE 序列相似,相似性分别为 50% 和 43%。不过该酶的 NAD 结合区域的拓扑结构和 GalE 有很大的不同。

Tadao 等还从南极海水细菌 *F. frigidimaris* KUC－1 中获得了一种新型的依赖 NAD^+、耐热的低温乙醇脱氢酶(EC 1.1.1.1),该酶分子质量为 160kDa,为同源四聚体,具有立体专一性;等电点和最适 pH 分别为 6.7 和 7.0;该酶最适温度为 70℃,在 0~85℃都有活性,0~20℃时有较高的催化效率,这是首个能在低温和中高温环境中都有活性的乙醇脱氢酶。英国埃克塞特大学的 Guy 等克隆了嗜热古菌 *Aeropyrum pernix* 的乙醇脱氢酶基因,在大肠杆菌中表达,并解析了晶体结构。该脱氢酶含锌,是同源四聚体,每个单体含 359 个氨基酸残基,分子质量为 39.5kDa,辛酸能抑制其活性,序列和空间结构上和同源中温酶差别不大,但极度耐高温,其耐高温特性与其亚基界面上离子相互作用和疏水相互作用的提高有关。

日本北海道大学的 Yasuhiro 等从嗜冷细菌 *Colwellia maris* 中获得了两种不同的异柠檬酸脱氢酶(IDH,EC 1.1.1.42),一种为单体,另一种为二聚体。Takada 等从嗜冷细菌 *C. psychrerythraea* 中得到类似的结果,比较发现,单体 IDH 嗜冷,而二聚体 IDH 常温下的活性更高;在 *C. maris* 中,单体和二聚体 IDH 的表达分别被低温和乙酸盐诱导,但是在 *C. psychrerythraea* 中诱导现象不明显。氨基酸组成分析表明,两种单体 IDH 分别有 4 个位置的氨基酸残基对各自的低温催化活性有影响。

瑞典卡罗林斯卡医学院的 Karlström 等对嗜热古菌 *Aeropyrum pernix* 的 IDH 进行了晶体结构解析、热稳定性分析和热动力学分析,分析表明,IDH 的 N 端二硫键和结构域之间的离子网络结构对其热稳定性的提高有主要作用。Karlström 等还解析了嗜热细菌 *Thermotoga maritima* 的 IDH 的晶体结构,认为其是 β-脱羧脱氢酶家族成员,是唯一在溶液中同时有二聚体和四聚体存在形式的 IDH,而且是 subfamily II 中唯一的嗜热 IDH,表观热变性温度为 98.3℃。挪威卑尔根大学 Steen 等解析了从低温海洋细菌 *Desulfotalea psychrophila* 和极端嗜热菌 *Archaeoglobus fulgidus* 中获得的两种 IDH 的晶体结构,两种 IDH 的热变性温度分别为 66.9℃ 和 98.5℃;可见前者虽然是低温细菌中的酶,但有一定的热稳定性,且实验证明,随着温度的提高,其对异柠檬酸的 K_m 也有很大的提高。晶体结构分析推测,后者热稳定性高可能和其两个独特的域间网络结构相关。这些海洋微生物 IDH 可以作为模式酶,用来研究蛋白质在极限温度下对环境的适应性,并为通过改变普通酶的空间构象提高其热稳定性提供了可能。

挪威卑尔根大学 Martinez 等根据嗜冷细菌 *Colwellia psychrerythraea* 34H 全基因组序列克隆了苯丙氨酸羟化酶(EC 1.14.16.1)基因,在大肠杆菌中表达,并研究了纯化的苯丙氨酸羟化酶 CpPAH 的催化活性和晶体结构。CpPAH 为单体,推测的分子质量为 30.7kDa,100μmol/L 的亚铁离子能提高其活性。25℃时活性最高,比菌体最适生长温度高 10℃,该菌株中发现的其他酶也有类似的特性。

日本京都大学的 Hiroshi 等从嗜热古菌 *Aeropyrum camini* 中分离纯化一种氢化酶(EC 1.2.1.2),其分子质量为 85kDa,最适 pH 为 8.5,最适温度为 85℃,在最适条件下酶活能达到 14.8U/mg。90℃时的半衰期为 48h,直接暴露在空气中 168h 后还能存留 75% 的酶活。这种高热稳定性和对氧气的耐受力使其在 H_2 制造中得以应用。

巴斯夫公司拥有有关脂肪酸合成的海洋酶基因专利。该核酸序列来自牡蛎寄生虫——海洋派琴虫 *Perkinsus marinus* 的转录本序列,包含 9-延伸酶(属于合成酶)、Δ^8-去饱和酶(EC 1.14.19.4)和 Δ^5-去饱和酶,可以用于合成二十碳五烯酸和二十二碳六烯酸。Codexis 公司有来自海洋细菌 *Marinobacter* sp. 和 *Oceanobacter* sp. 的脂酰基辅酶 A 还原酶(EC 1.2.1.50)基因的专利,在生物能源领域用于脂肪醇的生产。

综上所述,氧化还原酶种类众多,具有重要生物学功能,催化的反应种类多样,所以海洋氧化还原酶的开发、利用、研究在国内外一直受到重视。但目前我国对海洋氧化还原酶的研究还多局限于酶学性质的研究,所研究的酶的种类也较少,这与发达国家更加注重结构机理的研究还有一定的差距。

(孙谧　李春阳)

第六节　存在问题与发展趋势

酶作为催化剂已广泛用于工业、农业、食品加工、海产品加工、环境保护、医药、科学研究等各个领域。由于生物酶催化具有绿色环保、能耗低等优点,世界酶制剂的产销量呈现逐年增长趋势。我国酶制剂的用量非常大,但我国酶制剂的生产量远远低于用量,大量酶制剂依赖进口或国外公司在国内生产。因此,我国酶制剂行业形势非常严峻,加快我国酶制剂的研发和生产势在必行。

海洋中存在着巨量的生物,其中蕴含着种类丰富、数量巨大的生物酶,特别是极端酶种类非常丰富。我国自"九五"期间开始将海洋生物酶的研究开发列入国家 863 计划中,经过近 20 年的研究发展,已获得大量产酶微生物资源,并发现一批海洋生物酶类,包括蛋白质降解酶类、藻类多糖降解酶类、几丁质降解酶类、脂类降解酶类、有机硫降解酶类和氧化还原酶类等。但目前对这些海洋生物酶的研究还基本处于基础研究和应用基础研究阶段,大多数酶仅进行了性质表征,虽有少数酶的结构、催化机制及应用潜力已被阐明,但已经开发为酶制剂的还非常少。制约我国海洋生物酶制剂开发的因素主要有以下几点。

第一,海洋生物酶自身的一些特性可能制约了其开发为酶制剂的潜力。目前我国已筛选到的产酶微生物菌株至少有几千株,但这些野生菌株的产酶能力大多都很低,达不到工业化生产要求。海洋微生物产酶发酵需要用海水或添加 NaCl 等盐类,对发酵设备要求较高。很多海洋微生物酶,特别是蛋白酶,难以在大肠杆菌等常用表达体系中进行活性表达,或表达量低,达不到工业化生产要求。一些海洋来源的适冷酶,由于在低温下活性高,在洗涤剂、食品加工等领域有应用潜力,但也具有对热敏感、稳定性低、难以运输和储存等缺点。这些都是制约海洋生物酶制剂开发的因素。因此,对海洋微生物酶制剂的开发,还需要对酶进行大量的前期基础研究和改良,包括提高酶的异源表达量和稳定性等。

第二,我国海洋生物酶研究起步较晚,研发队伍还不够壮大。我国从事海洋生物酶研究的单位和人员还不多。目前海洋生物酶研究主要集中在涉海高校和科研院所,包括中国海洋大学、厦门大学、上海交通大学、山东大学等高校,中国科学院系统的青岛海洋研究所、广州南海研究所和北京微生物研究所等,以及国家海洋局下属的青岛一所、广州二所和厦门三所等科研院所,而其中进行海洋生物酶研究的课题组也屈指可数。因此,我国还需要加大对海洋生物酶研究的投入和支持,吸引更多的科研人员,特别是已获得博士学位进行相关研究的年轻科研人员,参与海洋生物酶的研究开发,尽快壮大海洋生物酶的研发队伍,提高我国海洋生物酶研发的技术和水平。

第三,我国海洋生物酶的产学研结合还不够紧密。目前我国从事海洋生物酶研究的人员基本集中在高校和科研院所,从事海洋生物酶研发的企业几乎没有。由于我国对高校和科研院所的研究成果的评价机制等原因,高校和科研院所的研究人员主要把精力放在新型海洋生物酶的发现及其性质、结构和催化机制等基础研究上,投入酶制剂开发的精力和时间很少,也很少与相关企业接触。因此,尽管我国目前已发现很多海洋生物酶在食品加工、海产品加工和医药等领域有很好的开发潜力,但却没有得到及时的开发。另外,由于海洋酶制剂技术不成熟及开发成本大等原因,酶制剂使用企业更愿意直接购买现成的酶制剂使用,而愿意投入人力、物力进行海洋酶制剂开发的酶制剂生产企业也很少。因此，我国还需要进一步促进海洋生物酶研究的产学研结合，出台相关政策和成果评价体系，使科研人员愿意投入时间和精力进行海洋生物酶制剂的开发，并加强与相关企业的联系和沟通；同时让相关企业也愿意投入人力、物力参与海洋酶制剂的开发，从而使具有很好应用价值和开发潜力的海洋生物酶能得到及时的开发，研制出一批具有我国自主知识产权的海洋酶制剂。

（张玉忠　陈秀兰）

主要参考文献

蔡志雄.2011.扩展青霉 TS414 脂肪酶在毕赤酵母的表达、纯化及其催化外消旋萘普生酯化拆分的研究.福州：福建师范大学硕士学位论文.

崔硕硕，张镱，林学政.2011.分子伴侣共表达对低温脂肪酶 lip－837 异源可溶性表达的影响.海洋科学进展，21：105－112.

段晓琛，盛军，徐甲坤，等.2013.海洋脂肪酶 ADM47601 固定化方法的研究.海洋与湖沼，44：1311－1317.

冯晓雨.2012.海洋内生拟盘多毛孢菌 J63 发酵产漆酶及漆酶纯化和性质的研究.杭州：浙江大学硕士学位论文.

李丽妍，管华诗，江晓路.2011.海藻工具酶——褐藻胶裂解酶研究进展.生物工程学报，27：8438－8458.

李忠磊，王跃军，盛军，等.2012.Bohaisea－9145 海洋耶氏酵母碱性脂肪酶基因的克隆、异源表达和重组酶酶学性质.海洋与湖沼，43：230－236.

刘光磊.2012.海洋微生物多糖水解酶的基因克隆和高效表达.青岛：中国海洋大学博士学位论文.

马悦欣.2010.*Pseudoalteromonas* sp. AJ5－913 的 κ－卡拉胶酶酶学性质及酶解产物分析.青岛：中国海洋大学博士毕业论文.

石淑钰，窦少华.2014.一株海洋低温葡萄糖氧化酶菌株的筛选、鉴定及部分酶学性质.微生物学通报，5：832－838.

宋春丽.2010.耐冷酵母 *Guehomyces pullulans* 17－1 菌株乳糖酶的研究.青岛：中国海洋大学博士学位论文.

唐良华.2007.脂肪酶的生产及其在布洛芬手性拆分中的应用基础研究.杭州：浙江大学博士学位论文.

王国祥.2012.海洋微生物低温 β－半乳糖苷酶的筛选、克隆及性质研究.上海：第二军医大学硕士学位论文.

王永杰，沈继红，丛柏林，等.2011.低温脂肪酶基因在巴斯德毕赤酵母中的高效表达.极地研究，23：283－288.

温卫卫.2012.海洋微生物中心碳代谢关键氧化还原酶检测平台的构建及其应用.厦门：厦门大学硕士学位论文.

杨帆，李福英，何雄飞，等.2013.深海产低温脂肪酶菌株 Dspro004 的诱变育种.生物学杂志，30：20－23.

Ali NE－H, Hmidet N, Ghorbel-Bellaaj O, et al. 2011. Solvent-stable digestive alkaline proteinases from striped seabream (*Lithognathus mormyrus*) viscera：characteristics, application in the deproteinization of shrimp waste, and evaluation in laundry commercial detergents. Appl Biochem Biotechnol, 164：1096－1110.

Annamalai N, Rajeswari MV, Balasubramanian T. 2013. Extraction, purification and application of thermostable and halostable alkaline protease from *Bacillus alveayuensis* CAS 5 using marine wastes. Food Boprod Process, 92：335.

Annamalai N, Rajeswari MV, Sahu SK, et al. 2014. Purification and characterization of solvent stable, alkaline protease from Bacillus firmus CAS 7 by microbial conversion of marine wastes and molecular mechanism underlying solvent stability. Process Biochem, 42：1012－1019.

Annamalai N, Rajeswari MV, Thavasi R, et al. 2013. Optimization, purification and characterization of novel thermostable, haloalkaline, solvent stable protease from Bacillus halodurans CAS6 using marine shellfish wastes：a potential additive for detergent and antioxidant synthesis. Bioprocess Biosyst Eng, 36：873－883.

Basheer SM, Chellappan S, Beena PS, et al. 2011. Lipase from marine Aspergillus awamori BTMFW032：production, partial purification and application in oil effluent treatment. New Biotech, 28：627－638.

Bharathiraja B, Ranjith Kumar R, Kumar PR, et al. 2016. Biodiesel production from different algal oil using immobilized pure lipase and tailor made rPichia pastoris with Cal A and Cal B genes. Bioresource Technol, 213：69－78.

Bi Q, Han B, Feng Y, et al. 2013. Antithrombotic effects of a newly purified fibrinolytic protease from Urechis unicinctus. Thromb Res, 132：e135－e144.

Bonugli-Santos RC, Dos Santos Vasconcelos MR, Passarini MR, et al. 2015. Marine-derived fungi：diversity of enzymes and biotechnological applications. Front Microbiol, 6: 269.

Bonugli-Santos RC, Durrant LR, Da Silva M. 2010. Production of laccase, manganese peroxidase and lignin peroxidase by Brazilian marine-derived fungi. Enzyme Microb Tech, 46: 32 – 37.

Bonugli-Santos RC, Durrant LR, Sette LD. 2010. Laccase activity and putative laccase genes in marine-derived basidiomycetes. Fungal Biol, 114: 863 – 872.

Cao LX, Xie LJ, Xue XL, et al. 2007. Purification and characterization of alginate lyase from *Streptomyces* species strain A5 isolated from *Banana rhizosphere*. J Agric Food Chem, 55: 5113 – 5117.

Cha SS, An YJ, Jeong CS, et al. 2013. Structural basis for the beta-lactamase activity of EstU1, a family VIII carboxylesterase. Proteins, 81: 2045 – 2051.

Chakraborty K, Vijayagopal P, Chakraborty RD, et al. 2010. Preparation of eicosapentaenoic acid concentrates from sardine oil by *Bacillus circulans* lipase. Food Chem, 120: 433 – 442.

Chee LT, Haryati J, Nur AMZ, et al. 2014. Biodiesel production via lipase catalyzed transesterification of microalgae lipids from *Tetraselmis* sp. Renew Energ, 68: 1 – 5.

Chen WM, Lin CY, Chen CA, et al. 2010. Involvement of an l-amino acid oxidase in the activity of the marine bacterium *Pseudoalteromonas flavipulchra* against methicillin-resistant *Staphylococcus aureus*. Enzyme Microb Tech, 47: 52 – 58.

Chen WM, Sheu FS, Sheu SY. 2011. Novel l-amino acid oxidase with algicidal activity against toxic cyanobacterium *Microcystis aeruginosa* synthesized by a bacterium *Aquimarina* sp. Enzyme Microb Tech, 49: 372 – 379.

Chen XL, Dong S, Xu F, et al. 2016. Characterization of a new cold-adapted and salt-activated polysaccharide lyase family 7 alginate lyase from *Pseudoalteromonas* sp. SM0524. Front Microbiol, 7: 1120.

Chen XL, Xie BB, Bian F, et al. 2009. Ecological function of myroilysin, a novel bacterial M12 metalloprotease with elastinolytic activity and a synergistic role in collagen hydrolysis, in biodegradation of deep-sea high-molecular-weight organic nitrogen. Appl Environ Microbiol, 75: 1838 – 1844.

Chi ZM, Ma C, Wang P, et al. 2007. Optimization of medium and cultivation conditions for alkaline protease production by the marine yeast Aureobasidium pullulans. Bioresour Technol, 98: 534 – 538.

Dadshahi Z, Homaei A, Zeinali F, et al. 2016. Extraction and purification of a highly thermostable alkaline caseinolytic protease from wastes *Penaeus vannamei* suitable for food and detergent industries. Food Chem, 202: 110 – 115.

Dammak DF, Smaoui SM, Ghanmi F, et al. 2016. Characterization of halo-alkaline and thermostable protease from *Halorubrum ezzemoulense* strain ETR14 isolated from Sfax solar saltern in Tunisia. J Basic Microbiol, 56: 337 – 346.

Deng Z, Wang S, Li Q, et al. 2010. Purification and characterization of a novel fibrinolytic enzyme from the polychaete, *Neanthes japonica* (Iznka). Bioresource Technol, 101: 1954 – 1960.

Dinica RM, Furdui Bianca, Ghinea IO, et al. 2013. Novel one-pot green synthesis of indolizines biocatalysed by *Candida antarctica* lipase. Mar Drugs, 11: 431 – 439.

Do H, Lee JH, Kwon MH, et al. 2013. Purification, characterization and preliminary X-ray diffraction analysis of a cold-active lipase (CpsLip) from the psychrophilic bacterium *Colwellia psychrerythraea* 34H. Acta Crystallogr F, 69: 920 – 924.

Dong S, Yang J, Zhang XY, et al. 2012. Cultivable alginate lyase-excreting bacteria associated with the Arctic brown alga Laminaria. Marine Drugs, 10: 2481 – 2491.

Duarte AW, Dayo-Owoyemi I, Nobre FS, et al. 2013. Taxonomic assessment and enzymes production by yeasts isolated from marine and terrestrial Antarctic samples. Extremophiles, 17: 1023 – 1035.

El-Shafei HA, Abdel-Aziz MS, Ghaly MF, et al. 2010. Optimizing some factors affecting alkaline protease production by a marine bacterium Streptomyces albidoflavus. Proceeding of Fifth Scientific Environmental Conference, 125 – 142.

Fang Z, Li T, Wang Q, et al. 2011. A bacterial laccase from marine microbial metagenome exhibiting chloride tolerance and dye decolorization ability. Appl Environ Microbiol, 89: 1103 – 1110.

Fang ZM, Li TL, Chang F, et al. 2012. A new marine bacterial laccase with chloride-enhancing, alkaline-dependent activity and dye decolorization ability. Bioresource Technol, 111: 36 – 41.

Farid MA, Ghoneimy EA, El-Khawaga MA, et al. 2013. Statistical optimization of glucose oxidase production from *Aspergillus niger*

NRC9 under submerged fermentation using response surface methodology. Ann Microbiol, 63: 523－531.

Feng X. 2005. Applications of oxidoreductases: Recent progress. Industrial Biotechnol, 1: 38－50.

Fu W, Han B, Duan D, et al. 2008. Purification and characterization of agarases from a marine bacterium *Vibrio* sp. F－6. J Ind Microbiol Biotechnol, 35: 915－922.

Fu XH, Wang W, Hao JH, et al. 2014. Purification and characterization of catalase from marine bacterium *Acinetobacter* sp. YS0810. BioMed Research International, http://dx.doi.org/10.115/2014/409626.

Fu XY, Xue CH, Miao BC, et al. 2005. Characterization of proteases from the digestive tract of sea cucumber (*Stichopus japonicus*): High alkaline protease activity. Aquaculture, 246: 321－329.

Fulzele R, DeSa E, Yadav A, et al. 2011. Characterization of novel extracellular protease produced by marine bacterial isolate from the Indian Ocean. Braz J Microbiol, 42: 1364－1373.

Gao B, Xu T, Lin JP, et al. 2011. Improving the catalytic activity of lipase LipK107 from *Proteus sp.* by site-directed mutagenesis in the lid domain based on computer simulation. J Mol Catal B: Enzym, 68: 286－291.

Gao X, Wang J, Yu D-Q, et al. 2010. Structural basis for the autoprocessing of zinc metalloproteases in the thermolysin family. Proc Natl Acad Sci USA, 107: 17569－17574.

Gohel SD, Singh SP. 2012. Cloning and expression of alkaline protease genes from two salt-tolerant alkaliphilic actinomycetes in *E. coli*. Int J Biol Macro, 50: 664－671.

Gong F, Chi ZM, Sheng J, et al. 2008. Purification and characterization of extracellular inulinase from a marine yeast *Pichia guilliermondii* and Inulin hydrolysis by the purified inulinase. Biotechnol Bioproc Eng, 13: 533－539.

Gupta R, Kumari A, Syal P, et al. 2015. Molecular and functional diversity of yeast and fungal lipases: their role in biotechnology and cellular physiology. Prog Lipid Res, 57: 40－54.

Gómez D, Lucas-Elío P, Solano F, et al. 2010. Both genes in the *Marinomonas mediterranea* lodAB operon are required for the expression of the antimicrobial protein lysine oxidase. Mol Microbiol, 75: 462－473.

Hao JH, Sun M. 2015. Purification and characterization of a cold alkaline protease from a psychrophilic Pseudomonas aeruginosa HY1215. Appl Biochem Biotechnol, 175: 715－722.

Hatada Y, Mizuno M, Li Z, et al. 2011. Hyper-production and characterization of the ι-carrageenase useful for ι-carrageenan oligosaccharide production from a deep-sea bacterium, *Microbulbifer thermotolerans* JAMB－A94T, and insight into the unusual catalytic mechanism. Mar Biotechnol (NY), 13: 411－422.

Jain D, Pancha I, Mishra SK, et al. 2012. Purification and characterization of haloalkaline thermoactive, solvent stable and SDS-induced protease from Bacillus sp.: A potential additive for laundry detergents. Bioresource Technol, 115: 228－236.

Jiang YK, Sun LC, Cai Q-F, et al. 2010. Biochemical characterization of chymotrypsins from the hepatopancreas of Japanese sea bass (*Lateolabrax japonicus*). J Agric Food Chem, 58: 8069－8076.

Karlström M, Chiaraluce R, Giangiacomo L, et al. 2010. Thermodynamic and kinetic stability of a large multi-domain enzyme from the hyperthermophile *Aeropyrum pernix*. Extremophiles, 14: 213－223.

Kim EH, Cho KH, Lee YM, et al. 2010. Diversity of cold-active protease-producing bacteria from arctic terrestrial and marine environments revealed by enrichment culture. J Microbiol, 48: 426－432.

Kim YO, Khosasih V, Nam BH, et al. 2012. Gene cloning and catalytic characterization of cold-adapted lipase of *Photobacterium* sp. MA1－3 isolated from blood clam. J Biosci Bioeng, 114: 589－595.

Kovacic F, Granzin J, Wilhelm S, et al. 2013. Structural and functional characterisation of TesA — a novel lysophospholipase A from Pseudomonas aeruginosa. PLoS one, 8: e69125.

Kurata A, Uchimura K, Kobayashi T, et al. 2010. Collagenolytic subtilisin-like protease from the deep-sea bacterium Alkalimonas collagenimarina AC40T. Appl Microbiol Biotechnol, 86: 589－598.

Lailaja VP, Chandrasekaran M. 2013. Detergent compatible alkaline lipase produced by marine *Bacillus smithii* BTMS 11. World J Microbiol Biotechnol, 29: 1349－1360.

Lario LD, Chaud L, Almeida MDG, et al. 2015. Production, purification, and characterization of an extracellular acid protease from the marine Antarctic yeast *Rhodotorula mucilaginosa* L7. Fungal Biol, 119: 1129－1136.

Lei F, Cui C, Zhao H, et al. 2016. Purification and characterization of a new neutral metalloprotease from marine *Exiguobacterium* sp. SWJS2. Biotechnol Appl Biochem, 63: 238 – 248.

Lenfant N, Hotelier T, Velluet E, et al. 2013. ESTHER, the database of the alpha/beta-hydrolase fold superfamily of proteins: tools to explore diversity of functions. Nucleic Acids Res, 41: D423 – 429.

Li CY, Chen XL, Shao X, et al. 2015. Mechanistic Insight into Trimethylamine N-Oxide Recognition by the Marine Bacterium Ruegeria pomeroyi DSS – 3. J Bacteriol, 197: 3378 – 3387.

Li CY, Wei TD, Zhang SH, et al. 2014. Molecular insight into bacterial cleavage of oceanic dimethylsulfoniopropionate into dimethyl sulfide. P Natl Acad Sci USA, 111: 1026 – 1031.

Li JW, Dong S, Song J, et al. 2011. Purification and characterization of a bifunctional alginate lyase from *Pseudoalteromonas* sp. SM0524. Mar Drugs, 9: 109 – 123.

Li PY, Chen XL, Ji P, et al. 2015. Interdomain hydrophobic interactions modulate the thermostability of microbial esterases from the hormone-sensitive lipase family. J Biol Chem, 290: 11188 – 11198.

Li PY, Ji P, Li CY, et al. 2014. Structural basis for dimerization and catalysis of a novel esterase from the GTSAG motif subfamily of the bacterial hormone-sensitive lipase family. J Biol Chem, 289: 19031 – 19041.

Liu GL, Li Y, Chi ZM. 2011. Purification and characterization of κ – carrageenase from the marine bacterium *Pseudoalteromonas porphyrae* for hydrolysis of κ – carrageenan. Process Biochem, 46: 265 – 271.

Liu X, Guan Y, Shen R, et al. 2005. Immobilization of lipase onto micron-size magnetic beads. J Chroma B, 822: 91 – 97.

Long M. Yu Z, Xu X. 2010. A Novel β – Agarase with High pH Stability from Marine *Agarivorans* sp. LQ48. Mar Biotechnol, 12: 62 – 69.

Loperena L, Soria V, Varela H, et al. 2012. Extracellular enzymes produced by microorganisms isolated from maritime Antarctica. World J Microb Biot, 28: 2249 – 2256.

Lorena MV, Pedro AGMoreno, María JJC, et al. 2013. Concentration of eicosapentaenoic acid (EPA) by selective alcoholysis catalyzed lipases. Eur J Lipid Sci Technol, 115: 990 – 1004.

Ma LY, Chi ZM, Li J, et al. 2008. Overexpression of alginate lyase of P*seudoaltetmonas* in *Escherichia coli*, purification, and characterization of the recombinant alginate lyase. World J Microbiol Biotechnol, 24: 89 – 96.

Mahajan PM, Nayak S, Lele SS. 2012. Fibrinolytic enzyme from newly isolated marine bacterium Bacillus subtilis ICTF – 1: Media optimization, purification and characterization. J Biosci Bioeng, 113: 307 – 314.

Manjusha K, Jayesh P, Jose D, et al. 2013. Alkaline protease from a non-toxigenic mangrove isolate of *Vibrio* sp. V26 with potential application in animal cell culture. Cytotech, 65: 199 – 212.

Maruthiah T, Esakkiraj P, Prabakaran G, et al. 2013. Purification and characterization of moderately halophilic alkaline serine protease from marine Bacillus subtilis AP – MSU 6. Biocat Agri Biotech, 2: 116 – 119.

Mavromatis K, Abt B, Brambilla E, et al. 2010, Complete genome sequence of *Coraliomargarita akajimensis* type strain (04OKA010 – 24). Stand Genomic Sci. 2: 290 – 299.

Nalinanon S, Benjakul S, Kishimura H. 2010. Biochemical properties of pepsinogen and pepsin from the stomach of albacore tuna (*Thunnus alalunga*). Food Chem, 121: 49 – 55.

Nalinanon S, Benjakul S, Kishimura H. 2010. Purification and biochemical properties of pepsins from the stomach of skipjack tuna (*Katsuwonus pelamis*). Eur Food Res Technol, 231: 259 – 269.

Nerurkar M, Joshi M, Pariti S, et al. 2013. Application of lipase from marine bacteria Bacillus sonorensisasan as an additive in Detergent Formulation. J Surfactants Deterg, 16: 435 – 443.

Ochiai A, Yamasaki M, Mikami B, et al. 2010. Crystal structure of exotype alginate lyase Atu3025 from Agrobacterium tumefaciens. J Biol Chem, 285: 24519 – 24528.

Ohara K, Unno H, Oshima Y, et al. 2014. Structural insights into the low pH adaptation of a unique carboxylesterase from Ferroplasma: altering the pH optima of two carboxylesterases. J Biol Chem, 289: 24499 – 24510.

Palanisami S, Saha S K, Lakshmanan U. 2010. Laccase and polyphenol oxidase activities of marine cyanobacteria: a study with Poly R – 478 decolourization. World J Microbiol Biotech, 26: 63 – 69.

Pan M-H, Tsai M-L, Chen W-M, et al. 2010. Purification and characterization of a fish scale-degrading enzyme from a newly identified *Vogesella* sp. J Agric Food Chem, 58: 12541 – 12546.

Park D, Jagtap S, Nair SK. 2014. Structure of a PL17 family alginate lyase demonstrates functional similarities among exotype depolymerases. J Biol Chem, 289: 8645 – 8655.

Park HJ, Lee YM, Kim S, et al. 2014. Identification of proteolytic bacteria from the Arctic Chukchi Sea expedition cruise and characterization of cold-active proteases. J Microbiol, 52: 825 – 833.

Pluvinage B, Hehemann JH, Boraston AB. 2013. Substrate recognition and hydrolysis by a family 50 exo-beta-agarase, Aga50D, from the marine bacterium Saccharophagus degradans. J Biol Chem, 288: 28078 – 28088.

Qing P, Wang X, Meng Shang M, et al. 2014. Isolation of a novel alkaline-stable lipase from a metagenomic library and its specific application for milkfat flavor production. Microb Cell Fact, 13: 81 – 89.

Rahman MM, Inoue A, Tanaka H, et al. 2010. Isolation and characterization of two alginate lyase isozymes, AkAly28 and AkAly33, from the common sea hare Aplysia kurodai. Comp Biochem Physiol B Biochem Mol Biol, 157: 317 – 325.

Ramani K, Saranya P, Jain SC, et al. 2013. Lipase from marine strain using cooked sunflower oil waste: production optimization and application for hydrolysis and thermodynamic studies. Bioprocess Biosyst Eng, 36: 301 – 315.

Ran LY, Su HN, Zhao GY, et al. 2013. Structural and mechanistic insights into collagen degradation by a bacterial collagenolytic serine protease in the subtilisin family. Mol Microbiol, 90: 997 – 1010.

Ran LY, Su HN, Zhou MY, et al. 2014. Characterization of a novel subtilisin-like protease myroicolsin from deep sea bacterium *Myroides profundi* D25 and molecular insight into its collagenolytic mechanism. J Biol Chem, 289: 6041 – 6053.

Rawlings ND, Barrett AJ, Bateman A. 2012. MEROPS: the database of proteolytic enzymes, their substrates and inhibitors. Nucleic Acids Res, 40: 343 – 350.

Rebuffet E, Groisillier A, Thompson A, et al. 2011. Discovery and structural characterization of a novel glycosidase family of marine origin. Env Microbiol, 13: 1253 – 1270.

Robert MR, Redwood CR, Behnaz BB, et al. 2010. Production of fatty alcohols with fatty alcohol forming acyl-CoA reductase (FAR). Codexis Inc. US Patent No. 2011/0000125.

Rossano R, Larocca M, Riccio P. 2011. Digestive enzymes of the crustaceans munida and their application in cheese manufacturing: A review. Mar Drugs, 9: 1220 – 1231.

Sasidharan RS, Bhat SG, Chandrasekaran M, et al. 2015. Biocompatible polyhydroxybutyrate (PHB) production by marine *Vibro azureus* BTKB33 under submerged fermentation. Ann Microbiol, 65: 455 – 465.

Senphan T, Benjakul S. 2015. Impact of enzymatic method using crude protease from Pacific white shrimp hepatopancreas on the extraction efficiency and compositions of lipids. Food Chem, 166: 498 – 506.

Sheng D, Tian DW, Xiu LC, et al. 2014. Molecular insight into the role of the n-terminal extension in the maturation, substrate recognition, and catalysis of a bacterial alginate lyase from polysaccharide lyase family 18. J Biol Chem, 289: 29558 – 29569.

Sheng J, Chi Z, Gong F, et al. 2008. Purification and characterization of extracellular inulinase from a marine yeast *Cryptococcus aureus* G7a and inulin hydrolysis by the purified inulinase. Appl Biochem Biotechnol, 144: 111 – 121.

Sheng J, Wang F, Wang HY, et al. 2011. Cloning, characterization and expression of a novel lipase gene from marine psychrotrophic *Yarrowia lipolytica*. Ann Microbiol, 62: 1071 – 1077.

Sinha R, Khare SK. 2013. Characterization of detergent compatible protease of a halophilic *Bacillus* sp. EMB9: Differential role of metal ions in stability and activity. Bioresource Technol, 145: 357 – 361.

Smitha S, Correya N, Philip R. 2014. Marine fungi as potential source of enzymes and antibiotics. IJRMS, 3: 5 – 10.

Suzuki M, Amachi S. Ohsawa S, et al. 2012. Iodide oxidation by a novel multicopper oxidase from the *Alphaproteobacterium* strain Q – 1. Appl Microbiol Biotechnol, 78: 3941 – 3949.

Thomas F, Lundqvist LC, Jam M, et al. 2013. Comparative characterization of two marine alginate lyases from *Zobellia galactanivorans* reveals distinct modes of action and exquisite adaptation to their natural substrate. J Biol Chem, 288: 23021 – 23037.

Wang F, Hao J, Yang C, et al. 2010. Cloning, expression, and identification of a novel extracellular cold-adapted alkaline protease gene of the marine bacterium strain YS − 80 − 122. Appl Biochem Biotechnol, 162: 1497 − 1505.

Wang P, Chen XL, Li CY, et al. Structural and molecular basis for the novel catalytic mechanism and evolution of DddP, an abundant peptidase - like bacterial Dimethylsulfoniopropionate lyase. Mol Microbiol, 98: 289 − 301.

Wang W, Ji XF, Yuan C, et al. 2013. A method for molecular analysis of catalase gene diversity in seawater. Ind J Microb, 53: 477 − 481.

Wang W, Ji XF, Yuan C, et al. 2014. Low diversity of microbial catalase genes from Antarctic surface seawater of Great Wall Station. J Pure Appld Microbiol, 8: 1981 − 1984.

Wang W, Sun M, Liu W, et al. 2008. Purification and characterization of a psychrophilic catalase from *Antarctic Bacillus*. Can J Microbiol, 54: 823 − 828.

Wang W, Wang F, Ji XF, et al. 2011. Cloning and characterization of a psychrophilic catalase gene from an antarctic bacterium. Afri J Microb Research, 5: 3195 − 3199.

Wang YK, Zhao GY, Li Y, et al. 2010. Mechanistic insight into the function of the C-terminal PKD domain of the collagenolytic serine protease deseasin MCP − 01 from deep sea *Pseudoalteromonas* sp. SM9913. J Biol Chem, 285: 14285 − 14291.

Wargacki AJ, Leonard E, Win MN, et al. 2012. An engineered microbial platform for direct biofuel production from brown macroalgae. Science, 335: 308 − 313.

Wu HL, Hu YQ, Shen JD, et al. 2013 Identification of a novel gelatinolytic metalloproteinase (GMP) in the body wall of sea cucumber (*Stichopus japonicus*) and its involvement in collagen degradation. Process Biochem, 48: 871 − 877.

Wu JW, Chen XL. 2011. Extracellular metalloproteases from bacteria. Appl Microbiol Biotechnol, 92: 253 − 262.

Wu S, Liu G, Zhang D, et al. 2015. Purification and biochemical characterization of an alkaline protease from marine bacteria *Pseudoalteromonas* sp. 129 − 1. J Basic Microbiol, 55: 1427 − 1434.

Wu Z, Jiang G, Xiang P, et al. 2008. Purification and characterization of trypsin-like enzymes from North Pacific krill (*Euphausia pacifica*). Biotech Lett, 30: 67 − 72.

Xiong H, Song L, Xu Y, et al. 2007. Characterization of proteolytic bacteria from the Aleutian deep-sea and their proteases. J Ind Microbiol Biotechnol, 34: 63 − 71.

Xu JK, Ju CX, Sheng J, et al. 2013. Synthesis and characterization of magnetic nanoparticles and its application in lipase immobilization. Bull Korean Chem Soc, 34: 2408 − 2412.

Yasuda W, Kobayashi M, Takada Y. 2013. Analysis of amino acid residues involved in cold activity of monomeric isocitrate dehydrogenase from psychrophilic bacteria, *Colwellia maris* and *Colwellia psychrerythraea*. J Biosci Bioeng, 116: 567 − 572.

Ye M, Li G, Liang WQ, et al. 2010. Molecular cloning and characterization of a novel metagenome-derived multicopper oxidase with alkaline laccase activity and highly soluble expression. Appl Microb Biotech, 87: 1023 − 1031.

Yoneda K, Ohshima T, Muraoka I, et al. 2010. Crystal structure of UDP − galactose 4 − epimerase-like L-threonine dehydrogenase belonging to the intermediate short-chain dehydrogenase-reductase superfamily. FEBS J, 277: 5124 − 5132.

Yoo AY, Park JK. 2016. Isolation and characterization of a serine protease-producing marine bacterium *Marinomonas arctica* PT − 1. Bioprocess Biosyst Eng, 39: 307 − 314.

Younes I, Nasri R, Bkhairia I, et al. 2015. New proteases extracted from red scorpionfish (*Scorpaena scrofa*) viscera: Characterization and application as a detergent additive and for shrimp waste deproteinization. Food Bioprod Process, 94: 453 − 462.

Yu Z, Zhou N, Hua Qiao, et al. 2014. Identification, cloning, and expression of L-amino acid oxidase from marine *Pseudoalteromonas* sp. B3. Scientific World J, http://dx.doi.org/10.1155/2014/979858.

Zeng R, Xiong P, Wen J. 2006. Characterization and gene cloning of a cold-active cellulase from a deep-sea psychrotrophic bacterium *Pseudoalteromonas* sp. DY3. Extremophiles, 10: 79 − 82.

Zhang C, Kim SK. 2010. Research and application of marine microbial enzymes: status and prospects. Mar Drugs, 8: 1920 − 1934.

Zhang L, Wang Y, Liang J, et al. 2016. Degradation properties of various macromolecules of cultivable psychrophilic bacteria from the deep-sea water of the South Pacific Gyre. Extremophiles, 20: 663 − 671.

Zhang S-C, Mi Sun, Tang Li, et al. 2011. Structure Analysis of a New Psychrophilic Marine Protease. PLoS One, 6: e26939.

Zhang YZ, Ran LY, Li CY, et al. 2015. Diversity, structures and collagen-degrading mechanisms of bacterial collagenolytic proteases. Appl Environ Microbiol, 81: 6098 – 6107.

Zhao GY, Chen XL, Zhao HL, et al. 2008. Hydrolysis of insoluble collagen by deseasin MCP – 01 from deep-sea *Pseudoalteromonas* sp. SM9913: collagenolytic characters, collagen-binding ability of C-terminal polycystic kidney disease domain, and implication for its novel role in deep-sea sedimentary particulate organic nitrogen degradation. J Biol Chem, 283: 36100 – 36107.

Zhao GY, Zhou MY, Zhao HL, et al. 2012. Tenderization effect of cold-adapted collagenolytic protease MCP – 01 on beef meat at low temperature and its mechanism. Food Chem, 134: 1738 – 1744.

Zhao HL, Chen XL, Xie BB, et al. 2012. Elastolytic Mechanism of a Novel M23 Metalloprotease Pseudoalterin from Deep-sea *Pseudoalteromonas* sp. CF6 – 2. J Biol Chem, 287: 39710 – 39720.

Zhou MY, Chen XL, Zhao HL, et al. 2009. Diversity of both the cultivable protease-producing bacteria and their extracellular proteases in the sediments of the South China Sea. Microbial Ecol, 58: 582 – 590.

Zhou MY, Wang GL, Li D, et al. 2013. Diversity of Both the Cultivable Protease-Producing Bacteria and Bacterial Extracellular Proteases in the Coastal Sediments of King George Island, Antarctica. PLoS One, 8: e79668.

第五章

海洋生物医用材料及介质材料的开发与利用

第一节 概　述

海洋生物大分子材料主要涉及多糖和蛋白质两大类。多糖包括虾蟹壳来源的甲壳素，褐藻来源的褐藻酸，红藻来源的琼胶、卡拉胶等。蛋白质主要是鱼皮来源的胶原蛋白。甲壳素是海洋生物材料研究开发最热的一种天然大分子功能性材料。甲壳素脱乙酰基后制得的壳聚糖具有抑菌、止血、镇痛、愈创、减少瘢痕增生等多种生理活性，并可生物降解吸收，生物安全性好。因此，甲壳素、壳聚糖的研究开发都受到国内外学术界和企业界的广泛关注。近20年来，与壳聚糖相关的生物材料方面的研究文章达15 000余篇，其中在国际期刊上有9000余篇，在国内期刊上有6000余篇。与壳聚糖相关的生物材料方面的产品开发研究，作为二类医疗器械管理的用于皮肤创面止血、抑菌、消炎、愈创功能的产品最多，如美国Hemcon公司开发的壳聚糖止血绷带系列，英国MedTrade products公司以壳聚糖原料开发的Celox止血粉。这些产品也推广到许多国家的军队和民用市场。

我国是甲壳素/壳聚糖生产大国，近20年来在国家政府的支持下，在学术交流的促进下，以壳聚糖为主要原料，开发用于治疗或者辅助治疗涉及抑菌、消炎、止血、愈创、减少瘢痕增生等二类医疗器械的生物医用材料产品超过80个，在产品剂型上涉及液体、粉剂、膜剂、凝胶、非纺布、喷雾剂等。目前需要提高甲壳素/壳聚糖的生物安全性，拓展生物功能性，以满足外科手术功能性医用材料高端产品的应用。我国在甲壳素/壳聚糖衍生化制品的研究及开发方面发展也较快，已领先成功开发出外科手术用可吸收止血材料和防粘连材料三类医疗器械产品。

海藻多糖是一类具有特殊化学结构和性能的大分子多糖。我国也是海藻多糖的生产和出口大国，我国褐藻酸年产量约在6万t，卡拉胶约2.5万t，琼胶约1万t，占世界海藻多糖产量的70%以上。以褐藻酸盐开发海洋生物医用材料（敷料）的研究开发始于20世纪80年代。英国施乐辉公司采用喷丝技术，将褐藻酸钠制成褐藻酸钙纤维，再经针刺无纺技术制成非织布，用于皮肤创面的止血和慢性溃疡创面的治疗护理，该产品在欧美国家和地区推广多年。在我国，近几年也有多家企业从事褐藻酸钙纤维和针刺无纺布的生产，以原料或产品委托加工方式出口为主。近些年随着国内市场的发展，褐藻酸钙在国内市场推广应用逐步得到重视。以褐藻酸开展肿瘤血管栓塞剂、细胞包埋剂的研究已有报道。

海洋动物胶原蛋白开发生物医用材料是一项挑战性的工作。蛋白质纯化和解决免疫原性是技术关键，目前我国也已开展相关研究，并取得了阶段性研究结果。

利用海洋生物功能多糖和蛋白质的功能特性,除开发体表创面治疗应用的二类医疗器械产品以满足一般市场需求外,结合临床科室对具有生物安全性好、具有功能性的高端三类医疗器械产品的需求和期待,开展创新型的三类医疗器械产品的研发已得到政府、科技界、企业界的重视,多项研究课题已取得阶段性的研究成果。

海洋多糖中,琼脂糖是另一类应用较广泛的材料。我国具有丰富的石花菜、江蓠等海洋红藻资源。经过多年的研发和积累,已建立了一整套成熟的琼脂提取工艺,年产量高达上万吨,占全球产量的 50% 左右。以琼脂初品为原料,进一步开发了包括 EDTA-Na$_2$法、DEAE-纤维素法等在内的琼脂糖精制工艺,制备了可用于电泳分离和层析分离的琼脂糖试剂。目前,青岛碧水寒天生物有限公司、东海制药厂、福州海福藻类开发有限公司、厦门太阳马生物工程有限公司等厂家已实现了琼脂糖的产业化,大部分产品用于出口。国外的琼脂糖生产厂家主要有西班牙 Biowest、瑞士 Lonza、美国 Promega、英国 Oxoid 等公司,其中部分国外公司直接从我国购买琼脂或琼脂糖原料,质检合格或再进行精加工后重新包装,以“高品质”和“高附加值”的产品销往我国。

以精制的琼脂糖为原料,通过传统的机械搅拌法或喷射法,以及近年来发展的新型膜乳化法都可以制备琼脂糖微球。机械搅拌法是最早发展起来的琼脂糖微球制备方法,具有操作简单和对设备要求较低的特点,至今仍被广泛应用于琼脂糖凝胶微球的制备。但机械搅拌法难以对所制备的琼脂糖微球的粒径大小进行控制,且均一性差,还需要引入筛分步骤,增加了制备周期和生产成本。喷射法可以在一定程度上解决机械搅拌法难以控制微球粒径的问题,但也存在需要在高压下操作、对设备要求高、易发生堵塞等问题,未能在大规模制备中得到应用。膜乳化技术最早用于解决疏水性乳滴不均一的问题,所制备的乳液具有粒径均一、可控的特点。中国科学院过程工程研究所的马光辉研究团队针对琼脂糖溶液体系的特点,进一步发展了膜乳化技术,开发了用于粒径均一、可控琼脂糖微球制备的常规膜乳化技术和用于小粒径高浓度琼脂糖微球的制备的快速膜乳化技术,并研制了实验室小试、中试和生产型的膜乳化设备,实现了粒径均一、可控琼脂糖微球的规模化制备,并在中科森辉微球技术(苏州)有限公司进行了产业化。

微球孔道为蛋白质等生物分子的吸附分离提供了更多的空间,是提升介质载量的重要手段。常规琼脂糖微球主要通过控制水相溶液中琼脂糖的浓度来调控微球的孔道大小,但该方法所制备的琼脂糖微球的孔道大多小于 50nm,无法满足乙肝疫苗等类病毒颗粒疫苗、PEG 化蛋白质、核酸等超大生物分子分离纯化的要求。根据不同的致孔原理,研究者先后开发了复乳法、固体颗粒致孔法、反胶团溶胀法等超大孔琼脂糖微球制备技术,实现了超大孔微球的制备,但由于存在不同的缺陷,或者技术还未完全成熟,目前还未能实现大规模的应用。机械强度低是琼脂糖微球等多糖微球的主要不足。为了提高琼脂糖微球的机械强度,研究者在单步交联法的基础上,进一步发展了长短链两步交联法,大大提高了琼脂糖微球的机械强度,代表性产品如 GE Healthcare 的 Sepharose Fast Flow (FF) 系列可以满足较高流速的操作要求,基本可以满足大规模工业化生产的需求。为了进一步提高琼脂糖微球的机械强度,人们进一步开发了预交联方法,在琼脂糖成球前预先用烯丙基溴等双功能试剂对琼脂糖分子进行活化,成球后再利用预先引入的交联剂进行交联,大大提升了琼脂糖微球的交联度和耐压性能,进一步拓宽了其应用条件和应用领域。

在琼脂糖微球的基础上,研究者已开发了多种层析分离介质,包括凝胶过滤介质、离子交换介质、疏水介质、亲和介质四大类,每类介质又都包括了多种类型的产品,广泛应用于蛋白质、疫苗、抗体、多肽、核酸等生物分子的分离纯化中。

(刘万顺　马光辉　韩宝芹　彭燕飞)

第二节　海洋生物医用材料的开发与应用

一、止血类功能材料

战伤的救护、日常突发事故的急救及临床手术中的创伤止血,都要用到止血材料。止血类功能材料是一类用量大、品种规格多、功能成分各异的适用不同部位止血的材料类医疗器械。根据止血使用部位不同,对止血材料产品实行二类医疗器械和三类医疗器械两个级别的质量管理。

1. 体表创面止血材料

壳聚糖及其接枝改性衍生物具有良好的生物安全性,以及止血、抑菌、消炎、愈创与减少瘢痕等生物功能,在体表创面的止血产品开发方面,国际、国内近30年开发的产品剂型包括粉、膜、胶液、凝胶、海绵、纤维、非织布等,有效成分均以壳聚糖为主,辅以消毒剂或二价金属离子等,制成具有抑菌杀菌、止血愈创作用的产品。国外开发的壳聚糖类止血产品,如美国HemCon公司开发的HemCon止血绷带、英国MedTrade products公司开发的Celox止血颗粒等,作为军队创伤止血使用,同时也在民用市场使用。我国近20年来,以壳聚糖为基础材料,开发的皮肤创面止血、抑菌、消炎、愈创等二类医疗器械产品市场上超过100个。根据使用部位的不同,开发出相适应的剂型和包装。如适用于不规则和小创面止血用的壳聚糖止血粉和壳聚糖止血海绵,适用于术后皮肤切口缝合切口创面止血、愈创用的壳聚糖膜剂、涂膜剂和非织布功能敷贴等,适用于皮肤黏膜感染、出血创面使用的载药膜剂、凝胶剂、非织布片等。

由褐藻酸经喷丝制成褐藻酸钙纤维,进一步制成褐藻酸钙纤维非织布皮肤创面护理敷料,质地柔软,具有较强的亲水性,可以吸收创面血液渗出和组织液渗出,具有体表创面止血作用和对创面护理作用,同时生产成本较低,但是对创面的促进愈合作用尚不及壳聚糖敷料。

2. 体内手术创面止血功能材料

体内手术止血材料属三类医疗器械管理,产品的可靠生物安全性、合适的降解速率和止血功能是评价产品质量的依据。目前临床手术常规使用的止血材料有氧化再生纤维编织片(surgicel)、微纤维胶原(avitene)、胶原蛋白纤维网(novacol)、胶原蛋白海绵、明胶海绵、透明质酸壳聚糖基共混膜片等产品。它们的止血机理、止血效果、使用方法各不相同,并均有自身的优点和局限性。其中有些产品在临床止血应用过程中会降低组织周围的pH,产生局部酸性环境,引起神经纤维变形;有些产品吸收血液后,体积膨胀,对周围组织形成压迫,不适用于外周神经组织或空间较小的手术部位的止血;还有些产品材料与创面贴附不理想,易漂移。特别是胶原蛋白来源于牛胶原组织,可能存在免疫原性风险和哺乳动物病毒传播风险,其应用的安全性受到极大关注。近年来医用止血材料的研究和应用引起国内外医学界的高度重视,各国都力图研制和开发成本低廉、生物安全性更好、效果好的功能性止血材料。

壳聚糖具有止血、镇痛、抑菌、促进创伤愈合和抑制瘢痕增生等功能,可降解吸收,属于功能性可降解材料,是研制手术止血材料的优质原材料。在科技部"十一五"863 计划支持下,中国海洋大学与青岛博益特生物材料有限公司合作,以壳聚糖为原材料,通过化学修饰技术,研制了可吸收手术止血材料,2012 年获得国家食品药品监督管理总局(CFDA)三类医疗器械注册批文。该手术止血材料止血效果显著,产品获得国家发明专利授权,属原始性具有自主知识产权的研发成果,标志着我国在甲壳素、壳聚糖医用材料研发领域取得重大技术突破,对甲壳素、壳聚糖高端生物医用材料开发起到示范作用。

甲壳素/壳聚糖为天然高分子多糖,生物安全性好,且可生物降解,其降解物寡糖或单糖是机体合成功能性糖胺聚糖的组成成分,可加快创面的愈合修复和提高创面的愈合质量。大量研究也证明了甲壳素/壳聚糖及其衍生物的多功能性,并已广泛引起科技界和企业界的关注。

海洋动物胶原蛋白开发生物医用材料是一项挑战性的工作。蛋白质纯化和解决免疫原性是技术关键,上海第二军医大学与上海其胜生物制剂有限公司合作开展鱼胶原蛋白止血作用研究,取得阶段性研究结果。

二、术后防粘连功能材料

尽管现代外科手术技术已有很大的发展和进步,但术后粘连仍然是腹盆腔手术后常见的并发症。由术后腹盆腔粘连引起的并发症包括慢性腹部疼痛、盆腔部疼痛、肠梗阻和女性不孕等。粘连发生于伤口愈合过程,其形成与腹膜纤维蛋白的沉积和纤维蛋白的溶解能力之间的不平衡有关。减轻术后粘连有很多措施,如提高手术技巧、防止组织缺血、减轻组织刺激和损伤、减少止血、减轻炎症反应等,使用物理隔离物,也是预防术后粘连的重要措施。因此,研究开发功能性防粘连生物材料,预防术后腹盆腔粘连,具有重要的意义。

以甲壳素/壳聚糖为材料通过化学修饰,制备成羧甲基甲壳素(CM‐CT)或羧甲基壳聚糖(CM‐CTS)用于术后防粘连生物医用材料的开发。20 世纪 90 年代中期,顾其胜教授和侯春林教授将修饰改性的 CM‐CT 用于术后防粘连三类医疗器械产品的开发,获得成功,并获得 CFDA 产品的注册批文。产品"医用几丁糖"胶液用于临床,大范围临床应用证明了其防粘连有效性。此后我国又有 3 家企业以 CM‐CT、CM‐CTS 为原料开展了类同功能的产品开发,产品剂型有膜剂和胶液剂。中国海洋大学的研究表明,由改性甲壳素、羧甲基壳聚糖和羟丙基壳聚糖制成的复合膜具有较好的预防术后肌腱粘连功能。利用甲壳素/壳聚糖通过化学修饰应用于术后防粘连的防治中,为甲壳素/壳聚糖向高端生物医用材料产品的发展起到典范作用。

关于甲壳素/壳聚糖的防粘连机制已有报道,包括作为生物屏障防止纤维肉芽组织长入、止血抗菌、促进愈合抑制瘢痕形成等。Chatelet 等发现成纤维细胞在壳聚糖膜上虽然仍然成活,但并不增生扩散。第二军医大学的研究表明,壳聚糖具有选择性抑制人成纤维细胞生长、促进表皮细胞生长的独特生物活性。中国海洋大学的相关研究发现,CM - CTS 和羟丙基壳聚糖的混合溶液在 $10 \sim 1000 \mu g/ml$ 的浓度范围内可以抑制鼠成纤维细胞的增殖及其生长因子 TGF - β1 和 αFGF 的自分泌,进而减少因胶原等细胞外基质的过度沉积产生的粘连。

三、促进创面愈合类功能材料

皮肤及深层组织创伤的修复愈合是一个复杂渐进的生物学过程,主要包括炎症反应期、细胞增殖分化期和组织重建期。在炎症反应期,即创伤初期,主要体现大量炎症细胞及相关细胞在创面组织中聚集,控制创面感染,释放多种细胞因子,调节创面血运,清除坏死组织等。在细胞增殖分化期,通过组织细胞的生长增殖、组织构建形成组织缺损的填充。在组织重建期,随着对皮下组织结构的修复完成,启动皮肤上皮组织细胞快速生长,覆盖创面,达到创面修复愈合。在创伤愈合过程中,创伤部位(细胞生长)微环境对细胞生长的影响具有重要的作用,包括细胞因子、能量物质、信息传递物质、构建大分子的基本原料、细胞间质 pH 等。很多的实验研究表明,甲壳素/壳聚糖、海藻酸、鱼胶原蛋白等海洋生物大分子材料具有显著的促进创面愈合作用,是研制创面愈合类功能敷料的优质原材料。在海洋功能材料中,甲壳素/壳聚糖敷料和海藻酸盐敷料是目前比较成熟的创面愈合敷料。

1. 甲壳素/壳聚糖创面愈合功能敷料

甲壳素/壳聚糖及其衍生物具有止血、镇痛、抑菌、促进创面愈合、抑制瘢痕增生等生物活性,非常适于作为伤口敷料的原材料。有关甲壳素、壳聚糖具有促进创面修复愈合的作用已有大量文献报道,其促进创面愈合机制是:① 甲壳素/壳聚糖及其衍生物可被创面组织分泌的水解酶降解,产生的氨基单糖是合成大分子功能多糖的组成成分,有利于细胞外基质的修复重建和信息传导。② 甲壳素/壳聚糖及其衍生物,以及其降解产物可显著促进与创伤愈合相关的多种细胞的生长,并延缓细胞衰老,促进肉芽生长。③ 甲壳素/壳聚糖及其衍生物具有抗感染和减轻炎症反应的作用,有利于创面新生组织的重建。④ 甲壳素/壳聚糖及其衍生物用于创面具有良好的保湿性,可使伤口的再上皮化能力显著提高。以甲壳素/壳聚糖及其衍生物制成的促创面愈合功能材料产品在剂型上包括膜、海绵、胶液、凝胶、非织布敷贴等,不同的剂型可以满足临床不同创面的治疗,应用广泛。

以甲壳素/壳聚糖及其衍生物开发的功能性敷料不仅适于体表新鲜创面和溃疡创面的愈合修复,也适于难治性溃疡创面的愈合修复。压迫性溃疡(褥疮)、糖尿病足、烧伤感染残留创面、手术刀口感染不愈合创面、X 射线放疗引起的皮肤溃疡等都属于难愈合溃疡,形成的原因和发病机制有所不同,但多是创面血运差,营养供应不足,细胞增殖能力弱,免疫力下降,易造成反复感染,破坏或改变了组织细胞生长代谢的微环境。因此,创面长期不愈合或恶化,使患者的生活质量严重下降。甲壳素/壳聚糖经化学修饰后形成的衍生物,与甲壳素、壳聚糖比较,易溶解于水,可更好地被组织细胞吸收利用,促进细胞生长活性更高,在促进创面愈合中具有更好的表现,更适于作为难治性溃疡创面敷料。青岛博益特生物材料有限公司以壳聚糖为原料,经化学修饰研制的"止血愈创纱",与创面贴敷性能好,易吸收创面渗出液,具有止血和促进创面愈合两种功能。大量临床应用证明,该"止血愈创纱"适用于上述各种难治性溃疡的治疗,显著缩短创面愈合时间,提高愈合质量,为难治性溃疡的治疗提供了一套有效的治疗方法。

2. 甲壳素/壳聚糖烧伤功能敷料

对于烧伤创面,烧伤后皮肤有不同程度的缺损,产生剧烈疼痛,创面组织液渗出增加,极易造成创面感染,给患者造成极大的身心痛苦。烧伤治疗是一门综合性的医学技术,开发具有止血、镇痛、抑菌、促进愈合、减少瘢痕增生、生物安全性好的功能性覆盖生物材料,具有重大意义。20世纪80年代初,中国海洋大学楼宝城、林华英、刘万顺等成立了生物材料研究所,开展了烧伤治疗用"奇美好人工皮肤"的研究,以壳聚糖、鱼鳔胶原蛋白和中药提取物共混制成烧伤创面贴附用膜片,并联合上海瑞金医院、北京积水潭医院等近10家医院开展临床研究,产品在抑菌消炎、止血镇痛、促愈合及减少瘢痕形成方面取得显著疗效。2002年军事医学科学院的李瑞欣等研制3层组合式的烧伤急救敷料,内层为壳聚糖非纺布,中层为纤维吸水层,外层为抗菌层,产品用于浅Ⅱ°烧伤、深Ⅱ°烧伤及Ⅲ°烧伤创面的治疗,这种含有壳聚糖的敷料具有较好的吸收渗透液效果,不粘连创面,对创面刺激性小,具有一定的止血、抗感染和促进创面愈合的作用。

甲壳素/壳聚糖及其衍生物具有的止血、镇痛、抑菌、促进愈合、减少瘢痕增生等生物活性,是开发烧伤功能敷料的优质材料,在烧伤创面覆盖功能材料方面具有发展潜力。但随着对甲壳素/壳聚糖及其衍生物的深入研究,也发现壳聚糖直接用于烧伤创面的保护和治疗尚有不足之处,表现在壳聚糖的吸液能力弱,与创面的生物相容性不尽理想,其水不溶解性也使其生物活性不足,因此对甲壳素/壳聚糖进行化学修饰改性提高其生物相容性、生物降解性和生物活性,是成功开发优质多功能性烧伤敷料的关键。

3. 褐藻酸盐创面愈合功能敷料

褐藻酸盐敷料的主要基材是褐藻酸盐纤维,是褐藻酸钠经喷丝入 $CaCl_2$ 凝固浴中与钙离子结合后形成的褐藻酸钙纤维,该纤维经非织布机加工,形成褐藻酸钙非织布。褐藻酸盐敷料具有高吸湿性,吸收创面渗出液后局部形成凝胶,提供湿润愈合环境,有利于创面肉芽组织生长和上皮形成,加速创面愈合;同时凝胶中的钙离子还发挥一定的止血作用。但单纯的褐藻酸盐敷料对于感染创面不适用,该敷料不具备抗菌性,也产生异味。从敷料的功能角度,褐藻酸盐敷料可以分为普通型的褐藻酸盐敷料和功能型的褐藻酸盐敷料。

在褐藻酸盐敷料临床应用的初期,主要有 Sorbsan 和 Kaltostat 两个产品。1981年,英国 Maersk Medical 公司用海藻酸钙纤维非织布,以 Sorbsan 为品牌在慢性伤口的护理市场推广应用,取得了很大成功。但 Sorbsan 是100%的褐藻酸钙纤维敷料,且使用的褐藻酸盐纤维是高 M 型,成胶强度较低,在敷料更换时易被生理盐水冲掉。Kaltostat 也是一种以褐藻酸钙为主的材料,但含有一定比例的褐藻酸钠,因此其吸湿保湿性能明显优于 Sorbsan。20世纪90年代后,Coloplast、3M、Molnlycke、Convatec 等主要西方敷料公司都陆续推出了各自的褐藻酸盐纤维敷料产品,并在世界范围内的伤口护理领域得到广泛的应用。2012年,英国市场上已经有19种在售的海藻酸盐医用敷料产品并已经成为欧美市场上广为认可的敷料之一。

功能性褐藻酸盐伤口敷料的主要代表产品是抗菌或抑菌伤口敷料。慢性溃疡伤口一般都伴有细菌感染,而细菌感染是伤口护理的一大难题,因此抗菌性褐藻酸敷料是目前市场上的主流功能敷料之一。其主要的抗菌技术是在敷料中添加银离子,即含银褐藻酸敷料。这些含银敷料通过临床的使用被证明非常有效。

四、组织工程与诱导再生支架类材料

组织工程是指以生命科学和工程学原理及方法构建成一个细胞支架,通过增进人体细胞和组织的生长,以恢复受损组织或器官功能的技术。诱导再生技术是指在构建的支架中加入所需的细胞因子,在植入体内后,通过对贴附细胞生长的调节,或对干细胞的诱导分化,以达到修复受损组织或器官的技术。根据甲壳素/壳聚糖及其衍生物材料的特殊性和生物功能性,开展组织工程和诱导再生支架材料的研究与开发具有重要实际意义。

1. 眼角膜组织工程支架材料

（1）眼角膜上皮组织工程支架材料

眼角膜组织结构可分为 5 层,分别为上皮层、前弹力层、基质层、后弹力层和内皮层,成人角膜厚度约为 1mm。角膜上皮细胞具有再生能力,一般轻度损伤后,角膜会在短时间内（24h 内）修复。但当眼表受到严重损伤,如烧伤、酸碱灼伤、机械创伤或严重感染等,造成上皮组织缺损严重时,临床上往往采用生物膜材料覆盖创面或在生物膜材料上培养角膜上皮细胞再覆盖创面,以达到加速角膜上皮层修复的目的。目前临床使用的生物膜材料多取自人胎盘羊膜,但羊膜存在成型差、不易操作、具有疾病传播的风险。

中国海洋大学制备了羟乙基壳聚糖、明胶、硫酸软骨素共混膜片,将载有上皮细胞的共混膜片用于严重机械损伤的新西兰兔角膜上皮层上,结果表明实验组的修复创面时间比对照组缩短了一半。对于甲壳素、硫酸软骨素为材料制备的共混曲率膜,将体外培养的角膜缘上皮细胞接种到膜载体支架上,再将其移植到去上皮层的新西兰兔眼表上,结果发现载细胞膜能加速角膜上皮细胞的损伤修复速率,且修复后的角膜上皮层结构致密整齐（图 5-1）。由此可见,基于甲壳素、壳聚糖及衍生物的多糖膜片支架,通过组织工程技术培养眼角膜上皮细胞,将载细胞支架用于眼角膜上皮损伤治疗,可加快角膜上皮修复,开发角膜上皮支架用于临床,具有实际意义。

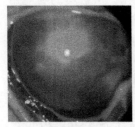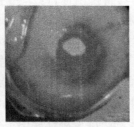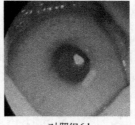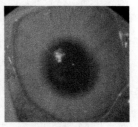

| 对照组4d | 实验组4d | 对照组6d | 实验组6d |

图 5-1　壳聚糖基角膜上皮膜片支架对兔角膜上皮损伤的治疗荧光观察

（2）眼角膜内皮组织工程支架材料

人角膜内皮层属终末不增殖的组织,角膜内皮层是由单层细胞所组成,主要起液泵功能,以保持角膜正常厚度和透明度。幼儿角膜内皮层细胞数量约为 3000 个/mm^2,随着年龄的增长,细胞密度相应降低。疾病、药物或机械创伤等对角膜的损伤,可造成角膜内皮细胞密度下降。在一定限度下,角膜内皮细胞靠移行扩张保持细胞单层结构,当角膜内皮细胞密度低于临界细胞密度$(400\sim500)$个/mm^2时,残存的内皮细胞就不能发生代偿作用,即角膜内皮层无法保持正常的生理功能,随之便会出现角膜基质层的水肿,角膜浑浊不透明,视力严重下降,甚至致盲。我国的单眼和双眼角膜盲患者约有 500 万人,其中 80%可以通过角膜移植术复明,但由于角膜供体来源极为短缺,目前我国每年能完成角膜移植术的患者约 5000例。因此,利用组织工程技术构造人工角膜为治疗角膜内皮盲提供了新的途径和方法,也成为当今国际研究的热点之一。

在国家"十五""十一五"期间,在科技部海洋 863 计划的支持下,中国海洋大学刘万顺课题组利用甲壳素/壳聚糖及其衍生物为基质,与其他多糖共混,制备了细胞载体曲率膜片,将构建的组织工程膜片植入新西兰兔、猫、狗的去角膜内皮层的动物模型中,观察动物角膜复明及角膜内皮修复程度。结果表明,新西兰兔组的角膜短期(30d)透明率为 70%,长期(250d)透明率为 46%,表明植入的组织工程化角膜内皮对角膜缺损具有一定的修复作用。樊廷俊等的研究表明,无转染家兔角膜内皮细胞系细胞能在壳聚糖-硫酸软骨素复合膜上正常生长,细胞形态呈梭形、分布均匀、状态好,48h 后已基本形成细胞单层,72h 后形成了完整的细胞单层,且细胞与膜结合紧密。

以甲壳素/壳聚糖及其衍生物为材料制造角膜组织工程用支架材料,具有很好的发展前景,但尚需在材料大分子组分优化、生物相容性、体内降解速率与角膜内皮完整形成及长期发挥生物功能的匹配方面开展深入研究。

2. 可降解小口径人工血管

机械创伤和血管性疾病往往会造成血管的缺损,血管性疾病往往会引起血管血流的下降或血管栓塞,临床上采用的治疗手段有自体血管移植手术和合成高分子材料血管置换术,自体血管移植属"以伤治伤"的技术,而合成高分子材料血管的材料成分主要有聚四氟乙烯(PTFE)、聚氨酯(PU)等,合成高分子材料的血管制品适用于直径 6mm 以上的血管置换,而直径小于 6mm 的高分子材料血管植入体内易造成栓塞。因此,开发小口径人工血管具有重要的临床应用意义。

中国海洋大学以壳聚糖为主要材料,制备了一种新型小口径人工血管,该小口径人工血管壁厚 0.54mm,吸水率为 226.02%,纵向最大拉伸力 8.58N(干态),加压破裂强度 1986mmHg①(湿态)。人脐静脉血管内皮细胞在人工血管膜片上体外贴附生长良好,人工血管皮下和肌肉植入后组织炎症反应较轻,无溶血、血小板吸附、细胞毒性、急性全身毒性及皮下刺激反应等不良反应。犬股动脉体内置换实验结果表明,人工血管置换后 9 个月可诱导血管新生,血管通畅。

利用纯天然高分子材料制备小口径血管,具有生物相容性好、血管内皮细胞易黏附分化等特点,具有重要的研究意义。但需要在了解机体小血管形成理论的基础上,合理设计小口径人工血管的材料组成,对制造工艺及人工血管植入体内后的生理功能等进行系统研究。

3. 骨组织功能支架材料

构建组织工程骨是治疗骨缺损和骨骼愈合的一条有效途径,通常采用的方法有三种:

---

① 　1mmHg≈133.32Pa

① 在生物材料支架上种植细胞,在体内或者体外培养活体组织,将其植入缺损或病变部位,以修复缺损或病变的骨组织;② 将骨骼因子与控释载体材料复合,植入体内后诱导间充质干细胞向成骨细胞分化,进而再生成新骨;③ 将骨组织细胞及其他生物活性物质注入或植入骨缺损或病变部位,以再生成新骨或修复病变骨质的功能。

目前,用于骨组织工程支架制备的材料主要是生物可降解高分子材料,包括天然高分子材料和合成高分子材料。天然高分子材料涉及胶原、明胶、壳聚糖、甲壳素、海藻酸衍生物、纤维素、琼脂糖、葡聚糖、多肽、透明质酸、硫酸软骨素等;人工合成高分子材料涉及脂肪族聚酯、聚酸酐、聚膦腈、聚原酸酯、聚醚等。为改善支架材料的力学特性和生物活性,在材料制造中加入无机材料,如生物活性玻璃、磷酸钙陶瓷、羟基磷灰石等,形成具有一定力学性能的三维网孔结构的骨组织支架材料。

甲壳素/壳聚糖及其衍生物,具有细胞外基质多功能性,适用于骨组织工程支架的构建。Lahiji 等在 4%壳聚糖涂层的盖玻片表面培养成骨细胞及软骨细胞,发现壳聚糖表面培养的细胞维持较好的活力,成骨细胞及软骨细胞分别表达Ⅰ型、Ⅱ型胶原。Choi 等通过冷冻干燥法制备壳聚糖支架,该支架能促进成骨前体细胞的生长增殖。Lu 等经过研究壳聚糖对大鼠膝关节的影响时发现壳聚糖能诱导关节软骨的生长。

虽然壳聚糖作为骨组织工程支架材料具有良好的生物相容性和生物安全性、可控的降解性且降解产物可被机体完全吸收、易于加工等优点,然而壳聚糖作为支架材料时仍有不可忽视的不足,如力学强度和韧性差、降解速率与再生组织的生长速率匹配度较低、材料与宿主的键合性能较差等。因此,将壳聚糖与其他材料复合已成为骨组织工程支架材料发展的新方向。

Yamane 等制备了基于壳聚糖的透明质酸复合三维支架,该复合支架的细胞黏附、增殖、形态改变及细胞外基质产物都要比单独的壳聚糖支架要好。Thien 等利用静电纺丝技术和模拟体液矿化制备出羟基磷灰石/壳聚糖支架,发现羟基磷灰石晶体在壳聚糖纤维上均匀分布,并且鼠骨肉瘤细胞在该支架上的增殖分化明显优于羟基磷灰石/壳聚糖膜、壳聚糖膜和壳聚糖纳米纤维。暨南大学的周长忍教授课题组通过 Sol-Gel 相转变矿化方法和陈化处理,原位构建了纳米羟基磷灰石/壳聚糖复合多孔支架材料,该支架材料具有相互贯穿的多孔结构,并可明显地促进 MC3T3-E1 前成骨细胞在支架上的增殖生长。中国海洋大学刘万顺教授课题组,采用壳聚糖改性技术制备生物可降解性骨板,用于新西兰兔腿骨折裂的固定和修复,证明其具有显著加快骨折愈合作用,取得了良好的结果。

五、神经缺损修复支架材料

机械创伤和交通事故造成的机体创伤往往伴随着神经组织损伤的发生。在我国,这类神经组织损伤每年发生约 200 万例。目前对周围神经短距离缺损的离断伤,临床常规治疗是运用显微外科技术进行端对端的外膜缝合,以期恢复神经的生理功能。对于神经缺损较长的创伤,多采用自体神经移植术。自体神经移植术属于"以伤治伤"的措施,且受到患者自身条件的限制。近些年来研究人员一直在开发可以替代自体神经移植的材料用于神经缺损的修复。神经导管桥接修复神经损伤已被认为是一种有效的方法,一些实验结果已证明使用导管连接缺损神经断端可以起到神经修复或部分神经修复的效果。

在神经损伤修复过程中,利用神经趋化性的理论,以神经导管桥接远、近侧断端,构成神经再生通道,为大量增殖的施万细胞提供支持空间,促使其形成细胞桥,进而引导近侧断端轴突的芽生及髓鞘的形成。用导管连接神经断端还能阻止纤维组织侵入和瘢痕生成。制备神经再生导管的材料主要包括非生物降解材料、生物降解材料和生物衍生材料。用生物可降解材料制成的导管可在体内降解,无需二次手术取出,因而受到越来越多的关注。随着材料科学的发展,用于神经修复研究的可降解生物材料的种类越来越多,如聚乳酸、聚羟基乙酸、聚羟基丁酸酯、胶原、壳聚糖等都相继用于神经修复的研究。

甲壳素、壳聚糖具有良好的生物相容性、可降解性、神经细胞可黏附性及潜在的促进神经轴突再生、促进伤口愈合等作用,近年来已成为神经修复应用研究中的一个热点。Freier等研究发现,鼠背根神经节细胞能够在甲壳素及壳聚糖膜上生长,壳聚糖材料的脱乙酰度越高,神经细胞的活力越好,轴突的延伸也越长。南通大学神经再生重点实验室的研究发现,在壳聚糖纤维支架上生长的施万细胞为橄榄形或椭圆形,细胞在纤维上分裂、迁移,形成链状结构,细胞的迁移速度在壳聚糖纤维上比膜片上快。且以京尼平交联含神经生长因子的壳聚糖神经导管,能较好修复大鼠坐骨神经 10mm 缺损,实现靶肌神经功能的重支配。

单纯以壳聚糖材料制成的神经导管,机械强度较低,不能很好地维持管腔形态和空间,桥接神经缺损的壳聚糖管容易塌陷,影响神经生长,因此通过对壳聚糖交联或复合高分子材料以提高机械强度,是壳聚糖神经导管深入研究的一个内容。第二军医大学侯春林以壳聚糖复合聚乙烯醇制备神经导管,以双缩水甘油醚作为交联剂,通过反复冻融技术制成神经导管,可改良壳聚糖神经导管的机械强度。上海第二医科大学谢峰等用壳聚糖、聚乳酸两种材料结合研制一种新的神经导管材料,用以桥接 5mm 的大鼠坐骨神经缺损。结果表明,壳聚糖-聚乳酸复合生物材料导管组再生轴突数量及再生神经质量与自体神经移植组效果相似。Patel 的研究表明壳聚糖胶原神经导管既能促进又能支持轴突萌芽,同时促进轴突成熟。

甲壳素、壳聚糖作为一种天然可降解材料具有多种理化特性和功能。大量实验证明,这种多糖及其降解的寡糖和单糖具有明显促进神经细胞生长作用。利用甲壳素/壳聚糖为基础材料,进行化学改性、复合、交联等,并在神经导管制造工艺和材料方面进行优化,研究出符合临床需求的神经导管,具有重要实际意义。

六、可吸收手术缝合线

优质的可吸收缝线应具有良好的生物相容性、一定的机械强度、良好的柔顺性和操作性。随着临床上对可吸收缝线要求的日益提高,具有良好生物安全性和增益生理学功能的缝线材料受到广泛关注。甲壳素、壳聚糖属天然高分子材料,具有良好的生物相容性、生物可降解性、低免疫原性和促进创面愈合作用、减少瘢痕形成等多种生理活性,因而受到了广泛关注,成为可吸收手术缝合线研究的一个热点。

甲壳素、壳聚糖应用于可吸收缝合线研究起始于 20 世纪 70 年代,日本在该领域的研究处于国际前列,著名的尤尼吉卡公司已有多项专利和产品问世。国内甲壳素、壳聚糖类缝线的研究始于 20 世纪 90 年代,制备工艺多是在制备甲壳素纤维和壳聚糖纤维的基础上,经纺织等工艺制成临床需求的手术缝线。

甲壳素类缝合线具有众多独特的优点。Goosen 等的研究表明,甲壳素缝合线对消化酶、感染组织及尿液等耐受性比羊肠线和 PGA 线要好。第二军医大学侯春林教授等进行的动物体内试验也表明,甲壳素缝合线的性能明显优于肠线。但目前甲壳素缝合线在临床上尚未大量使用,其主要问题在于拉伸强度与聚羟基乙酸酯类缝合线相比还有一定的差距,不能满足高强度缝合的需要;而且在胃液等酸性条件下强度损失较快。也有动物实验表明,使用甲壳素缝合线在伤口愈合中期会出现原因不明的轻度炎症。为解决实际使用中的问题,采用甲壳素衍生物制备缝合线,同时采用一些新的纺丝工艺来提高甲壳素液晶纺丝强度等,可得到较好的效果。中国海洋大学刘万顺教授课题组采用传统湿法纺丝工艺制备了酰化甲壳素纤维,结合现代编织工艺,制备了一种新型可吸收多股单组分酰化甲壳素手术缝线(线径 0.30~0.35mm,USP2-0),能够满足上皮、肌肉等组织缝合的力学要求及创伤初期对创口闭合的力学要求。

总之,甲壳素类缝线比其他类缝线生物相容性更好,具有一定抗菌防止感染的作用,显著促进创面愈合和减少瘢痕增生作用等。此外,缝线柔顺性和持结性良好。所以,通过对甲壳素的化学改性技术,以提高缝线的机械强度,是开发新型甲壳素缝线的有效途径。

(刘万顺　韩宝芹　彭燕飞)

第三节　海洋生物分离材料的开发与利用

海洋生物材料多具有良好的亲水性和生物相容性,作为分离介质材料,在分离纯化方面得到广泛的研究和应用。本节将围绕以下两方面内容进行介绍:一是以琼脂糖为基质材料制备的分离介质,包括琼脂糖的提取、琼脂糖微球的制备和结构调控、化学修饰及应用等内容;二是海洋生物材料在其他方面如固定化酶、细胞培养等的应用。

一、琼脂糖分离介质

1. 琼脂糖的提取

琼脂糖是一种直链线性天然多糖,由 1,3 -连接的 β - D -吡喃半乳糖和 1,4 -连接的 3,6 -脱水 - α - L -吡喃半乳糖残基交替连接而成,分子结构如图 5 - 2 所示。琼脂糖来源于石花菜、江蓠等海洋红藻。作为一种天然多糖材料,琼脂糖凝胶具有其他生物材料不可比拟的许多优点,如高度亲水性、高度多孔性、不含带电基团及多糖链上的羟基在一定的条件下可以活化连接不同的配基。因此,琼脂糖凝胶在生化分离纯化领域有着广泛而重要的应用,是目前生

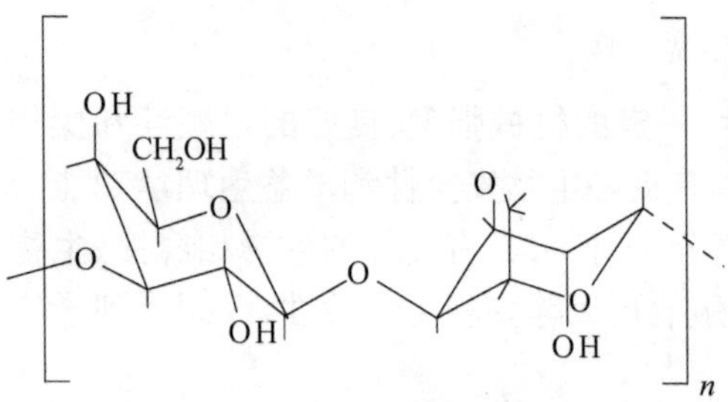

图 5 - 2　琼脂糖结构式

物大分子分离纯化中应用最为广泛的介质母体,可用于制备各种生化分离填料。

从海洋红藻中提取琼脂的工艺主要包括碱处理、水洗、酸处理、热煮、脱水、烘干等步骤。从琼脂中精制琼脂糖的方法有 10 多种,主要包括乙酰化法、二甲基亚砜法、碘化钠法、聚乙二醇法、十六烷基氯化吡啶法、EDTA – Na$_2$ 法、磷酸钠法、离子交换法(DEAE –纤维素法)、硫酸铵法、尿素法等。不同提取工艺对产品质量具有明显影响,每种方法都有其各自的优缺点。其中,EDTA – Na$_2$ 法操作简单、耗时短,对设备要求低,试剂用量少;DEAE –纤维素法操作简单、耗时短,尽管 DEAE –纤维素价格相对较贵,但其可再生重复利用,所以成本也能得到很好地控制,常用于琼脂糖的精制。

琼脂糖的主要评价指标有凝胶强度、色泽、黏度、胶凝温度、硫酸根含量、电内渗等。作为层析分离介质的原材料,琼脂糖通常要满足如表 5 – 1 所示的理化性能。

表 5 – 1　作为层析分离材料的琼脂糖原料的理化性能

指　标	性　能	指　标	性　能
色　泽	白色或微黄色	硫酸根	≤0.30%
凝胶强度(1.5%溶液)	≥1700g/cm^2	燃烧后残留	≤0.5%
黏度(6%溶液,80℃)	600~1000cps	干重损失	≤7%
胶凝温度(1.5%溶液)	40~43℃	微生物	≤10^3/g
A_{500}(1.5%溶液和凝胶)	≤0.015(60℃)和≤0.300(10℃)	琼脂糖溶液 pH	5.5~8.0
电内渗(~mr)	0.08±0.02		

2. 琼脂糖微球的制备

琼脂糖微球的制备方法主要包括机械搅拌法、喷射法和近年来新发展的膜乳化法。

(1)机械搅拌法

琼脂糖只溶于热水,在低温下会凝固,因此需在高温下乳化,冷却后即可得到固化的琼脂糖微球。机械搅拌法是最早用于制备琼脂糖微球的方法,具体方法如下:将琼脂糖溶解于热水中得到琼脂糖水溶液,将热溶液倒入含有乳化剂的热油相中,搅拌乳化一段时间后,形成稳定的油包水(W/O)型乳液,再冷却固化成球,经洗涤、筛分得到琼脂糖凝胶微球。机械搅拌法适用于 1%~15% 琼脂糖浓度的体系。乳化剂性质、油相性质、水相/油相比、搅拌速度、搅拌桨和釜的形状及其相对尺寸等因素都会影响微球的形貌与粒径。

机械搅拌法出现较早,而且操作简单,对设备的要求比较低,至今仍被广泛应用于琼脂糖凝胶微球的制备。但采用该方法制备的琼脂糖微球的粒径大小难以控制,而且均一性差。因此,必须增加筛分操作步骤,以确保所得到的微球粒径分布在较为合理的范围之内,以用于层析分离。然而即使经过筛分,所得到的微球粒径仍不够均一,并且筛分工艺的引入,会造成大量原料的浪费及制备周期的延长,进一步增加了产品的成本。

(2)喷射法

为了克服机械搅拌法难以控制微球粒径的问题,Philipson 等首先提出了高温喷射法用于制备琼脂糖微球,即通过高压氮气将热的琼脂糖溶液通过喷嘴直接喷射入低温的乙醚和冰水混合液中,形成珠状琼脂糖凝胶。喷射法不需要复杂的搅拌系统,所得微球的粒径可以通过喷嘴尺寸和氮气压力进行控制,适用于 2%~7% 琼脂糖浓度的体系。但是,该法的缺点在于操作必须在高压下进行,对设备要求较高,而且喷嘴出口处容易被凝固的琼脂糖凝胶堵塞造成微球粒径不均一,特别是喷嘴尺寸较小时更容易堵塞,因此喷射法无法制备小粒径琼脂糖凝胶微球。目前,喷射法仅局限于实验室小试规模,尚未在大规模工业化生产中得到推广。

(3) 膜乳化法

膜乳化技术最早被用于解决食品工业中乳液不均一的问题。由于其具有能耗低、反应条件温和、所制乳液滴粒径均一可控、操作简单易放大等优点,应用领域不断扩大。马光辉研究团队先后发展了常规膜乳化技术和快速膜乳化技术,并分别将其用于粒径均一的琼脂糖微球和小粒径高浓度琼脂糖微球的制备。

常规膜乳化技术的原理如图 5-3 所示:以孔径均一的 SPG 微孔膜为介质,在一定压力下,将琼脂糖溶液从膜的一侧压到膜的另一侧,琼脂糖以乳液的形式分散于有机相中。由于 SPG 膜的孔径非常均一,依靠琼脂糖溶液与疏水膜之间的界面张力可以形成尺寸均一的琼脂糖液滴,经过降温固化后就形成尺寸均一的琼脂糖微球。理论上膜孔径与液滴的大小是一种线性关系,通过调节膜孔径的大小,即可制备不同尺寸级别的琼脂糖微球。膜乳化法制备的琼脂糖微球粒径均一,免去了传统方法的多级筛分分离,不仅节省了加工时间和筛分设备,还避免了琼脂糖原料的浪费。该方法所制备的琼脂糖微球的粒径均一性远远优于现有的机械搅拌法所制备的产品。

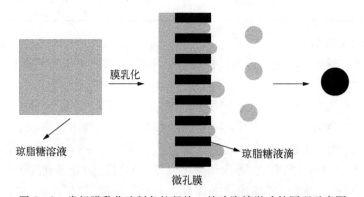

图 5-3 常规膜乳化法制备粒径均一的琼脂糖微球的原理示意图

采用常规膜乳化法制备 10μm 以下的小粒径琼脂糖微球时,由于所用膜的孔径非常小,此时即使在较高的氮气压力下乳化速度也非常慢。此外,采用常规膜乳化法制备琼脂糖含量达到 6% 以上的高浓度琼脂糖微球时,浓度增大导致水相黏度急剧上升,难以将水相分散到油相中形成均一的乳液,最终给高浓度粒径均一的琼脂糖微球的制备带来困难。为了克服常规膜乳化法难以制备小粒径、高浓度琼脂糖微球的不足,Zhou 等进一步发展了快速膜乳化方法。

快速膜乳化法技术的原理如图 5-4 所示:先用搅拌分散法制备粒径较大的预乳液(可不均一),然后利用膜孔的剪切力得到粒径均一的小粒径琼脂糖微球。由于压力较大,乳液通过膜孔的速度较快,分散相的黏度不会对乳液的破碎过程造成太大的影响。同时,液滴在膜孔内部被破碎（不同于常规膜乳化法中液滴在膜表面生成），而且一般会将乳液反复数次通过膜孔，最终所得乳液的液滴尺寸一般会小于所使用的微孔膜孔径。因此，快速膜乳化法可以应用于黏度较大的高浓度琼脂糖体系和小粒径琼脂糖体系。GE Healthcare 公司利用中国科学院过程工程研究所马光辉研究团队的快速膜乳化专利技术"Preparation of polysaccharide beads"，在其 Superdex 200 高效分子筛介质产品的基础上开发了新一代 Superdex 200 Increase 产品，产品性能得到了大幅度提升。

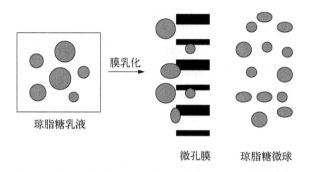

图 5-4　快速膜乳化法制备粒径均一的小粒径琼脂糖微球的示意图

3. 超大孔琼脂糖微球的制备

无论是采用机械搅拌法、喷射法，还是膜乳化法制备琼脂糖微球，琼脂糖微球的孔径都主要受水相中琼脂糖的浓度控制。对于应用广泛的琼脂糖微球，其琼脂糖浓度大多为 4% 和 6%，对应的孔径往往小于 50nm。当分离超大生物大分子时，其孔内停滞流动相中的传质阻力很大，制约了其分离的效率（特别是在高流速下），成为限制其分离速度的主要因素。为了提高生物大分子在介质内部的传质问题，研究者提出了不同的解决思路，如开发更大孔径的琼脂糖微球。大孔琼脂糖介质具有贯穿的孔结构，渗透性能好，使得超大生物大分子大多能随流动相穿透颗粒产生对流流动方式，孔内的对流传质大幅度削弱了扩散传质速度慢的影响，以它为基质的分离介质对超大生物大分子具有更高的吸附容量和更快的分离速度。

（1）复乳法制备超大孔琼脂糖微球

Gustavsson 等利用复乳法首次制备了超大孔琼脂糖微球，粒径范围为 300～500μm，超大孔的孔尺寸甚至高达 30μm，孔隙率达到 40% 左右。这一超大孔结构足以让流动相对流到分离介质的内部孔道，加快了流动相与固定相之间的传质速度，缩短了交换平衡所需的时间，改善了传统琼脂糖介质传质速度慢的问题。实验测定了不同粒径超大孔琼脂糖微球内部的对流流速，发现超大孔琼脂糖微球具有与比其直径小得多的常规琼脂糖微球相当的柱效。在增加流速的情况下，超大孔琼脂糖介质的吸附容量和分辨率均不会降低，且反压也不会升高。修饰了不同配基后，超大孔琼脂糖微球介质在大分子蛋白质分离方面也取得了一定的进展，为快速纯化蛋白质大分子提供了基础。但是复乳法制备的琼脂糖微球的孔径过大，孔道数量有限，在一定程度上也限制了超大孔介质的粒径，而且其机械强度较低，限制了该类型超大孔琼脂糖微球的应用领域。

（2）颗粒致孔法制备超大孔琼脂糖微球

天津大学孙彦课题组采用颗粒致孔法，制备出了超大孔琼脂糖微球。与复乳法的致孔机理类似,颗粒致孔法也是利用不同物质之间的不相溶性实现超大孔的制备。但二者的孔道结构存在明显区别,与复乳法致孔相比,采用固体(碳酸钙)颗粒致孔,微球孔径相对较小,但孔道数量更多。颗粒致孔法制备的超大孔琼脂糖分离介质具有吸附容量高、传质速率快、孔径和孔隙率可控等优点。在成功制备超大孔琼脂糖微球的基础上,Shi 等又进一步衍生阴离子交换功能基团二乙氨乙基(DEAE),并以牛血清白蛋白(BSA)为研究对象进行吸附实验,同时与商品化介质 DEAE Sepharose FF 进行比较,考察了超大孔离子交换介质的吸附性能。结果显示,超大孔琼脂糖介质的静态吸附容量($q_m = 276mg/ml$)、传质速率($D_p = 2.7 \times 10^{-11} m^2/s$)、动态吸附容量(5%穿透点的 DBC = 56.0mg/ml)等性能与常规的商品化琼脂糖介质相比都有显著提高。固体颗粒致孔法需要使用大量的固体颗粒致孔剂,否则难以得到贯穿孔结构。

(3)反胶团溶胀法制备超大孔琼脂糖微球

在超大孔微球制备方面,Zhou 等提出了一种新型的反胶团溶胀法,成功制备出超大孔聚苯乙烯微球和超大孔聚甲基丙烯酸缩水甘油酯微球,并实现了孔径的可控、可调。与复乳法和固体颗粒致孔法相比,该方法的制备过程更加简单。表面活性剂反胶团溶胀法的操作步骤与常规的悬浮聚合相同,不同点是在分散相(油相)中添加了较高含量的表面活性剂。当油相中的表面活性剂浓度超过临界胶束浓度时,就会自发形成大量反胶团,油相分散到水相后,油滴内的反胶团会从外水相吸收水分,进而溶胀成连续的通道。在此基础上,赵希等进一步将该思路应用于超大孔琼脂糖微球的制备,成功制备了具有网状大孔结构的琼脂糖微球,平均孔径达到几百纳米。

4. 交联琼脂糖微球的制备

早期的琼脂糖微球是未交联的,由于琼脂糖凝胶的多糖骨架是由氢键相互作用连接而成的,虽然有一定的机械强度,但是与无机物微球和其他有机聚合物微球相比颗粒相对较软,不能进行高压灭菌,仅能在 2~40℃使用。当用作分离介质时,未交联的琼脂糖凝胶微球在压力较大的情况下会出现压紧和堵塞层析柱的现象,尤其在大规模层析要求流速较高时,这一缺点非常明显。化学交联是提高琼脂糖微球强度、增强热稳定性和化学稳定性的有效途径之一,它是利用交联剂的双功能基团与琼脂糖上羟基间的化学反应将糖链间的氢键相互作用变成共价键,增强纤维束间的结合力,这样所得到的凝胶除了氢键相互作用外还有较强的共价键,其机械强度和化学稳定性得到很大的提高。由于交联主要在单个凝胶纤维的多糖链上发生,纤维束之间的交联作用不明显,因此交联不会降低微球有效孔径的大小,交联琼脂糖微球的排阻极限与交联前的琼脂糖微球排阻极限相同。

(1)二溴丙醇和环氧氯丙烷交联

常用的交联剂都是一些含有较活泼的双官能基团化合物(如环氧氯丙烷、2,3-二溴丙醇)及分子两端带有活泼 Cl、Br 等基团的物质。环氧氯丙烷交联琼脂糖微球的方法如下:将得到的琼脂糖微球分散于水中,与含有 NaOH、环氧氯丙烷及硼氢化钠的溶液混合,边搅拌边在 60℃条件下反应 1h,反应式如图 5-5 所示(AG-OH 代表琼脂糖微球)。2,3-二溴丙醇对琼脂糖凝胶微球的交联与环氧氯丙烷类似。在强碱条件下用 2,3-二溴丙醇处理琼脂糖凝胶微球,二溴丙醇先转变为具有更高活性的环氧溴丙烷(图 5-6),之后环氧溴丙烷再与琼脂糖上的羟基起反应,实现凝胶内部交联。目前,在分离纯化领域广泛使用的 Sepharose CL 就是琼脂糖微球与 2,3-二溴丙醇交联反应后的产物。交联结构大大提高了琼脂糖凝胶的热稳定性及物理化学稳定性,且对凝胶孔结构无明显影响。Sepharose CL 在中性条件下可经受 120℃消毒,且热处理后层析性能不变,目前已经被成功用于凝胶过滤、离子交换、疏水及亲和层析领域。

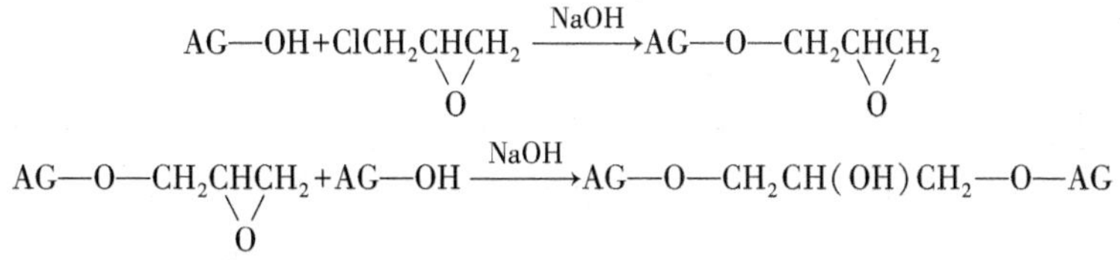

$$AG\!-\!OH+ClCH_2CHCH_2 \xrightarrow{NaOH} AG\!-\!O\!-\!CH_2CHCH_2$$
$$\underset{O}{\diagdown\diagup} \qquad\qquad\qquad \underset{O}{\diagdown\diagup}$$

$$AG\!-\!O\!-\!CH_2CHCH_2+AG\!-\!OH \xrightarrow{NaOH} AG\!-\!O\!-\!CH_2CH(OH)CH_2\!-\!O\!-\!AG$$
$$\underset{O}{\diagdown\diagup}$$

图 5-5　环氧氯丙烷交联琼脂糖微球的反应式

$$CH_2OHCHBrCH_2Br+NaOH \longrightarrow H_2C\!-\!CHCH_2Br+NaBr+H_2O$$
$$\underset{O}{\diagdown\diagup}$$

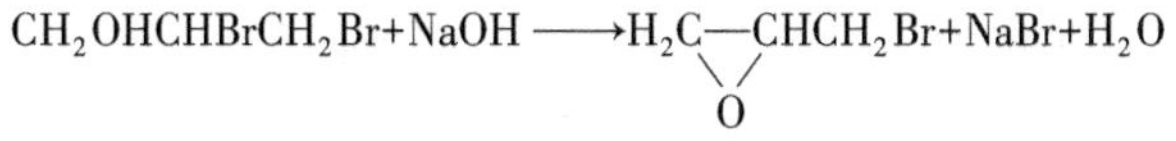

图 5-6　二溴丙醇转化为环氧溴丙烷的反应式

（2）二乙烯砜交联

二乙烯砜含有两个活泼的乙烯基,分别与琼脂糖链上的羟基起反应,产生交联,反应式如图 5-7 所示。

$$AG\!-\!OH+H_2C\!=\!CH\!-\!SO_2\!-\!CH\!=\!CH_2 \longrightarrow AG\!-\!O\!-\!CH_2\!-\!CH_2\!-\!SO_2\!-\!CH\!=\!CH_2$$
$$AG\!-\!OH+H_2C\!=\!CH\!-\!SO_2\!-\!CH\!=\!CH_2+AG\!-\!OH \longrightarrow AG\!-\!O\!-\!CH_2\!-\!CH_2\!-\!SO_2\!-\!CH_2\!-\!CH_2\!-\!O\!-\!AG$$

图 5-7　二乙烯砜交联琼脂糖微球的反应式

Porath 等研究发现,当使用二乙烯砜为交联剂时,可以获得机械稳定性和化学稳定性均较好的琼脂糖凝胶。结果表明,以 3% 的 DVS 交联琼脂糖浓度为 2% 的凝胶微球,装填 2.5cm ×40cm 色谱柱后,交联琼脂糖微球的最大流速比交联前提高了近 20 倍。Porath 等进一步考察了不同链长的交联剂对交联效果的影响,发现交联剂的长度对琼脂糖微球的强度有很大影响。例如,用丁二酰氯交联后的琼脂糖微球的最大流速为 50ml/（cm²·h）,用己二酰氯和对苯二酰氯交联后的琼脂糖微球的最大流速为 90ml/（cm²·h）,而用戊二酰氯交联后的琼脂糖微球的最大流速可达到 300ml/（cm²·h）。这是由于琼脂糖分子先形成"束",束和束之间形成大孔网络,如果交联剂的分子链短,则只能进行束内的分子间交联,而无法进行束间的分子间交联,因此形成的网状结构不够牢固。为了解决二乙烯基亚砜交联琼脂糖微球在碱性条件下稳定性欠佳,且存在一定的非特异性吸附的问题,Hjerten 对上述交联方法进行了改进,在交联反应过程中加入一定量的还原剂硼氢化钠,防止琼脂糖糖环的裂解;并使用含有多羟基的钝化剂,如甘露醇等,对未反应的乙烯基进行封闭,制得的琼脂糖凝胶在高碱性条件下仍然保持稳定,同时与蛋白质无非特异性吸附。

（3）两步交联法

为了进一步提高交联琼脂糖微球的机械强度,Pernemalm 等提出了一种新型的两步交联法,即分别使用长链、短链交联剂分两步对琼脂糖凝胶进行交联。第一步反应先用双官能交联剂或多官能交联剂在琼脂糖多糖链的两个羟基位点之间引入一条 6~12 个原子的长链（如 1,4-丁二醇双缩水甘油醚）,实现琼脂糖凝胶束间的交联;第二步反应再向反应体系中引入一条 2~5 个原子的短链交联剂（如环氧氯丙烷）,实现凝胶束内交联。Healthcare 推出的"快流速"琼脂糖介质 Sepharose Fast Flow（FF）系列琼脂糖微球即是经过两步交联的产物，由于两步交联大大提高了凝胶的机械强度，因此可以使用较高的操作流速，尤其适合于大规模工业化生产使用。

（4）预交联法

即使采用上述的两步交联方法，仍难以得到高交联、高强度的琼脂糖微球，因为琼脂糖微球的交联受到以下 4 个因素的限制：① 交联剂要扩散进入凝胶微球内部才能与琼脂糖多糖链上的羟基反应，而凝胶的空间位阻严重阻碍了交联剂在凝胶微球内部的扩散，使得凝胶微球中交联剂的有效浓度很低，交联效率不高。② 由于琼脂糖微球能在水中溶胀并悬浮于溶液中，因此交联反应在水溶液中进行，但交联剂通常难溶于水，在水相中的溶解度很低，反应速度很慢。③ 由于交联必须在碱性条件下反应，而浓碱会使交联剂部分水解而失去交联作用。④ 提高温度有助于增加交联剂在水中的溶解度、提高交联速度，但 50℃ 以上会造成琼脂糖凝胶逐渐溶解。因此，必须开发新型的交联方法才能实现琼脂糖微球的高效交联。

环氧氯丙烷在交联过程中除了与琼脂糖反应外，还会发生自身交联和水解反应，影响交联效率。为了提高交联效率，Peter 提出了采用反应可以控制的双功能交联剂（如烯丙基溴）来交联琼脂糖微球。这种双功能交联剂的第一个功能基团（溴）用于和琼脂糖微球上的羟基反应，此时第二个功能基团（烯键）不参与反应；随后对第二个功能基团（烯键）进行溴化处理，然后再与相邻的另一个羟基反应，实现了分子链内或分子链间的交联。重复该交联步骤可以获得更多的交联节点，相应的介质强度也就大大增加。该方法的优点在于交联反应可控且副反应少，反应式如图 5-8 所示。

$$AG\text{—}OH + CH_2 = CHCH_2Br \xrightarrow{NaOH} AG\text{—}O\text{—}CH_2CH = CH_2$$
$$AG\text{—}O\text{—}CH_2CH = CH_2 + Br_2/H_2O \longrightarrow AG\text{—}O\text{—}CH_2CHOHCH_2Br$$
$$AG\text{—}O\text{—}CH_2CHOHCH_2Br + AG\text{—}OH \xrightarrow{NaOH} AG\text{—}O\text{—}CH_2CHOHCH_2\text{—}O\text{—}AG$$

图 5-8　烯丙基溴交联琼脂糖微球的反应式

Zhao 等采用烯丙基溴、烯丙基缩水甘油醚等反应可控的双功能试剂，在琼脂糖溶液乳化成球前，预先对琼脂糖溶液中的琼脂糖分子［用 Agarose-OH 表示，以示和琼脂糖微球（AG-OH）的区别］进行活化，然后再将预活化的琼脂糖溶液乳化成球，得到烯丙基化的琼脂糖微球（AG—O—CH₂CH＝CH₂）。采用溴水对烯丙基化的琼脂糖微球进行溴化反应，进一步引发琼脂糖微球的交联反应。上述预交联法制备高强度琼脂糖微球的反应式如图 5-9 所示。

$$Agarose\text{—}OH + CH_2 = CHCH_2Br \xrightarrow{NaOH} Agarose\text{—}O\text{—}CH_2CH = CH_2$$
$$Agarose\text{—}O\text{—}CH_2CH = CH_2 \xrightarrow{Emulsification} AG\text{—}O\text{—}CH_2CH = CH_2$$
$$AG\text{—}O\text{—}CH_2CH = CH_2 + Br_2/H_2O \longrightarrow AG\text{—}O\text{—}CH_2CHOHCH_2Br$$
$$AG\text{—}O\text{—}CH_2CHOHCH_2Br + AG\text{—}OH \xrightarrow{NaOH} AG\text{—}O\text{—}CH_2CHOHCH_2\text{—}O\text{—}AG$$

图 5-9　预交联法制备高强度琼脂糖微球的反应式

为了进一步提高琼脂糖微球的机械强度，在预交联的基础上，继续采用传统的短链交联剂环氧氯丙烷对琼脂糖微球进行二次交联，即可得到高交联、高强度的琼脂糖微球。将所制备的高交联琼脂糖微球和 Sepharose 4FF 琼脂糖凝胶微球的压力-流速曲线进行比较,结果如图 5-10 所示。从图中可以看出,高交联琼脂糖微球具有更高的机械强度和流通性能,可应用于高流速层析分离操作中。

0.30
0.25
0.20
0.15
0.10
0.05
0.00
压力/MPa
0
200
400
600
800
1000
1200
1400
流速/(cm/h)

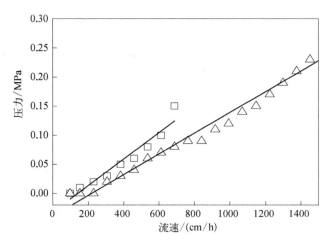

图 5-10 预交联琼脂糖微球(△)和 Sepharose 4FF 微球(□)压力-流速曲线的比较

5. 琼脂糖分离介质的制备

琼脂糖分离介质主要包括凝胶过滤介质、离子交换介质、疏水介质、亲和介质等。其中凝胶过滤介质利用琼脂糖微球的孔道结构对不同分子大小的生物分子进行分离,琼脂糖微球无需衍生功能基团,可直接用于蛋白质等生物分子的凝胶过滤层析。

(1) 离子交换介质的制备

离子交换介质分为阳离子交换介质和阴离子交换介质。根据离子交换的 pH 范围不同,可进一步分为强酸性阳离子交换介质、弱酸性阳离子交换介质、强碱性阴离子交换介质和弱碱性阴离子交换介质。其中,强离子交换介质的离子交换 pH 范围宽,弱离子交换介质的离子交换 pH 范围窄。琼脂糖离子交换介质通过对多糖上的羟基进行化学改性制得,连接强酸性基团(—SO_3H)、强碱性基团(—NR^{3+})、弱酸性基团(—COOH)或弱碱性基团(—NH^{3+})后可分别得到强酸性阳离子交换介质、强碱性阴离子交换介质、弱酸性阳离子交换介质和弱碱性阴离子交换介质。

1) 强酸性阳离子交换介质的制备。强酸性基团(—SO_3H)的偶联可以采用如下两条工艺路线:一是先用环氧氯丙烷对琼脂糖上的羟基进行活化,然后用 $NaHSO_3$ 与环氧基进行开环加成反应;另一条是先用烯丙基缩水甘油醚对琼脂糖上的羟基进行活化引入双键,然后用偏重亚硫酸钠进行磺化反应。强酸性阳离子交换介质的合成路线分别如图 5-11 和图5-12所示。

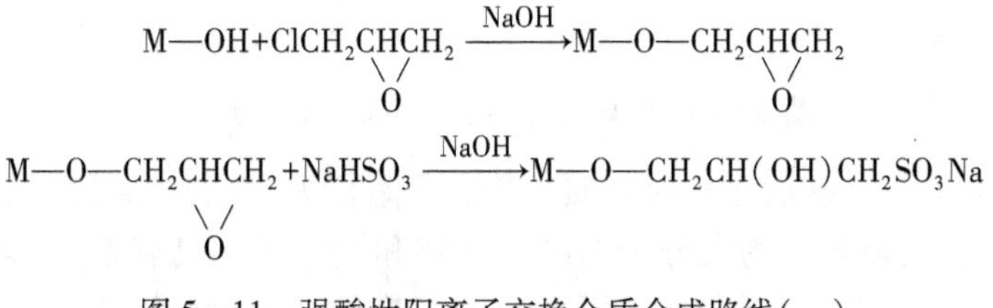

M—OH+ClCH2CHCH2 —NaOH→ M—O—CH2CHCH2
O
O
M—O—CH2CHCH2+NaHSO3 —NaOH→ M—O—CH2CH(OH)CH2SO3Na
O

图 5-11 强酸性阳离子交换介质合成路线(一)

$$M—OH+CH_2CHCH_2OCH_2CH=CH_2 \xrightarrow{NaOH} M—O—CH_2CH(OH)CH_2OCH_2CH=CH_2$$

$$M—O—CH_2CH(OH)CH_2OCH_2CH=CH_2+Na_2S_2O_5 \xrightarrow{NaOH} M—O—CH_2CH(OH)CH_2OCH_2CHCH_2SO_3Na$$

图 5-12　强酸性阳离子交换介质合成路线(二)

2) 强碱性阴离子交换介质的制备。强碱性基团($—NR^{3+}$)的偶联也有两条工艺路线: 一是直接胺化反应制备短连接臂的强阴离子交换介质; 另一条是先用烯丙基缩水甘油醚对琼脂糖上的羟基进行活化引入双键, 然后进行溴化, 最后偶联三甲胺, 制备含有较长连接臂的强阴离子交换介质。两条路线所得到的产品功能基团相同, 都是三甲胺的季铵基团, 但间隔臂结构和长短不同。强碱性阴离子交换介质的合成路线分别如图 5-13 和图 5-12 所示。

$$CH_2CHCH_2Cl+N(CH_3)_3 \xrightarrow{NaOH} CH_2CHCH_2N^+(CH_3)_3Cl$$

$$M—OH+CH_2CHCH_2N^+(CH_3)_3Cl \xrightarrow{NaOH} M—O—CH_2CH(OH)CH_2N^+(CH_3)_3Cl$$

图 5-13　强碱性阴离子交换介质合成路线(一)

$$M—OH+CH_2CHCH_2OCH_2CH=CH_2 \xrightarrow{NaOH} M—O—CH_2CH(OH)CH_2OCH_2CH=CH_2$$

$$M—O—CH_2CH(OH)CH_2OCH_2CH=CH_2+Br_2H_2O \longrightarrow M—O—CH_2CH(OH)CH_2OCH_2CH(OH)CH_2Br$$

$$M—O—CH_2CH(OH)CH_2OCH_2CH(OH)CH_2Br+N(CH_3)_3$$

$$\xrightarrow{NaOH} M—O—CH_2CH(OH)CH_2OCH_2CH(OH)CH_2N^+(CH_3)_3Br$$

$$M—O—CH_2CH(OH)CH_2OCH_2CH(OH)CH_2N^+(CH_3)_3Br+HCl$$

$$\longrightarrow M—O—CH_2CH(OH)CH_2OCH_2CH(OH)CH_2N^+(CH_3)_3Cl$$

图 5-14　强碱性阴离子交换介质合成路线(二)

3) 弱酸性阳离子交换介质的制备。琼脂糖微球上的羟基和氯乙酸反应, 即可得到 CM 弱酸性离子交换介质, 其合成路线如图 5-15 所示。

$$M—OH+ClCH_2COONa \xrightarrow{NaOH} M—O—CH_2COOH+NaCl$$

图 5-15　弱酸性阳离子交换介质合成路线

4) 弱碱性阴离子交换介质的制备。琼脂糖微球上的羟基和氯乙基二乙胺盐酸盐反应, 即可得到 DEAE 弱碱性离子交换介质, 其合成路线如图 5-16 所示。

$$M—OH+ClCH_2CH_2N(C_2H_5)_2—HCl \xrightarrow{NaOH} M—O—CH_2CH_2N(C_2H_5)_2+HCl$$

图 5-16　弱碱性阴离子交换介质合成路线

离子交换介质的配基密度不仅对介质的静态吸附行为(静态吸附容量和结合常数)具有重要影响, 还对乙肝疫苗等生物大分子的结构稳定和活性保持具有重要影响。白倩等考察了不同配基密度(0.05~0.24mmol/ml 介质)SP 离子交换介质对乳腺生物反应器表达的重组人乳铁蛋白的分离纯化性能的影响。静态吸附结果表明,随着配基密度的增加,介质对溶菌酶的饱和吸附容量(q_m)逐步增加,解离常数(K_d)逐步降低;动态吸附结果表明,随着配基密度的增加,溶菌酶的穿透时间逐步延长,说明其动态载量越来越大;随着配基密度增加,每毫升介质对重组人乳铁蛋白的处理量逐步增加。Huang 等合成了一系列不同配基密度的DEAE 离子交换介质,考察了配基密度对乙肝疫苗分离效果的影响,发现过高的配基密度将导致疫苗强烈的多位点吸附和结构变化,导致疫苗活性回收率的降低,适当降低介质的配基密度有利于提高疫苗在离子交换过程中的结构稳定性和活性收率。因此,介质的配基密度需要根据目标分离产物的特点进行合理设计。

（2）疏水介质的制备

琼脂糖疏水介质主要包括丁基(氧醚、硫醚)疏水介质、苯基疏水介质、辛基疏水介质等。疏水介质的制备方法主要有溴化氰活化偶联法、环氧活化偶联法、直接偶联法,其中丁基硫疏水介质主要采用环氧活化偶联法制备,其他介质主要采用直接偶联法制备。

1）环氧活化偶联法制备丁基硫疏水介质。环氧活化试剂主要包括环氧氯丙烷、乙二醇二缩水甘油醚、1,4-丁二醇二缩水甘油醚等。以环氧氯丙烷活化方法为例,丁基硫疏水介质的合成路线如图 5-17 所示。

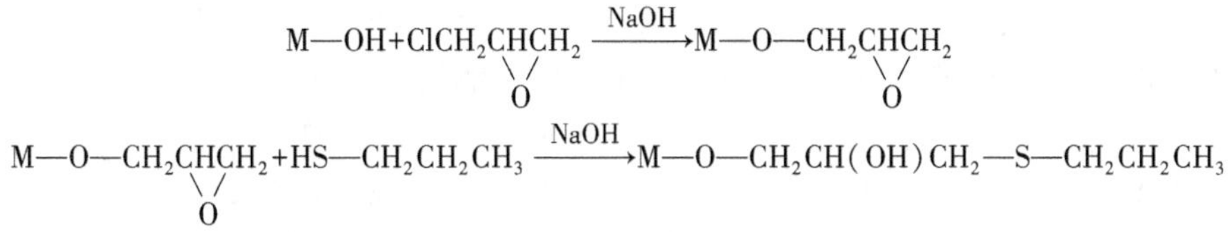

图 5-17　丁基硫疏水层析介质合成路线

Zhao 等采用不同的环氧活化试剂、活化条件和偶联条件,制备了不同间隔臂长度、不同配基密度的丁基硫疏水介质,考察了间隔臂长度和配基密度对汉逊酵母和中国仓鼠卵巢细胞(CHO)表达的乙肝病毒表面抗原分离纯化效果的影响,揭示了间隔臂长度和配基密度对疫苗结合力、纯化效率和活性保持的规律,分别筛选了适合不同来源的乙肝疫苗分离纯化的丁基硫疏水介质,大大提升了乙肝疫苗的分离纯化效果。

2）直接偶联法制备疏水介质。缩水甘油醚可以和琼脂糖微球上的羟基直接发生偶联反应,得到含有疏水基团的层析介质,具体的合成路线如图 5-18 所示。各种缩水甘油醚试剂难溶于水,但均可溶于有机溶剂中。为了提高偶联反应的效率,通常先用有机溶剂(如二氧六环、丙酮等)置换琼脂糖微球中的水分,再用有机溶剂置换进行偶联反应。琼脂糖微球中的水分含量、缩水甘油醚用量、反应温度和反应时间对偶联效果均有重要影响。

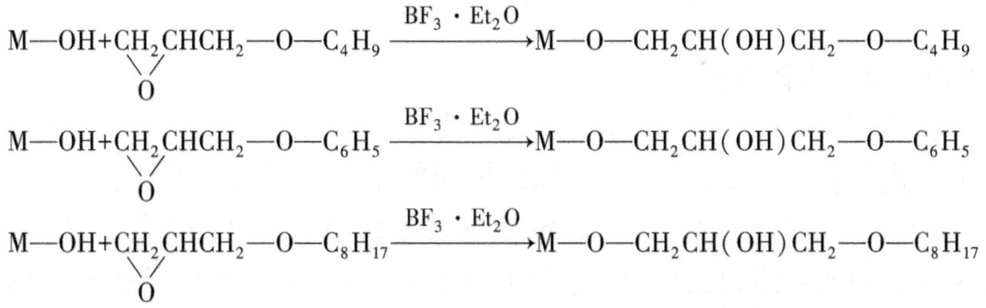

图 5-18　直接偶联法制备疏水介质的合成路线

3）亲和介质的制备。亲和层析是一种基于生物活性物质与其他分子(亲和配基)之间可逆的特异性相互作用的分离技术。以琼脂糖微球为基质的亲和介质广泛用于各种生物分子的分离纯化。近30年来,随着新的配基与间隔臂引入方法的深入研究,亲和层析介质的制备得到不断地完善,亲和介质的应用领域不断拓展。

亲和层析介质通常由固相基质、配基和间隔臂三部分组成。基质是固定配基的载体;配基是识别生物分子并能与之可逆结合的物质;间隔臂是配基与载体之间连接的一个具有适当长度的"手臂",间隔臂的类型和长度由微球的活化方法和配基的偶联方法决定。

琼脂糖亲和层析介质的配基可分为两大类：特异性配基和通用型配基。特异性配基一般为复杂的生物分子,它只能与某种生物分子发生特异性作用,如抗体和抗原、激素和受体、酶和其抑制剂等。通用型配基一般是简单的小分子,特异性不强,在一定条件下能与一种或多种生物分子作用,如凝集素、金属离子、三嗪染料、氨基酸等。

琼脂糖亲和介质的制备过程主要包括两步：一是琼脂糖微球(基质)的活化,对琼脂糖微球进行化学修饰,使微球表面上的羟基转化为易于和特定配基反应的活性基团;二是配基和活化介质的偶联,活化介质上的活化基团在一定条件下与含氨基、羧基、巯基、羟基、醛基等的配基反应,将配基偶联到微球上。琼脂糖亲和介质的制备方法主要包括溴化氰活化及偶联法、环氧活化及偶联法、高碘酸盐活化及偶联法、*N*-羟基琥珀酰亚胺活化及偶联法、三嗪活化及偶联法、甲苯磺酰氯活化及偶联法、丁二烯砜活化及偶联法、苯醌活化及偶联法等。目前使用最为广泛的方法主要是环氧活化及偶联法、*N*-羟基琥珀酰亚胺活化及偶联法。以环氧活化及偶联法为例,采用1,4-丁二醇二缩水甘油醚对琼脂糖微球进行活化,并对含有巯基、氨基、羟基的亲和配基进行偶联,具体的反应式如图5-19所示。环氧活化介质与含巯基、氨基、羟基的亲核物质(亲和配基)发生反应时,其反应顺序通常为—SH>—NH_2>—OH,通过控制反应体系的pH可实现对巯基、氨基、羟基的选择性偶联。

$$\mathrm{M{—}OH+\underset{\backslash\ O\ /}{CH_2CHCH_2}{—}O{—}(CH_2)_4{—}O{—}\underset{\backslash\ O\ /}{CH_2CHCH_2}}$$

$$\xrightarrow{\mathrm{NaOH}}\mathrm{M{—}O{—}CH_2CH(OH)CH_2{—}O{—}(CH_2)_4{—}O{—}\underset{\backslash\ O\ /}{CH_2CHCH_2}}$$

$$\xrightarrow{\mathrm{HS{—}R}}\mathrm{M{—}O{—}CH_2CH(OH)CH_2{—}O{—}(CH_2)_4{—}O{—}CH_2CH(OH)CH_2{—}S{—}R}$$

$$\xrightarrow{\mathrm{NH_2{—}R}}\mathrm{M{—}O{—}CH_2CH(OH)CH_2{—}O{—}(CH_2)_4{—}O{—}CH_2CH(OH)CH_2{—}NH{—}R}$$

$$\xrightarrow{\mathrm{HO{—}R}}\mathrm{M{—}O{—}CH_2CH(OH)CH_2{—}O{—}(CH_2)_4{—}O{—}CH_2CH(OH)CH_2{—}O{—}R}$$

图5-19 环氧活化及偶联法的反应式

6. 琼脂糖分离介质的应用

层析法具有选择性好、分离效率高、使用条件温和、易于放大、易于自动化和程序化操作等优点,已成为蛋白质、酶、疫苗、抗体、多肽、核酸等生物分子分离纯化最重要的方法,广泛应用于生物技术产业的各个领域。琼脂糖微球具有羟基密度大、亲水性好、非特异性吸附低、易于衍生各种功能基团、孔道结构优良、稳定性好等特点,因此以琼脂糖微球为基质的琼脂糖分离介质是目前应用最为广泛的分离介质。

琼脂糖分离介质主要包括凝胶过滤介质、离子交换介质、疏水介质、亲和介质等。各种分离介质所对应的分离模式、分离原理、分离特点、应用领域和纯化效率分别如表 5-2 所示。

表 5-2 琼脂糖分离介质的应用情况及应该效果

分离介质	分离方法	分离原理	分离特点	应 用	使用频率/%	纯化倍数	
						平均	最高
凝胶过滤介质	凝胶过滤层析	分子大小	分辨率中等、条件温和、回收率高、流速低、容量小、样品体积受限、重现性好	大多用于精制阶段	50	6	120
离子交换介质	离子交换层析	电荷	分辨率较高、流速快、回收率高、容量大、适用于低盐条件	初分离和中等纯化阶段	75	8	60
疏水介质	疏水层析	疏水性	分辨率较高、速度快、容量高、适用于高盐条件	初分离、中等纯化和精制阶段	<33	20	60
亲和介质	亲和层析	亲和力	分辨率非常高、流速较快	初分离、中等纯化和精制阶段	60	100	<100

二、其他应用

海洋生物材料除了作为分离介质以外,在固定化酶、细胞培养、生物传感器、水质净化、工业废水和贵重金属离子的回收、减少核辐射污染的吸收剂及食品加工废水中蛋白质的沉淀剂和絮凝剂等方面也得到了广泛的研究和应用。本部分将着重介绍壳聚糖和海藻多糖在固定化酶及细胞培养方面的应用研究进展。

1. 固定化酶载体

固定化酶是实现酶工业应用的有效手段,酶和载体的性质共同决定了固定化酶的性能,二者相互作用赋予固定化酶特有的物理化学性能和动力学性能,因此载体的选择是固定化酶体系的关键问题之一。对于固定化酶而言,虽然并没有通用型的载体能够适用于所有的酶,但是在选择载体时,也有一些公认的理想条件,包括对酶具有高度的亲和性、具有反应官能团能够与酶直接反应或进行合适的化学修饰后再与酶偶联、良好的亲水性、机械稳定性和强度、能够再生、制备方法简单、结构易于控制以具有良好的渗透性能和足够的表面积。在众多作为固定化酶载体的材料中,壳聚糖和海藻多糖由于具备很多理想载体材料的特征而受到广泛的关注。

（1）壳聚糖作为固定化酶载体

壳聚糖是一种多孔网状天然高分子材料,具有生物可降解性、生物相容性和生物活性等特性,同时化学性质稳定,耐热性好,可以以粉、凝胶、膜、微球等多种形态通过吸附、包埋或共价交联将酶进行固定化。

吸附法非常简单,利用酶与壳聚糖之间的离子键、范德华力及氢键来结合。吸附法固定化的酶包括多酚氧化酶、过氧化氢酶、超氧化物歧化酶、木瓜蛋白酶、碱性蛋白酶和酯酶等。包埋法适用于在稀酸环境下稳定的酶,将酶直接加入壳聚糖溶液,而后进行凝胶化反应。虽然吸附和包埋法制备固定化酶,酶不容易失活,但酶与载体之间的结合力弱,在使用过程中酶分子容易从载体上脱落,因此多数情况下采用吸附-交联联用或包埋-交联联用的方法,以提高其稳定性,但也会由于交联作用使酶的活性有所降低。最常用的交联剂是戊二醛,能够与壳聚糖上的氨基和酶分子上的氨基发生 Schiff 反应,使酶牢固地结合在壳聚糖载体上。戊二醛也是最为常用的壳聚糖骨架的交联剂,这样既可以起到骨架交联提高载体稳定性和机械强度的作用,也可以进一步与酶进行反应。使用这种方法固定的酶种类众多,包括脂肪酶、过氧化氢酶、酸性磷酸酶、脲酶、葡糖苷酶、柠檬苦素葡糖基转移酶等。

将壳聚糖进行化学改性后的衍生物用于固定化酶也是近年来的研究热点。由于壳聚糖具有丰富的化学功能基团,包括 C6-伯羟基、C3-仲羟基和 C2-氨基(或乙酰氨基)及糖苷键。羟基和氨基更易进行化学反应,得到衍生物。羟基上的化学改性包括醚化、O-酰化、酯化、氧化、O-糖苷化,氨基上的化学改性包括 N-酰化、黄原酸化、交联、N-烷基化、生成席夫碱。其中,C2-氨基很容易参与季铵化反应或与醛基反应,并且由于与醛基反应条件温和、方法简便易行,是使用最为普遍的方法。常用的衍生物包括二醛类(如戊二醛、乙二醛)、环氧化物(如环氧氯丙烷、双环氧基聚乙二醇双缩水甘油醚)、二异氰酸酯类(如甲苯二异氰酸酯、1,6-已二异氰酸酯)、胺类(琥珀酰亚胺、乙二胺、丁二胺、正丁胺、二甲胺、三甲胺、苯甲胺)、丙烯腈、甲基丙烯酸缩水甘油酯、聚乙烯亚胺等。以壳聚糖衍生物为载体,已经用于脂酶、漆酶、淀粉酶、假丝酵母玫瑰酶、木瓜蛋白酶、脲酶等多种酶的固定化。

此外,磁性壳聚糖微球作为一种新型功能高分子材料,已经作为载体被广泛研究并应用于酶的固定化,其具有以下优点:① 有利于固定化酶从反应体系中分离和回收,操作简便;② 磁性载体固定化酶放入磁场稳定的流动床反应器中,可以减少持续反应体系的操作,适合于大规模连续化操作;③ 利用外部磁场可以控制磁性载体固定化酶的运动方式和方向,替代传统的机械搅拌方式,提高固定化酶的催化效率。目前,磁性壳聚糖微球作为载体已应用于酵母乙醇脱氢酶、酪氨酸酶、脂肪酶和 β-D-半乳糖苷酶等的固定化。

(2)褐藻酸材料作为固定化酶载体

在多种多样的海藻多糖材料中,褐藻酸钙凝胶以其制备条件温和、生物相容性好、亲水性强和来源广泛等优点成为固定化酶常用的载体之一。褐藻酸是来自褐藻的天然阴离子型多糖,在水溶液中,褐藻酸分子似柔软的线团,当分子中的羧基遇到高价阳离子时,即由溶胶态转变为凝胶态。最常用的是 Ca^{2+},其次是 Ba^{2+},其他的二价阳离子如 Pb^{2+}、Cu^{2+}、Cd^{2+}、Co^{2+}、Ni^{2+}、Zn^{2+} 和 Mn^{2+} 等也能与褐藻酸交联形成凝胶,但这些离子的毒性限制了它们的应用。根据褐藻酸材料的上述特点,通常通过包埋的方式将酶进行固定,主要有两种制备方法:一是将酶溶液与褐藻酸钠溶液混合,而后加入氯化钙溶液固化,固化后,酶固定于褐藻酸钙的网络结构中。另一种是将酶溶液与氯化钙溶液混合,而后加入褐藻酸钠溶液中,此时,形成一种微囊结构,酶包裹于微囊的液核之中。与前者相比,微囊结构能够提供更大的固定化空间,提高了酶的负载量。同时,微囊内的液核更有利于底物和产物的扩散,有助于维持固定化酶的活力。另外,还可以在氯化钙溶液中加入其他物质来调节微囊的黏度和扩散能力,如加入分子质量较大的增稠剂时,能够减少或防止酶的泄露;而加入低分子的增稠剂时,这些小分子可以扩散出去,有利于减低微囊液核的扩散限制。

虽然褐藻酸钙凝胶与酶具有良好的相容性,包埋于其中的酶具有较高的酶活,但载体本身也存在一些固有的缺陷。在含有多价阴离子和高浓度电解质的溶液中,褐藻酸钙凝胶中的 Ca^{2+} 容易被置换出来,致使凝胶液化,酶大量流失,载体机械强度下降。另外,由于褐藻酸钙凝胶具有溶胀的特性,随着反应的进行,凝胶网络的孔径增大,也会造成酶的泄漏和载体机械强度的下降。针对这一问题,可以采用褐藻酸钙和其他材料复合,不同材料间优势互补,来提高固定化酶载体的性能,复合的材料主要有氧化硅、壳聚糖、明胶和聚乙烯醇等。其中,对于氧化硅和壳聚糖与褐藻酸钙复合的研究较多。将直径为 10nm 左右的氧化硅颗粒与褐藻酸钠溶液混合,共同滴入氯化钙溶液中,可获得掺杂了氧化硅的褐藻酸钙微球(图 5 - 20A)。利用类似的方法还可制备褐藻酸钙凝胶与氧化硅纳米管的杂化载体(图 5 - 20B),在纳米管的吸附作用下,酶在凝胶微球中的包埋率大幅度提高,底物在凝胶微球中的扩散系数也有所提高,酶活随之增大。若将褐藻酸钙凝胶微球浸入正硅酸甲酯(TMOS)的水解液中,硅醇可经扩散进入凝胶内部并缩聚生成直径为 100~200nm 的氧化硅粒子。将 TMOS 与褐藻酸钠溶液混合,再滴入氯化钙溶液中,前驱体的水解缩聚反应可与褐藻酸钠的交联反应同时进行,生成的纳米级氧化硅均匀分布在褐藻酸凝胶网络中,也获得了混凝土型的褐藻酸-氧化硅凝胶。与褐藻酸钙凝胶微球相比,杂化凝胶微球具有更高的机械强度,因此具有更好的重复使用稳定性。褐藻酸钙与氧化硅复合材料通过仿生硅化过程还可以实现微球表面的硅化,将褐藻酸钙微球在聚赖氨酸溶液中浸泡一段时间,再浸入硅酸钠溶液中进行硅化,微球表面可以形成氧化硅外壳,利用柠檬酸盐的置换作用,可进一步得到具有褐藻酸液核和氧化硅外壳的杂化微囊(图 5 - 20C)。氧化硅外壳有效提高了微球的机械强度并防止了酶的泄露。

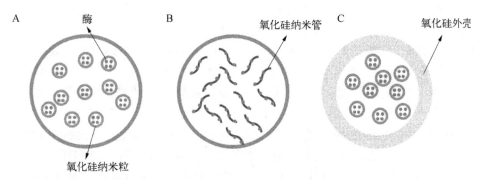

图 5 - 20　氧化硅-褐藻酸钙复合材料作为酶固定化载体的三种主要形式

2. 细胞培养微载体

微载体细胞培养是当前贴壁依赖性细胞大规模培养的主要方法,兼具单层培养和悬浮培养的优势,细胞所处环境均一,环境条件(如温度、pH、CO_2 等)容易测量和监控,培养操作可系统化、自动化,降低污染发生的机会,而微载体作为其中最为关键的材料受到广泛的重视。制备微载体的材料按其来源可分为两大类:人工合成聚合物和天然聚合物及其衍生物。早期微载体多采用人工合成聚合物如葡聚糖、聚苯乙烯、聚甲基丙烯酸 - 2 羟乙酯(PHEMA)、聚丙烯酰胺、低聚合度聚乙烯醇等,近年来越来越多的研究关注用天然聚合物及其衍生物来制备微载体。天然聚合物来源丰富,在功能适应性、组织相容性、理化性能、降解性能、价格等方面具有很多优势,其中对于壳聚糖和褐藻酸盐及其衍生物的研究较多。

壳聚糖的结构类似于细胞外基质(extracellular matrix, ECM)中糖胺聚糖,它可与细胞外黏附分子结合而促进细胞的黏附、迁移和分化,具有良好的生物相容性和可调节的生物降解性能。早在1985年,PoPowicz等就已报道,将壳聚糖溶解于乙酸中(质量分数为1%~3%),蒸发水分或冷冻干燥可以制成一种薄且通透性好的透明多孔膜,并成功用于细胞培养,将已经建立的MDCK细胞系接种在壳聚糖膜上,发现细胞能在上面长成单层。由于壳聚糖上大量氨基的存在,其表面带有正电荷,虽然有利于细胞的贴附,但是由于正电荷密度过高会对细胞产生"毒性"作用,造成细胞生产缓慢。因此,目前的研究着重于壳聚糖与其他材料复配或进行衍生后,再制备微载体。

目前用于与壳聚糖进行复合的材料包括胶原蛋白、明胶、丝素蛋白、聚乙烯醇、乳糖、果糖、聚乙二醇等,所选用的复合材料一般都具有促进细胞生长的作用,并且复合材料也降低了微载体的电荷密度,既利用了壳聚糖利于细胞贴附的特点,也提高了细胞生长的速度。降低壳聚糖电荷密度的另一个方法是进行化学衍生,目前研究较多的是羧甲基衍生物,以羧基基团的负电荷中和氨基的正电荷。使用羧甲基壳聚糖制备的微载体适用于Vero、BHK、BB等多种细胞的培养。

利用褐藻酸钠优良的胶凝特性,将细胞包埋于凝胶微囊中,提供细胞生长所需的三维生长支架,有利于承载大量的细胞,还能创造类似细胞生长的微环境,同时避免细胞在微载体表面生长时受到的剪切力的破坏,对于细胞特别是干细胞的大规模培养是一个非常值得期待的培养方式。由于褐藻酸钙缺乏和细胞的结合位点,褐藻酸盐的强亲水性妨碍蛋白质的吸附,不能和动物细胞相互作用,因此作为细胞培养微载体必须与其他材料进行复配或进行化学修饰,偶联上能与细胞作用的蛋白质或多肽(如RDG等),增强与细胞的结合能力,以保证细胞的黏附和生长,进而生产高值的生物技术药物或者应用于组织工程和再生医学领域。

1980年,加拿大多伦多大学的Lim和Sun发明了褐藻酸钠-聚赖氨酸-褐藻酸钠(APA)微胶囊并用于包埋猪胰岛细胞取得成功,后来又成功包埋肝细胞。但是这种微胶囊中聚赖氨酸价格较高,使其应用受到限制。后来人们又发现来源广泛、价格便宜的壳聚糖也可与褐藻酸钠混合用于包埋细胞,支持细胞生长,因此针对褐藻酸钠-壳聚糖体系开展了大量的研究。利用褐藻酸钠-壳聚糖-褐藻酸钠对肝细胞进行包埋,微胶囊化的肝细胞在PPM I 1640培养液中保持活性,且能合成并释放低分子蛋白质,这种结构有利于肝细胞微胶囊植入体内后发挥功能而不被宿主免疫系统所排斥。用这种包埋材料还可以包埋胰腺、胸腺和甲状腺等分泌腺细胞。Chandy等对褐藻酸钠-壳多糖-聚乙二醇(PEG)微胶囊进行了实验,应用扫描电镜检测发现它的机械稳定性和蛋白质扩散性能良好,用此胶囊包埋血红细胞并观察血红蛋白的释放,没有溶血现象且稳定性和生物相容性很好。软骨细胞在体外二维培养后易去分化成类纤维细胞,而在褐藻酸微球上培养则可以在传3~5代后仍保持良好的软骨细胞表型和活性,且三维微球结构为细胞黏附及增殖提供了更多生长空间,便于软骨细胞大量收集和获取,已成为软骨细胞体外培养的常用体系。将原代培养的软骨细胞包裹于低黏度无菌褐藻酸微球中,连续培养4周后发现软骨细胞在三维小球中生长良好,代谢活跃,细胞表型维持不变并可大量分泌特异性细胞外高分子物质,如糖胺多糖、Ⅱ型胶原等。以褐藻酸钙微胶珠作为载体培养神经干细胞,可用于三维动态培养系统,不仅解决了细胞增殖和收集的问题,还可避免动态剪切力对神经干细胞的损伤。此外,还可用于胚胎干细胞、骨髓间充质干细胞、肌肉干细胞、脂肪干细胞等多种干细胞的培养。

尽管褐藻酸钠具有众多的优良特点,但是作为一种天然生物材料还存在一些亟须解决的问题,包括:① 来源和加工控制。天然生物材料的来源(种属、地域、收获季节等)及不同的加工工艺会对褐藻酸钠的分子质量、分子中甘露糖醛酸(M)与古罗糖醛酸(G)的比例造成影响,相应的生物学功能和力学性能也有很大的差异。我国有多家褐藻酸原料的生产厂家,但是尚无医用级原料生产平台,缺乏系统的原料来源可溯性控制和工艺控制,产品质量不高,批次间差异大,难以满足生物技术及临床研究和应用的需求。② 提纯工艺控制。褐藻酸钠中含有多种杂质成分,包括多酚、内毒素、热原和蛋白质使其生物相容性不理想,利用过滤、沉淀、萃取、层析技术对褐藻酸钠进行纯化后,约能除去 63% 的多酚、91.45% 的内毒素和 68.5% 的蛋白质,但是在生物体内应用的时间仍然有限,且在部分(<10%)回收的微胶囊表面还有纤维化细胞过度生长的现象,因此需要发展更为优良的提纯工艺来得到高纯度的褐藻酸钠。

综上,以壳聚糖和褐藻酸盐为代表的海洋生物制品作为载体和分离介质材料具有优良的性能和开发潜力,如果能够解决生产、加工、制备成型、化学衍生中的关键问题,进一步明确其构效关系,实现质量可控的稳定生产,在医药、食品、工业生物技术等领域的应用前景将非常令人期待。

(马光辉　苏志国　黄永东　周炜清)

第四节　海洋药物载体的开发与利用

体内的代谢和降解作用,会缩短药物的半衰期,降低病变部位的药物浓度,并且增加药物的毒副作用。合适的药物载体可以改变药物的体内分布并实现药物的可控释放,从而克服单独给药时存在的上述缺陷。海洋多糖是由多个相同或不同的单糖基相连而成的高聚物,通常具有优良的生物相容性、生物降解性和生物黏附性,而且功能基团丰富,易于修饰,是一类理想的药物载体材料。本节将主要介绍来源丰富、易于开发的几种海洋多糖作为药物载体的制备和应用。

一、海洋多糖药物载体的制备

1. 海洋多糖水凝胶

水凝胶是以水为分散介质形成的高分子空间网状结构,可以吸收大量的水和液体,保持高水含量,从而赋予了水凝胶良好的弹性和生物相容性。海洋多糖由于其特殊的结构,易于形成凝胶形式,有利于保护其中包埋的生物活性物质。

(1)壳聚糖水凝胶

根据交联方式的不同,可以分为壳聚糖化学水凝胶和壳聚糖物理水凝胶。壳聚糖化学水凝胶主要是由不可逆的共价交联构成,壳聚糖物理水凝胶可由离子交联、氢键交联及链间缠绕等多种可逆交联形成。

以共价交联形成的壳聚糖水凝胶根据结构可以分为三类:自我交联的壳聚糖网络、杂化聚合物网络和半/全互穿聚合物网络。常用的交联剂为二醛类(如乙二醛及戊二醛等),它们的醛基与壳聚糖上的氨基间发生反应,形成共价的席夫碱结构,不需要加入辅助分子(如还原剂等),但主要缺陷在于它们有一定的毒性。京尼平是目前研究得较多的一类替代戊二醛的天然交联剂,它是中药杜仲、栀子中的活性成分之一。京尼平与壳聚糖间的交联反应机理尚不明确。据推测,京尼平上的羧甲基首先与壳聚糖上的氨基反应生成二级酰胺,然后壳聚糖上的氨基基团通过亲核反应与京尼平上的烯碳原子反应并开环形成交联结构。京尼平在人体内的生物相容性目前还未得到确认,但它在体外不具有细胞毒性。

壳聚糖物理水凝胶的主要结合力是静电作用力及氢键作用力。静电作用结合的壳聚糖网络中一般需要加入带负电荷的聚合物(海藻酸钠)或小分子(甘油磷酸钠),通过静电结合力形成交联网络。另外,利用壳聚糖链上的氨基及羟基与其他聚合物链上的极性基团间的氢键作用也可形成交联网络。

(2)海藻酸水凝胶

海藻酸盐的凝胶可以在非常温和的、无毒反应介质的环境下形成。当海藻酸遇见二价阳离子或聚阳离子时,会发生离子转移,形成既具有一定强度又具有弹性的凝胶。有研究表明,海藻酸与单价阳离子和 Mg^{2+} 不会产生凝胶化,而与 Ca^{2+}、Ba^{2+} 和 Sc^{2+} 产生凝胶化,且与 Ba^{2+} 和 Sr^{2+} 比与 Ca^{2+} 形成的海藻酸盐凝胶更坚固。其他的二价阳离子(如 Pb^{2+}、Cu^{2+}、Ni^{2+}、Zn^{2+} 和 Mn^{2+})及三价阳离子(如 Al^{3+} 和 Fe^{3+})也能形成交联的海藻酸盐凝胶,但由于毒性,它们在应用上受到很大限制。文献还证实,海藻酸钠与二价离子的结合具有选择性,如 Ca^{2+} 主要是与海藻酸钠中的古洛糖醛酸单元结合。因此当海藻酸链节中 M 段与 G 段的比例减小时,形成凝胶所需的 Ca^{2+} 量会相应增大。一般一个 Ca^{2+} 同时与相邻的一对(或多个)海藻酸钠分子链的 4 个古洛糖醛酸单元上的 10 个氧原子配位,并形成蛋盒(egg box)结构。

2. 海洋多糖纳微颗粒

海洋多糖由于具有多种化学组成和大量的功能基团,因此在结构和性质上有所差别。研究人员依据海洋多糖的这种多样性,发展出了多种技术用于制备纳微颗粒,其中乳化交联、自组装和凝聚法是目前主要使用的三种方法。

(1)乳化交联

乳化交联是一种比较传统的、用于制备海洋多糖纳微颗粒的方法。首先需要将多糖水溶液与含油相乳化剂的油相混合,制备成 W/O 型乳液。传统的乳液制备大多采用机械搅拌法,所形成的乳滴粒径较大,通常在亚微米至微米级别。超声乳化法虽然能够制备出纳米级别的微细乳液,但是在包埋蛋白质、多肽药物时,巨大剪切力会破坏这些药物的活性。特别需要指出的是,上述两种方法制备出的颗粒大小不均一、粒径分布较宽,因而会造成制剂的稳定性降低、批次间重复性变差和药物的包埋效率下降,并且影响到后续的生物学效应和治疗效果。虽然经过筛分可以得到粒径均一的纳微米颗粒,但是这一过程繁琐复杂、耗时长,不仅浪费人力和财力,还会造成原料的浪费。

为了克服上述缺点,马光辉及其团队发展了独特的微孔膜乳化技术来制备尺寸均一、粒径可控的乳液和颗粒(图 5-21A)。该技术的基本工作原理不同于传统的乳化法和超声法,它是在一定的压力下将分散相压过均匀的膜孔进入连续相中,从而形成粒径均一的乳液,因此乳液的粒径可以通过选择不同孔径的膜加以控制,适用于制备 1~100μm 的颗粒。为了制备更小尺寸的颗粒,他们继续开发了快速膜乳化技术(图 5-21B),利用尺寸均一的膜孔对乳液的剪切作用,将预乳液变为均一细小的微乳液,进而用于制备 100nm ~ 10μm 的颗粒。上述两种乳化的过程中条件温和,有利于保持被包埋药物的活性,并且微孔膜乳化的设备和工艺易于规模化和工业推广。

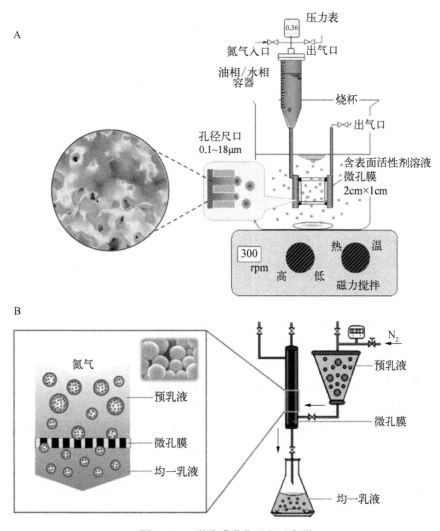

图 5 - 21　微孔膜乳化过程示意图

A. 常规膜乳化;B. 快速膜乳化

　　制备出的 W/O 型乳液需要加入特定的交联剂进行固化,从而得到相应的多糖纳微药物载体。根据交联机理的不同,可以分为共价交联和离子交联两大类(图 5 - 22)。

　　1)共价交联。由于多糖上富含大量的羟基,因而可以采用环氧氯丙烷和二溴丙醇的双功能基团与羟基反应,将糖链间的氢键网络变成共价交联网络,这是一种对多糖来说较为普适的方法。遗憾的是,这种方法通常需要在强碱条件下反应,反应条件较为剧烈,因此在药剂学领域已经逐渐淡出研究人员的视野。

　　由于海藻酸盐上有羧基活性基团,可以同二胺或者多胺类物质发生交联反应,通过氨基

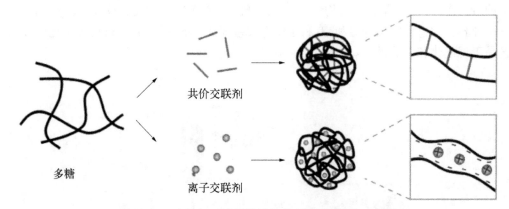

图 5-22　多糖与不同交联剂所形成的网络结构示意图

和羧基的脱水缩合反应形成酰胺键。此外，通过高碘酸钠氧化，海藻酸盐顺式邻二醇结构中的 C—C 键断裂，部分糖醛酸单元的羟基转变成反应活性高于羧基的醛基基团，从而使海藻酸盐能以更快的速率与二胺或者多胺类物质发生交联形成席夫碱结构。类似的，利用壳聚糖侧链上的氨基的高反应活性，可以用甲醛、戊二醛、香草醛等物质与壳聚糖进行共价交联，同样形成席夫碱结构。此外，京尼平、苹果酸等多种新型的共价交联剂也开始用于制备壳聚糖纳微颗粒。

通过共价交联方法制备出的纳微颗粒一般多为实心体，结构不易调控；生成的共价键也较为稳定，不易受到破坏，因此其在体内的生物降解通常比较慢。尤其是如果包埋的药物含有类似的功能基团（如蛋白质多肽类药物含有的氨基），同样会参与共价交联，从而引起药物活性的下降；此外，引入的共价交联剂所产生的生物安全性问题也一直饱受争议。

2）离子交联。海藻酸与钙离子的交联是多糖中最经典的离子交联方法，这种方法随后也被应用于交联羧甲基纤维素、果胶等其他带有羧基的多糖。而对于含有氨基的壳聚糖，三聚磷酸盐和硫酸盐也在离子化交联时被广泛地使用。此时壳聚糖的浓度不宜太高，浓度高会导致壳聚糖聚集体的产生；为了增加滴加沉淀剂后悬浮液的稳定性，有必要在壳聚糖溶液中加入一定量的表面活性剂；采用这种方法制备的载药微球的释药速率随着壳聚糖与药物比例的升高而降低。

与共价交联相比，离子交联的反应条件更为温和，并且无需使用有机溶剂，从而可以使包埋药物的活性得到更好的保持。但也正由于不使用有机溶剂，在沉淀微球时，药物很容易扩散到微球外的水相，导致微球对药物的包埋率下降；此外，采用离子交联法制备的纳微多糖颗粒内部通常是凝胶网络结构，小分子药物在内部受到的约束较小，泄露问题比较普遍，缓释效果也不理想。

（2）自组装

自组装是指高分子之间、纳米粒子之间、高分子与小分子之间、高分子与纳米粒子之间在一定条件下通过非共价键作用（如疏水、氢键、静电作用力等）自发形成超分子有序结构。与传统的"从大至小"的制备方法不同，自组装技术是一种"从小至大"的材料组装方法，体现出了诸多优势：首先，自组装过程是一自发过程，整个组装过程无需外加驱动力，因而避免了一些人为误差的干扰，实验重复性较好；其次，整个自发过程的反应条件十分温和，有利于维持生物分子的天然构象,保持其活性;再次,自组装技术所需的仪器设备比较廉价,自组装过程比较迅速,如果能够真正达到实用化和大规模生产,将大大降低生产成本。目前,主要通过以下两种自组装途径来制备海洋多糖的纳微颗粒。

1)基于静电作用的层层自组装。该技术的主要特点是在表面荷电的基质表面通过静电相互作用交替地吸附上带相反电荷的聚电解质高分子。如果基质是二维的,可以通过该技术制备出薄膜材料;如果以颗粒为基底,便可以制备出核壳结构纳微米颗粒,通过对中心基质进一步地溶蚀处理,便可以得到中空的纳米囊和微米囊(图5-23)。其中,空腔的大小和形貌主要取决于原中心基质的大小和形貌;壳层的厚度主要依赖于包裹吸附的循环次数,一般壳层的厚度随着循环次数的增加而线性增加;至于微粒的表面性质(如表面的亲疏水性,表面的电荷性质等)则是由壳层的最外层组分所决定。在海洋多糖中,对于富含氨基的壳聚糖及富含羧基的海藻酸,由于其所具有的电荷性质,在层层自组装领域受到了更多的关注。

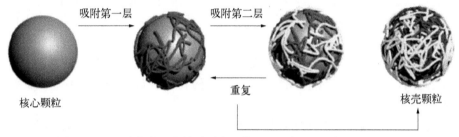

图5-23　以胶粒为基底的层层自组装过程示意图(引自Quinn,2007)

2)基于疏水作用的自组装胶束。两亲性聚合物由于其亲水链段和疏水链段的存在,在溶剂中的溶解度会存在差异。为了降低表面自由能,在临界胶束浓度时会自发地形成胶束。通常在水中会形成具有疏水性核与亲水性壳的正相胶束;而在非极性溶剂中则会形成有亲水性核与疏水性壳的反相胶束(图5-24)。为了保持与体内的环境一致,防止胶束破裂,正相胶束在药剂学领域研究得比较普遍。与其他载体形式相比,胶束具有一些显著的优势。首先,其疏水性的内核可装载和贮存疏水性的药物;其次,亲水性的外壳可减少胶束与网状内皮系统间的相互作用,并有利于胶束在水中的分散;此外,可通过在胶束表面连接特异性的配体达到主动靶向的目的。

图5-24　两亲性聚合物在水中形成胶束和在非极性溶剂中形成反相胶束的示意图

海洋多糖由于具有大量的羟基,因而通常表现出较强的亲水性。为了使多糖在水中具有双亲的性质,通常需要通过多糖上的羟基、氨基或者羧基进行疏水性基团的修饰。常用于修饰多糖的疏水基团主要是长链的脂肪烃、甾体类的四环脂肪烃和聚丙烯酸类高分子。这些胶束的分子间均以非共价键缔合,因而易受外界条件的影响。溶剂、pH 和温度等的改变及稀释、浓缩和剪切力作用都可能使其缔合作用减弱,进而导致胶束的破裂和药物的泄露,这种不稳定性也是胶束作为给药系统时一个不可回避的问题。

（3）凝聚法

当海洋多糖遇到相反电荷的离子或者高分子时,会在溶液中发生凝聚,利用这个原理也可以较为方便地制得海洋多糖纳微颗粒。目前,主要通过以下两种凝聚方式来制备海洋多糖的纳微颗粒。

1）单凝聚法。单凝聚法是指在均相的高分子溶液中加入凝聚剂以降低高分子溶解度而凝聚成微球的方法。壳聚糖只溶于稀酸溶液中,壳聚糖的溶解性与溶液中存在的其他阴离子密切相关：溶液中存在乙酸盐、乳酸盐和谷氨酸盐时,壳聚糖的溶解性很好;而当溶液中存在磷酸盐、聚磷酸盐和硫酸盐时,壳聚糖则会降低壳聚糖的溶解度使其沉淀析出。单凝聚法就是利用这个原理,向壳聚糖稀酸溶液中滴加沉淀剂来制备壳聚糖微球的。

用单凝聚法制备壳聚糖微球的优点是制备过程中不使用有机溶剂,有利于药物活性的保持,而且采用这种方法所制备的颗粒尺寸可以达到 $10\mu m$ 以下,可以用于黏膜给药。但也正由于不使用有机溶剂,在沉淀时药物很容易扩散到微球外的水相,导致载体对药物的包埋率不高。由于不使用化学交联剂,药物的释放速率也较快,很难实现长时间的缓释。

2）复凝聚法。复凝聚是利用两种带有相反电荷的高分子材料,基于离子间相互作用使体系接近等电点而将高分子溶解度降低,自溶液中析出形成颗粒。壳聚糖的酸性水溶液带正电荷,理论上可以选用任何阴离子聚合物来与壳聚糖复凝聚成球。目前常用来与壳聚糖复凝聚成球的材料是另一种海洋多糖,即海藻酸,其次是酪蛋白和明胶。

采用复凝聚法制备微球或微囊时,为了得到结构稳定、球形较好的微球或微囊,有时需要考虑进一步使用化学交联剂。以壳聚糖与海藻酸复凝聚制备载药微球时,是将被包埋物溶于海藻酸盐的溶液中,然后将该溶液滴加进含离子交联剂氯化钙的壳聚糖溶液中,海藻酸盐变成不溶的海藻酸钙而固化成微球并与壳聚糖形成离子聚合体,使壳聚糖吸附在海藻酸钙微球的表面或进入内部。由于海藻酸钙本身难溶于水,海藻酸盐的固化主要是靠钙离子,而与壳聚糖之间的离子作用是辅助性的,氯化钙固化后的微球较牢固,不需要进一步用交联剂交联。而采用酪蛋白与壳聚糖复凝聚制备微球时,酪蛋白必须溶于 NaOH 溶液中,以便酪蛋白溶液与壳聚糖溶液接触时,两者中和产生离子相互作用而固化得到复合微球。由于 pH 变化会使该复合微球瓦解,一般固化后还需要采用醛类(如戊二醛、甲醛)对微球进行进一步的交联固化。

与单凝聚法一样,复凝聚法也不使用有机溶剂,不使用化学交联剂,可以有效保护被包埋药物的活性。另一重要的优点是,海藻酸-壳聚糖的复合微球能够实现在酸性条件下不释放药物,而在中性条件下释放。这种特性可有效地避免生物活性药物在胃中释放而失去活性,这是壳聚糖单组分微球难以实现的,因为壳聚糖微球在酸性溶液中会溶胀释放出药物。复凝聚法的缺点是工艺条件较难控制：复凝聚法同时受 pH 和浓度两个重要条件的影响,只有当复凝聚的两物质的电荷相等时,才能获得最大的产率;另外,由于复凝聚法制备微球所采用的材料大多为天然高分子材料,各批材料本身差异较大,这也为实际控制带来一定的难度。

二、海洋多糖药物载体的应用

根据海洋多糖自身不同的性质,可以制备出不同种类和功能的多糖纳微药物载体,进而根据自身的特点装载不同的药物,并应用于特定疾病的治疗。

1. 蛋白质多肽药物载体

蛋白质和多肽药物单独给药存在半衰期短、药代动力学性质差、需要频繁给药等缺点,这不但给患者造成诸多不便,而且体内血药浓度容易产生明显的峰谷现象,从而导致药效降低或毒副作用。蛋白质多肽的缓控释药物制剂不但能解决上述问题,而且能推动新的蛋白质药物的应用开发,使一些因半衰期短、副作用大而无法进入实际应用的药物获得理想的临床效果。

蛋白质药物分子质量大、结构复杂,在传统的化学交联、乳液聚合等包埋过程中很易发生物理甚至化学变化,导致活性丧失或产生免疫原性;而基于海洋多糖设计的纳微载体由于相对温和的制备过程,可以显著降低蛋白质多肽的活性损失,从而显著提高药效,降低成本;再加上其优良的生物兼容性、生物降解性、生物黏附性,在蛋白质多肽药物的传输领域已展示出了广阔的应用前景。其中倍受瞩目的当属胰岛素相关制剂的开发。

随着生活水平的提高及人口寿命的延长,糖尿病已成为世界各国越来越严重的一个公共卫生问题。糖尿病分 1 型糖尿病和 2 型糖尿病。其中 1 型糖尿病多发生于青少年,其胰岛素分泌缺乏,必须依赖胰岛素治疗维持生命。虽然大部分 2 型糖尿病患者的胰岛素分泌相对正常,但是当口服降糖药不能完全缓解胰岛素抵抗的问题时,临床也倾向于合并使用适量的胰岛素进行积极治疗,从而使血糖控制达标,延缓病程进展。和其他蛋白质多肽类药物一样,胰岛素需频繁注射用药。胰岛素的纳微药物载体不仅可以实现缓释给药,减少患者频繁注射的痛苦,还有望发开出相应的口服制剂,大大提高患者的顺应性。特别的,口服胰岛素能模拟体内胰岛素代谢并能提供一个较稳定的葡萄糖内环境,同时这也能减轻外周高胰岛素血症的发病率。Chung 等利用羧甲基化卡拉胶制备了包埋有胰岛素的微球,用于胰岛素的口服递送:这些微球在胃部的酸性环境中基本不释放胰岛素,而在肠道中的释放明显加快;如果在微球表面修饰凝集素,可以进一步延长微球在肠道的黏附能力,进而使降血糖效果达到 $12\sim24h$。然而,上述工作中所制备的微球尺寸过大(约 $500\mu m$),难以在肠道直接吸收,并且采用物理交联方法制备的载药纳米粒子结构相对疏松,药物较容易从中泄露出来,因此无法实现维持治疗时所需的长时间缓释给药。

Wei 等基于对壳聚糖微球的尺寸和结构的控制和优化,实现了更长时间的胰岛素缓释给药。他们利用微孔膜乳化技术制备了尺寸均一可控的壳聚糖微球,并发现戊二醛交联的壳聚糖微球具有明亮的自发荧光。基于上述两点优势,系统考察了不同大小的壳聚糖微球经过大鼠灌胃后的体内分布情况(图 5-25),明确了 $2.1\mu m$ 和 $7.2\mu m$ 的壳聚糖微球可以被口服吸收。在此基础上,他们通过在壳聚糖基质中复配其衍生物及对交联反应过程的控制,制备出了一系列结构新颖的壳聚糖微球。这些微球的表面电荷、孔隙大小及中空程度各不相同,不但大幅度提高了微球对药物的装载量,而且呈现出不同的药物释放行为,从而可对应不同的临床需求(图 5-26)。作为胰岛素口服载体时,微球的中空结构(CH80)有利于保持胰岛素的生物活性和优化胰岛素的释放行为,能够在体内产生两周的降糖效果,而实心壳聚糖微球(CG)的降糖效果并不明显(图 5-27)。

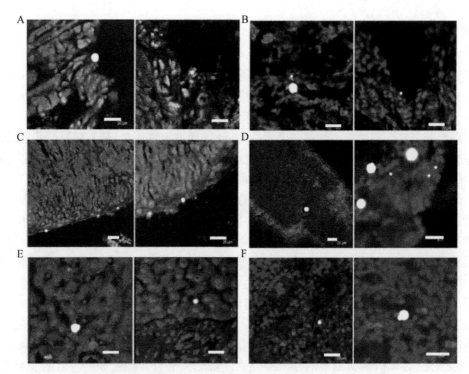

图 5-25　不同粒径的自发荧光壳聚糖微球在胃(A)、小肠(B)、盲肠(C)、
肠系膜和淋巴结(D)、肝(E)及脾(F)中的分布

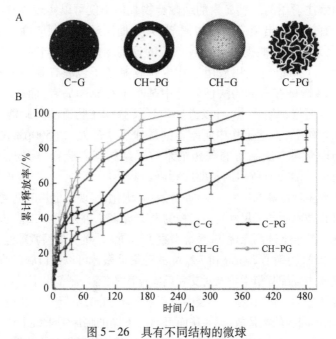

图 5-26　具有不同结构的微球

A. BSA(图中小点)在不同微球中的装载方式示意图；B. 微球
对 BSA 的体外释放行为

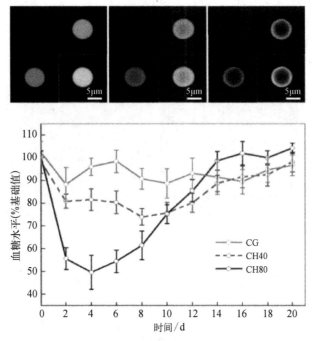

图5-27 不同结构微球的激光共聚焦扫描图及口服给药后糖尿病大鼠的血糖水平

除了口服方式,基于鼻腔途径的蛋白质多肽给药体系也受到了广泛的关注,其独特的优势在于:首先,人体鼻黏膜面积达到$150cm^2$,在呼吸区内的黏膜表层上皮细胞有许多微绒毛,可以增加药物吸收的有效面积;其次,鼻黏膜的黏膜层很薄,皮下有丰富的毛细血管及淋巴毛细管,能使药物被迅速吸收进入体循环,可以避免肝脏的首过效应,只需少量的药物即可实现较高的血药浓度;另外,鼻腔内蛋白水解酶的活性也远远低于胃肠道中的蛋白水解酶的活性,有利于保护蛋白质、多肽类药物的生物活性。但通过鼻黏膜给药也存在一些障碍:一方面,为了保护呼吸道免受吸入的细菌、刺激物和微粒的侵袭,鼻黏膜上的纤毛会以1000次/min的速率摆动,因此许多没有透过黏膜的药物很快被黏膜纤毛从鼻腔的吸收部位转移到食道,使药物的生物利用度下降;另一方面,鼻黏膜上皮细胞排列较为紧密,如果没有吸收促进剂的帮助,分子质量较大的蛋白质多肽药物很难通过上述屏障。

为了解决上述问题,马光辉团队以壳聚糖季铵盐为基质,以PEG和α-β-甘油磷酸钠(GP)为交联剂,制备了温度敏感型水凝胶(图5-28),用于鼻黏膜给药。该体系在室温下为黏度很低的溶液状态,能够采用常用的鼻腔给药装置方便地进行定量给药,并能在鼻腔中迅速流动铺展,获得较大的接触面积。由于鼻腔内的温度较高,该体系会转变成黏度较大的凝胶,黏附在鼻黏膜表面,延长药物在鼻腔内的停留时间。此外,壳聚糖季

图5-28 壳聚糖季铵盐-PEG-GP混合溶液(A)及37℃下形成的凝胶(B)

铵盐是一种黏膜渗透吸收促进剂,它带有正电荷,可以与鼻黏膜上带负电荷的细胞结合,能有效打开黏膜细胞间通路,促进胰岛素的吸收,从而有效地降低大鼠的血糖浓度,并维持4~5h,生物利用度可以达到7.29%(图5-29)。

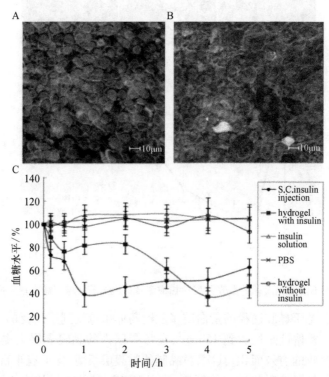

图5-29 FITC标记的胰岛素溶液(A)及壳聚糖季铵盐水凝胶制剂(B)鼻腔给药后大鼠鼻黏膜细胞照片与血糖浓度-时间曲线(C)

2. 化疗药物载体

化疗作为肿瘤治疗的传统手段之一,在肿瘤治疗中占据着重要地位。然而目前在临床肿瘤治疗和诊断中广泛应用的化疗药物多为非选择性药物,体内分布广泛,因而在常规治疗剂量下即可对正常组织和器官产生显著的毒副作用,导致患者不能耐受,降低药物治疗效果。如果能够使药物靶向性地集中在肿瘤病灶,不仅可以提高药物利用效率,减少给药剂量和毒性反应,还能够避免全身性的副作用,改善患者的生存质量。

肿瘤细胞为了获取更多的营养,通常需要在肿瘤组织内部形成大量的新生血管。这些血管内的内皮细胞排列不规则,彼此间有一定的孔隙,因而有利于大分子和微小粒子渗入肿瘤组织内部;同时,肿瘤组织内的淋巴系统通常发育得并不完善,很难排出上述入侵的大分子和微小粒子,有利于它们在肿瘤组织内的蓄积。肿瘤组织的这种对大分子和微小粒子的促渗透和保留作用称为EPR(enhanced permeability and retention)效应。与微米粒子相比,纳米粒子作为抗肿瘤药物载体时借助其小粒径效应,能够更容易通过上述EPR效应渗入肿瘤内部发挥功效,是一种更为理想的抗肿瘤药物载体。

Visage小组将磁性氧化铁纳米颗粒与抗癌药物阿霉素同时包封于海藻酸钙微球内,依靠单一平台同时实现了有效的热疗和药物释放(图5-30)。体外细胞试验表明,磁性纳米颗粒在交变磁场作用下产生的热效应,能够加快海藻酸钙微珠中的药物释放速度,对乳腺癌细胞MCF-7的杀伤效果明显优于单独的热疗和单独海藻酸钙微球给药。不过该工作中所制备的载体尺寸达数十微米,因而在实际应用时只适合对实体肿瘤的原位注射给药;此外,借助简单搅拌的方法所制备的微球的尺寸也不够均一,进而会导致每个微球对磁纳米粒子和药物的装载量也不尽相同,因此产热能力和释药行为的一致性也会有所降低。

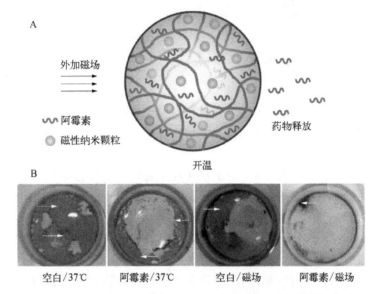

图5-30 同时装载有磁纳米粒和阿霉素的海藻酸微粒的结构示意图(A)
及其体外细胞毒性评价(B)(引自Brule,2011)

为了制备尺寸均一的纳米颗粒,马光辉的研究团队发展了独特的快速膜乳化技术,并将这些纳米颗粒成功用于化疗药物的高效递送。但对于很多化疗药物而言,在水中溶解度很低,难以直接用亲水性的高分子(海洋多糖)进行包埋装载。为了解决这个问题,他们进一步利用O/W/O复乳液法并结合程序升温法成功地将难溶性药物紫杉醇(PTX)以纳米晶形式原位装载于亲水性材料羧化壳聚糖纳米球中,使装载量显著提高到30%以上(图5-31A)。通过进一步在壳聚糖中复配一定比例的季铵化壳聚糖(HTCC),可以促进纳米颗粒在肠道的吸收和肿瘤组织的富集(图5-31B),使得该口服制剂的抑瘤效果优于商品化注射制剂Taxol®(图5-31C)。与商品化制剂相比,该制剂还避免了使用助溶剂而引起的毒副作用,具有更好的安全性。

利用胶束及其疏水性内核也可以解决装载难溶性化疗药物的装载和递送问题,其主要优点在于:首先,胶束粒径较小(一般为20~100nm),可充分利用促渗透和保留效应透过肿瘤组织血管内皮并滞留于肿瘤组织,实现被动靶向;其次,胶束亲水性的外壳可减少网状内皮系统的识别,延长血液中的循环时间;另外,胶束疏水性的内核有助于实现对紫杉醇等难溶性药物的大量装载。韩国的Kim教授基于对壳聚糖的修饰,研制了一系列新型胶束,用于难溶性化疗药物的高效装载和递送。例如,他们在壳聚糖的羟基和氨基上分别修饰了亲水的乙二醇和疏水的胆烷酸,使得改造后的壳聚糖分子能够自组装形成胶束,而喜树碱则可以

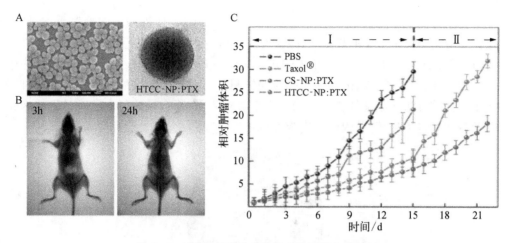

图 5-31 载紫杉醇的季铵化壳聚糖纳米球制剂

A. 载药纳米球的扫描和透射电镜照片;B. 荷瘤小鼠口服季铵化壳聚糖纳米球后体内分布;C. 不同紫杉醇剂型肿瘤相对生长速率

被直接装载于载体的疏水区域。该制剂不仅保证了喜树碱的活性结构,还显示出了更长的循环时间,可以在肿瘤组织更好地富集,从而实现对肿瘤生长的有效抑制。

3. 基因药物载体

肿瘤的发生发展涉及众多基因的过程,基因疗法以在基因水平调控肿瘤细胞的基因表达,从而介导对肿瘤的杀伤和抑制作用,已经成为肿瘤治疗的研究热点之一。但是核酸分子通常不稳定,单独给药时体内容易降解,并且由于负电性难以被细胞摄取,造成实际治疗效果并不理想。因此,构建合适的基因药物载体,使其靶向递送至肿瘤组织和细胞,是基因治疗成功的关键。

目前用于基因治疗的载体主要包括病毒载体和非病毒载体。腺病毒是常用的病毒载体,虽然经改造后可以去除病原性,保留了高的基因转染效率,但其制备相对困难、目的基因容量小、靶向特异性差,并且存在免疫原性和生物安全性问题,应用前景并不明朗。而非病毒载体具有低毒、低免疫反应、携带基因大小类型不受限制等优点,已成为基因治疗中的研究热点。Ho 等就利用壳聚糖分子带正电性的氨基和 DNA 分子链中负电性的磷酸基,通过复凝聚法制得壳聚糖- DNA 复合纳米粒,为了对两种材料之间的相互作用进行更细致的考察,他们利用量子点和 Cy5 分别对 DNA 和壳聚糖进行了标记,结果发现两种材料的比例对纳米粒的粒径、表面电荷、药物的包埋率及释药行为有着重要影响。

非病毒载体还可以同时携带化疗药物,通过抑制不同的靶点,达到协同治疗的目的。如图 5-32 所示,Lv 等在制备载紫杉醇的季铵化壳聚糖纳米球(HNP∶PTX)的基础上,进一步利用特有的多孔结构及其丰富的正电荷装载端粒酶逆转录酶的 siRNA,成功制备出了共装载 PTX 和 siRNA 的给药体系(HNP∶siRNA/PTX)。相比于单独的 HNP∶PTX,HNP∶siRNA/PTX 给药组展示出更显著的抑瘤效果。特别是,HNP∶siRNA/PTX 可携带两种药物同时递送至同一肿瘤细胞,集中了两种药物的火力,实现了协同治疗的目的。此外,该体系还能提高肿瘤部位的药物浓度(为单独混合给药的 1.3～1.4 倍),进一步提高了药物的治疗效果,展现出较鸡尾酒混合疗法(HNP∶siRNA+HNP∶PTX)更显著的抑瘤效果。

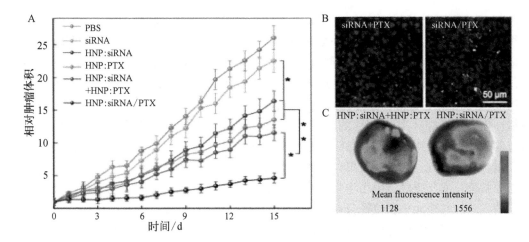

图 5-32 共装载紫杉醇和 siRNA 的给药体系(引自 Lv, 2011)

A. 不同治疗组的肿瘤生长抑制曲线;B. HNP:siRNA+HNP:PTX 混合制剂与 HNP:siRNA/
PTX 共输送制剂经口服后 PTX 在肿瘤内的分布;C. 多功能活体成像系统检测肿瘤内 siRNA 药
物浓度

(马光辉 苏志国 魏炜)

第五节 存在问题与发展趋势

在海洋生物材料中,甲壳素(壳聚糖)、海藻酸钠、琼脂是目前应用在生物医药领域中最主要的海洋生物材料,且均为多糖材料。其中,甲壳素每年生物合成量多达 100 亿 t,是仅次于纤维素的第二大生物可再生资源。甲壳素是由 N-乙酰葡萄糖胺(2-乙酰氨基-2-脱氧葡萄糖)形成的高聚物,而壳聚糖是甲壳素脱乙酰基后的产物,具有良好的生物相容性和生物可降解性。在医学领域,壳聚糖可制成手术缝合线、人造血管和人工皮肤等医疗产品;在药学领域,壳聚糖具有抗肿瘤、治疗心血管疾病和促进伤口愈合等功效。此外,壳聚糖还具有选择性促进表皮细胞生长的独特生物活性,因此可将壳聚糖作为良好的支架材料广泛地应用在组织工程中,如应用于皮肤、骨、软骨、神经等组织工程。将壳聚糖乙酸溶液和聚乙二醇溶液混合后,通过静电纺丝可得到纳米纤维,研究显示软骨细胞在该纤维上面繁殖良好,表明壳聚糖复合材料在骨组织材料工程中很有应用前景。将胶原蛋白与甲壳素共混可以纺出外科缝合线,其优点是手术后组织反应轻、无毒副作用、可完全吸收,伤口愈合后缝线针脚处无瘢痕,打结强度尤其是湿打结强度超过美国药典所规定的指标。邻苯二甲酰基-羧甲基壳聚糖在 DMF/H2O 体系中可以自组装形成多层洋葱状囊泡,在药物长效控制释放领域具有良好的应用前景。N-(2-羟基)丙基-3-甲基氯化铵壳聚糖衍生物与海藻酸钠作用可以得到结构规整、致密的纳米粒子,用三聚磷酸钠交联后明显提高了牛血清蛋白的包封率并降低其暴释。

海藻酸钠是由 β-D-甘露糖醛酸和 α-L-古罗糖醛酸以 α(1→4) 糖苷键组成的一种线型聚合物,主要存在于海洋褐藻之中。自然界中海藻酸钠产量巨大,每年超过 30 万 t,年工业化产出也达到 3 万 t。由于海藻酸钠具有良好的增稠性、成膜性、稳定性和螯合性,因此在医药领域得到了广泛的应用。利用海藻酸钠原位成胶性能,可制成球形、表面光滑的软骨组织工程用注射支架材料去修复非规则软骨腔体,也可作为介入治疗的栓塞剂及药物释放载体。其中的微球、微囊介入治疗剂以其基质材料种类多、对特定组织器官的靶向性高、可与化疗药结合而实现药物缓释等优点,成为治疗恶性肿瘤、肺气肿等重大疾病管腔内局部介入治疗、术前辅助治疗和非手术适应证姑息治疗的主要植入剂型。海藻酸钠还是一种天然植物性创伤修复材料,用其制作的凝胶膜片或海绵材料,可用来保护创面和治疗烧、烫伤,口服海藻酸钠对射线致小鼠口腔黏膜的损伤有明显保护作用。用海藻酸钠制成注射液具有增加血容量、维持血压的作用,可以维持手术前后血循环的稳定。

琼脂糖分离介质广泛用于生物活性物质的分离纯化。作为分离纯化所用的分离材料,琼脂糖微球的粒径大小和粒径分布、孔道大小和孔道结构、机械强度和耐压性能、传质速度和操作流速、配基的可控修饰等都是必须严格控制的,同时还应根据所分离的生物活性物质的特点进行精确调控。在琼脂糖微球的粒径大小和粒径分布控制与调控方面,采用膜乳化技术已成功制备了粒径均一、可控的琼脂糖微球和小粒径、高浓度琼脂糖微球,今后应重点加强中试放大和大规模制备过程研究。常规琼脂糖微球的孔径大多在 $30\sim50\text{nm}$,乙肝疫苗、狂犬疫苗、PEG 化蛋白质等超大生物大分子难以扩散进入微球的内部孔道,无法满足超大生物分子高效纯化的要求。包括复乳法致孔、固体颗粒致孔、反胶团溶胀致孔在内的超大孔致孔技术已日趋完善,但孔道大小和数量的精确调控、超大孔微球较低的耐压性能还有待进一步研究,并尽快开发出系列化的超大孔琼脂糖分离介质,以满足疫苗等超大生物大分子分离纯化的要求。与聚合物和无机物为基质的分离介质相比,琼脂糖分离介质的骨架为软基质,机械强度低、耐压性能差是其最大的不足。随着交联技术的发展和完善,目前大多数琼脂糖微球都已交联成为半刚性的珠体,耐压达到 0.3MPa,甚至高达 0.5MPa,耐压性能和操作流速大大提升,但还不能完全满足大规模生产的要求。发展和完善新型琼脂糖微球交联技术是解决这一问题的主要途径。不同分离体系的生物分子具有不同的结构特点,除了对微球的孔道大小要求有所不同外,对微球的表面性能(如间隔臂长度、配基密度等)的要求也有所不同,在配基可控修饰的基础上,设计和制备针对不同分离体系、具有不同表面性能的分离介质也具有重要的应用价值与实际需求。

然而,这些极具应用潜力的天然多糖生物医用材料要走向临床还受到如下几方面限制:① 天然多糖提取物常含有蛋白质、多酚等杂质和内毒素、热原物质,体内应用时易引起炎症反应导致材料生物相容性差。② 天然多糖分子质量分布范围广、差异大,导致其结构、强度和理化性能差异大。例如,低分子质量天然多糖分子链短、水溶性好、易降解、易反应,适于制备纳/微米药物载体;高分子质量天然多糖分子链长、稳定性好、可改性位点多,适于制备微球、微囊、组织工程支架等。③ 天然多糖活性位点多,易于化学修饰而改善其水溶性或赋予其靶向、示踪等功能,但改性过程除了会引入新的杂质,同时可能会影响其生物降解性。例如,改性后壳聚糖降解速度变得非常缓慢且不完全。④ 天然多糖医用制品加工成型技术比较单一,产品批次重复性差,且缺少规模化制备设备及工艺,无法实现质量均一、包埋细胞或药物的微球、微囊、三维组织工程支架等的大批量制备,也就限制了其在细胞及组织移植治疗,人工肝等人工器官、支架、导管,介入治疗栓塞剂及组织增强材料,血液净化及药物控释等生物医学领域的应用。

近年来,国外研究者在天然多糖材料及其生物医用领域的应用研究取得很大进展。挪威海德鲁的 Pronova 生物聚合物公司研发出医用级天然多糖材料,超纯壳聚糖售价为 67 美元/g,无菌海藻酸钠更是高达 400 美元/g,售价高昂且产量小;同时缺少规模化制备质量均一、稳定的医用微囊制品的设备及工艺。因此,研发海藻酸钠和壳聚糖移植材料及医用微囊制品产业化技术,将是实现海洋多糖临床应用的关键和趋势。尽管我国在 2003 年 10 月启动的国家 863 计划干细胞与组织工程重大专项中立项研究相关材料产品的国家医药行业标准,并于 2008 年公布了包括海藻酸盐在内的几种医用材料标准,但由于国内资源加工技术、分离纯化技术的相对落后,只能提供附加值低的食品级壳聚糖原料,其售价仅为 80 ~ 300 元/kg,与国外超纯产品相差数千倍,形成"低价出口,高价进口"的现状,这种技术和价格垄断势必将加大国内基于天然多糖材料的医用制品的成本。目前在天然多糖上进行的化学修饰得到的衍生物多达数十种,已实现靶向、示踪等功能,但是对于改性后天然多糖材料生物相容性和生物降解性的变化及调控尚未引起足够重视,导致国内以海洋多糖材料为主材的药用辅料仍然依赖进口,这也是影响国内药物剂型发展的瓶颈。

由此可见,对海洋多糖生物医用材料制备和加工过程的深入研究,属于国家超前部署的前沿技术和基础研究范畴。大力开发自主创新的海洋多糖材料及其加工制造技术,是发展组织工程、药物剂型研究的前提,是进一步推进海洋多糖生物医用材料和基于该材料的医疗器械产品走向临床的关键所在,对解决社会发展需求,提高我国人民生活健康水平具有重要意义。尤其开发出拥有自主知识产权的海洋多糖生物医用材料及其加工制造的核心技术,将对我国经济增长具有重大的带动作用,并将进一步带动一支具有国际竞争力的新兴生物技术产业,推进社会、经济的可持续发展。

根据国家中长期发展规划中对生物医用材料的战略目标,发展具有识别、记忆、环境敏感等智能化,促进组织与细胞生长、降解速度与组织与细胞生长速度相匹配等功能化,并能够与生物因子、细胞甚至组织相结合的复合海洋多糖高分子材料,并在新型海洋多糖生物医用材料及其相关新产品、新标准方面取得突破,申报多项"临床许可证""产品许可证"及产生新企业与新产业。通过"十二五"到 2020 年的持续性研发,发展学科布局最合理、联系最紧密、技术最完善的材料研发与器件加工的研发队伍,最终建立由研究单位、医院、生产企业及销售企业组成的"科学-技术-加工-评价-临床-报批-生产"联盟。

针对海洋多糖生物材料研发现状及其在生物医学领域应用的迫切性,建立分离纯化集成技术工艺以获取高纯度、性能可控、批次重复性良好的海洋多糖生物材料(海藻酸钠、壳聚糖、琼脂糖),改变国内海洋多糖生物医用材料"有标准、无产品"和"低价出口、高价进口"的现状;建立海洋多糖材料的分级制备技术及检测方法,得到分子质量范围可控的"海洋多糖组分"以控制其理化性能;通过选择性化学修饰以增强海洋多糖生物材料的亲水性和细胞黏附性,并系统考察改性后海洋多糖材料的降解规律及调控技术;研发相应医用制品规模化制备设备及技术工艺;最终建立具有我国特色的海洋多糖生物医用材料研究平台和体系,使我国在生物医用植入材料方面达到国际先进水平并能保持可持续发展。通过生命科学、化学和工程科学的学科交叉、合作,建立细胞-材料相互作用的研究平台和超分子设计、合成、加工、性能评价的技术平台。同时,加大生物医用材料领域的人才培养和平台建设,为建立具有我国特色的面向生物医用材料的完整研究体系和平台打下良好的基础。选择性发展一些符合我国国情的前沿领域,有效地促进我国生物材料的产业化进程。争取在"十三五"实现一批海洋多糖生物医用材料的产业化示范应用,通过科技成果转移转化,培育孵化一批高技术企业,在我国生物医用材料研发与产业化应用中占据不可或缺的地位。

(马小军　苏志国)

主要参考文献

常菁,刘万顺,韩宝芹.2008.防粘连壳聚糖衍生物共混膜的生物学性质研究.功能材料,39(4):651-655.

陈海蓉,李春霞,陈西广,等.2006.羧甲基壳多糖对瘢痕疙瘩成纤维细胞增殖和胶原合成的影响.中华医学美学美容杂志,12(3):165-168.

陈列欢,刘万顺,韩宝芹,等.2006.角膜内皮细胞载体膜片的性质研究及移植试验.高等学校化学学报,28(5):880-884.

樊廷俊,王丹生,付永峰,等.2009.以壳聚糖复合膜为载体支架体外培养家兔角膜内皮细胞的实验研究.生物医学工程学杂志,26(5):1016-1020.

顾剑辉,王鸿奎,胡文,等.2012.含神经生长因子壳聚糖神经导管修复大鼠坐骨神经10mm缺损.交通医学,26:13-15.

郭伟,龚独辉,胡志伟,等.2013.肝细胞特异性大孔微载体的制备与表征.中国组织工程研究,16:2994-3001.

韩宝芹,刘万顺,彭燕飞等.专利一种可吸收骨折内固定材料及其制备方法和应用。申请(专利)号:CN201410442870.4.

侯春林,顾其胜.2001.几丁质与医学.上海:上海科学技术出版社:36-75.

焦延鹏,李立华,罗丙红,等.2012.壳聚糖对骨组织工程中组织修复的影响.中国材料进展,31(9):35-39.

李瑞欣,关静,高怀生,等.2002.急救烧伤敷料理化性能及其临床应用.中国急救医学,22(8):479-480.

刘文,常菁,刘万顺,等.2009.壳聚糖基复合膜的制备及预防术后肌腱粘连功能的研究.功能材料,40:450-454.

刘勇,侯春林,林浩东,等.2011.几丁糖/聚乙烯醇神经导管修复猕猴周围神经缺损的实验研究.中国修复重建外科杂志,25:1235-1238.

秦益民.2007.功能性医用敷料.北京:中国纺织出版社.

秦益民.2014.海藻酸盐医用敷料的临床应用.纺织学报,35(2):148-153.

任利玲,冯雪,马东洋,等.2011.海藻酸盐小球中培养的软骨细胞的生长.西安交通大学学报:医学版,32(1):57-61.

盛志坚,侯春林.1993.几丁糖影响体外细胞生长的实验研究.中国修复重建外科杂志,7(4):244-245.

宋艳艳,孔维宝,宋昊,等.2012.磁性壳聚糖微球的制备及其用于甲酸脱氢酶的固定化.工业催化,08:20-25.

隋鲜鲜,刘万顺,职绚,等.2013.组织工程甲壳素载体支架对角膜上皮损伤修复作用的研究。功能材料,44(16):2313-2319.

孙多先.1995.人工细胞微囊材料壳聚糖的实验研究.中国生物医学工程学报,14(1):7-10.

王锐,莫小慧,王晓东.2014.海藻酸盐纤维应用现状及发展趋势.纺织学报,35(2):145-152.

位晓娟,奚廷斐,顾其胜,等.2013.医用海藻酸基生物材料的研究进展.中国修复重建外科杂志,27(8):1015-1020.

吴清基,刘世英,张敏.1998.甲壳质缝合线的制备及研究.中国纺织大学学报,24(5):18-22.

谢峰,李青峰,赵林森.2005.几丁糖-聚乳酸复合生物材料神经导管的预构.组织工程与重建外科杂志,1(1):42-46.

赵岚.2012.新型高性能琼脂糖微球的制备及作为生化分离介质的探索.北京:中国科学院研究生院博士学位论文.

赵希.2014.新型高性能琼脂糖微球的制备及作为生化分离介质的探索.北京:中国科学院研究生院博士学位论文.

Berger J, Reist M, Mayer JM, et al. 2004. Structure and interactions in covalently and ionically crosslinked chitosan hydrogels for biomedical applications. European Journal of Pharmaceutics and Biopharmaceutics, 57(1): 19-34.

Brewer E, Coleman J, Lowman A. 2011. Emerging technologies of polymeric nanoparticles in cancer drug delivery. Journal of Nanomaterials, 1: 1-10.

Brule S, Levy M, Wilhelm C, et al. 2011. Doxorubicin release triggered by alginate embedded magnetic nanoheaters: A combined therapy. Advanced Materials, 23(6): 787-790.

Chandy T, Mooradian DL, Rao GHR. 1999. Evaluation of modified alginate chitosan polyethylene glycol microcapsules for cell encapsulaton. Artif Organs, 23(10): 894-903.

Chatelet C. 2001. Influence of the degree of acetylation on some biological properties of chitosan films. Biomarerials, 22(3):

261 - 268.

Chen KL, Mylon SE, Elimelech M. 2007. Enhanced aggregation of alginate-coated iron oxide (hematite) nanoparticles in the presence of calcium, strontium, and barium cations. Langmuir, 23(11): 5920 - 5928.

Choi SW, Xie J, Xia Y. 2009. Chitosan-based inverse opals: Three-dimensional scaffolds with uniform pore structures for cell culture. Advanced Materials, 21(29): 2997 - 3001.

Clark M. 2012. Rediscovering alginate dressings. Wounds International, 3(1): 1 - 4.

Croisier F, Jérôme C. 2013. Chitosan-based biomaterials for tissue engineering. European Polymer J, 49(4): 780 - 792.

Darrabie MD, Kendall WF, Opara EC. 2006. Effect of alginate composition and gelling cation on micro-bead swelling. Journal of Microencapsulation, 23(6): 29 - 37.

Dung TH, Lee SR, Han SD, et al. 2007. Chitosan-TPP nanoparticle as a release system of antisense oligonucleotide in the oral environment. Journal of Nanoscience and Nanotechnology, 7(11): 3695 - 3699.

Freier T, Koh HS, Kazazian K, et al. 2005. Controlling cell adhesion and degradation of chitosan films by N-acetylation. Biomaterials, 26: 5872 - 5878.

Gaspar VM, Sousa F, Queiroz JA, et al. 2011. Formulation of chitosanTPP - pDNA nanocapsules for gene therapy applications. Nanotechnology, 22(1): 1 - 12.

George M, Abraham TE. 2006. Polyionic hydrocolloids for the intestinal delivery of protein drugs: Alginate and chitosan — a review. Journal of Controlled Release, 114(1): 1 - 14.

Guibal E. 2004. Interactions of metal ions with chitosan-based sorbents: A review. Separation and Purification Technology, 38(1): 43 - 74.

Hjerten S. 1986. Method for cross-linking of agar products. USA patent, 4591640.

Huang YD, Ma GH, Su ZG, et al. 2010. Regulation of protein multipoint adsorption on ion-exchange adsorbent and its application to the purification of macromolecules. Protein Expr. Purif, 74: 257 - 263

Jansen L, Koch L, Brenner H, et al. 2010. Quality of life among long-term (≥5 years) colorectal cancer survivors-Systematic review. European Journal of Cancer, 46(16): 2879 - 2888.

Khafagy ES, Morishita M, Onuki Y, et al. 2007. Current challenges in non-invasive insulin delivery systems: A comparative review. Advanced Drug Delivery Reviews, 59(15): 1521 - 1546.

Ko JA, Kim BK, Park HJ. 2010. Preparation of acetylated chitosan sponges (chitin sponges). Journal of Applied Polymer Science, 117(3): 1618 - 1623.

Kong X, Han B, Li H, et al. 2012. New biodegradable small-diameter artificial vascular prosthesis: a feasibility study. J Biomed Mater Res A, 100(6): 1494 - 1504.

Kong X, Han B, Wang H, et al. 2012. Mechanical properties of biodegradable small-diameter chitosan artificial vascular prosthesis. J Biomed Mater Res A, 100(8): 1938 - 1945.

Kwon GS. 2002. Block copolymer micelles as drug delivery systems. Advanced Drug Delivery Reviews, 54(2): 167 - 252.

Ladet S, David L, Domard A. 2008. Multi-membrane hydrogels. Nature, 452(183): 76 - 77.

Lahiji A, Sohrabi A, Hungerford DS, et al. 2000. Chitosan supports the expression of extracellular matrix proteins in human osteoblasts and chondrocytes. Journal of biomedical materials research, 51(4): 586 - 595.

Leong KH, Chung LY, Noordin MI, et al. 2011. Lectin-functionalized carboxymethylated kappa-carrageenan microparticles for oral insulin delivery. Carbohydrate Polymers, 86(2): 555 - 565.

Letchford K, Burt H. 2007. A review of the formation and classification of amphiphilic block copolymer nanoparticulate structures: Micelles, nanospheres, nanocapsules and polymersomes. European Journal of Pharmaceutics and Biopharmaceutics, 65(3): 259 - 269.

Li L, Li B, Zhao M, et al. 2011. Single-step mineralization of woodpile chitosan scaffolds with improved cell compatibility. Journal of Biomedical Materials Research Part B: Applied Biomaterials, 98B(2): 230 - 237.

Li L, Ni R, Shao Y, et al. 2014. Carrageenan and its applications in drug delivery. Carbohydrate Polymer, 103: 1 - 11.

Liang Y, Liu W, Han B, et al. 2011. An in situ formed biodegradable hydrogel for reconstruction of the corneal endothelium.

Colloids and Surfaces B: Biointerfaces, 82: 1 – 7.

Liang Y, Liu W, Han B, et al. 2011. Fabrication and Characters of a Corneal Endothelial Cells Scaffold based on Chitasan. Materials Science: Materials in Medicine, 22(1): 175 – 183.

Liang Y, Xu WH, Han BQ, et al. 2014. Tissue-engineered membrane based on chitosan for repair of mechanically damaged corneal epithelium. Journal of Materials Science: Materials in Medicine, 25(9): 2163 – 2171.

Liu R, Ma GH, Meng FT, 2005. Preparation of uniform-sized PLA microcapsules by combining Shirasu Porous Glass membrane emulsification technique and multiple emulsion-solvent evaporation method. Journal of Controlled Release, 103(1): 31 – 43.

Lu JX, Prudhommeaux F, Meunier A, 1999. Effects of chitosan on rat knee cartilages. Biomaterials, 20(20): 1937 – 1944.

Lv PP, Wei W, Yue H, et al. 2011. Porous quaternized chitosan nanoparticles improve the therapeutic effect of paclitaxel on non-small cell lung cancer following oral administration. Biomacromolecules, 12(12): 4230 – 4239.

Ma GH, Su ZG. 2013. Microspheres and Microcapsules in Biotechnology: Design, Preparation and Applications. Singapore: Pan Stanford Publishing Pte Ltd.

Maeda H. 2012. Macromolecular therapeutics in cancer treatment: The EPR effect and beyond. Journal of Controlled Release, 164(2): 138 – 144.

Manna U, Bharani S, Patil S. 2009. Layer-by-Layer self-assembly of modified hyaluronic acid/chitosan based on hydrogen bonding. Biomacromolecules, 10(9): 2632 – 2639.

McKenna BA, Nicholson TM, Wehr JB, et al. 2010. Effects of Ca, Cu, Al and La on pectin gel strength: Implications for plant cell walls. Carbohydrate Research, 345(9): 1174 – 1179.

Meng S, Liu ZJ, Shen L, et al. 2009. The effect of a layer-by-layer chitosan-heparin coating on the endothelialization and coagulation properties of a coronary stent system. Biomaterials, 30(12): 2276 – 2283.

Min KH, Park K, Kim YS, et al. 2008. Hydrophobically modified glycol chitosan nanoparticles-encapsulated camptothecin enhance the drug stability and tumor targeting in cancer therapy. Journal of Controlled Release, 127(3): 208 – 218.

Nagamatsu M, Podratz J, Windebank AJ, et al. Acidityis involvedin the developmentof neuropathycausedby oxidized cellulose. Journal of the Neurological Sciences, 1997, 146: 97 – 102.

Na HN, Kim KI, Han JH, et al. 2010. Synthesis of O-carboxylated low molecular chitosan with azido phenyl group: Its application for adhesion prevention. Macromolecular Research, 18(10): 1001 – 1007.

Patel M, VandeVord PJ, Matthew HW, et al. 2008. Collagen-chitosan nerve guides for peripheral nerve repair: a histomorphometric study. J Biomater Appl, 23(2): 101 – 121.

Pawar SN, Edgar KJ. 2012. Alginate derivatization: A review of chemistry, properties and applications. Biomaterials, 33(11): 3279 – 3305.

Peng HL, Xiong H, Li JH, et al. 2010. Vanillin cross-linked chitosan microspheres for controlled release of resveratrol. Food Chemistry, 121(1): 23 – 28.

Porath J, Låås T, Janson JC. 1975. Agar Derivatives for Chromatography, Electrophoresis and Gel-bound Enzymes. III. Rigid Agarose Gels Cross-linked with Divinyl Sulphone (DVS). J Chromatogr, 3: 49 – 62.

Pospiskova K, Safarik I. 2013. Low-cost, easy-to-prepare magnetic chitosan microparticles for enzymes immobilization. Carbohydrate Polymers, 96(2): 545 – 548.

Prajapati VD, Maheriya PM, Jani GK, et al. 2014. Carrageenan: a natural seaweed polysaccharide and its applications. Carbohydrate Polymer, 105: 97 – 112.

Quinn JF, Johnston APR, Such GK, et al. 2007. Next generation, sequentially assembled ultrathin films: beyond electrostatics. Chemical Society Reviews, 36(5): 707 – 718.

Rinaudo M. 2006. Chitin and chitosan: Properties and applications. Progress in Polymer Science, 31(7): 603 – 632.

Shao K, Han B, Gao J, et al. 2016. Fabrication and feasibility study of an absorbable diacetyl chitin surgical suture for wound healing. J Biomed Mater Res B Appl Biomater, 104(1): 116 – 125.

Shi QH, Zhou X, Sun Y. 2005. A novel superporous agarose medium for high-speed protein chromatography. Biotechnol. Bioeng, 92: 643 – 651.

Sinha VR, Singh A, Kumar RV, et al. 2007. Oral colon-specific drug delivery of protein and peptide drugs. Critical Reviews in Therapeutic Drug Carrier Systems, 24(1): 63 – 92.

Stadler B, Price AD, Chandrawati R, et al. 2009. Polymer hydrogel capsules: en route toward synthetic cellular systems. Nanoscale, 1(1): 68 – 73.

Tan ML, Choong PFM, Dass CR. 2010. Recent developments in liposomes, microparticles and nanoparticles for protein and peptide drug delivery. Peptides, 31(1): 184 – 193.

Thien DVH, Hsiao SW, Ho MH, et al. 2013. Electrospun chitosan/hydroxyapatite nanofibers for bone tissue engineering. Journal of Materials Science, 48(4): 1640 – 1645.

Torchilin VP, Lukyanov AN. 2003. Peptide and protein drug delivery to and into tumors: challenges and solutions. Drug Discovery Today, 8(6): 259 – 266.

Torchillin V. 2011. Tumor delivery of macromolecular drugs based on the EPR effect. Advanced Drug Delivery Reviews, 63(3): 131 – 135.

Wang LY, Ma GH, Su ZG. 2005. Preparation of uniform sized chitosan microspheres by membrane emulsification technique and application as a carrier of protein drug. Journal of Controlled Release, 106(1): 62 – 75.

Wei W, Lv PP, Chen XM, et al. 2013. Codelivery of mTERT siRNA and paclitaxel by chitosan-based nanoparticles promoted synergistic tumor suppression. Biomaterials, 34(15): 3912 – 3923.

Wei W, Ma GH, Wang LY, et al. 2010. Hollow quaternized chitosan microspheres increase the therapeutic effect of orally administered insulin. Acta Biomaterialia, 6(1): 205 – 209.

Wei W, Wang LY, Yuan L, et al. 2008. Bioprocess of uniform-sized chitosan microspheres in rats following oral administration. European Journal of Pharmaceutics and Biopharmaceutics, 69(3): 878 – 886.

Wei W, Yuan L, Hu G, et al. 2008. Monodispersed chitosan microspheres with interesting structures for protein drug delivery. Advanced Materials, 20(12): 2292 – 2296.

Wu FC, Tseng RL, Juang RS. 2010. A review and experimental verification of using chitosan and its derivatives as adsorbents for selected heavy metals. Journal of Environmental Management, 91(4): 798 – 806.

Wu J, Wei W, Wang LY, et al. 2007. A thermosensitive hydrogel based on quaternized chitosan and poly(ethylene glycol) for nasal drug delivery system. Biomaterials, 28(13): 2220 – 2232.

Xu SW, Jiang ZY, Lu Y, et al. 2006. Preparation and catalytic properties of novel alginate-silica-dehydrogenase hybrid biocomposite beads. Ind Eng Chem Res, 45(2): 511 – 517.

Yamane S1, Iwasaki N, Majima T, et al. 2005. Feasibility of chitosan- based hyaluronic acid hybrid biomaterial for a novel scaffold in cartilage tissue engineering. Biomaterials, 26(6): 611 – 619.

Yang JS, Xie YJ, He W. 2011. Research progress on chemical modification of alginate: A review. Carbohydrate. Polymers, 84(1): 33 – 39.

Yang Y, Nam SW, Lee NY. 2008. Superporous agarose beads as a solid support for microfluidic immunoassay. Ultramicroscopy, 108: 1384 – 1389.

Yu QA, Song YN, Shi XM, et al. 2011. Preparation and properties of chitosan derivative/poly(vinyl alcohol) blend film crosslinked with glutaraldehyde. Carbohydrate Polymers, 84(1): 465 – 470.

Yuan Y, Zhang P, Yang Y, et al. 2004. The interaction of Schwann cells with chitosan membranes and fibers *in vitro*. Biomaterials, 25(18): 4273 – 4278.

Zhang HY, Li RP, Liu WM. 2011. Effects of chitin and its derivative chitosan on postharvest decay of fruits: A review. International Journal of Molecular Sciences, 12(2): 917 – 934.

Zhang YF, Wu H, Li J, et al. 2008. Protamine-templated biomimetic hybrid capsules: efficient and stable carrier for enzyme encapsulation. Chemistry Mater, 20: 1041 – 1048.

Zhao L, Liu YD, Huang YD, et al. 2011. Deliberate manipulation of the surface hydrophobicity of an adsorbent for an efficient purification of a giant molecule with multiple. J Sep Sci, 34 (22): 3186 – 3193.

Zhou J, Romero G, Rojas E, et al. 2010. Layer by layer chitosan/alginate coatings on poly(lactide-co-glycolide) nanoparticles for antifouling protection and folic acid binding to achieve selective cell targeting. Journal of Colloid and Interface Science, 345(2): 241 - 247.

Zhou QZ, Ma GH, Su ZG. 2009. Effect of Membrane Parameters on the Size and Uniformity in Preparing Agarose Beads by Premix Membrane Emulsification. Journal of Membrane Science, 326: 694 - 700.

Zhou QZ, Wang LY, Ma GH, et al. 2008. Multi-stage premix membrane emulsification for preparation of agarose microbeads with uniform size. J Membr Sci, 322: 98 - 104.

Zhou WQ, Gu TY, Su ZG, et al. 2007. Synthesis of macroporous poly (styrene-divinyl benzene) microsphere by surfactant reverse micelles swelling method. Polymer, 48: 1981 - 1988.

第六章

海洋农用生物制品的开发与利用

第一节 概 述

　　海洋是一个蕴藏诸多生物活性物质的天然产物宝库。随着陆地资源的匮乏,世界各国都十分重视对海洋生物资源的开发利用,纷纷投入了大量科研经费和人力,使得海洋相关生物技术及产品发展迅速。以海洋的生物资源为对象,运用生物工程、酶工程、细胞工程和发酵工程等生物技术手段,开发生产海洋农用生物制剂是海洋生物制品研发的主要方向之一。农用制品市场规模庞大,研发瓶颈相对较小,尤其是将海洋生物资源应用于农业在人类社会中已有近千年的历史,海洋农用生物制品绿色环保,有望对解决日趋严重的环境污染、生态恶化、食品安全等问题有所帮助,这使得海洋农用生物制品的研发成为目前海洋研究领域的热点之一。围绕生物农药、肥料、饲料及饲料添加剂等大宗农用产品,目前海洋农用生物制剂主要发展现状如下。

　　1)海洋糖类生物农肥的研究与开发得到持续的关注和重视。几丁质及其衍生物等海洋糖类生物农肥是研究基础较好的领域,近几年此领域研究报道持续增多,基础研究工作出现研究对象更广、揭示功能更多、机理研究更深入等特点,尤其是近年来几丁质及其寡糖在植物上的受体被日本、美国、中国科学家揭示并解析结构,极大地推动了此领域的发展。在产品研发上,近几年也有所突破,如法国戈艾玛(Goemar)公司以海带为原料,提取昆布素(β-1,3葡聚糖),于2004年开发出"IODUS40"生物农药后,又开发了APPETIZER和VACCIPLANT等系列海洋糖类农药并实现了在水果等作物上的大规模推广应用。美国、韩国等国家开发的壳聚糖农用产品,也已广泛用于黄瓜、葡萄、马铃薯、草莓和番茄的病害防治。古巴、智利等中、南美国家也在卡拉胶等特色糖类农药开发上获得成果。中国科学院大连化学物理研究所、中国科学院海洋研究所等单位在国家863计划等项目持续资助下,也成功研发壳寡糖等系列寡糖生物农药、肥料产品并实现大规模推广应用。

　　2)海洋微生物源生物农药开发仍是目前国际研究热点。除了传统的筛选微生物并将其开发为生物农药外,通过在海洋微生物中寻找特殊的先导化合物,筛选具有杀虫、杀菌、除草的有效成分,利用生物合成或化学修饰技术,开发新农药是主要的研发途径。此外,利用近年兴起的合成生物学技术,对海洋微生物进行可控设计,更好地生产相关有效成分,也是今后此领域的研究方向之一。美国开发利用最成功的是沙蚕毒素类杀虫剂。近年来不断从海洋生物中挖掘出新的高活性杀虫剂、除草剂和杀菌剂,将成为海洋生物农药研发的重要方向。

3）海洋生物饲料从粗放、大宗生物体直接作为饵料发展到提取、研究其中活性物质,开发高活性、高附加值生物饲料及饲料添加剂。目前围绕海洋多糖、寡糖,已经研发了系列海洋寡糖产品并实现了实际应用。

本章将从生物肥料、生物农药、生物饲料这三个重要产品,依次介绍海洋生物农用制品的来源、功能、应用机制及产品开发情况。

（杜昱光　李元广　尹恒）

第二节　海洋生物肥料

一、海洋植物肥料

海洋植物种类繁多,是海洋生物中最重要的组成部分。海藻则是海洋植物的主体,有一万多种。目前,人们已经对海藻进行了大量的综合利用研究,将其开发为生物肥料是其中重要的研究方向之一。早在 1993 年,美国 Phoenix－250 海藻肥即被美国农业部正式确定为美国本土农业专用肥。我国也于 2000 年获得了首个海藻肥登记,目前农业部海藻肥登记产品已近 60 个。虽然已获批登记的海藻肥成分多样,包括海藻多糖、甘露醇、甜菜碱、氮、磷、钾、铁、硼、碘等微量元素,但越来越多的研究表明海藻多糖及其衍生物是其中直接参与调控植物生长发育、增强作物光合作用和根系生长发育的主要成分。本节将重点介绍海藻肥的研究、应用现状和海藻寡糖促进植物生长、改善作物品质的研究进展及作用机制。

1. 海藻肥的生物学功能

海藻肥是指以天然海藻或海藻提取物为原料,通过发酵/酸碱工艺或肥料混配工艺生产出来的,富含海藻多糖、不饱和脂肪酸、天然生长调节物质及微量元素等多种成分的生物有机肥料。研究发现海藻肥具有多种生物学功能,简单概述如下。

（1）改善土壤特性

海藻肥具有改善土壤物理特性、影响根际微生物种群的特性。王艳丽研究了海藻肥对石质山地造林成活率和保存率的影响,发现施用海藻肥(每株施用 0.15kg)对山地造林的成活率和保存率有显著提高作用,和对照相比,可分别提高 10.4% 和 9.2%。Wang 等报道了海藻肥对苹果连作土壤的改善作用,可明显影响土壤中的真菌菌群,提高土壤中抗氧化酶、蔗糖酶和脲酶等的酶活力,缓减苹果再植病害。

（2）促进作物生长

海藻肥能促进作物种子萌发、提高作物长势和产量。Thirumaran 等研究表明,使用海藻(*Rosenvingea intricata*)液体肥对秋葵种子的发芽、生长和叶绿素含量等具有良好的促进作用。刘培京等研究了海藻肥对黄瓜、番茄、辣椒 3 种蔬菜种子萌发和幼苗生长的影响,发现施用一定稀释倍数海藻肥的种子发芽率和对照相比显著提高,同时对 3 种作物幼苗生长的根长、株高、株鲜重、株干重、叶绿素含量、叶面积均有明显提高作用。目前已有大量研究表明,海藻提取物对蔬菜、果树、粮食等作物具有普遍的增产效果。高瑞杰发现,施用海藻肥后,玉米增产 9.6%~11.1%,苹果增产 8.0%~8.8%,甜椒增产 7.7%~8.1%,产投比在 14.3~45.3。黄清梅等比较了海藻肥对玉米产量和农艺性状的影响,发现海藻肥处理可以增加玉米的穗行数、行粒数、千粒重、单穗粒重和出籽率。

（3）改善作物品质

实验发现海藻肥在提高农作物产量的同时，对作物的品质也有明显的改善作用。冉梦莲等研究了海藻肥对紫甘薯的品质影响，发现海藻肥处理后其花青素含量、淀粉含量和可溶性糖含量均较对照显著提高，分别提高了 7.33%、26.22% 和 19.57%。刘刚等研究了海藻肥对香瓜品质的影响，海藻肥处理后香瓜外观颜色加深、着色均匀、果肉厚度和含糖量增加，可溶性固形物和维生素 C 含量分别提高 12.2% 和 17.3%。Lola-Luz 等将海藻肥处理两个品种的花椰菜，对总酚、总黄酮和异硫氰酸酯的含量有显著促进作用。国外学者将海藻肥应用于药用植物黄花蒿（Artemisia annua L）的种植中，发现海藻肥可以促进黄花蒿生长，增加其生物量，同时可提高其中青蒿素的含量，和对照相比，最高可提高 43.3%。海藻肥对油料作物的品质也有明显的提升作用，能显著提高不同品种花生的出仁率、蛋白质和脂肪含量及油酸/亚油酸比值。研究发现，海藻肥处理蔬菜后，还具有促进有机磷农药的降解，降低农药残留量的功效。同时，海藻肥可提高果实耐储性，是应用前景非常好的采后保鲜方式。

（4）提高作物抗逆性

海藻肥可以增强作物对多种逆境的适应性。宋朝玉等在盐碱障碍耕地典型区域，研究了施用海藻肥对棉花籽棉产量、纤维品质的影响，结果显示增施海藻肥有利于提高棉花纤维上半部长度、反射率和伸长率。李宗励比较了 3 种海藻提取液对绿豆和小麦幼苗生长及其抗盐性的影响，发现在盐分胁迫条件下，3 种海藻提取液均能显著增加绿豆和小麦叶片叶绿素的含量，减少丙二醛（MDA）含量，同时还能有效提高 POD 酶的活性，促使光合作用加强，质膜损害程度减轻。海藻肥在葡萄上施用，可以缓减干旱胁迫，在干旱胁迫时，保持高叶位的水势和气孔导度，促使复水时快速恢复。

2. 海藻肥应用现状与研究趋势

海藻肥在农业上的应用已有很长的历史，早在几千年前，人类就已经开始利用海藻作为肥料，英国、日本、法国等国家都有利用海藻制作堆肥的传统。实际农业生产应用也证明这类肥料与化学肥料相比，具有增产、抗逆、环保等优势，是天然高效的农用肥料，已广泛应用于粮食、水果和蔬菜作物上，由于其来源于天然产物，目前在欧盟 IMO、ECOCERT，北美 OMIR，日本 JAS 标准和中国有机食品技术规范中均被明确认定为有机农业的应用产品。目前我国市场国内外海藻肥种类繁多，获得农户认可度高的品牌有意大利的 Kendal、澳大利亚的 Seasol、南非的 Kelpak、挪威的 Algifert、英国的 Omix 和加拿大阿卡迪亚德系列产品。国内海藻肥产品主要企业有北京雷力、青岛海大生物等。我国将海藻肥统一归入"有机水溶肥"类，现在与海藻相关的肥料登记证已近 60 个，可以说目前我国海藻肥产业已初具规模，但仍然处于农资行业的中低端产品行列，高端产品均被国外海藻肥所占据，主要原因是我国海藻肥产品种类较单一，效果稳定性差。针对这些问题，海藻肥未来发展需要在加工原料、行业标准及制备工艺方面加深研究。

海藻肥加工原料可进一步拓展，目前有关海藻肥加工利用对象主要是大型海藻，如褐藻中的海带、裙带菜、巨藻；绿藻中的苔条、石莼；红藻中的紫菜、石花菜等，但这仅是海藻资源中的一小部分，对于蕴藏量巨大的微藻的开发利用还有些滞后。微藻具有生物量大、生长周期短及易于培养的优点，未来在生物肥料的开发方面也极具前景。目前也有一些微藻在促进植物生长方面的研究报道,如谢树莲等用3种微藻提取液对黄瓜和番茄进行浸种处理,发现3种微藻提取液在合适浓度对黄瓜、番茄苗的根长、须根数、根干质量、茎长、茎叶干质量均有不同程度的促进作用。这些研究为微藻来源的海藻肥的开发奠定了基础。

产品质量鱼龙混杂是目前制约海藻肥发展的主要因素之一。海藻肥有多种生产工艺,包括物理法、化学法和生物法,提取工艺的不同直接影响海藻肥有效成分的提取率、稳定性和作用功效,是目前造成海藻肥产品功能差异的主要原因之一。因此,明确海藻肥中活性成分种类和含量,建立统一、稳定且可控的产品质量标准,来指导生产工艺,进而建立行业乃至国家标准,是规范海藻肥市场,行业持续发展所亟需解决的问题。

3. 海藻寡糖的生物学功能及作用机制

近年来,随着海藻农用产品深度开发研究成为热点,海藻寡糖在农业方面的应用及机制也受到越来越多的关注。海藻寡糖是海藻多糖经过降解得到的一系列寡糖片段,是天然来源的生物活性物质。具有分子质量低、水溶性好的特点,其生物活性广泛,尤其在调节植物生长、增强植物抗逆性方面更是展现出良好的活性,在农业生产中具有广阔的应用前景。海藻寡糖的研究不仅有利于揭示海藻肥作用机制,更是海藻肥新产品开发的主要方向。

海藻寡糖中目前研究最多的是褐藻胶寡糖(alginate oligosaccharide),又名海藻酸钠寡糖(alginate oligosacharides, AOS),是来源于海带、聚藻、马尾藻等的天然产物,它通常由 β-D-甘露糖醛酸(mannuronic acid, ManA)、α-L-古罗糖醛酸(guluronic acid, GulA)杂合组成。研究发现,褐藻胶寡糖的生物活性与海藻肥相似,包括促进植物生长分化、提高作物产量、增强作物抗逆性、改善作物品质等特点,但具有用量少、效率高等优势。下面将主要概述褐藻胶寡糖在此方面的生物学功能及机制研究进展。

(1)褐藻胶寡糖的生物学功能

1)促进植物生长。褐藻胶寡糖对小麦、水稻、花生、烟草等多种作物的促生长作用明显,且具有一定的浓度效应。Hien 等研究发现分子质量小于 10^4 Da 的褐藻胶降解混合物显示出对水稻和花生的促生长作用。有意思的是,褐藻胶降解产物对于不同作物的最适作用浓度不同,对于水稻的最适浓度为 50ppm[①],而花生则为 100ppm。郭卫华等应用不同浓度的褐藻胶寡糖处理烟草幼苗,结果表明褐藻胶寡糖对烟草幼苗生长有促进作用,幼苗株高、叶面积、根长等生长指标与对照相比均显著增加。Sarfaraz 等发现褐藻胶寡糖能提高茴香地上部分和根的长度、茴香块茎的重量和种子的产量。张运红等研究发现海藻酸钠寡糖对小麦幼苗生长具有促进效果,发芽指数、活力指数和不定根数均显著增加。

2)增强植物抗逆性。褐藻胶寡糖可增强多种植物的抗逆性。Liu 等用褐藻胶寡糖喷施番茄幼苗叶片,发现褐藻胶寡糖通过减少丙二醛(malondialdehyde, MDA)含量、减少电解质渗漏,提高超氧化物歧化酶(superoxide dismutase, SOD)、苯丙氨酸解氨酶(L-phenylalanine ammonia-lyase, PAL)等活性,增加脯氨酸和可溶性糖含量,达到缓解干旱胁迫的作用。Tang 等研究发现,盐胁迫下褐藻胶寡糖会提高芸薹属植物的 SOD 等活性,降低 MDA 的含量。同样,将褐藻胶寡糖溶液预处理过的烟草进行低温胁迫时发现,褐藻胶寡糖能够清除体内产生的氧自由基,保护细胞膜和叶绿素结构,诱导烟草 SOD 等酶活力提高,提高烟草耐低温能

---

① ppm: 百万分之一

力。褐藻胶寡糖缓解植物非生物胁迫的研究将对提高逆境下农作物产量具有一定的指导意义。

3）改善作物品质。印度学者 Khan 等,研究发现褐藻胶寡糖能增加罂粟中吗啡和可待因的含量。Idrees 等也发现褐藻胶寡糖可大幅度提高柠檬草中精油、柠檬醛的含量,且提高作用存在浓度依赖性。研究人员在葫芦巴上的实验也得到类似的结果,褐藻胶寡糖处理可显著提高葫芦巴碱的含量,促进作用也与褐藻胶寡糖的作用浓度有关。经褐藻酸寡糖诱导后,大豆中的异黄酮化合物、氨基酸、寡糖、脂肪酸等含量均会发生显著变化。尤其是大豆抗毒素含量显著增加,提高了大豆蛋白质的营养价值,并且在一定程度上提高了大豆的油脂品质。

（2）褐藻胶寡糖构效关系和作用机制

1）褐藻胶寡糖构效关系。褐藻胶寡糖的结构对其活性有很大影响。研究人员围绕褐藻胶寡糖的构效关系开展了系列研究,重点关注聚合度和结构单元对褐藻胶寡糖活性的影响。lwasaki 等对酶解褐藻胶寡糖促莴苣根生长活性研究表明,聚合度 3~6 的 M 或 G 均具有较高的促根生长活性。研究人员还研究比较了不饱和甘露糖醛酸和古罗糖醛酸对胡萝卜和水稻的根伸长活性。聚甘露糖醛酸和聚古罗糖醛酸没有活性,但酶解聚古罗糖醛酸产物有较好活性,进一步分析聚合度与活性关系,发现五聚物具有最好的促生长活性。Laporte 等采用酸水解的褐藻胶产物为研究对象,发现聚甘露糖醛酸片段在 0.5mg/ml 对烟草的生物量有增加作用,而聚古罗糖醛酸则没有活性。褐藻胶寡糖的非还原末端的结构对其活性也有影响,褐藻胶裂解酶通过 β-消除反应断裂褐藻胶的糖苷键,产生的非还原末端为不饱和的 4-脱氧-L-erythro-hex-4-烯醇式吡喃糖醛酸（4-deoxy-L-erythro-hex-4-enopyranosyluronic acid）,而酸水解法制备新非还原末端为饱和的 4-脱氧-L-erythro-hex-4-烯醇式吡喃糖醛酸。Yamasaki 等采用酸降解和酶降解两种方法制备的褐藻胶寡糖处理莱茵衣藻,发现酶法制备的褐藻胶寡糖以浓度依赖性方式显著促进生长,莱茵衣藻的脂肪酸组成也受到褐藻胶寡糖的影响,而酸水解制备的褐藻胶寡糖则没有表现出生物活性。相较于褐藻胶寡糖复杂的结构及不同作物与病害的复杂关系,上述构效关系研究还仅处于起步阶段,但已为褐藻胶寡糖在植物肥料方面的开发应用提供了一定的理论基础。在今后的研究工作中,若能进一步阐明寡糖结构与功能的关系,将会更加有力地推动相关产品研发。

2）褐藻胶寡糖促进作物生长的作用机制。随着褐藻胶寡糖生物学功能的研究,其作用机制也不断被揭示,主要集中于褐藻胶寡糖促进作物生长的机制研究。目前已有大量实验数据显示,褐藻胶寡糖对淀粉酶、脂肪酶和蛋白酶等植物种子萌芽相关的酶活力具有积极影响,是促进种子萌发,加快根、芽生长的主要原因之一。褐藻胶寡糖对植物的促生长作用还体现在对作物光合作用的增强。张庚等研究褐藻胶寡糖对水培菜薹光合特性和碳代谢的影响,结果表明褐藻胶寡糖可促进光能的捕获及转化,提高其光能利用效率,并改变碳代谢过程,促进碳代谢产物积累。此外,褐藻胶寡糖也可促进植物的氮代谢。低剂量的褐藻胶寡糖可促进植物根系吸收 N、P、Ca 等元素,从而促进植物生长。研究发现,褐藻胶寡糖能结合外源 Ca^{2+},提高植物氮代谢相关酶的活性,促使更多 NH_4^+ 进入氮代谢,促使蛋白质合成、积累,影响植物生长。

褐藻胶寡糖对根系活力的调控也一直是研究人员探讨其促生长机制的主要关注点。

Zhang 等研究发现,褐藻胶寡糖可以诱导小麦根系产生 NO,促进小麦根的生长与延伸,并呈剂量依赖效应。目前发现褐藻胶寡糖可以通过上调硝酸还原酶基因表达和活性来诱导小麦根系 NO 的产生,从而促进根系的生长和延伸。通过分析小麦显微结构和生长相关基因的表达情况,进一步发现了褐藻胶寡糖处理小麦后,小麦根系中柱细胞的个数和体积均明显增加,细胞周期蛋白基因 *WcycD2* 和细胞膨胀素基因 *TaEXPB* 均被显著诱导,从细胞和分子水平证明海藻酸钠寡糖能够促进小麦根系细胞的生长和分裂,最终促进根系生长,从而有利于养分和水分的吸收。

　　研究发现褐藻胶寡糖可通过影响激素的含量而调控植物生长。刘瑞志报道,褐藻胶寡糖可诱导烟草悬浮细胞内吲哚乙酸(IAA)和赤霉素(GA)含量增加,从而促进细胞生长。Guo 等进一步研究显示,其主要是通过降低 IAA 相关的过氧化物酶活性提高 IAA 含量(图 6-1)。褐藻胶寡糖能够改变生长素在菜心体内的含量和分布,从而促进植株生长。最近研究发现,褐藻胶寡糖可通过减缓生长素分解,促进其在根系中的累积,同时还可诱导生长素信号通路 *OSIAA11* 和 *OsPIN1* 基因的表达,调控了水稻侧根的发生,加快生长素在根系中的运输。

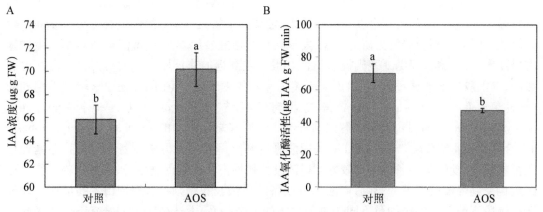

图 6-1　海藻酸钠寡糖对水稻根系吲哚乙酸含量及其氧化酶活性的影响(引自 Guo et al., 2012)

　　3)褐藻胶寡糖增强作物抗逆作用机制。相对而言,褐藻胶寡糖诱导作物抗逆的机制研究报道较少。Liu 等研究发现,AOS 可通过减少丙二醛含量、降低电解质渗漏、增加超氧化物歧化酶等活性、增加脯氨酸和可溶性糖的含量,从而达到缓解干旱胁迫的作用,提高植物的抗旱性能。刘瑞志等研究也显示褐藻胶寡糖能诱导烟草过氧化氢酶等酶活力的提高,清除氧自由基,保护细胞膜,减少叶片损伤,进而提高烟草耐低温能力。此外,Liu 等研究表明,褐藻胶寡糖可通过诱导脱落酸信号通路基因,包括 *LEA1*(late embryogenesis abundant protein 1 gene)、*psbA1*(photosystem II D1 protein gene)、*SnRK2*(sucrose nonfermenting 1 - related protein kinase 2 gene)和 *P5CS*(pyrroline - 5 - carboxylate synthetase gene),增强小麦的抗旱能力。进一步深入研究褐藻胶寡糖对脱落酸的影响,发现褐藻胶寡糖可刺激小麦叶片中内源性 ABA 积累,能上调小麦中 ABA 合成基因 *TaNCED*、*TaAOX* 和 *TaBG* 的转录。因此,褐藻胶寡糖诱导内源性 ABA 的产生可能是通过 ABA 合成信号通路实现的。

　　综上所述,褐藻胶寡糖对植物生长发育有一定的调控作用,且为天然提取物,具有安全、环保等优势,将有望成为新一代海藻肥产品。目前对于褐藻胶寡糖在植物上的生物活性研究已取得初步进展。然而,对于其广泛的生物活性机理研究仍不是十分系统,如褐藻胶寡糖在促进植物生长、缓解环境胁迫方面的机理还需深入研究;且其构效关系的研究也需进一步探索,这都依赖于褐藻胶寡糖制备分离技术的提升,这对于海藻肥标准的建立及新一代海藻肥的研发具有指导和实际意义,需要更多科研工作的开展。

（3）其他海藻寡糖

除了上述褐藻胶寡糖外,研究人员发现其他种类的海藻寡糖也显示出很好的促植物生长活性。昆布多糖是从海洋藻类中提取到的吡喃葡萄糖以 1,3 -糖苷键结合而成的多糖,含少量(β - 1,6)交联物作为中间或分支点残基,含 2% ~ 3% 的 D -甘露醇作为末端基团。Sirintra 等用昆布多糖处理葛根类植物的悬浮细胞时发现,昆布多糖可以促进悬浮细胞的生长,提高异黄酮的产生量,并且可促进细胞产生葛根素。石莼(*Ulva lactuca* L.)是一类生活在海岸潮间带岩石上的藻类。石莼聚糖是从石莼属藻类中提取的,以鼠李糖、木糖、艾杜糖和葡萄糖醛酸等为主要单糖结构,并伴随硫酸化修饰的一种水溶性的多糖。已经有研究者考虑将石莼聚糖引入肥料施加的过程,作为土地改良的处理方法。卡拉胶(Carrageenan)是来源于红藻(*Rhodophyta*)的多聚糖,卡拉胶寡糖是卡拉胶经过降解而成的一种海洋寡糖,由 β - 1,3 - D -半乳糖和 α - 1,4 - D -半乳糖作为基本骨架,交替连接而成的硫酸线性多糖,具有促进植物生长活性。Naeem 将卡拉胶寡糖喷施薄荷后,叶子的营养含量、光合速率、薄荷醇的产量、植株的生物量均有不同程度的提高,同时发现相对分子质量低于 20 000 卡拉胶寡糖的促生长作用更明显。这些海藻寡糖生物活性的报道也为新型海藻肥产品的开发提供了理论依据。

二、海洋动物肥料

海洋动物肥料主要包括鱼蛋白肥和甲壳素肥料,本部分主要介绍甲壳素肥料。甲壳素肥料是以天然甲壳素及其衍生物为原料,生产出的可溶性肥料。2002 年 5 月,我国农业部首次将甲壳素批准为有机可溶性肥料,并对企业申请产品开始登记。甲壳素肥料的有效成分主要为甲壳素及其衍生物,具有一定的肥料功能和增产作用,属于新型肥料,是生产无公害、绿色、有机食品的理想肥料。本节将重点介绍甲壳素及其衍生物促进植物生长、改善作物品质的研究进展及作用机制,以及目前的应用情况。

1. 促进植物生长

甲壳素肥料具有促进植物种子萌发的作用,可配制成溶液用于作物的浸种处理,其中几丁质和壳聚糖具有多聚物的特性,也可作为种衣剂使用。扈学文等研究发现用壳寡糖溶液处理黑麦草种子,可以提高种子的发芽率、发芽指数和活力指数。甲壳素肥料对促进幼苗生长也有显著作用。陆引罡等研究表明,壳寡糖对油菜苗生长有明显的促进作用,经壳寡糖处理后的油菜幼苗的主根长度、主根粗度、侧根数、单株苗重均高于对照,不同品种表现一致,生长状态明显好于对照。郭卫华等报道了壳寡糖对烟草幼苗生长和光合作用及与其相关生理指标的影响,结果表明 0.01mg/L 壳寡糖对烟草幼苗生长有促进作用,幼苗株高、叶面积增加,叶片中叶绿素含量、净光合速率(Pn)、气孔导度(Gs)、蒸腾速率(Tr)和胞间 CO_2 浓度

(Ci)升高,气孔限制值(Ls)下降。而且施用两次的效果优于施用一次的。

甲壳素肥料通过促进植物种子的萌发和幼苗的生长,最终表现出促进植株生长和提高作物产量的作用。Wang 等通过 3 年的田间实验研究,将壳寡糖通过拌种和不同生长期喷施的方法应用于 4 种中国西北常见的小麦品种,发现在水地小麦品种中,壳寡糖拌种显著提高了小麦的穗粒数;在分蘖期和返青期喷施壳寡糖显著提高了小麦的分蘖数。水地小麦的产量受到壳寡糖的显著影响,但旱地小麦的产量没有表现出明显的变化。同时,壳寡糖减少了不孕不育小穗数,对株高和小麦的茎节长度也有一定的影响。试验结果也显示壳寡糖喷施处理影响了水地小麦的出粉率和蛋白质含量,以及旱地小麦面筋指数。这些数据表明壳寡糖可以影响小麦的产量结构和麦粒品质,同时不同的小麦品种和壳寡糖的使用方法对最终的结果也表现出一定的影响。

壳聚糖具有很好的成膜性,可作为包膜型或包裹性的缓释肥料,对于肥料的利用率起到了较好的提升效果。近年来,随着纳米技术的发展,对壳聚糖进行纳米化处理又掀起了甲壳素肥料新的研究热点。Oliveira 等制备了包裹 NO 供体壳聚糖纳米颗粒,可以持续释放 NO,和直接使用游离的 NO 供体相比,纳米颗粒可以在更低的剂量下,有效缓解盐胁迫下玉米的生长抑制。壳聚糖超微米制剂处理还可以增加火龙果径粗、芽长和叶绿素含量。这些研究均显示,微纳米级的壳聚糖在植物营养生长的调控方面有更好的作用效果。

2. 改善作物品质

甲壳素肥料兼有肥效和药效双重生物调节功能,在肥效方面除促进植物生长的作用,还可以改善作物的品质。

一般认为蛋白质、可溶性糖、维生素 C、总氨基酸等是蔬菜主要的品质指标,含量越高,蔬菜营养价值也越高。张运红等用壳寡糖对菜心进行叶片喷施,20mg/L 壳寡糖可以促进菜心增产,改善其品质,其中可溶性糖、可溶性蛋白、维生素 C 的含量均显著增加。Santiago 用壳聚糖处理西兰花幼苗,也可提高处理组的维生素 C 含量,是对照的 1.5 倍。甲壳素肥料对粮食作物和经济作物的品质也有改善作用,壳聚糖处理的冬小麦种子蛋白质含量增加 3%~36%,湿面筋增加 21.5%,干面筋增加 20%。任明兴等采用叶面喷施的方法,对壳聚糖在茶树上的应用效应进行了研究,壳聚糖能促进茶树芽叶萌发和生长,提高茶叶产量,增加茶叶中水浸出物和氨基酸含量,降低酚氨比。甲壳素肥料也能提高水果的品质,张柱岐等将水溶性的壳聚糖络合硼、锌等微量元素,施用于冬枣,对冬枣叶片面积、果实横径和纵径的增大效果极显著。Bhaskara 等报道,在草莓果实变红时,喷施壳寡糖溶液 1~2 次,喷施 5d 和 10d 后采收果实,并用灰霉病菌接种,试验结果表明,壳寡糖处理明显降低草莓的腐烂,保持果实好的品质。壳寡糖处理的草莓与对照相比,果实硬度增加,成熟减缓。在柑橘生长季节喷施壳寡糖 3 次,壳寡糖处理对柑橘的品质有明显的影响,结果表明,壳寡糖处理柑橘,柑橘可滴定酸含量降低 21.43%,可溶性总糖提高 12.74%,维生素 C 含量提高 19.49%,可溶性固形物含量提高 6.25%,固酸比提高 51.93%。在葡萄、西瓜、番茄和草莓上也得到了类似的结果。

3. 甲壳素肥料作用机制

（1）对植物氮代谢的调节作用

迄今甲壳素肥料促进植物生长的作用机制并不十分清楚,多数学者认为是作为一种氮代谢调节剂。陈惠萍等研究表明,壳聚糖喷洒不结球白菜叶片后,其谷氨酰胺合成酶

(glutamine synthetase，GS)对 NH_4^+ 的 K_m 值增大，而谷氨酸脱氢酶(glutamate dehydrogenase，GDH)对 NH_4^+ 的 K_m 值变小，在酶活性检测中，GS 比活性受到抑制，而 GDH 比活性则提高。但他们研究 Ca^{2+}/钙调蛋白在壳聚糖调控不结球白菜离体叶片氨同化关键酶活性中的作用时又发现，壳聚糖单独处理的 GDH 和 GS 活性都显著增强，所以其是否能改变植物氮同化过程还需进一步验证。

（2）对植物光合碳代谢的调节

甲壳素肥料对植物碳代谢的影响也有报道。孙磊研究发现壳聚糖可提高水稻叶中叶绿素含量，以及光系统Ⅰ(photosystem，PSⅠ)和光系统Ⅱ(PSⅡ)电子传递活性。低温或其他胁迫条件下，壳聚糖能提高光能从天线色素向反应中心的传递效率及 PSⅡ 的实际光化学效率($\varphi_{PSⅡ}$)，降低 $\varphi_{PSⅡ}/\varphi_{CO_2}$ 的比率，减少过剩激发能的积累，从而保护光合机构，同时使叶绿素(Chlorophyll，Chl)和类胡萝卜素(carotenoids，Car)含量下降趋势减缓、类囊体膜脂不饱和脂肪酸指数(index of unsaturated fatty acid，IUFA)增加，进而减轻低温造成的伤害。蔗糖是高等植物光合作用的主要产物，为碳运输的主要形式。罗兵用壳聚糖浸种黄瓜种子和叶面喷施后，黄瓜的蔗糖磷酸合酶(sucrose phosphate synthase，SPS)和蔗糖合成酶(sucrose synthase，SS)合成活性均显著增强，酸性转化酶(acid invertase，AI)和中性转化酶(neutral invertase，NI)的活性也有一定程度的提高，但效果相对很小，蔗糖和可溶性糖的含量比未处理的也有明显提高。

（3）对植物激素代谢的调节

甲壳素肥料促进植物生长的重要原因是对植物生长激素的含量起到调控作用。周永国等用壳聚糖处理花生种子后，发现种子萌发过程中吲哚乙酸(IAA)、GA_3 比不经处理的分别提高 60.3% 和 80%。郭卫华等的试验结果表明，极低浓度的壳寡糖即可诱导烟草细胞内吲哚乙酸含量显著升高，在 8h 时达到最大值。不同浓度壳寡糖对吲哚乙酸的诱导效应不同，0.01mg/L 壳寡糖诱导烟草细胞产生吲哚乙酸的浓度最高(图 6-2)。实验结果同时表明，壳寡糖诱导烟草细胞产生吲哚乙酸的一个重要因素是由细胞内过氧化物酶调控引起的。

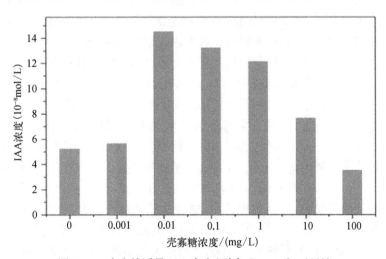

图 6-2　壳寡糖诱导 IAA 产生(引自 Guo et al.，2009)

（4）对根际微生物和根系发育的影响

甲壳素进入土壤后可以促使有益细菌如固氮菌、纤维分解菌、乳酸菌、放线菌的增生,抑制有害细菌如霉菌、丝状菌的生长,能有效改良土壤,改善作物的生存环境,成为发挥肥料作用的作用机制之一。在连作土壤中,适量添加甲壳素(1.0g/kg)也可增加土壤细菌和放线菌数量,增加土壤微生物多样性,缓解连作障碍。壳聚糖可显著促进植物根系细胞的分生,短时间内促使毛细根显著增多,根系发达,会增强植物的吸肥吸水能力,增强抗旱、抗倒伏能力。壳聚糖能充分活化根际状态,溶解养分,使氮、磷、钾等养分能被植物充分有效地吸收,通过对作物进行浸种、灌根、冲施和叶面喷施等处理,可为根系创造良好的土壤环境,促使根系发达,具有良好的生根养根效果。此外,也有研究表明甲壳素肥料可以对植物体内的营养元素和能量代谢进行调节。高瑞杰等研究了水溶性甲壳素对番茄品质和土壤的影响,结果表明,施用甲壳素的处理能够促进土壤潜在养分向有效养分的转化,从而增加土壤速效养分的含量,但并未达到显著水平;甲壳素处理能显著提高番茄维生素 C 的含量,并使产量提高。康由发等研究了施用不同浓度甲壳素对营养饥饿状态下文心兰营养元素含量的影响,结果发现,甲壳素浓度为 1500μg/L 时,可提高叶片中 N、P、Fe、Mn 营养元素的含量和假球茎中 N、K、Ca、Mg 的含量。

4. 甲壳素肥料市场应用情况

大量研究文献表明甲壳素肥料对植物有较好的促生长发育作用,可以促进根系生长,活化根际状态,增强植物光合作用和基础代谢,促进营养元素的吸收,改善作物品质。同时作为抗逆剂,还有较好的激活抗旱与抗寒作用。甲壳素肥料产品的研发工作始于 20 世纪 90 年代,近年来研究力度大幅度加大。国家 863 计划、自然科学基金等项目中均有专门课题支持此方面的理论基础与产业化研究。山东大学、中国海洋大学、华东理工大学、中国科学院海洋研究所、中国科学院大连化学物理研究所等单位长期开展此方面的研究工作,取得了一定的进展。有些成果已经完成了产业化进程,如山东大学研制的天达 2116,可刺激植物生长,使农作物和水果蔬菜增产丰收,在农业上应用具有高效、无公害等特点。天达 2116 作为生物肥料已经进入应用阶段,推广农田应用面积达 5000 万亩。中国科学院大连化学物理研究所与海南正业中农高科、大连中科格莱克等企业合作开发了以壳寡糖为原料的生物肥料,温室和田间试验效果良好,已获得肥料登记证并进入推广应用阶段。

查阅肥料登记证号发现,国内登记的甲壳素肥料已有 39 种,其中剂型多为水剂,涉及水稻、黄瓜、番茄等多种粮食作物和经济作物。产品在山东、河南、陕西等地大量推广使用,对我国的绿色农业建设起到了一定的推进作用。部分产品中使用了复配技术,以甲壳素及衍生物为主料添加多种氨基酸、大量元素和多种微量元素,或者天然生长调节物质细胞分裂素、赤霉素等,这些产品充分发挥甲壳素与其他活性物质的协同作用,更好地发挥效力。

甲壳素肥料产品在国内尚处于起步阶段,未来还需要重点解决作用机制、生产工艺及应用技术研究等问题。甲壳素肥料的作用机制虽然已有研究,但尚不十分清楚。要加强甲壳素肥料产业的相关基础研究,对其作用机制、功能性质的系统研究,有助于甲壳素及其衍生物的可能应用途径及各个层次产品的深入开发。甲壳素肥料生产工艺的稳定性问题需要重点突破,由于不同企业使用的原料不用,工艺上虽然大同小异,但甲壳素本身质量不够一致,直接影响到生产的肥料尤其是叶面肥的质量稳定性。因此,有必要研究甲壳素生产的产业化工作及质量控制,为逐步实现生产规模化、产品系列化、工艺系统化提供基础,引导产业发展,统一质量标准,以高质量的产品参与市场竞争。关于甲壳素肥料应用技术研究问题,已有一些报道,但总体而言还处在实验室阶段,不能对生产起到指导作用。要加强开发研究,注重与产业发展的配套,及时推出创新成果和产品,加强对生物肥料的技术推广,使农民能够熟练掌握生物肥料的使用技术。

甲壳素肥料主要来源于虾蟹等海洋生物,安全无毒。随着目前粮食问题的加剧,化学农用品与矿产资源的缺口加大,可持续发展农业的推广,尤其是人们对绿色食品的需求量日趋增加,甲壳素肥料的市场将越来越大。但目前甲壳素肥料产业化刚刚起步,如我国肥料年使用量达5500万t,而生物肥料总产量不超过100万t,远远达不到使用需求,而且甲壳素肥料只是生物肥料的一小部分,产量更少,规模更小。但面对着绿色农业的大量需求,规模小是劣势,也是机遇。这说明,在今后几年,甲壳素肥料有望高速发展,快速壮大,成为一种重要的绿色农用制剂,在农业生产中将具有广阔的开发前景,发挥更大的作用。

三、海洋微生物肥料

微生物肥料是指一类含有活微生物的特定制品,应用于农业生产中,能够获得特定的肥料效应。在这种效应的产生中,制品中活微生物起关键作用。合理开发和有效利用微生物肥料资源是我国农业可持续发展的重要途径。海洋微生物由于生存环境与陆地微生物不同,常常表现出特殊的生物活性。将海洋微生物开发为新型微生物肥料资源也成为微生物肥料研发的新思路和新途径。迄今国内外报道的微生物肥料多为陆地微生物,关于海洋微生物产生肥料效应的作用和机制研究及将其开发为微生物肥料产品的报道较少。下面将重点介绍近年来海洋微生物在促进植物生长、提高作物产量方面的研究进展及目前的开发应用情况。

1. 海洋木霉

木霉(*Trichoderma* spp.)是一类重要的真菌资源,在农业生产领域发挥着重要作用,被广泛地用于生防制剂和植物生长促进剂的生产。山东大学张玉忠研究团队筛选到一株具有广谱抗菌活性和植物生长促进作用的海洋木霉菌株——长枝木霉SMF2(*T. longibrachiatum* SMF2)。在国家863计划等项目的支持下,该团队对木霉SMF2菌株及其产生的次级代谢产物进行了深入的研究。研究发现,该木霉菌株对尖孢镰刀菌、立枯丝核菌等多种植物病原真菌具有很好的拮抗作用,能促进烟草、大白菜、蝴蝶兰、番茄、国槐等多种植物幼苗的生长。田间施用结果也证实该木霉能够显著减轻田间病害的发生,促进植物的生长。烟草的田间试验发现,经木霉SMF2菌株处理的烟草植株在株高、最大叶面积、有效叶数等性状指标上均显著优于对照,进而提高烟叶的产量;烟草花叶病、赤星病和气候斑点病等烟草病害的发病率比对照低;木霉SMF2菌株处理还能提高原烟的外观质量,分析发现木霉SMF2菌株还能通过提高烟叶香气质、余味、杂气、刺激性,来提高烟叶感官质量。木霉SMF2菌株在促进植物生长中的应用已经获得国家发明专利(ZL201310289488.X)。

深入的机制研究发现,木霉SMF2菌株能够产生peptaibols类次级代谢产物,该次级代谢产物在木霉对植物病害的防治和促进植物生长中发挥着重要作用。经LC-MS/MS鉴定木霉 SMF2 菌株产生长链和中长链两类 peptaibols,其中长链 peptaibols – Trichokonins 的产量较高,且具有较强的生物学功能。为了更好地应用 peptaibols,该课题组优化了固体发酵条件,建立了 peptaibols 的高效制备工艺,该技术已获得了国家发明专利(ZL200410075824.1)。Trichokonins 能够直接作用于植物病原微生物,引起革兰氏阳性植物病原细菌的死亡、诱导植物病原真菌程序化死亡和烟草花叶病毒的钝化;还能够诱导植物产生抗性,使植物抵御革兰氏阴性植物病原细菌和 TMV 的侵染,其对植物的抗性诱导是通过激活植物体内以水杨酸信号转导途径为主的复杂的防御反应机制实现的。该课题组目前已经对木霉 SMF2 菌株的基因组进行了测序,解析了木霉 SMF2 的生活方式,并对其转录组进行了解析,发现了其高可变剪切的转录后加工特征,为更好地应用该木霉菌株奠定了理论基础。

目前富含木霉多肽的木霉固体发酵剂已获得中华人民共和国肥料临时登记证。

2. 海洋放线菌

海洋放线菌是见诸报道的另一类可开发为海洋微生物肥料的菌株。海洋放线菌 MB – 97 是从渤海海水中分离纯化得到的,经鉴定为玫瑰黄链霉菌(*Streptomyces roseoflavus* MB – 97)。海洋放线菌 MB – 97 能在重茬大豆根际成功定殖,对克服重茬大豆连作障碍具有显著作用。将该菌剂制成生物制剂,在促进连作大豆增产方面作用效果明显,以 $75kg/hm^2$ 用量作为基肥一次施入,在微区条件下以重茬大豆为对照,可使大豆增产 19.4%;大面积示范试验,可使大豆增产 13.9% ~18.3%,经黑龙江省、湖北省两年 22 点联网试验,可使大豆平均增产 15.2%。进一步对其作用机理进行研究发现,应用 MB – 97 生物制剂地块较对照地块放线菌数量明显增加。其中海洋放线菌 MB – 97 菌占放线菌总数的 80% 左右,同时田间应用海洋放线菌 MB – 97 生物制剂可抑制土壤中紫青霉菌的生长繁殖达 80%,减轻土壤紫青霉菌毒素的危害;防治因大豆连作而加重的土传真菌病,如镰刀菌等引起的根腐病达 50% 以上;调节优化连作大豆根际土壤微生物区系,*B/F*(细菌与真菌数量的比值)值显著上升(不少研究者认为 *B/F* 值在某种程度上表征土壤肥力的高低),使重茬土壤由低肥力的“真菌型”向高肥力的“细菌型”转化,改善了大豆根际微生态环境,这些表明海洋放线菌 MB – 97 是一株优良的植物根际促生菌(PGPR)。中国科学院沈阳应用生态研究所研发生产的海洋放线菌 MB – 97 生物制剂产品于 2000 年(微生物菌剂)获得农业部认证,目前武汉道博远洲公司围绕此菌进行了商品化生产销售和大面积的推广应用。

3. 海洋芽孢杆菌

芽孢杆菌是重要的微生物肥料制剂来源,具有较高的生物活性,目前在已获得我国农业部正式登记的微生物肥料中有大于 80% 的商品均含有芽孢杆菌有效成分。因此海洋来源的芽孢杆菌也势必成为新型微生物肥料研发的重要资源,目前也有一些关于海洋芽孢杆菌的研究报道。

胡治刚等研究发现从海洋植物根际分离得到的微生物菌株制剂能够在桉树人工林土壤中定殖,对桉树生长具有一定的促进作用。其中含有两株海洋来源的枯草芽孢杆菌(*Bacillus subtilis* 3512,*Bacillus subtilis* 3728)和一株海洋棘孢木霉(*Trichoderma asperellum* TF4)。在实验室条件下对其生防机理进行了研究,结果表明,两株枯草芽孢杆菌通过产生脂肽和蛋白酶对植物病原菌产生抑制作用;海洋木霉 TF4 则能够产生 IAA 类植物生长激素,同时还具有一定的解磷能力,具有很好的应用前途。在原位条件和盆栽条件下考察了其对桉树生物量和土壤质量指标的影响,结果表明,将 3 株海洋微生物混合后添加少量三叶草作辅剂,能有效改善桉树人工林土壤质量,并促进桉树树高和胸径的增加,具备进一步研究和开发成产品的价值。

李国敬报道了海洋侧孢短芽孢杆菌生物有机肥对干旱条件下玉米生长发育的影响。通过比较盆栽玉米产量发现,海洋侧孢短芽孢杆菌在土壤中能不同程度地提高盆栽玉米的产量,促进植株对磷素的吸收;能提高玉米抗旱性,在干旱胁迫下提高玉米植株对氮素的吸收利用。显著提高对钾的累积;对玉米株高具有促进作用,主要在抽雄期影响最大,处理后玉米株高与对照组相比提高 42.25%;分析产量构成因素发现,海洋侧孢短芽孢杆菌处理对穗粒数和千粒重有显著促进作用,在干旱处理条件下对盆栽玉米的增产效果在 12.2%~22.0%。

朱金英等也进行了海洋侧孢短芽孢杆菌对黄瓜的作用效应,结果显示海洋侧孢短芽孢杆菌能明显地促进黄瓜植株生长,其促生作用在定殖 40d 左右时逐渐明显,植株更粗壮,叶片更浓绿厚实;可降低雌花节位,提高雌花数、雌花节率、坐果率和黄瓜产量,可增产 4%。同时海洋侧孢短芽孢杆菌处理的黄瓜品质各项指标均优于对照,维生素 C、可溶性糖、可溶性蛋白及游离氨基酸的含量均明显高于对照。黄瓜感官评价结果显示,其甜度、脆度、香气、口感等感官品质均优于对照。

4. 其他海洋微生物

除了上述已呈现出良好的促植物生长功效,并已部分成功开发为肥料制剂的海洋微生物外,科研人员利用丰富的海洋微生物资源,也在不断地分离筛选获得更多新的具有促植物生长活性的海洋微生物。

Dimitrieva 等从海带中分离得到一株紫菜假交替单胞菌(*Pseudoalteromonas porphyrae*),研究发现其具有促进种子萌发和幼芽生长的活性。Dweipayan 等从海水中分离得到一株假单胞菌,被认为是一株植物促生细菌(plant growth promoting bacterium, PGPB),该菌可产生 IAA,浓度可达 29μg/ml。具有一定的溶磷和产氨活力,通过在鹰嘴豆和绿豆的幼苗上进行促生长实验,结果显示该菌株可显著促进鹰嘴豆和绿豆的生长,处理后两种作物的干重和对照相比分别可提高 27% 和 28%。

Monk 等发现海洋来源的氨基杆菌具有很高的促进高羊茅草生长的活性。研究人员发现用高盐固氮螺菌、巴西固氮螺菌等接种于红树林,可促进其生长。在生长期结束后统计数据显示,海洋弧菌和解蛋白弧菌的组合物、海洋地衣芽孢杆菌(*Bacillus licheniformis*)和叶瘤杆菌(*Phyllobacterium* sp.)组合物都可显著地增加植物的株高和干重。

Muthezhilan 等从海岸沙丘植物根际土壤中分离得到 46 种形态不同的菌株,通过检测菌株的 IAA 产生量、溶磷活力和对种子萌发等的影响,最终筛选得到 1 株 PGPR(plant growth promoting rhizobacteria),鉴定为 *Pseudomonas* sp. AMET1148,可开发为适用于沙丘植物的微生物农肥制剂。Jayaprakashvel 等筛选分离得到 192 株耐盐海洋细菌,其中 39 株可产生 IAA,由于同时具有耐盐的优良特性,可成为潜在的应用于盐碱地的海洋微生物肥料开发菌株。印度科学家报道了多株从海草根际分离得到的内生细菌具有促植物生长的作用,活性较高的 9 株主要分布于考克氏菌属、弧菌属等。John 等分离得到 25 株海洋细菌,评价了这些细菌在磷酸盐利用、生长素产生及生物固氮作用等方面的作用,进行了促进植物生长的活性筛选,其中活性最高的为洛菲不动杆菌。

上述研究显示,海洋微生物在植物根际常具有较强的定殖能力,多有促植物生长功效,成为开发微生物肥料的重要来源。目前研究人员正在利用丰富的海洋微生物资源,不断地分离筛选获得更多种类的海洋微生物菌株,同时由于海洋微生物具有较强的环境适应性和生存能力,常在干旱、高盐等环境下呈现出更高的活性,因此以其开发的产品应用范围广,极具发展前景。另一点值得注意的是,新型农用海洋微生物的筛选工作更多地为国外研究者所关注,我国相关科研机构及研究者应对此工作予以更多关注,如此方能有望在今后开发出更多的高效海洋农用微生物制剂。

高效稳定的微生物肥料研发是其应用的首要前提,海洋微生物肥料研发与应用时间较短,目前多处于实验室阶段,仅有个别进入了产品研制阶段,但海洋微生物具有活性高、应用效果稳定的特点,使其成为农业微生物资源中极具开发前景的部分,随着更多的海洋微生物菌种的筛选与选育、更高效的制剂开发和使用技术的研发,海洋微生物肥料将会在未来农业中发挥重要作用。

(赵小明　王文霞)

第三节　海洋生物农药

一、微生物农药

海洋微生物因要适应海洋中高盐、低温、寡营养的特殊生境,其代谢产物往往有异于陆地微生物,因此成为开发难防治病害的微生物农药的最佳资源之一。另外,因海洋微生物具有天然的耐盐性能,以其为生防菌开发的微生物农药也是解决我国日益严重的盐渍化土地中土传病害防治难题的最佳选择。

国内外研究海洋微生物产农用活性物质的报道相对较多,直接研究海洋微生物活菌抑菌活性的研究相对较少。已报道的海洋微生物活菌抑菌活性的研究中,生防细菌的研究较生防真菌多。海洋生防细菌中又以芽孢杆菌属和放线菌属研究较多,且已创制出产品并获得登记。芽孢杆菌属中以海洋芽孢杆菌(*Bacillus marinus*)、枯草芽孢杆菌(*B. subtilis*)、甲基营养型芽孢杆菌(*B. methylotrophicus*)和巨大芽孢杆菌(*B. megaterium*)研究较多。

由华东理工大学李元广教授研究团队研发的海洋芽孢杆菌(*Bacillus marinus*)B-9987新型微生物农药在防治植物土传病害方面效果明显,平板拮抗试验结果表明,B-9987对青枯病菌、枯萎病菌等13种病原菌均有明显的拮抗作用,且对其中9种病原菌的抑菌效果明显优于已商品化的多黏类芽孢杆菌HY96-2。对海洋芽孢杆菌B-9987的作用机理进行了初步研究,结果显示海洋芽孢杆菌B-9987通过定殖、产生抑菌物质和诱导植物抗病性等机制防治植物病害。目前已成功创制出了10亿CFU/g海洋芽孢杆菌可湿性粉剂及其母药(50亿CFU/g海洋芽孢杆菌原药),建成了年产200t的生产线,且毒理学试验表明该制剂为微毒类农药。10亿CFU/g海洋芽孢杆菌可湿性粉剂对多种真菌性及细菌性土传及叶部病害有良好防效,以10.2kg/hm^{2}在番茄苗期、移栽时及发病初期使用3次,田间防治番茄青枯病的平均防效达73.90%;以300倍稀释液在发病初期开始喷雾,连用3次(7d/次),对黄瓜灰霉病的平均防效达75.50%。10亿CFU/g海洋芽孢杆菌可湿性粉剂在盐渍化土壤中对花生青枯病、黄瓜根腐病、西瓜根腐病、萝卜软腐病等土传病害有良好防效,且防效明显优于对照的陆地微生物农药及化学药剂。海洋芽孢杆菌可湿性粉剂已公开 1 项中国发明专利(CN200710042798.6)。10 亿 CFU/g 海洋芽孢杆菌可湿性粉剂(*B. marinus* WP)及其原药(*B. marinus* TC)已于 2014 年 10 月获得农药正式登记证(*B. marinus* WP 登记证号为 PD20142273,*B. marinus* TC 登记证号为 PD20142272),*B. marinus* WP 于 2015 年 5 月获得生产批准证(生产批准证号为 HNP33077 - D5239)成为国内外首个实现产业化的海洋微生物农药。

甲基营养型芽孢杆菌(*B. methylotrophicus*)首次于 2010 年报道,分离自水稻根系土壤,并从地衣芽孢杆菌中分出成为一个新种。分离自渤海海泥的甲基营养型芽孢杆菌 9912,其主要活性物质为多个活性脂肽,包括新 fengycin 类化合物 6 - Abu fengycin。利用该菌与华北制药集团爱诺有限公司联合研发的 30 亿 CFU/g 芽孢可湿性粉剂、宁康霉素制剂,在东北三省及河北、新疆,针对黄瓜、番茄灰霉、晚疫病、棉花黄枯萎病及苹果树腐烂病等,进行多年田间试验,防治效果显著。2014 年,30 亿 CFU/g 芽孢可湿性粉剂防治黄瓜灰霉病完成了国家新农药田间试验(使用剂量为 937.5~1500g 制剂/hm²),2016 年 1 月该种微生物在我国首获登记,华北制药集团爱诺有限公司获得了微生物农药母药和制剂新产品证书。之前进行的规模中试与放大试验,为商品产业化生产做了准备。枯草芽孢杆菌 3728,分离自广西海洋滩涂的红树林,仅产生一种 iturin 家族的化合物,但在不同类型的土壤中都有很强的定殖能力,对小麦白粉病、玉米锈病防治效果很好,目前已完成了 500L 罐发酵及加工可湿性粉剂工艺试验。

为获得高活力菌株可采取分离培养新技术,新技术主要体现在样品预处理和培养方法上,如采用分散差速离心法,超声和干热、湿热等处理增加放线菌的出菌率,通过寡营养(R2A、LNHM、海水琼脂等培养基)和长时间培养及添加特殊基质(几丁质、棉子糖、海洋动植物浸出液)分离获得常规培养基不易分离的微生物。为了得到尽可能多的活性化合物,在培养方法上也可进行模拟原生境条件的培养,如添加海绵提取物、海泥、海盐等,对培养条件进行优化,采用除了正交设计、均匀设计外,还利用响应面法(response surface methodology,RSM 法)、Plackett - Burman 法和最陡爬坡法相结合应用,避免各方法的局限性。同时采用单菌多产物(one strain many compounds,OSMAC)策略,包括改变培养状态、混合培养及添加酶抑制剂等,利用实验室最常用多种培养基和不同培养方式发酵,通过 HPLC 指纹图谱分析和 TLC 分析,结合活性测定结果选择较佳培养基和培养方式以及时间等。近几年还应用BSA(brine shrimp assay)作为杀虫活性化合物的筛选,进行幼龄害虫模型致死活性筛选。

与海洋微生物肥料类似,目前海洋微生物农药研发也存在品种较单一的问题,针对浩瀚的海洋微生物资源,相信仍有丰富的未知空间有待挖掘,海洋微生物农药将是未来海洋农用制剂的一块“富矿”。

二、寡糖植物疫苗

海洋中含有大量的糖资源,如何更好地利用这些海洋糖类资源已是人类思考千百年的问题,而将它们应用于农业生产中是最直接的方法之一,法国沿海地区的农民将虾蟹壳粉末、海带渣直接施用于田间防治病害已有千余年的传统。但这些糖类物质是如何实现病害防治作用的,其作用机制如何,从 20 世纪 80 年代才开始被系统研究。1985 年,美国碳水化合物研究中心主任 Peter Albersheim 教授将这些具有生物活性能够刺激植物反应,具有调控植物生长、发育、繁殖、防病和抗逆等方面功能的寡糖定义为寡糖素(oligosaccharins)。后续研究发现各种活性寡糖素可发出调节特定功能的信息,激活植物防御反应和调控植物生长。

近年来,随着植物免疫系统的公认和植物免疫学说的研究深入,大量的研究工作证明,海洋寡糖是作为病程相关分子(pathogen-associated molecular patterns, PAMP)通过调节植物自身的免疫系统(plant immunity)来实现功能,具有预防病害的效果。因此,2010 年,我国科学家在国内外学界率先提出了寡糖植物疫苗的概念,将这类与人用疫苗具有相似功能的寡糖定义为植物上的病害防治疫苗。这些研究结果正是海洋寡糖作为生物农药应用的理论基础。而与化学农用制剂相比,寡糖具有用量少、作用谱广、功能多样、安全无残留、不产生抗药性等一系列优势,也使得其在农业生产中具有广阔前景。目前常见的海洋寡糖产品有壳寡糖、几丁寡糖、葡寡糖、褐藻酸寡糖等。

1. 寡糖植物疫苗概念

植物不具有可移动性,在遭到外界侵染时无法通过躲避来防止伤害,所以其自身免疫反应在植物应对病虫害过程中有重要作用。20 世纪初,人们就发现预先接种致病菌可以使植物产生对相关病害的防御作用;随后,科学家发现一些化学物质如病原菌分泌物、植物激素、细胞壁寡糖等可以激活植物免疫反应。随着研究的深入,一系列化学、生物、物理因子被发现能够引起植物免疫反应从而诱导抗性,这些因子被定义为诱导子(elicitor)。20 世纪 70 年代至今,关于诱导子的筛选发现、作用对象及功能、作用机制的研究成为植物病理、植物保护的热点之一。在这些研究过程中,科学家对植物免疫反应乃至免疫系统的认识也逐步深入。2006 年,题为"The plant immune system"的综述文章在 *Nature* 上发表,全面总结了植物免疫的概念,总结了植物免疫的 PTI(PAMP‑triggered immunity)和 ETI(effector-triggered immunity)两层系统,从而极大地推动了植物免疫学的发展。

自然界中,几丁寡糖、壳寡糖等寡糖分子来源于植物与病原菌的互作过程中。在植物细胞壁上含有果胶等各种多糖,而不同病原菌的细胞壁上含有几丁质、葡聚糖、壳聚糖等多糖;这些多糖组成的细胞壁对各自细胞起到屏障作用(图 6‑3)。病原菌侵染植物时会分泌出果胶酶,降解植物细胞壁中的果胶,从而实现侵染。为应对此胁迫,植物会分泌出对应的几丁质酶、葡聚糖酶、壳聚糖酶,降解病原菌的细胞壁,从而实现杀死病原菌的目的。在长期的进化过程中,植物产生了识别这些细胞壁降解产生的寡糖,如果胶寡糖(寡聚半乳糖醛酸)、葡寡糖、几丁寡糖、壳寡糖的能力,可激活细胞内的一系列免疫反应,启动第一层 PTI 免疫反应,产生对病原菌有杀伤力的植保素、病程相关蛋白等物质,同时还产生木质素等物质加厚细胞壁,提高结构抗性。

基于此原理,长期的研究与实际应用中,人们发现使用寡糖在植物感病前处理植株,可以产生增敏作用,处理后的植物受到病虫害侵染时可表现出比正常植株更好的抵御作用。寡糖的这种特性使人们联想到动物疫苗的功用,对比发现这两者间确实具有很高的相似性,因此我国学者在国际上率先提出了寡糖植物疫苗的概念,将一系列具有预防植物病害功能的功能糖定义为寡糖植物疫苗。

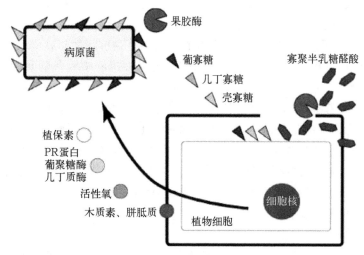

图 6-3　植物与病原菌互作中产生的寡糖素信号(引自 Yin et al., 2010b)

2. 常见的海洋寡糖植物疫苗

虽然寡糖作为植物疫苗的作用机制是体现于植物与病原菌的互作过程中,但生物分布多样而巧妙,在海洋中也蕴藏着大量可作为植物疫苗使用的寡糖资源,下文将介绍最重要的几类。

(1) 几丁寡糖

几丁寡糖来源于几丁质,通常指由 2~10 个 N-乙酰氨基葡糖连接而成的寡糖。几丁寡糖原料来源广泛,无毒无污染,可生物降解,对环境友好。随着对其研究的深入,人们发现几丁寡糖能诱导植物体内几丁质酶的活性,阻碍病原菌生长繁殖,提高植物的抗病能力。几丁寡糖还能改善土壤微环境,为农作物提供营养物质。尤其是近几年,几丁寡糖在拟南芥、水稻等植物上的受体被发现,对于其作用机理与功能的研究也与日俱增,使得其应用前景更为广阔。

(2) 壳寡糖

由几丁质资源得到的另一类重要寡糖植物疫苗是壳寡糖。几丁质脱乙酰基后可得到壳聚糖,壳聚糖酸解或酶解得到壳寡糖。壳寡糖是氨基葡萄糖以 β-1,4-糖苷键连接而成的碱性寡糖,具有相对分子质量小、毒性低、水溶性好、吸收性强等优点。壳寡糖已经被证明是一种高效的植物诱抗剂,在植物病害防治上具有抑制病原菌侵染、诱导植保素生成及激发植物自身抗性等作用。大量的研究工作证明其作用具有广谱性,在粮食作物、果树、蔬菜、多种经济作物上均有效果;功能也具有多样性,具有诱导抗病性、促生长、改善品质、保鲜、降低农残等多种作用。基于其广谱性与多样性,壳寡糖也是目前开发应用最广泛的海洋寡糖植物疫苗之一。目前壳寡糖在农业方面的进一步研究和应用主要集中于以下几个方面:壳寡糖的制备,壳寡糖诱导植物抗性机制研究,壳寡糖促进植物生长作用研究,壳寡糖改善作物品质及蔬果保鲜等新功能的使用技术研究。

(3) 葡寡糖

β-D-葡聚糖(β-D-glucan)广泛存在于酵母细胞壁、真菌、褐藻、地衣及谷物等生物体中,除诱导植物抗性功能外,还具有抗肿瘤、抗细菌、抗病毒、抗凝血、促愈合等生物活性。

β-葡寡糖是人们最早开始研究且认识较系统的一类激发子,能有效地诱导植保素的合成与积累,并作为一种早期的信息分子对植物的抗病侵染、分子信号调控、生长发育、形态建成及对环境的适应等有着重要意义。葡聚糖及其寡糖诱导植物抗病性早在20世纪70年代就有报道,最初是从酵母抽提液中得到其纯化物,但从酵母抽提液中制备葡寡糖较为困难,难以实现大规模生产推广,而从海带中可大量提取制备β-1,3葡聚糖(昆布素)进而得到葡寡糖。出于开发葡聚/寡糖产品的目的,法国等国科学家从2000年起对β-1,3葡聚/寡糖的诱抗活性做了较为详细的研究,发现β-1,3葡聚糖在烟草、小麦、葡萄等植物上具有较好的诱抗效果。值得一提的是,葡寡糖的结构与几丁寡糖、壳寡糖等直链寡糖不同,可以含有β-1,6等支链,不同结构的葡寡糖功能大不相同。关于寡糖植物疫苗结构与功能的研究最初就是在葡寡糖上进行,研究者发现构成葡寡糖的单糖数目多一个少一个,或者连接方式的不同,都会导致功能的极大变化。

(4)海藻酸寡糖

海藻酸寡糖(alginate oligosaccharide)来源于海藻酸。海藻渣被应用于农业生产中的历史十分悠久,通过对海带进行粗加工,制备成海藻肥也是目前大规模开发海洋农用制剂的途径之一。在海藻渣和海藻肥中,海藻酸和海藻酸寡糖是重要的活性成分。通过生物技术,提取得到海藻酸寡糖并开发产品,有利于提高海藻加工行业的附加值。与壳寡糖、葡寡糖等不同,大量实验室实验与实际推广经验表明海藻酸寡糖促生长和抗逆的效果更为明显,而抗病能力稍弱。

(5)卡拉胶寡糖

卡拉胶寡糖来源于角叉菜等海洋红藻中,通过降解卡拉胶得到。卡拉胶寡糖具有以1,3-β-D-半乳糖和1,4-α-D-半乳糖交替连接形成的骨架结构,根据半乳糖中是否含有内醚及半乳糖上硫酸基的数量和连接位置不同,卡拉胶寡糖可以分为7种类型,其中最常见的是κ-、ι-和λ-型。自然界中的卡拉胶寡糖往往具有硫酸根修饰,这使得其具有较好的抗病毒活性,表现在其对于烟草花叶病毒等引起的病毒病的防治效果比较好。

除此之外,海洋来源的琼胶寡糖、浒苔寡糖、海洋微生物来源寡糖等也具有较好的植物免疫诱抗能力,与几丁寡糖、壳寡糖、葡寡糖、海藻酸寡糖共同构成了海洋寡糖植物疫苗大家族。它们各自具有自己的特性,功能互补、作用多样、针对面广,作为一类绿色新型的农用制剂,已经在我国农业生产中起到了一定的作用,为构建绿色农业体系提供了帮助。

3. 海洋寡糖植物疫苗作用机制

虽然从20世纪80年代以来,针对海洋寡糖植物疫苗的研究大幅度增加,但目前仍以应用研究为主,海洋寡糖植物疫苗在植物中的作用机制仍未得以明晰。国内外科学家围绕几丁寡糖、壳寡糖、葡寡糖等较常见寡糖的作用机制进行了相应研究,从目前报道来看,其作用机制大致由以下几步组成:信号识别;信号转导;调控相关基因、蛋白质;抗性次生代谢产物积累等抗性反应产生;抗性实现。

(1)信号识别

海洋寡糖植物疫苗诱导植物免疫系统的第一步是信号识别,信号识别过程通常由模式识别受体(pattern recognition receptors, PRR)来完成。目前几丁聚糖及其寡糖、葡寡糖等海洋寡糖植物疫苗的受体已被鉴定发现,壳寡糖、海藻酸寡糖等寡糖的结合蛋白也已被报道,其中研究最深入的是几丁寡糖的受体。日本 Naoto shibuya 实验室等研究团队自 20 世纪 90 年代以来,利用同位素标记、生物素标记及亲和层析的方法从大豆、水稻、拟南芥、小麦、大麦等多种植物中筛选发现了几丁寡糖的特异结合位点和蛋白质。

最近几年,海洋寡糖受体研究获得了突飞猛进的进展。2006 年,Kaku 等分离得到了水稻中的几丁寡糖结合蛋白 CEBiP,并进行了大量后续研究。结构分析显示,CEBiP 缺少膜内区域,说明其可能与其他蛋白质形成复合体参与几丁寡糖的信号识别。果然,随后两个研究组独立发现了这个推测的结合蛋白 CERK1/LysM RLK1。最新研究结果已经证实 CEBiP 与 CERK1 的相互作用,并证明在拟南芥和水稻这两种不同的作物中,CERK1 和 CEBiP 的作用不同,但是这些蛋白质中与几丁寡糖结合的 LysM(Lysin Motif)结构域是作用关键域。2012 年,我国清华大学柴继杰研究组在 Science 上发表文章解析了拟南芥中 CERK1 与几丁五糖的复合物结构,阐明了 AtCERK1 作为受体通过识别几丁质上的 N-乙酰基团,从而特异性识别几丁质及几丁寡糖的分子机制。最近一两年来,几丁质结合蛋白的空间结构、结合方式、介导的下游信号元件也一一被揭示,这使得几丁寡糖作用机制的研究成为海洋寡糖植物疫苗研究领域最深入的一种。

壳寡糖不能直接进入细胞发挥其生物活性,必须在胞外通过一定的作用使植物细胞识别。由于特定结构的壳寡糖才具备活性,而且在低浓度条件下即可激发反应,这预示植物体可能存在壳寡糖的特异性受体。尽管赵小明等报道,用荧光标记壳寡糖及激光共聚焦显微技术观察到壳寡糖可以与草莓细胞结合,在草莓细胞壁和细胞膜上有壳寡糖的结合位点,这种结合是专一的,但对结合位点的性质没有确定,所以到目前为止与壳寡糖结合的膜蛋白尚未分离到。也有研究认为壳寡糖的诱导活性可能不是与受体类似分子的特异性互作引起的,而是通过多聚阳离子分子和带负电的磷脂之间的互作改变质膜表面的负电荷分布来实现的。Van Cutsem 研究发现壳寡糖可以与植物细胞壁中的寡聚半乳糖醛酸相互作用,他们认为带负电的果胶是阳离子壳寡糖的重要作用位点。

来源于植物果胶的寡聚半乳糖醛酸是研究较为深入的诱导子之一,其与钙离子可以形成蛋盒结构(egg box),进一步可与 WAK 激酶结合,传递诱导子信号传递。此外,研究发现在水溶液条件下,Ca^{2+} 能破坏海藻酸钠寡糖 G 片段间的氢键,使 G 片段间通过 Ca^{2+} 结成"egg box"结构。在该结构中,Ca^{2+} 作为"egg"存在于网状结构的中间,两条左旋糖链上的 2、3 位羟基和相邻糖环的羧基氧共同与 Ca^{2+} 形成六个配位键。然而目前海藻酸钠寡糖形成的蛋盒结构在植物体内尚未见报道,对于海藻酸钠寡糖是否与寡聚半乳糖醛酸类似,可以通过蛋盒结构被植物识别还不得而知。

虽然几丁寡糖受体的发现是寡糖植物疫苗乃至植物免疫研究领域的一个里程碑式的重要发现,但壳寡糖等重要海洋寡糖植物疫苗的受体还未被发现。不过已有文献报道它们在植物上具有特异结合蛋白,说明了受体存在的可能性,这也将是海洋寡糖植物疫苗作用机理研究领域持续的热点之一。

（2）信号转导

钙离子内流是植物细胞较早的反应之一。研究认为胞质内钙离子水平的短暂性升降是钙离子行使信使作用的基础。Aziz 等发现海带淀粉能使得葡萄细胞迅速吸收胞外钙离子,且具有浓度依赖的关系。Mrozek 等用几丁五糖处理烟草悬浮细胞,检测钙离子流的变化情况,同样发现钙离子流的变化与诱导子的浓度有密切关系,而且当用诱导子再次处理悬浮细胞时,胞内钙离子流的变化存在不应行为(refractory behavior)。

海洋寡糖同样可以在几分钟内引起植物体内活性氧(reactive oxygen species, ROS)的产生和积累。Aziz 等发现葡寡糖处理葡萄植株后会诱导 H_2O_2 产生,诱导作用与葡寡糖的聚合度和浓度存在着密切的关系。一氧化氮(NO)是植物体内重要的信号分子,近些年来人们发现,在海洋寡糖诱导的植物抗病过程中,NO 也扮演着重要的角色。赵小明等在 2007 年首先发现壳寡糖可以诱导烟草表皮细胞产生 NO。我们后续的研究发现,壳寡糖在诱导 NO 合成的同时,还诱导 H_2O_2 的大量产生,说明 NO 可能和活性氧协同作用调节植物的防御反应。随后研究发现,在壳寡糖诱导烟草防御反应过程中,NO 对 OIPK(oligochitosan-induced protein kinase)具有调控作用,而且 NO 对苯丙氨酸解氨酶酶活的调节需依赖 OIPK 蛋白的表达。

水杨酸(salicylic acid, SA)和茉莉酸(jasmonic acid, JA)是植物体内的关键信号分子,研究认为它们分别介导了系统获得性抗性(systemic acquired resistance, SAR)和诱导系统抗性(induce systemic resistance, ISR)。Klarzynski 等发现海带淀粉能显著诱导烟草细胞产生 SA,并在处理后 24h 时达到最大值。Obara 等使用壳寡糖处理水稻 7h 后,检测到叶片中开始有水杨酸甲酯(MeSA)的积累。SA 和 MeSA 的相互转化,调控了 SAR 的信号,即水杨酸在受刺激的叶片转化为水杨酸甲酯,水杨酸甲酯通过韧皮部转移到整个植株,然后转化为水杨酸,诱导 SAR 的表达。壳寡糖同样可以诱导拟南芥中 SA 的积累,进一步通过 SA 信号途径增强拟南芥抗 TMV 的能力。华盛顿州立大学 Ryan 教授和 Hadwiger 教授实验室发现壳寡糖可以引起十八碳途径中 JA 的合成,而该途径的抑制剂 SA 和二乙基二硫代氨基甲酸(diethyldithiocarbamic acid)可以显著抑制壳寡糖对蛋白酶抑制剂的诱导作用,表明 JA 参与了壳寡糖对蛋白酶抑制剂的调控过程。

海洋寡糖植物疫苗信号转导过程十分复杂,涉及信使分子激活与信号传导放大等多个过程,通常表现为钙离子流变化、质膜去极化、质膜蛋白可逆磷酸化、一氧化氮和活性氧爆发、丝裂原活化蛋白激酶(MAPK)等信号通路激活、植物激素(水杨酸、茉莉酸、乙烯等)产生等一系列信号传导和放大过程。而且这些现象之间往往存在互作、抑制、反馈、负反馈等一系列复杂的相互作用。

同一种寡糖在针对不同作物、不同病害时,往往依赖的信号网络不同;即便是同一种寡糖在同一种作物上,在不同作用浓度、不同环境胁迫的情况下,诱导的信号网络也不尽相同。例如,壳寡糖作用于烟草,在低浓度条件下(10μg/ml),会激活生长素相关信号通路,促进生长;在中等浓度下(50μg/ml),则会激活水杨酸或茉莉酸信号通路,实现抗性。而在同一种作物上,针对不同性质的病害,寡糖激发的信号通路也有可能不同。这些复杂性使得对海洋寡糖植物疫苗作用机制的研究只能停留在具体情况具体分析的阶段。目前随着高通量测序等组学技术的出现,已经有可能通过对多因素条件下的海洋寡糖作用谱进行分析,从而从大数据方面宏观揭示寡糖作用机制,但仍需要大量数据的积累才有望实现。

(3)调控相关基因、蛋白质

实际上,信号识别、转导都与基因调控密不可分,此两环节是相辅相成的。本节强调的是对具有具体免疫与防卫功能的基因、蛋白质的调控。此方面的研究是建立在植物病理、植物分子生物学研究基础上的。海洋寡糖植物疫苗的响应蛋白研究最初是从单个蛋白质开始,最初发现的主要是相关抗性酶类,如几丁质酶(CHI)、葡聚糖酶(GLU)、苯丙氨酸解氨酶(PAL)等。

Koga 等研究发现,几丁寡糖和壳寡糖可以诱导山芋细胞产生 9 种几丁质酶,通过比较寡糖单体对几丁质酶活力的作用情况,发现虽然聚合度 3~6 的两种寡糖的单体诱导几丁质酶酶活的最大值相当,但是诱导达到酶活最大值的时间与寡糖链的长度有关,寡糖链越长,所需时间越短。Ning 等报道,几丁寡糖能诱导水稻防御相关基因几丁质酶和苯丙氨酸解氨酶的表达。研究发现分子质量为 1335Da 的壳寡糖可以诱导水稻中 PAL 和 CHI 活力的升高,同时对 *glu*、*chi* 和 *PR1* 转录水平有上调作用,而且壳寡糖对这些抗性相关基因的诱导都可以被 H_2O_2 的抑制剂抑制,表明在壳寡糖诱抗途径中过氧化氢对于下游抗性基因的调控非常重要。Li 等研究发现壳寡糖可诱导山茶抗炭疽病,此过程中多酚氧化酶、过氧化物酶、苯丙氨酸解氨酶等抗性酶均被显著诱导。Zhang 等也报道了在海藻酸钠寡糖诱导水稻抵抗稻瘟病的过程中,苯丙氨酸解氨酶、过氧化物酶、过氧化氢酶的活力被诱导升高。近年来,随着蛋白质组学技术发展,大量的寡糖响应蛋白被鉴定,主要研究对象也是几丁寡糖、壳寡糖等应用较广泛的寡糖,所发现的响应蛋白主要与信号转导、防卫、次生代谢相关。

许多编码直接抗性有关蛋白的基因(如 PR1、PDF1.2 的编码基因)也均被发现受到海洋寡糖的直接调控。基因芯片、高通量测序技术也极大地加快了本方向的研究进展,筛选得到了大量的几丁寡糖、葡寡糖、壳寡糖等多种寡糖植物疫苗的响应基因信息,其中有很多基因参与了植物免疫调控,为寻找信号节点基因,更好地阐述寡糖植物疫苗作用机理奠定了基础。在这些响应基因中,受寡糖影响较大的分别是防卫相关基因、信号转导相关基因与主代谢相关基因等,揭示了海洋寡糖调节植物免疫的能力是从转录层面产生的。

(4)抗性次生代谢产物积累

海洋寡糖植物疫苗对植物抗性次生代谢物质的诱导作用研究开展很早,实际上,最初研究者发现寡糖的诱抗作用就是由于其可诱导抗性次生代谢物质而发现的。里程碑式的工作是,Hadwiger 在 1980 年发现壳寡糖处理 24h 内即可以诱导一种植保素——豌豆素的产生。寡糖植物疫苗对香豆素等其他植保素也有较好的诱导作用。

葡聚糖可以诱导多种豆科植物累积植保素,如诱导鹰嘴豆悬浮细胞累积紫檀碱类植保素,其中感病品种的累积量为 38nmol/g 鲜重,而抗性品种的累积量高达 944nmol/g 鲜重,是感病品种的 25 倍。海带淀粉处理葡萄细胞,培养基中白藜芦醇含量显著升高。最近 Chalal 等研究发现,硫酸化的昆布多糖(PS3)诱导葡萄倍半萜类挥发物的水平与植物的病情严重度成负相关,表明这类物质在植物防御过程中发挥着重要作用,研究人员进一步认为倍半萜类挥发物的积累可以作为 PS3 诱抗作用的标记物。

几丁寡糖对多种植物的木质素有诱导作用,而木质素具有防御功能,是植物抗性的重要指标。水解的几丁质处理甘蔗悬浮细胞后,细胞的生化指标和形态都发生变化,木质素含量显著增加。几丁寡糖聚合度的大小与其诱导活力也密切相关。Yamada 等研究发现,在水稻悬浮细胞中,聚合度大于 6 的几丁寡糖可以非常有效地诱导稻壳酮 A、B 和水稻素 A、B、D 的形成,其中几丁七糖的有效诱导浓度可低达 10^{-9} mol/L,聚合度小于 3 的几丁寡糖及壳寡糖几乎没有诱导活性,几丁寡糖处理诱导稻壳酮的累积量可达 $100\sim500\mu g/g$,足以抑制稻瘟菌类的病原真菌的生长,表明次生代谢物累积在植物抗性中具有重要作用。

研究发现,壳寡糖可以诱导植物次生代谢产物的累积。Obara 等报道,壳寡糖可促进水稻叶中水杨酸甲酯、芳樟醇、β-石竹烯等挥发性物质的释放。何培青等研究发现壳寡糖可促进番茄叶中多种挥发性抗真菌物质的合成与积累。他们认为壳寡糖通过促进番茄叶释放抗真菌物质和信号分子,提高其对病原的抗性、减轻了病原产生的压力。Xu 等报道了壳寡糖和海藻酸钠可以诱导葡萄悬浮细胞累积芪类化合物,和对照相比,可分别提高 96.3% 和 60.5%,可以通过抗性次生代谢物的产生提高植物的抗性。中国科学院大连化学物理研究所与丹麦奥胡斯大学合作,发现不同浓度壳寡糖处理青蒿、希腊牛至等作物后,对多酚类物质、青蒿素等代谢产物有一定的诱导作用。在对植物次生代谢物诱导能力上,不同的寡糖植物疫苗也会有不同效果,如 Vander 等发现壳寡糖处理相较于几丁寡糖处理,能更有效地增加小麦中的木质素含量。

4. 海洋寡糖植物疫苗作用效果

基于其自身特性,海洋寡糖植物疫苗具有良好的植物广谱抗病性,目前实验室及实际应用实验已发现其可针对 50 余种作物起作用,涵盖了水稻、小麦等粮食作物,烟草、茶叶、枸杞等经济作物,白菜、黄瓜、苦瓜、辣椒等蔬菜,苹果、梨、樱桃、葡萄等水果,可针对细菌、真菌、病毒等多种病害。

(1)粮食作物

海洋寡糖植物疫苗在粮食作物上具有良好的作用效果,Cai 等发现染病前几丁寡糖处理使水稻稻瘟病发病率下降,染病后水稻植株用壳寡糖处理也能减轻病症,说明海洋寡糖对水稻稻瘟病兼具防治功能;宁伟等发现经壳寡糖处理的水稻植株抗稻瘟病能力明显增强,防效达 50% 以上。

海藻酸寡糖处理水稻也能激发水稻细胞产生植保素,其产生量与水稻种子的萌发时间有关,萌发 5d 后的幼芽检测海藻酸寡糖生物活性时灵敏度最高,而且植保素的产生也受水稻种子不同处理方法的影响。

俄罗斯学者 Burkhanova 等研究了甲壳素和几丁寡糖对小麦根腐病的防治效果。几丁寡糖处理感病小麦可以降低病菌诱导的细胞分裂素含量,进而激发小麦自身防御反应,达到抗病菌的作用。中国科学院大连物理化学研究所研究者发现,壳寡糖在诱导小麦抗病的基础上,还具有促进生长提高产量、抗冻抗逆的作用,这些效果可能来源于壳寡糖对小麦体内不同激素的调节。硫酸化的葡寡糖小麦白粉病方面也具有明显的作用,喷施一次预防效果即达 55%,喷施两次的效果达到 60%。其在真菌侵染部位能明显诱导过氧化氢释放,还能抑制白粉病中无性孢子发芽和真菌吸器形成。

(2)经济作物

海洋寡糖植物疫苗在经济作物上的应用具有更为重要的意义,因为在经济作物上使用此种绿色农药,将降低化学农药使用,减少农残,使得经济作物的附加值更高。

针对烟草这种重要的经济作物,多国科学家发现不同寡糖均对其有效。郭红莲等研究发现壳寡糖处理对 TMV 侵染有抑制作用。商文静系统研究了壳寡糖对烟草上 TMV 增殖的影响,结果表明壳寡糖处理的烟草对 TMV 侵染表现出较高抗病能力,发病推迟 4~7d,平均严重度降低 80% 以上。最新实验结果表明,壳寡糖诱导植物抗 TMV 主要依赖于水杨酸途径。

几丁寡糖对烟草赤星病也有防治效果,其不仅对烟草赤星病菌菌丝生长有抑制作用,还可以通过提高烟草植株超氧化物歧化酶等抗性酶活性从而增强烟草对赤星病的抗性,而且几丁寡糖单独使用比几丁寡糖和木霉协同使用效果还要好。对于烟草,硫酸化的线性葡寡糖、卡拉胶寡糖等也具有良好的诱抗活性。

袁新琳等开展了5%氨基寡糖素诱导棉花抗枯黄萎病的田间示范,结果表明5%氨基寡糖素诱导棉花对枯黄萎病防治效果最高分别可达80%和70%。海洋寡糖植物疫苗对油菜菌核病也有较好的控制作用,使用50ppm的壳寡糖预先处理油菜1~3d再接种菌核,均有防治效果,且提前3d预处理效果最好。除常规喷施处理外,海洋寡糖植物疫苗还可复配作为油菜种衣剂使用,在不影响油菜种子萌发和生长的情况下,起到抗病作用。

此外,海洋寡糖在茶叶、枸杞、人参等多种经济作物上也具有显著的作用。

(3) 蔬菜

黄瓜是为多国人民广泛食用的一种蔬菜。以色列学者 Ben-Shalom 研究发现,壳寡糖喷施预处理对黄瓜白粉病有大于65%的防治率;而几丁寡糖对黄瓜白粉病的防治效果却很差,说明不同海洋寡糖针对相同的植物病害也可能存在多种效果。黄瓜根结线虫是另一种影响黄瓜产量的重要病虫害,对其防治尚无较好方法。研究者发现脱乙酰度85%的壳寡糖处理黄瓜种子后,可以降低线虫对黄瓜根部的危害,黄瓜根部结节由对照的250降低为78。且喷施和灌根处理均有效。海洋寡糖植物疫苗与其他生防手段的协同作用在黄瓜上也被确认,Postma 的实验模型下,单一使用壳寡糖对黄瓜腐烂病效果不佳,但壳寡糖与生防菌3.1T8共同使用则可以大幅度提高防治效率。

另一种重要蔬菜——番茄也常被应用于海洋寡糖植物疫苗防治实验中,壳寡糖对番茄青枯病具有抑菌活性,进一步进行不同处理方法的防病试验,发现用壳寡糖灌根结合喷雾的方法防效最好,防治番茄青枯病21d后相对防效仍能达到51.72%。研究人员发现壳寡糖同样可以诱导番茄对线虫的抗性,在线虫侵染30d后仍有作用。0.3%壳寡糖溶液处理番茄叶120h后,其挥发性抗真菌物质总含量为对照组的1.49倍;萜类、氧合脂类和芳香族类化合物含量有不同程度的提高,同一实验体系下,壳寡糖对番茄枯萎病菌孢子萌发和菌丝生长有明显抑制作用。

除此之外,壳寡糖在白菜、芹菜、茄子、苦瓜等蔬菜上均能表现出良好的诱抗作用。

(4) 水果

海洋寡糖植物疫苗在水果上的作用广泛,更为重要的是,基于水果自身特性,海洋寡糖的效果不局限于抗病这种传统农药作用,还体现在促进生长、保花保果、改善品质、降低农残等系列作用。

早期,海洋寡糖植物疫苗在葡萄上的应用研究较多,Aziz 发现聚合度7,8左右、脱乙酰度80%的壳寡糖对葡萄霜霉病、葡萄白粉病均有很好的控制作用,且与硫酸铜共同作用效果更佳;Trouvelot 等研究发现硫酸化的葡寡糖在葡萄上表现明显的疫苗增敏作用,其预处理葡萄后可使葡萄在被霜霉菌侵染时表现出更高防效。海洋寡糖在水果保鲜上也有一定的效果,Meng 等发现在葡萄采收前喷施壳寡糖及采收后用壳寡糖溶液浸泡果实,均具有葡萄保鲜的功效,采前喷施加采后浸泡壳寡糖处理对葡萄腐烂的控制效果最好。采前喷施壳寡糖也可增强柑橘采后贮藏期对炭疽病菌的抵抗作用,减少采后损失。

盆栽实验显示,0.5%壳寡糖水剂稀释400倍、600倍、800倍诱导西瓜苗期抗枯萎病的防效随浓度增高而递增,地上部分防治效果分别为57.94%、51.22%、43.38%,根部防治效果分别为63.89%、49.48%和43.35%。在柑橘生长季节喷施壳寡糖3次对柑橘品质有明显改善,结果表明,壳寡糖处理后,柑橘可滴定酸含量降低21.43%,可溶性总糖提高12.74%,维生素C含量提高19.49%,可溶性固形物含量提高6.25%,固酸比提高51.93%。

在草莓果实变红的阶段,使用壳寡糖溶液喷施1~2次,喷施5d和10d后分别采收果实,并接种灰霉病菌,试验结果表明,壳寡糖处理明显降低草莓的腐烂,保持果实品质。果实腐烂率与壳寡糖浓度、储藏期及温度有密切关系。壳寡糖处理组与对照相比,果实硬度大、衰老慢。果实花青素含量测定表明,花青素积累速度与壳寡糖处理浓度成反比,与储藏温度成正比,总体来说对照果实的花青素比壳寡糖处理的含量高,可滴定酸降低速率与壳寡糖浓度呈负相关。

(5)海洋寡糖植物疫苗在绿色农业中的实际应用

基于上述作用效果及其绿色安全高效的特性,多种海洋寡糖植物疫苗已被开发成为商品并在世界范围内得到广泛的应用。

在美国、法国、韩国、古巴、俄罗斯等国家均有海洋糖类植物疫苗产品问世。美国SafeScience公司以壳聚糖为原料开发了一种商品名为Elexa®的产品,可被用于黄瓜、葡萄、马铃薯、草莓和番茄,作为一种"传统杀菌剂的替代产品"和"植物抗性调节剂"。法国研究人员从2000年起对β-1,3葡聚糖及葡寡糖的诱抗活性做了较为详细的研究,发现β-1,3葡聚糖及葡寡糖在烟草、小麦、葡萄等植物上具有较好的诱抗效果。在此基础上,法国科学研究中心和戈埃马公司以从海带中提取分离出的昆布素为主要原料开发出IODUS40生物农药,该农药已获得法国农业部颁发的使用许可证,在2003年成功上市销售,并于2004年通过了国际认证,2006年统计数字显示其在法国已推广应用达10万hm^2。在此之后,戈埃马公司针对不同作物进一步开发了系列海洋糖类农用制剂。

值得高兴的是,我国的海洋寡糖生物农药产业化开展较好,基本与国际上发展同步,在"十五"至"十二五"国家863计划等课题的支持下,海洋寡糖农药研发、应用、推广均在世界上处于先进水平。目前,我国已有多个厂家登记了壳寡糖(氨基寡糖素)生物农药(表6-1),此外,几丁寡糖等也被开发成为相关产品。仅以中国科学院大连化学物理研究所天然产物及糖工程研究组开发的一种原料为壳寡糖的生物农药为例,此成果转让给相关农药企业后,从2001年投产至2014年累计生产壳寡糖肥料数千吨,产品已在国内20余个省市推广应用并已打入国际市场,推广面积达5000万亩次,产值数亿元。

表6-1 目前已登记的海洋寡糖植物疫苗生物农药

厂　　家	登记证号	登记名称	总含量	剂型	防治对象
潍坊华诺生物科技有限公司	LS20120353	氨基寡糖素	80%	母药	
中国农业科学院植物保护研究所廊坊农药中试厂	LS20140049	寡糖·链蛋白	6%	可湿性粉剂	番茄病毒病;烟草病毒病

（续表）

厂　家	登记证号	登记名称	总含量	剂型	防治对象
福建新农大正生物工程有限公司	PD20097337	氨基寡糖素	0.50%	水剂	番茄晚疫病
辽宁省大连凯飞化学股份有限公司	PD20097891	氨基寡糖素	2%	水剂	番茄病毒病；番茄晚疫病；白菜软腐病；烟草病毒病
辽宁省大连凯飞化学股份有限公司	PD20097892	氨基寡糖素	7.50%	母药	
广西北海国发海洋生物农药有限公司	PD20098403	氨基寡糖素	0.50%	水剂	番茄晚疫病；西瓜枯萎病；棉花黄萎病；烟草花叶病
山东省乳山韩威生物科技有限公司	PD20100258	氨基寡糖素	0.50%	水剂	番茄晚疫病
陕西上格之路生物科学有限公司	PD20101072	氨基寡糖素	0.50%	水剂	番茄晚疫病
河北奥德植保药业有限公司	PD20101201	氨基寡糖素	0.50%	水剂	番茄晚疫病；烟草病毒病
四川稼得利科技开发有限公司	PD20101201 F080017	氨基寡糖素	0.50%	水剂	烟草病毒病；番茄晚疫病
山东省济南科海有限公司	PD20110346	氨基寡糖素	0.50%	水剂	番茄晚疫病
山东省泰安现代农业科技有限公司	PD20120258	氨基寡糖素	0.50%	可湿性粉剂	调节番茄生长、增产
山东亿嘉农化有限公司	PD20120355	氨基寡糖素	0.50%	水剂	番茄晚疫病
山东圆润生物农药有限责任公司	PD20120986	氨基寡糖素	2%	水剂	番茄病毒病
海南正业中农高科股份有限公司	PD20121446	氨基寡糖素	5%	水剂	西瓜枯萎病；小麦赤霉病；苹果树斑点落叶病；玉米粗缩病；烟草病毒病；梨树黑星病；棉花枯萎病；水稻稻瘟病
海南正业中农高科股份有限公司	PD20130555	氨基·嘧霉胺	25%	悬浮剂	番茄灰霉病
海南正业中农高科股份有限公司	PD20130556	氨基·氟硅唑	15%	微乳剂	香蕉树黑星病
海南正业中农高科股份有限公司	PD20130557	氨基·烯酰	23%	悬浮剂	黄瓜霜霉病
海南正业中农高科股份有限公司	PD20130558	氨基·戊唑醇	33%	悬浮剂	苹果树斑点落叶病
海南正业中农高科股份有限公司	PD20130559	氨基·嘧菌酯	23%	悬浮剂	黄瓜白粉病
海南正业中农高科股份有限公司	PD20130597	氨基寡糖素	85%	原药	
广西桂林集琦生化有限公司	PD20130967	氨基寡糖素	20g/L	水剂	番茄晚疫病
海南正业中农高科股份有限公司	PD20130964	氨基·乙蒜素	25%	微乳剂	棉花枯萎病
江西田友生化有限公司	PD20131246	氨基寡糖素	2.00%	水剂	烟草病毒病
河北奥德植保药业有限公司	PD20131376	氨基寡糖素	3.00%	水剂	烟草病毒病；黄瓜枯萎病
成都新朝阳作物科学有限公司	PD20132132	氨基寡糖素	0.50%	水剂	黄瓜根结线虫
贵州贵大科技产业有限责任公司	PD20132683	氨基寡糖素	2%	水剂	番茄病毒病
山东科大创业生物有限公司	PD20140065	氨基寡糖素	0.50%	水剂	番茄晚疫病

（续表）

厂家	登记证号	登记名称	总含量	剂型	防治对象
上海沪联生物药业（夏邑）股份有限公司	PD20140232	氨基寡糖素	5%	水剂	番茄病毒病
贵州道元生物技术有限公司	PD20141204	氨基寡糖素	0.50%	水剂	番茄晚疫病
山东禾宜生物科技有限公司	PD20141373	氨基寡糖素	2%	水剂	番茄病毒病；番茄晚疫病
北京三浦百草绿色植物制剂有限公司	PD20141381	氨基寡糖素	3%	水剂	番茄晚疫病
青岛海纳生物科技有限公司	PD20141797	氨基寡糖素	5%	水剂	番茄病毒病
河北省保定市亚达化工有限公司	PD20141962	氨基寡糖素	0.50%	水剂	番茄晚疫病
广东原洋生物工程有限公司	PD20110253	低聚糖素	0.40%	水剂	水稻纹枯病；小麦赤霉病
海南正业中农高科股份有限公司	PD20121813	低聚糖素	6%	水剂	玉米粗缩病；胡椒病毒病；小麦赤霉病；番茄病毒病；水稻稻瘟病
江西田友生化有限公司	PD20131245	低聚糖素	6%	水剂	水稻纹枯病
江西巴菲特化工有限公司	PD20141936	低聚糖素	6%	水剂	水稻纹枯病
江苏明德立达作物科技有限公司	LS20150122	中生·寡糖素	10%	可湿性粉剂	番茄青枯病
海南正业中农高科股份有限公司	LS20160167	寡糖·吡唑酯	27%	水乳剂	葡萄霜霉病
青岛中达农业科技有限公司	LS20150205	稻瘟·寡糖	42%	悬浮剂	水稻稻瘟病
青岛中达农业科技有限公司	LS20150238	噻呋·寡糖	42%	悬浮剂	水稻纹枯病
江苏克胜集团股份有限公司	PD20150059	氨基寡糖素	5%	水剂	烟草病毒病
河南省濮阳市科濮生化有限公司	PD20150153	氨基寡糖素	2%	水剂	番茄晚疫病
大连贯发药业有限公司	PD20150237	氨基寡糖素	3%	水剂	番茄病毒病
江西劲农化工有限公司	PD20150246	氨基寡糖素	5%	水剂	烟草病毒病
陕西康禾立丰生物科技药业有限公司	PD20150488	氨基寡糖素	0.5%	水剂	棉花黄萎病
京博农化科技股份有限公司	PD20150831	氨基寡糖素	0.5%	水剂	烟草病毒病
海利尔药业集团股份有限公司	PD20150908	氨基寡糖素	0.5%	水剂	番茄晚疫病
山东省德州祥龙生化有限公司	PD20151048	氨基寡糖素	5%	水剂	番茄晚疫病
山东圣鹏科技股份有限公司	PD20151112	氨基寡糖素	3%	水剂	棉花黄萎；西瓜枯萎病
河北冠龙农化有限公司	PD20151672	氨基寡糖素	2%	水剂	番茄病毒病
山东申达作物科技有限公司	PD20151926	氨基寡糖素	2%	水剂	番茄病毒病
山东海讯生物科技有限公司	PD20152582	氨基寡糖素	2%	水剂	番茄晚疫病
海南正业中农高科股份有限公司	LS20150040	寡糖·噻·氟虫	31%	悬浮种衣剂	玉米粗缩病；玉米蛴螬
山东省青岛泰生生物科技有限公司	PD20160015	氨基寡糖素	5%	水剂	烟草病毒病
山东百信生物科技有限公司	PD20160302	氨基寡糖素	0.5%	水剂	番茄晚疫病

（续表）

厂　　家	登记证号	登记名称	总含量	剂型	防治对象
广西桂林市宏田生化有限责任公司	PD20160301	氨基寡糖素	1%	水剂	烟草病毒病
山东曹达化工有限公司	PD20160644	氨基寡糖素	2%	水剂	烟草病毒病
陕西西大华特科技实业有限公司	PD20160750	氨基寡糖素	5%	水剂	辣椒病毒病
陕西西大华特科技实业有限公司	LS20160026	寡糖·噻霉酮	5%	悬浮剂	水稻稻瘟病

海洋寡糖植物疫苗具有的广谱多功能特点，使得其在实际应用中往往具有多重效果。寡糖在水果、蔬菜、粮食作物等上的推广证明，寡糖具有较好的防病能力，抗逆能力，促进产品增产5%～40%，能改善农产品的品质，还可以降低农药残留。近几年中国科学院大连化学物理研究所在陕西果树基地和海南瓜果基地的实验显示，在苹果、梨、木瓜等水果上，海洋寡糖植物疫苗具有良好的保花、保果功能。2010年，在陕西和甘肃苹果上的实验显示，壳寡糖保中心花的效果明显，中心花坐果率为82%，对照组坐果率仅24%，中心花坐果果实的果形、品质及综合商品性状优于偏花坐的果，在陕西苹果示范5万亩，即增加产值2250万元。在陕西等地针对小麦的实验显示，海洋寡糖植物疫苗能显著地促进小麦分蘖、成穗及穗粒数，进而对小麦总产量有增产5%～10%的效果，在大宗粮食作物上的效果对保障我国的粮食安全具有格外重要的意义。

在实际应用中，海洋寡糖诱导植物抗逆（包括抗寒、抗旱等）的功能也被发现，并在近期成为寡糖制剂的应用开发热点。田间推广应用发现使用寡糖制剂对植物抗干旱、抗冻害、抗低温均有显著的效果，可避免这些逆境对植物的伤害。2010年使用壳寡糖在陕西蒲城针对果树进行了大面积的示范应用，示范面积近10万亩，该年陕西出现了50年一遇的特大寒害，大部分果树受冻严重，减产明显。而花前喷施一次壳寡糖，发生冻害后再补喷一次壳寡糖的果树，不仅提高坐果率50%，还有修复果面冻害伤害的功效，补喷一次的果树，果面冻伤梨仅占20%，远低于普通管理组，保障了产量。

寡糖改善产品品质，降低农残的功能也在多种作物的实际应用过程中被证实。2009年陕西蒲城应用壳寡糖的酥梨农残大为降低，达到了出口澳大利亚的标准，这是历史上第一次出口澳大利亚。中国科学院大连化学物理研究所在枸杞主产区宁夏针对枸杞，在茶叶主产区福建、安徽针对茶叶，均进行了大量的实际推广示范实验，这些实验结果都体现出寡糖在经济作物上具有显著的降农残作用和提品质作用。这两种功能使得寡糖制剂在高端农产品上具有良好的应用前景。

三、其他海洋生物农药

在传统海洋生物农药的基础上，近年来，一方面通过分离培养微生物进行筛选、鉴定，以及化合物的分离纯化与鉴定，发现了一系列新的抗菌/杀虫活性化合物；另一方面通过分子生物学手段，利用基因挖掘指导筛选新的活性化合物进而开发新产品也成为研究热点。

1. 抗真菌脂肽类新化合物

中国科学院沈阳应用生态研究所自 20 世纪 90 年代开始研究海洋微生物,分离获得了大量海洋微生物菌株。对得到的菌株进行了抗菌,重点是抗真菌的活性筛选。为提高筛选效率,采用生长快速的立枯丝核菌、白色念珠菌,并且为避免孢子飞散和菌丝干扰测定,采用皱褶假丝酵母作为靶菌的方法做初筛,再用近 20 种植物病原菌复筛,测定抗菌谱。从数千株海洋微生物中筛选获得具有较强抗性菌 100 多株。研究发现分离获得的抗真菌细菌多为芽孢杆菌,并且通过排油圈试验,发现多数都能够产生脂肽。在抗菌活性产物追踪的基础上,采用固相萃取-脂肽指纹图谱(SPE-lipopeptide fingerprinting)的方法,提高了筛选新型脂肽的效率。产物分离通过 10~25L 规模的活性菌株发酵,采用正相(silica gel)或反相(ODS)快速柱层析结合半制备 HPLC 的快速分离,然后使用现代光谱技术进行代谢产物结构确定。首先从分离自中国南海 3200m 深海底泥的解淀粉芽孢杆菌(*B. amyloliquefaciens* SH－B10)发现一个 fengycin 家族的新型化合物 6－Abu fengycin,其对黄瓜枯萎病病原菌镰刀菌抑制活性较强。分离自渤海海泥的甲基营养型芽孢杆菌(*B. methylotrophicus* 9912)和从深海沉积物中分离的另一株解淀粉芽孢杆菌 SHB－74 也产生该化合物,说明该新化合物的存在具有一定的普遍性。SHB－74 同时产生另一种新的抗菌脂肽: bacillopeptin B1,其与 bacillopeptin B 的差别仅在脂肪酸链上的一个亚甲基。分离自广西北海合浦珠母贝(*Pinctada martensii*)的摩加夫芽孢杆菌(*B. mojavensis* B0621A)产生 4 个与已报道的 iturin 类序列不同的脂肽,构成一个新家族抗菌脂肽,将其命名为摩加夫素(mojavensin)、iso－C14 mojavensin、iso－C16 mojavensin 和 anteiso－C17 mojavensin。室内生物防治效果试验显示,该菌发酵化合物粗提物对黄瓜霜霉病和小麦白粉病的生物防治效果不错,对水稻纹枯病防治药效略低于对照药剂井冈霉素,效果也较明显,有研发生物农药的潜力。

萎缩芽孢杆菌(*B. atrophaeus*)NB66 发酵液经酸沉淀、有机溶液抽提、快速硅胶柱色谱与 RP－HPLC 逐级分离、生物活性追踪,得到 2 个抗丝状真菌的 iturin 家族脂肽类化合物 NB66－A、NB66－B。采用核磁共振光谱(NMR)与质谱(MS)将化合物鉴定为 iturin A－6、iturin A－8。NB66－A 对立枯丝核、苹果干腐病菌等多株植物病原真菌的抑制活性较强。NB66－B 活性则较弱,高浓度时可以抑制黄瓜枯萎病菌、苹果干腐病菌和小麦赤霉病菌的生长。甲基营养型芽孢杆菌(*B. methylotrophicus*)SHB114 发酵液经酸沉淀、有机溶液抽提、快速硅胶柱色谱、中低压制备液相色谱与 RP－HPLC 逐级分离,并配合活性追踪,得到 3 个抗丝状真菌的 iturin 家族的脂肽类化合物 SHB114－A、SHB114－B 与 SHB114－C。采用 NMR 与 MS,将此 3 个化合物分别鉴定为 bacillomycin Lc 0#、bacillomycin Lc 2#及 bacillomycin Lc 4#。该种细菌首次于 2010 年报道分离自水稻根系土壤,目前尚无在海洋中分离得到的报道。

华东理工大学李元广课题组对 *B. marinus* B－9987 发酵液中抑菌活性物质进行了系统研究。以茄交链格孢菌为指示菌,采用抑菌活性跟踪分离,从 *B. marinus* B－9987 发酵液中分离得到了 3 个具有自主知识产权(ZL200910198737.8、ZL201019063051.8、ZL200910198819.2)的新结构环脂肽 marihysin A(BM－3)、maribasin A(BM－2)和 maribasin B(BM－1),简称农用抗生素 BM,结构如图 6－4 所示。顾康博等建立了经济可行的 BM 中试规模纯化工艺,从 1t 海洋芽孢杆菌 B－9987 的发酵液中,首次实现了百克量级的规模制备 87.51%~100%纯度的 BM 样品,收率>81.73%,可满足对纯品需求较大的试验项目,如 BM

田间药效试验和毒理学研究等。

农用抗生素 BM 具有广谱的拮抗植物病原真菌的活性,对包括番茄早疫病菌 (*Alternaria solani*)、黑白轮枝病菌 (*Verticillium alboatrum*)、小麦赤霉病菌 (*Fusarium graminearum* Schw.)、白术白绢病菌 (*Sclerotium* sp.)、青霉病菌 (*Penicillium* sp.)、灰霉病菌 (*Botrytis cinerea*)、德斯霉菌 (*Drechslera turcica*)、水稻纹枯病菌 (*Rhizoctonia solani*)、香蕉枯萎病菌 (*Fusarium oxysporum* f. sp. *cuberse*)、瓜炭疽病菌 (*Colletotrichum* sp.) 和甜瓜果腐病菌 (*Fusarium oxysporum*) 等多种植物病原菌具有良好的抑菌活性。盆栽试验结果表明,当 BM 浓度为 125μg/ml 时,对黄瓜灰霉病的盆栽防效

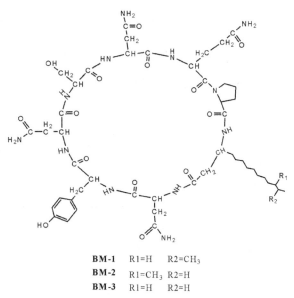

BM-1 R1=H R2=CH₃
BM-2 R1=CH₃ R2=H
BM-3 R1=H R2=H

图 6-4 新结构环脂肽化合物 BM 系列结构图

高达95.6%,而对照药剂嘧霉胺(已登记为防治灰霉病的农药)、40%嘧霉胺多菌灵可湿性粉剂(已登记为防治灰霉病的农药)的浓度为 500μg/ml(均为大田推荐使用浓度)时,对黄瓜灰霉病的防效仅分别为 51.1% 和 30.6%,另一种对照药剂扑海因(已登记为防治灰霉病的农药)的浓度为 2000μg/ml(大田推荐使用浓度)时,对黄瓜灰霉病的防效为 95.6%。由此可见,海洋微生物源农用抗生素 BM 对黄瓜灰霉病的防治效果明显优于已登记的 3 种防治灰霉病的农药嘧霉胺、40%嘧霉胺多菌灵可湿性粉剂及扑海因;此外,当农用抗生素 BM 浓度为 250μg/ml 和 125μg/ml 时,对黄瓜白粉病的盆栽防效分别为 91.0% 和 85.6%,另一种对照药剂咪鲜胺锰盐的浓度为 250μg/ml(大田推荐使用浓度)和 125μg/ml 时,对黄瓜白粉病的防效分别为 95.6% 和 83.2%。进一步田间试验结果表明,当使用纯度 24.71%的 BM 在 500ppm 浓度下经过三次施药,其对月季灰霉病防效达到 67.53%,略低于对照的化学药剂嘧霉胺悬浮剂防效(74.05%)和异菌脲悬浮剂防效(76.57%),而且随着 BM 样品纯度的提高其防效也随之提高。综上所述,海洋来源的 BM 具有开发为新型农用抗生素的巨大潜力,可用作进一步的研究和开发。

2. 其他化合物

除了上述脂肽类化合物,我国研究者还从海洋微生物中发现了很多其他活性化合物,包括 lobophorins 类抗生素、Speradine 衍生物、Maclafungins 类化合物、巴弗洛霉素、单端孢霉烯族毒素化合物和抗霉素类化合物等。

Streptomyces sp. 12A35 分离自中国南海 2134m 深海沉积物(17°59.928′N,111°36.160′E),具有显著的抑制革兰氏阳性细菌的活性,经形态学和分子生物学鉴定属于高产抗生素的橄榄链霉菌类群。进一步从其发酵液中分离鉴定了 3 个新抗菌活性化合物,分别命名为 lobophorins H~J(1~3),1 个新天然产物 O-β-kijanosyl-(1→17)-kijanolide(4),以及 2 个已知抗生素 lobophorins B(5)和 F(6)。其中,新化合物 lobophorin H 抗革兰氏阳性杆菌的活

性与氨苄青霉素相当,而且具有较强的选择性(无细胞毒性和抗真菌活性),具有进一步研究和开发的价值。

从分离自大连水域繁茂膜海绵 *Hymeniacidon perleve* 的米曲霉 *Aspergillus oryzae* HMP－F28 中分离并鉴定了两个具有杀虫作用的 CPA 类活性物质,speradine A 和 3－羟基 speradine A,其中 3－羟基- speradine 是一个新结构化合物。二者对卤虫表现出较强的致死活性,LD_{50} 分别为 67.6nmol/L 和 103.3nmol/L。此外,二者均具有显著的拮抗 IAA 对植物根系(*Lactuca sativa*)的作用:表现为在 1μmol/L 时表现出与 IAA 抑制剂 hypaphorine(500μmol/L)同等活性的对根伸长的抑制作用;同时,在对于向地性的影响的实验中,与空白对照相比,0.1～100μmol/L 各浓度组均表现出显著的对根系向地性的影响,且与阳性对照 IAA 抑制剂 hypaphorine(500μmol/L)无显著差异。同等浓度的 CPA 对向地性的影响活性比 hypaphorine 更好,且差异显著($P<0.05$)。该研究成果获得国家发明专利一项。

分离自中国南海 3587m 深海沉积物(114°34′16.668E, 17°59′48.135N)的放线菌 SHA6,对包括尖孢镰刀菌(*Fusarium oxysporum*)在内的 10 余种植物病原菌都有很强的抑制作用。采用活性追踪的分离方法,从其发酵液中分离得到三个寡霉素类抗生素,分别命名为 maclafungins B、maclafungins C 和 maclafungins D。它们对黄瓜枯萎病菌和立枯丝核菌展现出良好的活性,对卤虫具有较强杀灭作用,具有应用潜力。进化树分析表明,SHA6 与 *Actinoalloteichus hymeniacidonis* 聚在同一个进化分支上,说明与它们进化关系密切。

分离自中国南海 1464m 深海沉积物(6°59.980′N, 113°0.817′E)的卡伍尔氏链霉菌 *Streptomyces cavourensis* NA4,主要产生 2 个抗真菌活性次生代谢产物 bafilomycins B1 和 bafilomycins C1,它们对多种镰刀菌,霜霉病菌,灰霉病菌和立枯丝核菌等病原真菌有较强的抑制作用,尤其这些 bafilomycins 对多种镰刀菌的抑制活性要优于阳性对照药两性霉素 B。且该菌产 bafilomycin C1 达 6.603mg/L,产 bafilomycin B1 高达 23.45mg/L。这是首次从 *Streptomyces cavourensis* 发现该类抗生素,同时也是已有报道产 bafilomycins 类物质中最高的菌种,具有良好的开发前景。

繁茂膜海绵 *Hymeniacidon perleve* 共附生真菌菌株疣孢漆斑菌 *Myrothecium verrucaria* Hmp F73 分离自辽宁省大连市海域,具有较强的杀卤虫活性。从该菌株中分离得到 B、C、D、E 四种单体化合物,均属于 12,13－环氧单端孢霉烯族化合物。发现它们对甜菜夜蛾 3 龄幼虫具有较强抑制取食活性。目前尚未见文献研究报道此类化合物具有杀虫活性,因此其具有进一步研究的价值。

分离自大连水域的繁茂膜海绵 *Hymeniacidon perleve* 的菌株 *Streptomyces griseus* S19 的发酵液表现出了对卤虫非常强的致死活性,并且对甜菜夜蛾三龄虫有较强的致死活性。进一步通过活性追踪从发酵液中分离出了 6 个抗霉素(Antimycins)类代谢产物,采用 1D,2D NMR 法鉴定了其中 4 各代谢产物的结构。通过筛选高活性化合物,进行生物防治试验,初步筛选确认 5 个(类)具较强活性化合物:6－Abu Fengycin,对 *Fusarium graminearum* f. sp. *zea mays* L 等的 MIC 为 0.125mg/ml;*anteiso*－C17 fengycin B,对 *Fusarium solani* 等的 MIC 低于0.125mg/ml;3－hydroxyl-speradine,杀卤虫活性 LD_{50} 为 103.3nM;*iso*－C14 mojavensin 的活性接近于 *anteiso*－C17 fengycin B。巴菲霉素中的 bafilomycin C2 和 bafilomycin B1 对黄瓜枯萎病菌 *Fusarium oxysporum* f. sp. *Cucumerinum* 的 MIC 低于 0.25mg/ml。

这些具有新的结构和活性的化合物的发现和研究,为海洋来源的新型生物农药的开发奠定了很好的基础。

(尹恒　宋晓妍　李元广　胡江青　陈秀兰)

第四节　海洋生物饲料添加剂及饵料

我国是一个海洋大国,2012 年海洋生产总值超过 5 万亿元,同时我国又是一个畜牧业大国,畜牧业占农业总产值的 1/3,如何将来源于海洋的饲料添加剂产品应用到农业畜牧领域具有重大意义。海洋生物中含有许多陆地生物所没有的功能活性物质,尤其是来源于海洋的糖类物质,更是海洋科学和海洋产业研究的热点,对其的研究已被列为国家“科技兴海”“海洋资源可持续利用领域”等重大科技项目中的重要任务。

来源于海洋的动物、植物、微生物中蕴含着丰富的糖类资源,如壳聚糖、海藻酸钠、卡拉胶、琼胶等,新型海洋功能糖饲料添加剂是海洋生物产业的新兴领域。来源于海洋的生物活性物质在畜、禽、水产养殖中有着广泛的应用,对其应用背后的作用机理进行了分析归纳,包括促进营养物质的肠道吸收、优化肠道菌群健康、增强机体免疫力、提高肝脏相关抗性酶系表达、缓解病原菌感染和炎症发生等。海洋生物饲料添加剂的快速发展将极大地促进养殖业向着绿色健康的方向转型升级。

一、饲料添加剂研究现状

饲料添加剂作为饲料的重要组成部分,在畜牧水产养殖中发挥着重要作用,各国都十分重视对其的开发利用。世界各地区饲料添加剂产量,北美约 34.8%,西欧约 21.3%,东欧、俄罗斯约 13.5%,亚洲 11.4%,中美洲 11.1%,日本 6.1%。动物饲料添加剂能补充动物生长和繁殖必需的营养素,增加动物对饲料的摄入量,并能达到优质和高产的性能。随着经济的持续发展,人们对动物性食品的质量要求越来越高,不仅需要价廉物美的食品,还需要绿色、健康、环保的食品。因此,需要创制更多新型的饲料添加剂,替代传统的饲料添加剂(如抗生素),使畜牧业发展朝着绿色健康的方向迈进。

我国农业部最新公告的《饲料添加剂品种目录(2013)》中包含了氨基酸、维生素、酶制剂、微生物、糖类等十二大类 300 余种添加剂,经常使用的有 150 余种,可用于猪、牛、羊、鸡、鸭、鱼、虾及海参等动物的饲养中,提高动物的生长速度和抗病能力。2012 年,我国饲料添加剂产量 768.1 万 t,同比增长 22%。未来 10 年,饲料添加剂将朝着低成本、高效率、低污染、无残留的方向发展。随着肉、蛋、奶等畜产品的消费量与日俱增,养殖规模不断发展扩大,对配合饲料的需求量大幅度增加,必将有力地推动饲料添加剂产业的快速发展。

二、海洋功能糖饲料添加剂

海洋生物糖类品种多,来源丰富,具有多种生物活性。随着陆地资源的日益减少,开发海洋生物制品,向海洋索取资源成为未来发展的趋势。海洋中的生物多糖主要分为三大类:

海洋动物多糖、海洋植物多糖和海洋微生物代谢产生的多糖。海洋动物多糖包括甲壳类、贝类、海胆等生物中所含有的多聚糖及酸性黏多糖。海洋植物多糖主要是指海藻中所含的各种高分子碳水化合物,包括海藻酸、海藻糖胶、绿藻中的硫酸多糖、红藻中的琼胶、卡拉胶等。海洋微生物多糖主要是指微生物胞外多糖,多从海泥、海水和海藻中的细菌中分离出来。农业部公示的饲料添加剂品种目录中包含了一些功能糖类饲料添加剂(表6-2),一些已经被应用到健康养殖中,而其中不乏来源于海洋的功能糖类及其衍生物,如来源于虾蟹壳的壳寡糖和来源于藻类的褐藻酸寡糖等,可以应用到猪和鸡的健康养殖中。

表 6-2　糖类饲料添加剂品种目录(2013)

类　别	通 用 名 称	适 用 范 围
多糖和寡糖	低聚木糖(木寡糖)	鸡、猪、水产养殖动物
	低聚壳聚糖	猪、鸡和水产养殖动物
	半乳甘露寡糖	猪、肉鸡、兔和水产养殖动物
	果寡糖、甘露寡糖、低聚半乳糖	养殖动物
	壳寡糖[寡聚 β-(1-4)-2-氨基-2-脱氧-D-葡萄糖] ($n=2\sim10$)	猪、鸡、肉鸭、虹鳟鱼
	β-1,3-D-葡聚糖(源自酿酒酵母)	水产养殖动物
	N,O-羧甲基壳聚糖	猪、鸡
	褐藻酸寡糖	肉鸡、蛋鸡
	低聚异麦芽糖	蛋鸡

目前国内外生产海洋功能糖的企业如雨后春笋般涌现出来,其中一些功能糖生产企业已经初具规模(表6-3),功能糖生产种类和规模的扩大,也将带动海洋功能糖相关企业的快速发展壮大,海洋功能糖饲料添加剂产业也正逐步形成。

表 6-3　海洋寡糖饲料添加剂部分生产企业及产品

生 产 企 业	产品名称	所含功能糖	适用范围
大连中科格莱克生物科技有限公司	寡糖素	壳寡糖	猪、鸡和水产养殖动物
中泰和(北京)科技发展有限公司	寡糖素COSⅡ粉剂	壳寡糖	猪、鸡和水产养殖动物
北京英惠尔生物技术有限公司	惠 克	壳寡糖	仔猪、肉鸡、肉鸭、虹鳟鱼
青岛博智汇力生物科技有限公司	饲料级褐藻寡糖	褐藻寡糖	畜禽养殖
山东信得药业有限公司	海生素	低聚壳聚糖	肉鸡、蛋鸡、生猪
嘉兴科瑞生物科技有限公司	瑞康3号	低聚壳聚糖	水产
陕西森弗高科实业有限公司	羧甲基壳聚糖	羧甲基壳聚糖	猪、鸡

1. 海洋功能糖饲料添加剂在健康养殖中的应用

海洋中的动植物蕴藏着大量的糖类资源,如来源于虾蟹壳的几丁质、壳聚糖、壳聚糖衍生物、低聚壳聚糖、壳寡糖等,来源于藻类的岩藻聚糖、葡聚糖、卡拉胶、褐藻酸钠、褐藻酸寡糖、卡拉胶寡糖、葡寡糖、琼胶寡糖等,来源于海洋微生物的甘露寡糖等,都有成为新一代饲料添加剂的潜质,其中一些已经在不同的养殖动物中进行了试验评价,并取得了良好的养殖效果(表6-4)。

表6-4　海洋功能糖饲料添加剂及其应用

名　称	来　源	应用对象	作用效果	参 考 文 献
几丁质	虾壳	石斑鱼	抵抗盾纤虫感染	Harikrishnan et al., 2012
壳聚糖	蟹壳	肉鸡	抵抗沙门菌引起的感染	Menconi et al., 2014
壳聚糖螯合锌	甲壳类	断奶仔猪	增强抗氧化酶活性	Ma et al., 2014
低聚壳聚糖	甲壳类	仔猪	增加营养消化性能	Walsh et al., 2013
壳寡糖	蟹壳	仔猪	改变肠道菌群	Kong et al., 2014
岩藻聚糖	褐藻/马尾藻	斑节对虾	抵抗白斑病毒感染	Sivagnanavelmurugan et al., 2012
葡聚糖	海藻	仔鸡	促进生长	Zhang et al., 2012
葡寡糖	以葡萄糖为底物合成	小鼠	氧化应激与炎症反应调节作用	刘云等,2011
卡拉胶	红藻	白对虾	增强吞噬和抵抗病原菌	Chen et al., 2014
海藻酸钠	褐藻	猪	可被肠道微生物利用	Jonathan et al., 2013
褐藻酸寡糖	褐藻	小鼠	免疫增强作用	Xu et al., 2014
卡拉胶寡糖	海藻	肉仔鸡	促进小肠微绒毛生长	王秀武等,2004
琼胶寡糖	红藻	大鼠	肝脏保护作用	Chen et al., 2006
甘露寡糖	海洋微生物	凡纳滨对虾	免疫调节作用	夏冬梅等,2013

（1）海洋功能糖在畜类养殖中的应用

研究发现一些海洋功能糖在促进动物生产性能和提高动物健康水平方面有明显的效果,部分已经达到抗生素的作用效果,应用范围涉及猪、牛、羊等多个品种。其中研究最多的是来源于甲壳素的壳聚糖及其衍生物,我国《饲料添加剂品种目录（2013）》中就列有低聚壳聚糖、壳寡糖［寡聚 β-(1-4)-2-氨基-2-脱氧-D-葡萄糖,$n = 2 \sim 10$］、N,O-羧甲基壳聚糖3种来源于甲壳素的饲料添加剂产品。

韩国 Chae 等研究学者以大鼠为模型对水溶性壳聚糖的口服吸收状况进行了研究,发现分子质量是影响其吸收的主要原因,证明分子质量小的样品可以通过十二指肠和空肠被吸收入血。Xu 等以断奶仔猪为试验动物,发现壳聚糖能够逐步提高仔猪的生长性能,同时增加血清中生长激素的含量。Ma 等研究壳聚糖螯合锌化合物对断奶仔猪抗氧化酶系和免疫功能的影响,发现此化合物能够很好地改善仔猪的健康状况。

壳寡糖作为壳聚糖的降解产物,溶解性和吸收性都优于壳聚糖。壳寡糖作为饲料添加剂在生猪饲养上也有一定的研究和应用,是近几年兴起的比较有潜力的项目。王秀武等研究了壳寡糖对仔猪的生产性能及血液理化指标的影响,壳寡糖组与对照组相比,0~35日龄哺乳仔猪和35~70日龄保育期仔猪的死亡率、次品率均显著降低（$P<0.05$）,而平均体重分别提高18.0%和14.2%,显著高于对照组（$P<0.05$）。同时增加了背最长肌中铜（$P<0.05$）、心肌中锌（$P<0.05$）及脾脏中锰（$P<0.05$）的含量。Zhou 等考察了壳寡糖对断奶仔猪生长性能、营养消化率、血液指标和下痢发生率等指标的影响,发现壳寡糖可以不同程度地改善上述指标,增加仔猪的平均日增重,降低料肉比。Alam 等研究发现在牛犊日粮中每天添加50mg壳寡糖可以防止牛犊腹泻的发生。

来源于海藻的褐藻酸寡糖、岩藻聚糖、葡聚糖等在畜类养殖中也有相关报道。四川农业大学的研究学者将褐藻酸寡糖应用到仔猪养殖中,可以有效地提高仔猪的日增重,同时提高仔猪血液中 IgG 和 IgA 的含量,以及超氧化物歧化酶等酶的活力,从而提升仔猪的免疫和抗氧化防御能力。Murphy 等分析了来源于掌状海带、北方海带和酿酒酵母提取的 β-葡聚糖对仔猪肠道菌群的影响,发现三种来源的 β-葡聚糖都能够促进近端盲肠和末端结肠乳杆菌优势菌群的建立,其中北方海带来源的 β-葡聚糖对大肠杆菌具有最好的抑制作用。McAlpine 等重点考察了富含岩藻多糖和海带多糖的海藻提取物对断奶仔猪生长性能、营养消化性能和排泄物成分等营养因素的影响,发现与对照组相比,海藻多糖组具有更高的表观消化率,可以为仔猪提供更好的营养消化性能和生长性能。随着对海洋藻类的深度开发,海藻多糖将进一步被应用到畜类养殖中。

（2）海洋功能糖在禽类养殖中的应用

来源于海洋甲壳类的功能糖早在 2003 年就被应用于肉鸡的饲养中。王秀武等研究了壳寡糖饲料添加剂对肉仔鸡肠道主要菌群、微绒毛密度、免疫力及生长性能的影响,发现含壳寡糖的饲料可抑制肉仔鸡肠道菌,促进微绒毛生长发育,提高免疫能力和生产性能。2007年,李晓晶等研究了壳寡糖饲料添加剂替代金霉素对肉仔鸡生长性能和免疫功能的影响,发现壳寡糖具有与金霉素相似的促生长作用并提高仔鸡免疫功能,这为其替代抗生素（金霉素）的使用提供了科学依据。在对北京鸭生长性能、脂肪沉积及肉品质影响的研究中,实验结果表明日粮中添加 200g/t 的壳寡糖对北京肉鸭平均日增重、平均日耗料及料肉比（F/G）影响效果最好;日粮中添加 300g/t 的壳寡糖可达到降低腹脂沉积、生产低脂禽肉的目的;在育肥期,壳寡糖添加水平为 200g/t 时可显著降低肌肉的滴水损失（$P<0.01$）。因此,该研究认为壳寡糖可作为一种在北京肉鸭日粮中应用效果明显、前景广阔的新型绿色饲料添加剂。

海洋藻类提取的海洋功能糖类在禽类养殖中也有报道。萨仁娜等研究发现海带岩藻聚糖及其组分可显著提高肉鸡腹腔巨噬细胞的吞噬活性,促进巨噬细胞呼吸暴发、一氧化氮的产生量和诱导型一氧化氮合酶活性,促进巨噬细胞分泌白细胞介素 1,表明岩藻聚糖可以提高肉鸡的免疫性能。Yan 等对来源于褐藻的海藻酸钠寡糖进行肉鸡试验,发现在肉鸡日粮中添加海藻酸钠寡糖能够抑制沙门菌肠道定殖,提高肠道屏障功能,促进肉鸡生长。王秀武等研究显示卡拉胶寡糖也可抑制肉仔鸡肠道菌的增殖,促进小肠微绒毛生长发育,提高免疫反应和生产性能。中国科学院大连化学物理研究所、中国农业科学院饲料研究所及中国农业大学在国家 863 项目的资助下,进行褐藻酸寡糖饲用效果的研究工作,并已取得了一定的研究结果,获得了农业部颁发的褐藻酸寡糖饲料添加剂新产品证书。经蛋鸡和肉鸡饲喂试验证明,添加褐藻酸寡糖可提高蛋壳强度、提高蛋黄色泽,改善鸡蛋品质,在肉仔鸡饲粮中添加褐藻酸寡糖可提高新生成抗体和溶菌酶水平,促进体液免疫和非特异性免疫机能,提高饲料转化效率。

（3）海洋功能糖在水产类养殖中的应用

近年来研究发现将海洋功能糖添加到水产养殖饲料中,可以提高水产动物的生长速度,促进肠道有益菌的增殖,抑制病原菌和腐败菌的生长,影响水产动物血液生化指标水平,提高水产动物的免疫力。Harikrishnan 等在石斑鱼的饲料中添加 1.0% 的几丁质和壳聚糖,发现能够有效增加石斑鱼的免疫力,进而增强其抵抗病原菌感染的能力。Niu 等系统地比较了几丁质、壳聚糖、低分子质量壳聚糖、N-乙酰氨基葡萄糖对斑节对虾的生长性能、抗氧化防御、氧化应激的影响,实验结果显示在斑节对虾摄入饮食中添加几丁质或者壳聚糖能够增强其生长性能,并且提高对虾的氧化应激能力。李振达等研究了壳寡糖对三疣梭子蟹免疫功能的影响,结果显示,在基础饲料中添加适量的壳寡糖可以显著提高酸性磷酸酶(ACP)、总超氧化物歧化酶(T-SOD)、溶菌酶(LSZ)、过氧化物酶(POD)活力,提高三疣梭子蟹血细胞密度,并对血细胞比例有一定的影响。

来源于海洋藻类的功能糖在水产养殖中应用也有报道。国外研究学者在斑节对虾中研究了岩藻多糖对白斑综合征病毒的影响,结果发现,岩藻多糖可有效缓解因病毒感染引起的对虾死亡。Chen 等在凡纳滨对虾中开展试验,系统研究了卡拉胶在对虾中的作用效果和作用方式,发现卡拉胶可以促进造血组织细胞的增殖,增加红细胞数及免疫相关的参数。此外,卡拉胶还可以增加对虾对溶藻弧菌和白斑综合征病毒感染的抵抗力,为对虾的健康养殖提供了很好的选择。Cheng 等研究发现海藻酸钠能够很好地提高鲍鱼的免疫力和抵抗病原菌感染能力,与海藻酸钠的作用浓度和时间密切相关。

2. 海洋功能糖饲料添加剂作用机理

（1）促进营养物质的肠道吸收

研究表明,海洋功能糖类有促进营养物质吸收、改善肠道结构、提高生长激素分泌等作用。研究学者发现给仔鸡喂食含壳寡糖的饲料 7 周后,壳寡糖组仔鸡空肠和回肠的绒毛高度,以及十二指肠、空肠、回肠的隐窝深度均增加,仔鸡胸肌和腿肌中钙、锌、铁和锰元素含量均比对照组高,说明壳寡糖可以降低肉仔鸡肠壁厚度、改善肠黏膜结构、提高消化器官功能,从而利于营养物质的吸收,促进生长。此外,在仔猪饲养的研究中发现,壳寡糖能够明显增加回肠和空肠的绒毛高度,并促进小肠绒毛的生长、小肠绒毛高度和表面积的增加,促进对营养物质的吸收利用,其中对钙、磷的吸收增加更为明显。

（2）优化肠道菌群

海洋功能糖可以作为益生元,对肠道菌群起到优化作用。Murphy 等研究发现来源于掌状海带、北方海带的 β-葡聚糖能够促进仔猪近端盲肠和末端结肠乳杆菌优势菌群的建立。王秀武等考察了卡拉胶寡糖对肉仔鸡肠道主要菌群的影响,发现卡拉胶寡糖组盲肠内容物中大肠杆菌、双歧杆菌和乳酸杆菌的数量均下降。蔡雪峰等研究发现壳寡糖也可对虹鳟幼鱼肠道菌群的组成产生影响。

（3）增强机体免疫力

Huang 等给肉鸡喂食壳寡糖的过程中,发现壳寡糖能够增加肉鸡的胸腺、法氏囊和抗体度数,同时肉鸡血清中 IgG、IgA、IgM 的含量也得到增加。如前所述,萨仁娜等研究发现海带岩藻聚糖可显著提高肉鸡腹腔巨噬细胞的吞噬活性,促进巨噬细胞呼吸暴发、一氧化氮的产生量和诱导型一氧化氮合酶活性,促进巨噬细胞分泌白细胞介素1,从而提高肉鸡的免疫性能。Lin 等在卵形鲳鲹基础日粮中添加 4.0g/kg 的壳寡糖连续喂食 8 周,鲳鲹的终体重和生长速率都明显提高,同时鲳鲹总的白细胞数、分化的白细胞数、呼吸氧暴发和超氧化物歧化酶活力也显著提高,提示壳寡糖可以增强鱼类免疫反应。壳寡糖提高饲养动物的免疫力将有助于提高动物的抗病性和存活率。

（4）提高肝脏相关抗性酶系表达

Lehoux 等给大鼠喂食含胆固醇的饲料后发现大鼠肝脏的胆固醇含量明显增加,但是在给予壳聚糖后,肝脏的胆固醇含量显著降低,我们认为壳聚糖对胆固醇生成主要调节酶 HMG-CoA 还原酶的活性和 mRNA 水平具有调节作用。Shon 等通过实验证明,分子质量不同的壳寡糖对大气污染物 2,3,7,8-四氯二苯并二恶英(TCDD)诱导的小鼠肝损伤具有很好的保护作用,壳寡糖能通过提高谷胱甘肽 S 转移酶(GST)和谷胱甘肽过氧化物酶(GSH-px)活性来实现结抗 TCDD 的作用,达到保护肝脏的目的。如前所述,李振达等研究发现在三疣梭子蟹基础饲料中添加适量的壳寡糖可以显著提高酸性磷酸酶(ACP)、总超氧化物歧化酶(T-SOD)、溶菌酶(LSZ)、过氧化物酶(POD)活力,对提高三疣梭子蟹的生长和抗病性起到重要作用。马悦欣等研究发现,κ-卡拉胶寡糖可通过提高刺参抗性酶活力进而提高其抗病能力和生长速度。

(5)缓解病原菌感染和炎症发生

Menconi 等通过体外和体内试验研究了壳聚糖对沙门菌的抑制作用,发现壳寡糖可以有效抑制仔鸡盲肠中沙门菌的数量,以及病原菌在鸡群中的传播。Qiao 等研究发现在两种公认的内毒素攻击模型——内毒素腹腔注射模型和盲肠结扎穿孔模型中,壳寡糖能显著提高小鼠的生存率,降低组织中炎症细胞的浸润及组织功能失调,可显著抑制机体产生的过量炎症因子,降低小鼠体内组织的氧化性损伤。国外研究学者也发现岩藻多糖可以很好地防治对虾白斑综合征病毒引起的病变,有效地缓解病毒感染引起的对虾死亡。

三、海洋生物饵料

生物饵料(food organisms)或活饵料(live food or live feed)是指经过筛选的优质饵料生物,人工培养后,以活体作为养殖对象食用的专门饵料,如微藻、轮虫、枝角类、桡足类等。狭义的生物饵料概念仅指作为水产经济动物苗种饵料的饵料生物。在水产养殖中,多数水产动物幼体阶段的生长发育主要依靠投喂生物饵料,部分种类(如贝类)终生需要依靠单胞藻及微小的饵料生物;对虾和河蟹等甲壳类育苗过程中,使用轮虫和卤虫无节幼体可以显著提高苗种的成活率和苗种质量;在鱼类育苗生产中,微藻和轮虫等也是常用的生物饵料。尽管人工配合饵料在水产动物养殖中有着非常广泛的应用,但由于颗粒大小、营养组成及嗜口性等原因,其应用对象主要是水产动物成体。而在幼体培育阶段,尤其是刚刚孵化出的早期幼体,绝大多数需要摄食微藻、轮虫和枝角类等生物饵料。能否获得充足、优质的生物饵料,已在很大程度上左右着水产养殖业的健康发展。

目前,在水产养殖和育苗生产中,应用最广的海洋生物饵料主要包括微藻、轮虫、卤虫、桡足类和糠虾等。下面分别对上述 5 类饵料生物的生物学、应用情况、存在的问题及建议等进行概述。

1. 微藻

微藻是许多海产动物幼体(或幼虫)及成体的天然饵料,在水产养殖业中广为应用,饵料微藻的培养已成为海水养殖业中的一项重要配套产业。作为水产动物饵料的微藻应满足一定的条件,如易于培养、无毒、营养价值高、个体大小适宜及容易消化等。饵料微藻作为水产动物饵料,有其独特的优势:① 营养丰富,接近水产动物自然状态下的摄食要求;② 大小适中,有利于水产动物幼体或动物性饵料生物的摄食,并且可以根据动物不同发育阶段使用大小不同的微藻配合投喂;③ 对水质有一定的净化作用。作为活体的微藻饵料除了能被水产动物直接摄食之外,其另一作用还体现在对养殖水质的改善、调控水体微生态环境平衡方面。在育苗水体中投放饵料微藻,不但可以直接吸收利用氨氮、亚盐等物质,同时光合作用放出的氧气还可促进微生物对氨氮、亚盐的硝化作用。

饵料微藻之所以能作为水产动物的优质饵料,是因为该类微藻中含有大量水生动物所需的蛋白质、脂肪、维生素、多糖、类胡萝卜素等营养物质。脂肪中的高度多不饱和脂肪酸特别是 EPA(C20：5)、DHA(C22：6)是许多鱼类幼体、双壳贝类幼虫的必需脂肪酸,关系到幼虫和幼体的生长发育和存活。EPA 和 DHA 虽然对有些海洋动物不是必需的,但在饵料中适当添加这些物质,可提高投喂动物的生长速度和存活率。许多饵料微藻中 EPA 和 DHA 含量都很高。

除直接作为水产动物幼体或成体(如滤食性软体动物等)的饵料外,很多水产动物幼体或成体摄食的动物性饵料如轮虫、桡足类及枝角类等,其培养和繁殖也需要摄食大量微藻,尤其在人工培养动物性饵料时,往往需要利用微藻对其进行营养强化。

全世界用于水产养殖饵料的微藻在 1999 年已经达到 1000t,其中 62%用于贝类,21%用于对虾,16%用于鱼类。根据《2011 年中国渔业统计年鉴》提供的 2010 年我国主要海水养殖动物产量及投放苗种数量,据不完全估算,微藻总需求量为 16 000t。而 2011 年我国微藻产业(以螺旋藻、小球藻为主)总产量约 10 000t,还远不能满足海水养殖业的需求。

(1) 饵料微藻的分类及应用

尽管微藻的种类很多,但已实现产业化的种类却并不多。目前,作为人类食品和保健品原料已进行规模化生产的微藻主要有螺旋藻、小球藻、盐生杜氏藻和雨生红球藻等 4 种。目前,国内外应用在水产养殖和育苗中的饵料微藻种类主要分布在 6 个门约 30 个属中(表 6-5)。

表 6-5　水产养殖中所用的饵料微藻

门	属	水产上的应用
蓝藻门	螺旋藻属	对虾、双壳贝类、轮虫、卤虫
隐藻门	蓝隐藻属	双壳贝类
	隐藻属	双壳贝类
	红胞藻属	双壳贝类
金藻门	球石藻属	双壳贝类
	球钙板藻属	双壳贝类
	等鞭金藻属	对虾、双壳贝类、卤虫
	巴夫藻属	双壳贝类、卤虫、轮虫
	假等鞭金藻属	双壳贝类
黄藻门	异胶藻	双壳贝类
硅藻门	辐环藻属	双壳贝类
	角毛藻属	对虾、双壳贝类、卤虫
	小环藻属	卤虫
	细柱藻属	对虾
	菱形藻属	稚鲍、卤虫

（续表）

门	属	水产上的应用
硅藻门	褐指藻属	对虾、双壳贝类、卤虫、桡足类
	骨条藻属	对虾、双壳贝类
	海链藻属	对虾、双壳贝类
	曲壳藻属	稚鲍
	双眉藻属	稚鲍
绿藻门	卡德藻属	双壳贝类
	衣藻属	双壳贝类、卤虫、轮虫
	小球藻属	双壳贝类、卤虫、轮虫、枝角类、桡足类
	绿球藻属	双壳贝类
	盐藻属	双壳贝类、卤虫、轮虫
	红球藻属	海水鱼类
	微绿球藻属	双壳贝类、轮虫、桡足类
	四爿藻属	对虾、鲍鱼幼体、双壳贝类、卤虫
	塔胞藻属	双壳贝类
	栅藻属	卤虫、轮虫

我国沿海各省能够进行大规模培养的藻种主要是绿藻门、硅藻门、金藻门和黄藻门中的少数种类,如四爿藻(原名称为扁藻)、盐生杜氏藻、小球藻、微拟球藻、小新月菱形藻、三角褐指藻、牟氏角毛藻、中肋骨条藻、绿色巴夫藻、球等鞭金藻、湛江等鞭金藻等。

（2）微藻高密度、高品质培养技术研究现状及存在问题

几乎所有微藻都可以利用光能和二氧化碳进行光自养生长,也有部分微藻可以利用葡萄糖、果糖、乳糖和乙酸盐等作为唯一碳源进行异养生长。与不同的生长方式相对应,微藻在培养方式上有光自养培养、混合营养培养和异养培养。但并非所有的微藻种类都能进行异养和混合营养培养,目前仅发现少数种类的微藻如小球藻、雨生红球藻等能够进行异养培养,能够进行混合营养培养的种类则多于能够异养的种类。

异养培养可以实现微藻高密度培养。但同时,异养培养的微藻会出现品质下降的问题,使藻细胞不具有商品价值或价值较低。针对这一问题,许多解决方案被陆续提出并付诸实践,归纳起来主要有以下四类:一是代谢调控或诱导;二是异养-光自养交替培养;三是异养-光自养连续循环培养;四是异养-稀释-光诱导串联培养,现分别介绍如下。

1）代谢调控或化学诱导。针对微藻异养培养过程出现品质下降的问题,有研究者试图通过代谢调控的方法提高异养阶段藻细胞品质。Chen 等通过优化碳氮比和搅拌转速来提高异养培养 Chlorella sorokiniana 的脂肪酸含量,但这会降低藻细胞的生长速率。刘世名等考察了植物生长激素 PP333 对普通小球藻生长及蛋白质含量的影响,发现 PP333 在抑制小球藻高速生长的同时,可较大幅度地提高蛋白质含量,可达 50.96%。Zhang 等采用两步法培养绿球藻 Chlorococcum sp. MA-1 生产 ketocarotenoids,第一步是在两个发酵罐中分批补料培养获得较高密度的藻体,第二步对其中一个发酵罐采用连续光照培养,另一发酵罐中在黑暗条件下加入乙酸、Fe^{2+} 和 H_2O_2 的混合溶液,诱导产物大量积累。结果表明,两种方法均可提高藻体中酮基类胡萝卜素的含量,但连续光照培养藻体中酮基类胡萝卜素含量是化学诱导的 3 倍。

从上述文献的研究结果可知,通过控制异养培养过程中培养基成分、培养条件及添加外源化学物质来改变胞内代谢途径,从而提高小球藻藻体的品质,在很大程度上是以降低异养培养生长速率为代价的,因而这种方法不可取。

2)异养-光自养交替培养。藻细胞得不到充足的光照可能是导致胞内蛋白质和色素含量下降的原因,因此一些研究者提出了用异养培养与光自养交替培养的方法来解决这一问题。Yang 等将代谢流分析引入蛋白核小球藻的培养过程中,分析了光自养、混养和异养-光自养交替培养三种培养系统的能量代谢机制。结果表明,异养-光自养交替培养是能量利用率最高的一种培养方式,通过这种交替培养方式可实现微藻的高密度高品质培养(表6-6)。

表6-6 利用异养-光自养交替培养方式来提高异养微藻品质的文献汇总

藻 种	培 养 系 统	产 物	产 量
chlorella pyrenoidosa	2.5L Roux bottle	生物量 蛋白质	5.5g/L 55%
C. pyrenoidosa	2L Roux bottle with 7 lamp out side	生物量 蛋白质	7.3g/L 52%
C. pyrenoidosa	2L jar fermentor with 4 lamp out side	生物量 蛋白质	14g/L 60%
Chlorococcum.	2.5L photobioreactor	生物量 酮式类胡萝卜素	18.6g/L 103mg/L

表6-6汇总了利用异养-光自养交替培养方式提高品质的研究,其特点是在同一培养容器中,采用两步法培养,第一步采用异养方式培养小球藻,目的是获得高密度;第二步采用光自养培养,目的是通过光诱导作用提高目标产物的含量。利用上述的交替培养方式确实能实现小球藻的高密度、高品质培养。但是在透明的反应器四周增加光源来提供光照的方法很难放大,这也决定了这种方法只适用于实验室规模的研究,而难以用于大规模工业化生产。

3)异养-光自养连续循环培养。除了设计光生物反应器进行异养-光自养交替培养实现高密度高品质培养外,一些研究者尝试将不同生物反应器组合起来,进行异养-光自养连续循环培养来实现高密度高品质培养,也取得很好的效果(表6-7)。

表6-7 利用异养-光自养连续循环培养方式提高小球藻品质的文献汇总

藻 种	培 养 系 统	产 物	产 量
chlorella pyrenoidosa C-212	2.5L fermentor/3.0L Internally illuminated stirred tank	生物量 蛋白质 叶绿素	14g/L 63.5% 2.5%
C.pyrenoidosa C-212	2.5L fermentor/450ml U Tubular photobioreactor	生物量 蛋白质 叶绿素	14g/L 60.1% 3.6%
Euglena gracilis	2.5L fermentor/3.0L Internally illuminated stirred tank	生物量 维生素 E	12g/L 1.1mg/g
Haematococcus pluvialis	2.3L fermentor/1.0L Columned photobioreactor	生物量 虾青素	7g/L 114mg/L

由表6-7可以看出,异养-光自养连续循环培养所用系统是由不同类型的反应器组合而成,一类为发酵罐/内光源光生物反应器组合,另一类为发酵罐/管式光生物反应器组合。对于第一类组合,由于内光源光生物反应器难以放大,同时连续培养比较容易染菌且过程难以稳定,因此难以进行工业化放大;对于第二种组合,同样面临不能放大的问题。一方面,光生物反应器一般由玻璃材质制造,其放大后无法利用高压蒸气彻底灭菌,因此异养培养系统(可在位蒸汽灭菌)与光自养培养系统直接相连进行连续培养时,很容易染菌;另一方面,管式光生物反应器在放大过程中,随着直径的增加,无法解决光的限制问题,还会面临罐体材质选择问题;管式光生物反应器在较大规模培养时还存在易碎、不便于清洗、氧气解析缓慢等问题。因此,这种组合培养方式也很难应用于规模化培养。

4) 异养-稀释-光诱导串联培养。针对上述情况,华东理工大学在国内外首创了小球藻异养-稀释-光诱导串联培养技术,并通过实验证明,该工艺可以实现小球藻高密度、高品质培养,且易于放大。实验室培养结果表明,普通小球藻和蛋白核小球藻异养培养细胞密度可达55g/L和150g/L以上;稀释后转入光诱导培养的细胞密度在2~5g/L时,经过8~24h的光照,蛋白质和叶绿素含量可分别快速升高到50%和25mg/g。该技术有以下特点:异养阶段在传统的发酵罐中进行,目的是为了获得较高的细胞密度;光诱导阶段可在任何用于微藻光自养培养的系统中进行,目的是为了通过光诱导作用提高叶绿素和蛋白质等胞内成分的含量;异养阶段与光诱导阶段分别独立进行,异养阶段的藻液(确保葡萄糖已经耗完)由于密度很高,需先用特定的培养基进行稀释后再转入光自养培养系统中进行光诱导。过程中需确保进入光自养阶段的藻液中无有机碳源和氮源,这样可以避免光自养阶段滋生过多的杂菌;而通过稀释可以确保光自养阶段的藻细胞能获得充足的光照,快速提高品质。

采用异养-稀释-光诱导串联培养技术培养小球藻,不但在实验室已实现了小球藻的高密度高品质培养,而且该工艺已完成初步中试,结果表明,该技术可进行工业化放大。

微藻异养-稀释-光诱导串联培养技术,不仅可以实现小球藻的高密度高品质培养,还可以作为一个平台技术应用于所有可以进行异养培养,且目标产物需要在光照条件下才能大量合成的微藻,实现其高密度高品质培养。这里的高品质可以根据培养目的的不同而发生变化,如培养盐生杜氏藻的目的是生产β-胡萝卜素,其高品质的含义就应该是较高的β-胡萝卜素含量;而对于近年来掀起开发热潮的能源微藻来说,实现其高品质培养则是提高藻体的油脂含量。

目前从文献报道可以看出,有相当一部分微藻可以进行异养培养,因此它们都是潜在的可以利用异养-稀释-光诱导串联培养技术进行大规模培养的藻种。有些可异养培养的微藻如小球藻、雨生红球藻、四爿藻、栅藻、菱形藻、舟形藻等,原本就可以作为水产动物的饵料。可异养培养的微藻中还包括很多尚未开发的种类,随着研究的深入,其自身所具有的价值将会逐渐被人们所认知。对这些微藻的开发利用首先需要解决的问题就是其大规模、高密度、高品质培养,而微藻异养-稀释-光诱导串联培养技术的推广应用,必将对这些微藻的开发利用产生很大的推动作用。

2. 轮虫

轮虫(Rotifer)是一群微小的多细胞动物,种类繁多,广泛分布于淡水、半咸水和海水水域中。轮虫是经济水生动物的开口饵料,在水产育苗上应用广泛。近几年来,随着鱼、虾、蟹育苗业及养殖业的发展,轮虫作为优质活饵料的用量越来越大,有关轮虫培养技术的研究报道也很多。目前,在轮虫培养饵料选择、最佳培养条件的摸索、轮虫高密度培养、休眠卵利用、轮虫营养强化技术等方面的研究取得了较大的进展。

对于轮虫在分类学中的位置,意见并不统一。目前,欧美许多国家和地区将轮虫归属于袋形动物门的轮虫纲。近年我国把轮虫独立定为一门——轮虫动物门,下分单巢纲和双巢纲,单巢纲分为游泳目和簇轮虫目,世界上 90% 的轮虫,大于 1600 种属于单巢纲。

作为生物饵料培养的轮虫大多属于游泳目臂尾轮虫科,主要种类有壶状臂尾轮虫(*Brachionus urceolaris*)、萼花臂尾轮虫(*Brachionus calyciflorus* Pallas)、褶皱臂尾轮虫(*Brachionus plicatilis*)、圆形臂尾轮虫(*Brachionus rotundiformis*)、角突臂尾轮虫(*Brachionus angularis*)和裂足轮虫(*Brachionus diversicornis*)等。

（1）轮虫的应用

在海水育苗中,目前在生产上广泛使用的轮虫是褶皱臂尾轮虫(*Brachionus plicatilis*)和圆形臂尾轮虫(*Brachionus rotundifotmis*)。据统计,目前已有 60 种鱼类和 18 种甲壳动物使用褶皱臂尾轮虫作为开口饵料。在淡水育苗中,通常使用萼花臂尾轮虫(*Brachionus catyciflorus*)。

（2）轮虫的培养方式

轮虫属于滤食性生物,食性较杂,可摄食光合细菌、酵母菌、单细胞微藻、有机碎屑乃至微颗粒饲料等。人工培养轮虫作为幼苗的开口饵料,对其营养成分的含量及轮虫的产量有较高的要求,目前作为轮虫高密度培养的饵料主要有单细胞微藻类、酵母类、混合类三大类。实际高密度培养轮虫时,通常将微藻与酵母根据培养条件合理搭配,以期达到优质高产的效果。此外,针对不同的轮虫品系,在其培养过程中还需要选择合适的温度、盐度和 pH。

目前的轮虫培养方法主要有室外土池培养和室内工厂化培养两种。但国内外有关轮虫土池培养技术还不成熟,实际生产中尚存在产量不稳定、持续供应时间短等问题。使用室外土池培养方法的密度只能达到约 100 个/ml;室内工厂化培养是指在室内进行轮虫的高密度培养,在这种培养方式下,培养条件一般能得到较好的控制,轮虫的生产比较稳定。按规模的大小分为种级培养、扩大培养和大量培养等。比较而言,室外土池培养具有生产费用低等优点,但产量低,而且受季节、水温的限制较大;而室内工厂化培养具有产量大、不受自然条件的影响等优点,但成本高,对于冬季和早春季育苗来说,室内工厂化轮虫培养较为常用。

（3）轮虫的营养强化

一般轮虫培育都是用酵母作为饵料,这会导致轮虫所含营养成分不均衡,尤其是缺少 EPA 和 DHA 等高级不饱和脂肪酸。为保证轮虫的营养成分,在用轮虫投喂水产动物幼体前 12~24h 要进行营养强化培育。通常营养强化的方法有两类:一是用单细胞微藻进行二次培养,方法与微藻类培养轮虫相仿;另一类是使用营养强化剂。营养强化剂的种类和形式比较多,最早是用鱼油和蛋黄与海水混合搅拌得到乳化油,其 HUFA 含量大约占总脂肪含量的 25%,若继续进行化学纯化得到浓缩油脂的乳化油,HUFA 含量能提升到 80% 左右。

3. 卤虫

卤虫(*Artemia*)也称为盐水丰年虫,所产的休眠卵即卤虫卵。卤虫是一种世界性分布的广温耐高盐的小型甲壳动物,其自然的生活环境为内陆的盐湖和沿海的盐田。在生物学分类上卤虫属于节肢动物门甲壳纲鳃足亚纲无甲目盐水丰年虫科。卤虫作为一种重要的饵料生物,在水产养殖业中得到广泛的应用。

我国沿海盐田面积达 70 余万公顷,内陆大、中型盐湖有近千个,蕴藏着丰富的卤虫资源,是三大卤虫卵资源国之一。盐田卤虫主要产于辽宁、河北、天津、山东等地沿海的盐田及其他高盐水域,盐湖卤虫主要产于新疆、青海、西藏、内蒙古和山西等地的内陆盐湖,主要产地为长江以北沿海各地,其中渤海湾区域是著名的卤虫产区。

（1）卤虫的增养殖

目前,比较成功的增养殖方式有如下几种:一是盐田或者盐湖大面积引种增殖;二是室外土池或水泥池大量养殖;三是室内高密度精养。目前大多采用第一种方法进行卤虫增养殖,原因是生产成本低、技术简单、容易管理且相对效益好。其他两种方式一般在品系提纯和培育种源时采用,以保证品系纯正和种源质量,但在生产中不经济,难以实现产业化。Sui 等(2013)在卤虫培养池中增加 C 和 N 的补充,获得了较高的休眠卵产量。

（2）卤虫的营养强化

卤虫营养强化的目的在于提高其高不饱和脂肪酸(主要是 20：5ω3 和 22：6ω3)含量,以满足海水鱼虾维持正常生长所需。卤虫体内所含的必需脂肪酸的类型是影响卤虫对海水鱼虾的营养价值的重要因子。卤虫的高不饱和脂肪酸营养强化问题一直是国内外养殖专家、营养学家的研究焦点。目前,卤虫营养强化剂的种类很多,大致可分为微藻、鱼油产品及化学产品三大类。有大量文献报道了卤虫的营养强化试验,其强化效果与强化剂的种类、强化时间、强化剂的用量、卤虫的品系、生长阶段及强化后卤虫的饥饿时间等因素有关。

目前卤虫资源的开发利用存在许多不足:一方面在某些地区,由于对卤虫资源的保护还没有引起足够的重视,造成无序开采,甚至酷捕滥采;另一方面,一些生产者对卤虫生活习性缺乏了解或受利益驱动,造成一些盐田或盐湖全年采捕,使卤虫资源和卤虫卵质量受到严重影响,甚至以次充好进入市场。近几年卤虫卵的质量在下降已是不争的事实,主要原因是捕捞过度。例如,在渤海湾地区,生产者往往还没有等到卤虫发育成熟就开始捕捞,久而久之,卤虫的个体质量越来越差,其产出的卵的质量也越来越差,在盐湖地区也是如此。

4. 桡足类

桡足类(copepod)隶属于节肢动物门甲壳纲桡足亚纲(Copepoda)。桡足类在海区的浮游动物种群分布中,至少占70%的种类,而且主要是哲水蚤类,在多数海区它们都是优势种类,是众多经济鱼类和虾蟹幼体主要的天然饵料生物。特别是对一些海水鱼类,在幼体开口摄食阶段,仅利用轮虫作为生物饵料,很难取得理想效果,而与桡足类无节幼体(大小在 $100 \sim 400 \mu m$,与轮虫相当,最小 $40 \mu m$)同时使用,其生长和成活率常能大幅度提高。

桡足类除少部分在半咸水或淡水区域,大部分是海水种类。据统计,截至 1993 年,全世界桡足类种类共计 200 科 1650 属 11 500 个种。但在水产养殖方面作为饵料生物利用的种类,主要隶属于桡足类的哲水蚤目(Calanoida)和猛水蚤目(Harpacticoida)。桡足类的摄食方式包括滤食方式、碎屑食性方式和捕食方式,滤食方式主要是哲水蚤的种类,碎屑食性方式主要是猛水蚤的种类,捕食方式主要包括一部分猛水蚤和剑水蚤的种类。

（1）海洋桡足类的收集及应用

桡足类在我国较早用于海水经济动物的繁殖过程中,主要是在海湾或河口区域利用潮位落差,采用定置网加上灯诱装置过滤获得。在长江河口和浙江沿海半咸水区域,从定置网中获得的主要优势种有太平洋纺锤水蚤(*Acartia pacifica*)、背针胸刺水蚤(*Centropages dorsispinatus*)、刺尾纺锤水蚤(*Acartia spinicauda*)、小拟哲水蚤(*Paracalanus Parvus*)及中华哲水蚤(*Calanus sinicus*),个体平均湿重为 21mg。我国黄河口附近主要的桡足类种类为墨氏胸刺水蚤(*Centropages mcemurrichi*),密集度达 1010 个/m^3。在桡足类密集的季节,可连续采集、冷冻保存以提供育苗饵料之用。一般定置网的网眼要大于 70μm,否则网眼容易阻塞。网眼为 70~110μm,可以捕获个体大于轮虫的浮游生物种类,网眼为 120μm 可以捕获桡足类无节幼体、桡足类成体和少量轮虫,250μm 以上的筛绢可捕获桡足类成体。这些水蚤被收集后,或接种到室外池塘扩大培养,或直接作为生物饵料投喂海水鱼幼体,或冰冻或干燥作为海水经济动物育苗用。用时要注意消毒,如在 100mg/L 甲醛溶液中浸泡 1min,冲洗干净后再投喂。我国在河蟹育苗后期常大量采用冰鲜的桡足类育苗。

(2)海洋桡足类的培养

从 20 世纪 60 年代开始,关于海洋桡足类的培养逐步开始,已有约 60 种桡足类成功实现了人工培养。目前桡足类的主要培养方式有室外粗放式培养和室内集约化培养两种。

大面积室外培养桡足类地点宜选择在海湾、河口和近岸水域。室外培养产量的高低往往取决于适合桡足类食用的微藻数量的多寡。利用室外池塘混养桡足类和处于开口阶段的海水鱼幼体已取得了良好效果,如挪威培养鳕鱼、菲律宾和我国台湾培养石斑鱼、美国培养红鲷鱼、法国培养比目鱼等。但室外土池培养桡足类尚存在产量不稳定、持续供应时间短、易受病毒和细菌污染等问题。

从 20 世纪 90 年代开始,人们试图进行桡足类的集约化培养,主要是为了替代卤虫无节幼体在鱼虾蟹育苗中的应用。哲水蚤类和猛水蚤类的某些种类,由于对环境的适应性较强,而被作为集约化培养的理想对象。大部分用于集约化培养的哲水蚤种类都属于近岸或河口的种类,如纺锤水蚤属(*Acartia*)、胸刺水蚤属(*Centropages*)、真宽水蚤属(*Eurytemora*)和宽水蚤属(*Temora*)。这些种类的显著特点是个体小、繁殖快、广温广盐性,适宜实验室培养,室外培养极易形成优势种。相对于哲水蚤类来讲,猛水蚤类比较适合于集约化的大量培养。目前,日角猛水蚤属(*Tisbe*)、虎斑猛水蚤属(*Tigriopus*)和美丽猛水蚤属(*Nitokra*)的种类是比较理想的集约化培养种类。桡足类的集约化培养涉及饵料、充氧、温度、盐度、光照、污染防治等诸多方面。

哲水蚤类主要以微藻为食。在多数情况下,单一藻类往往不能完全满足桡足类最大生殖量和生长需要,所以在集约化培养哲水蚤类时,要注意多品种藻类的投喂,至少 2 种以上,还要注意藻类的脂肪酸组成配比,必须有高含量的 *n*3HUFA。猛水蚤类可摄食各种饵料,在培养过程中,要尽可能使用多种饵料混合投喂,以确保饵料的营养全面。

充氧在桡足类集约化培养中是必需的。充氧可以维持微藻悬浮,均匀分布,能够使桡足类有效摄食。自然情况下,太阳光的直射对桡足类是有害的,所以成体桡足类在白天有避光习性,而晚上则表现有趋光特性。利用这些习性,可以通过光诱进行晚间捕捞桡足类。哲水蚤对一些杀虫剂、重金属等物质非常敏感,如鱼藤酮、铬和铜等,所以在集约化养殖过程中,要注意避免这些物质的污染和应用。与哲水蚤的集约化培养要求相比,由于猛水蚤类本身是清道夫,因此不需要在培养过程中频繁换水,除非水质恶化,水体氨氮水平过高。

浮游动物几乎不能耐受重复多次的过滤过程。桡足类通过在水中过滤收集于网中,仅可以存活很短的时间,在高密度充氧条件下,存活的时间可以适当延长,但也仅为数个小时。所以收集的桡足类如果用作活体饵料或接种,其运输必须在极短时间内完成。

目前,桡足类还未能真正实现规模化生产,因此也还没能广泛应用于水产养殖业,限制其产业化的瓶颈是缺乏关于桡足类大规模培养的经济可行性方面的研究数据。Abate 等(2015)首次通过实验验证了培养桡足类进行产业化应用的经济可行性,结果表明按照现在类似的生物饵料(如轮虫)的价格,规模化培养桡足类作为水产动物饵料在经济上是可行的。

5. 糠虾

糠虾(*mysis*)属于节肢动物门甲壳纲软甲亚纲(Malacostraca)糠虾目(Mysidacea)。除糠虾属(*Mysis*)和新糠虾属(*Neomysis*)中极少数种类生活于淡水湖泊或河流中,其他都为海产。全世界约有 2 亚目 5 科 120 属 800 多种,中国约有 100 种。糠虾类许多种能生活在低盐水或半咸水中,多为浮游生活,也有不少种在海底栖息,常潜入海底泥沙中。多数种栖于浅海,少数种栖于深海。大多数种为杂食性,主要以滤取水中有机碎屑为生,也有肉食种。我国最常见的有新糠虾属的黑褐新糠虾(*N. awatschensis*)、日本新糠虾(*N. joponica*)、拿氏新糠虾(*N. nakazazvai*)和刺糠虾属(*Acanthomysis*)的长额刺糠虾(*A. Longirostis*)等。而作为培养研究的主要是新糠虾的种类,如日本新糠虾、中型新糠虾(*N. intermedea*)、普通新糠虾(*N. vulgaris*)和黑褐新糠虾等。

糠虾在正常情况下都是雌雄异体,在环境条件异常时偶尔会出现雌雄同体。糠虾类有一年内多次性成熟多次产卵的习性。黑褐新糠虾产卵是在雌雄交配后数分钟内进行,卵子从卵巢排入育卵囊,一般为一次排入,个别分次排入。糠虾的生殖量因种类、季节、水温、亲体大小、食物和地区的差别而有不同。以黑褐新糠虾为例,育卵囊内抱卵数或幼体数为 2~60 个,平均为 30 个左右。

糠虾的营养价值很高,其蛋白质接近于干重的 70%,脂肪量占 15% 左右,是鱼类的天然良好饵料。近年来随着大黄鱼、牙鲆、东方鲀、大菱鲆、石斑鱼、真鲷等海产名贵鱼类人工养殖的开展,糠虾作为活饵来源在鱼类育苗和养殖中的应用也越来越受到重视。

(1)室外土池培养

培养池:以靠海边与淡水河流交汇的地方为好,池底应以软泥混以少量细沙为好,不渗水。池的两端设活动闸门,安装 150~200 目的筛绢网。

水质培育:用复合肥料或无机盐进行肥水。而后将糠虾喜食的微藻,如扁藻、微绿球藻或三角褐指藻等直接接入糠虾池内,施肥 3~5d 后,水色即为棕褐色或淡绿色,镜检水样出现微藻和少量桡足类时,就可进行糠虾引种入池。

糠虾引种和培养:入池糠虾种苗可从邻近水域采捕获得。接种时,应分批、分次接入。定期向培养池内投入鲜鱼糜,以水色深绿为好。在培养过程中应维持 15~25 的盐度。

收获:目前培养的糠虾种类一般都不太大,初孵的幼体体长为 2~3mm,成体体长为 5~15mm,收获时一般用 40~60 目的筛绢网做成手抄网或拖网进行采集。

(2)室内水泥池培养

培养密度:室内小型培养糠虾的接种密度,一般以 100~500 个/L 为宜。

饵料:糠虾是杂食性的,摄食比它小的浮游动植物和有机碎屑。微藻、枝角类和桡足类的幼体及成体均可作为糠虾的饵料。另外,鱼粉、粗豆饼粉和面粉等也可用来喂养糠虾。

充气:室内培育糠虾,特别是高密度培养均需充气,一般充气头的设置为 $1\sim2$ 个/m^2,连续微翻腾充气为佳。

采收:目前室内培养糠虾收获时一般用 $40\sim60$ 目的筛绢网箱直接在阀门处滤水收集。具体的操作是,一边缓慢排水,一边用网勺迅速捞取。收集起来的糠虾需暂养于充气容器中,或立即投饵,否则容易因缺氧而死亡,降低饵料效果。

(李元广　王伟良　杜昱光　许青松)

第五节　存在问题与发展趋势

海洋生物农用制品是海洋领域研究的热点方向之一。我国在海洋生物农用制剂的研究与开发上有较好的基础,从"十五"至"十二五"期间在国家 863 计划等项目的持续资助下,在海洋功能肥料、生物农药、生物饲料的研发方面取得了一些成绩,有些方面发展速度较快,如在海洋寡糖生物农药研发领域基本处于国际领先水平。以中国科学院大连化学物理研究所、中国科学院海洋研究所等单位为代表,已利用几丁质、壳聚糖等为原料,开发出几丁寡糖、壳寡糖等一系列海洋寡糖、农肥产品,深入进行了其作用机制研究并成功实现产业化。已在我国绝大部分省市,针对水稻、小麦等粮食作物和果树等进行了大规模推广应用,累计推广面积近亿亩,创造了直接和间接经济效益数百亿元。并且率先在国际上开展了海洋寡糖与其他诱导剂产品、杀菌剂的混用复配研究,已取得了农药登记证书并在田间实验中取得了较好结果。

我国在海洋微生物农药研发领域近年来也取得了较大成绩,其中微生物来源脂肽用于抗真菌病方面的研究较为有特色。从多种海洋资源,如海水、海泥及海绵、海参、珊瑚、海鱼、贝类、海草等海洋动植物,分离出大量海洋微生物菌株,目前已获得对番茄灰霉病有特效及防止黄瓜枯萎病为主的肽类抗生素(宁康霉素、3512 等)。其他海洋微生物杀虫剂(如海洋枯草芽孢杆菌)、高抗根结线虫病的海洋链霉菌和海洋细菌生物制剂等对蔬菜真菌病害防治药剂均已获得产品推广上市或已进入产品报批阶段。

我国海洋生物饲料研发也从粗放、大宗生物体直接作为饵料发展到提取、研究其中活性物质,开发高活性、高附加值生物饲料及饲料添加剂。目前围绕海洋多糖、寡糖,已经研发了系列海洋寡糖产品并实现了实际应用。

虽然我国海洋生物农用制品的基础研究、产品研发、应用推广工作都比较出色,但在实际研究与应用工作中仍存在一定的问题:① 海洋生物农用制品种类、产能有限,与我国海洋庞大的资源总量相比不太相称:虽然我国已经研发了一系列的海洋生物农用制品,但其品种相对较少,在整个农用制品行业所占的份额还相对不足。② 海洋生物农用制品规模化生产工艺尚有待改进。目前针对海洋寡糖、微生物制剂等产品虽已有成熟工艺,但在绿色环保、产品收率等方面还有改进空间。③ 海洋生物农用制品作用机制尚不明确。虽然近年来,在此领域的基础研究获得了长足的进步,但是距离彻底阐明其作用机制仍有一定距离。④ 海洋生物农用制品应用技术体系还不完善。作为较新颖的农用制品,对海洋生物农用制品的应用技术研究相对滞后。⑤ 海洋生物农用制品市场认知度不足。由于海洋生物农用制品作用机制与传统的农用制品有所不同,因此存在部分农业企业或从业人员不了解、难认可的情况。

为解决这些问题,今后我国海洋生物农用制品发展趋势应针对:① 新原料、新品种海洋生物农用制品研发。目前研发成功的产品相对局限于几丁质类物质,而实际上,海洋中有大量资源,充分利用这些资源,有望能开发更多产品。② 新功能海洋生物农用制品研发。除传统功能外,基于海洋生物的自身特性,其具有降农残、提升品质、保鲜、提高免疫等新功能。围绕上述功能,可开发保鲜剂、安全剂、疫苗佐剂等系列新产品。③ 绿色清洁的规模化生产技术。以生物法为核心,开发新型绿色的规模化生产技术,降低能耗、污染,应用于海洋生物农用制品原料与产品的生产。④ 深入开展海洋生物农用制品作用机制研究。针对目前机理研究基础较好的产品,进行特定靶标、信号识别、功能实现等方面的基础研究,为产品的实际应用提供理论支持。⑤ 海洋生物农用制品应用技术研究。针对不同应用对象、不同防治对象、不同环境条件、不同生长时期、不同产品需求,研究海洋生物农用制品及其与其他农用制品、农业技术的协同应用技术体系。⑥ 提升海洋生物农用制品认知度。政企金媒产学研合作,通过政策、开发、宣传等多层面提升海洋生物农用制品认知度,使更多的人、更多的企业认识到海洋生物农用制品的特点和价值,更好地应用海洋生物农用制品,为我国建设绿色农业添砖加瓦。

(杜昱光　尹恒)

主要参考文献

高智谋,沈奕,王革,等.2009.几丁寡糖对烟草赤星病的控制效应及其机制.热带作物学报,(8):1132-1137.

顾康博,管成,许家慧,等.2016.中试规模纯化海洋芽孢杆菌源脂肽类化合物.生物工程学报,32(11):1549-1563.

郭卫华,赵小明,杜昱光.2008a.海藻酸钠寡糖对烟草幼苗生长及光合特性的影响.沈阳农业大学学报,39(6):648-665l.

郭卫华,赵晓明,杜昱光.2008b.壳寡糖对烟草幼苗生长和光合作用及与其相关生理指标的影响.植物生理学通讯,44(6):1155-1157.

胡治刚,胡江春,刘丽,等.2009.海洋微生物复合制剂对桉树人工林土壤质量的影响.生态学杂志,(5):915-920.

黄清梅,肖植文,管俊娇,等.2015.海藻肥对玉米产量及农艺性状的影响.西南农业学报,3:1166-1170.

李振达,陈小娥,廖智,等.2011.壳寡糖对三疣梭子蟹免疫力的影响.浙江海洋学院学报,30:27-33.

李宗励.2009.三种海藻提取液对绿豆和小麦幼苗生长及其抗盐性的影响.大连:辽宁师范大学硕士学位论文.

刘刚,侯桂明,刘军,等.2014.海藻肥对大棚洋香瓜产量和品质的影响.山东农业科学,(10):81-82.

刘航,冯立强,刘兴江.2015.寡糖对小麦脱落酸合成的影响.浙江农业学报,27(1):12-15.

刘梅,朱曦露,苏艳秋,等.2016.微藻和动物性生物饵料在水产养殖中的应用研究.海洋与渔业,(4):56-57.

刘培京,王飞,张树清.2013.海藻生物有机液肥对蔬菜种子萌发和幼苗生长的影响.安徽农业科学,(34):13210-13213.

刘瑞志,江晓路,管华诗.2009.褐藻寡糖激发子诱导烟草抗低温作用研究(自然科学版).中国海洋大学学报,(2):243-248.

刘瑞志.2009.褐藻寡糖促进植物生长与抗逆效应机理研究.青岛:中国海洋大学博士学位论文.

刘淑芳,吕俊平,冯佳,等.2016.3种微藻提取液浸种对黄瓜和番茄种子萌发的影响.山西农业科学,44(7):941-944.

陆建学,夏连军,周凯.2007.轮虫营养强化研究进展.现代渔业信息,(2):27-29.

吕倩,胡江春,王楠,等.2014.南海深海甲基营养型芽孢杆菌 SHB114 抗真菌脂肽活性产物的研究.中国生物防治学报,30(1):113-120.

马悦欣,许珂,王银华,等.2010.κ-卡拉胶寡糖对仿刺参溶菌酶、碱性磷酸酶和超氧化物歧化酶活性的影响.大连海洋大学学报,25:224-227.

聂青玉,刘丹,王燕飞,等.2010.壳寡糖处理对草莓贮藏品质的影响.农产品加工(创新版),(7)：31-33.

齐鑫,李盈锋,王月,等.2011.桡足类动物培养技术研究进展.湖南饲料,(6)：24-26.

冉梦莲,宋冠华,叶伟海.2014.海藻肥对紫甘薯产量及品质的影响.惠州学院学报,(6)：18-22.

萨仁娜,佟建明,何春年,等.2008.海带岩藻聚糖及其级分对体外培养肉鸡巨噬细胞免疫功能的影响.中国农业科学,41：1482-1488.

商文静,吴云锋,商鸿生,等.2008.壳寡糖对烟草花叶病毒的体外钝化作用.病毒学报,(1)：76-78.

宋朝玉,王圣健,李振清,等.2014.麦秸和磷肥、海藻肥对盐碱障碍耕地棉花产量和纤维品质的影响.中国土壤与肥料,(3)：59-62,97.

王勇,王卫民,王永章.2013.国内卤虫业发展情况及未来研究与管理方向.齐鲁渔业,30(1)：52-54.

魏东.2014.微藻在水产养殖业中的应用及发展趋势.当代水产,(2)：57-58.

尹恒,王文霞,赵小明,等.2010.植物糖生物学研究进展,(5)：521-529.

袁新琳,李美华,于丝丝,等.2016.5%氨基寡糖素诱导棉花抗枯萎病萎病研究.中国棉花,43(3)：15-18.

张赓,张运红,赵凯,等.2011.海藻酸钠寡糖对菜薹光合特性和碳代谢的影响.中国农学通报,(4)：153-159.

张佳蕾,李向东,杨传婷,等.2015.多效唑和海藻肥对不同品质类型花生产量和品质的影响.中国油料作物学报,(3)：322-328.

张运红,吴礼树,耿明建,等.2009a.几种寡糖类物质对菜心产量和品质的影响.华中农业大学学报,28(02)：164-168.

张运红,吴礼树,刘一贤,等.2009b.几种寡糖类物质对菜薹矿质养分吸收的影响.中国蔬菜,20：17-22.

张运红,赵小明,尹恒,等.2014.寡糖浸种对小麦种子萌发及幼苗生长的影响.河南农业科学,43(6)：16-21.

赵小明,于炜婷,白雪芳,等.2005.壳寡糖与草莓细胞结合过程的研究.园艺学报,32(1)：20-24.

朱金英,张书良,郭建军,等.2014.海洋侧孢短芽孢杆菌(AMCC 100018)对设施黄瓜的应用效应研究,(14)：62-65.

Falcón AB, Cabrera JC, Costales D, et al. 2008. The effect of size and acetylation degree of chitosan derivatives on tobacco plant protection against *Phytophthora parasitica* nicotianae. World J Microbiol Biotechnol, 24(1)：103-112.

Ma ZW, Wang N, Hu JC, et al. 2012. Isolation and characterization of a new iturinic lipopeptide, mojavensin A produced by a marine-deriived bacterium *Bacillus mojavensis* B0621A. Journal of Antibiotics, 65(6)：317-322.

Thirumaran G, Arumugam M, Arumugam R, et al. 2009. Effect of seaweed liquid fertilizer on growth and pigment concentration of *Abelmoschus esculentus* (1) medikus. American-Eurasian Journal of Agronomy, 2(2)：57-66.

Aftab T, Naeem M, Idrees M, et al. 2016. Simultaneous use of irradiated sodium alginate and nitrogen and phosphorus fertilizers enhance growth, biomass and artemisinin biosynthesis in Artemisia annua L. Journal of Applied Research on Medicinal and Aromatic Plants, 3(4)：186-194.

Alam MR, Kim WI, Kim JW, et al. 2012. Effects of Chitosan-oligosaccharide on diarrhoea in Hanwoo calves. Veterinarni Medicina, 57(8)：385-393.

Aziz A, Gauthier A, Bezier A, et al. 2007. Elicitor and resistance-inducing activities of beta-1,4 cellodextrins in grapevine, comparison with beta-1,3 glucans and alpha-1,4 oligogalacturonides. J Exp Bot, 58(6)：1463-1472.

Battacharyya D, Babgohari MZ, Rathor P, et al. 2015. Seaweed extracts as biostimulants in horticulture. Scientia Horticulturae, 196：39-48.

Burkhanova GF, Yarullina LG, Maksimov IV. 2007. The control of wheat defense responses during infection with Bipolaris sorokiniana by chitooligosaccharides. Russian Journal of Plant Physiology, 54(1)：104-110.

Chalal M, Winkler JB, Gourrat K, et al. 2015. Sesquiterpene volatile organic compounds (VOCs) are markers of elicitation by sulfated laminarine in grapevine. Front Plant Sci, 6：350.

Chen F, Li Q, He ZH. 2007. Proteomic analysis of rice plasma membrane-associated proteins in response to chitooligosaccharide elicitors. Journal of Integrative Plant Biology, 49(6)：863-870.

Chen L, Wang N, Wang X, et al. 2010. Characterization of two antifungal lipopeptides produced by *Bacillus amyloliquefaciens* SH-B10. Bioresource Technology, 101：8822-8827.

Chen XQ, Mou YH, Ling JH, et al. 2015. Cyclic dipeptides produced by fungus Eupenicillium brefeldianum HMP-F96 induced extracellular alkalinization and H_2O_2 production in tobacco cell suspensions. World Journal of Microbiology & Biotechnology,

31(1): 247 - 253.

Chen YY, Chen JC, Lin YC, et al. 2014. Shrimp that have received carrageenan via immersion and diet exhibit immunocompetence in phagocytosis despite a post-plateau in immune parameters. Fish Shellfish Immunol, 36(2): 352 - 366.

Cheng W, Yu JS. 2013. Effects of the dietary administration of sodium alginate on the immune responses and disease resistance of Taiwan abalone, Haliotis diversicolor supertexta. Fish Shellfish Immunol, 34(3): 902 - 908.

Dara TA, Uddinb M, Khana MMA, et al. 2016. Modulation of alkaloid content, growth and productivity of Trigonella foenum-graecum L. using irradiated sodium alginate in combination with soil applied phosphorus. Journal of Applied Research on Medicinal and Aromatic Plants, 3(4): 200 - 210.

Deng LL, Zhou YH, Zeng KF. 2015. Pre-harvest spray of oligochitosan induced the resistance of harvested navel oranges to anthracnose during ambient temperature storage. Crop Protection, 70: 70 - 76.

Dimitrieva GY, Crawford RL, Yuksel GU. 2006. The nature of plant growth-promoting effects of a pseudoalteromonad associated with the marine algae Laminaria japonica and linked to catalase excretion. Journal of Applied Microbiology, 100(5): 1159 - 1169.

Fan JH, Huang JK, Li YG, et al. 2012. Sequential heterotrophy-dilution-photoinduction cultivation for efficient microalgal biomass and lipid production. Bioresource Technology, 112: 206 - 211.

Fang Y, Al-Assaf S, Phillips GO, et al. 2007. Multiple steps and critical behaviors of the binding of calcium to alginate. J Phys Chem B, 111(10): 2456 - 2462.

Ferri M, Tassoni A, Franceschetti M, et al. 2009. Chitosan treatment induces changes of protein expression profile and stilbene distribution in Vitis vinifera cell suspensions. Proteomics, 9(3): 610 - 624.

Fesel PH, Zuccaro A. 2016. beta-glucan: Crucial component of the fungal cell wall and elusive MAMP in plants. Fungal Genetics and Biology, 90: 53 - 60.

Gagneux-Moreaux S, Moreau C, Gonzalez JL, et al. 2007. Diatom artificial medium (DAM) a new artificial medium for the diatom Haslea ostrearia and other marine microalgae. Journal of Applied Phycology, 19(5): 549 - 556.

Gallao MI, Cortelazzo AL, Fevereiro MPS, et al. 2010. Biochemical and morphological responses to abiotc elicitor chitin in suspension-cultured sugarcane cells. Brazilian Archives of Biology and Technology, 53(2): 253 - 260.

Goswami D, Vaghela H, Parmar S, et al. 2013. Plant growth promoting potentials of Pseudomonas spp. strain OG isolated from marine water. Journal of Plant Interactions, 8(4): 281 - 290.

Guo WH, Ye ZQ, Wang GL, et al. 2009. Measurement of oligochitosan-tobacco cell interaction by fluorometric method using europium complexes as fluorescence probes. Talanta, 78(3): 977 - 982.

Guo WH, Yin H, Ye ZQ, et al. 2012. A comparison study on the interactions of two oligosaccharides with tobacco cells by time-resolved fluorometric method. Carbohydrate Polymers, 90(1): 491 - 495.

Harikrishnan R, Kim JS, Balasundaram C, et al. 2012. Dietary supplementation with chitin and chitosan on haematology and innate immune response in Epinephelus bruneus against Philasterides dicentrarchi. Experimental Parasitology, 131(1): 116 - 124.

Hayafune M, Berisio R, Marchetti R, et al. 2014. Chitin-induced activation of immune signaling by the rice receptor CEBiP relies on a unique sandwich-type dimerization. Proceedings of the National Academy of Sciences of the United States of America, 111(3): E404 - E413.

Hemaiswarya S, Raja R, Kumar RR, et al. 2011. Microalgae: a sustainable feed source for aquaculture. World Journal of Microbiology and Biotechnology, 27(8): 1737 - 1746.

Huang RL, Deng ZY, Yang CB, et al. 2007. Dietary oligochitosan supplementation enhances immune status of broilers. Journal of the Science of Food and Agriculture, 87(1): 153 - 159.

Idrees M, Dar TA, Naeem M, et al. 2015. Effects of gamma-irradiated sodium alginate on lemongrass: field trials monitoring production of essential oil. Industrial Crops and Products, 63: 269 - 275.

Iizasa E, Mitsutomi M and Nagano Y 2010. Direct binding of a plant lysm receptor-like kinase, LysM RLK1/CERK1, to chitin in Vitro. Journal of Biological Chemistry, 285(5).

Jia XC, Meng QS, Zeng HH, et al. 2016. Chitosan oligosaccharide induces resistance to Tobacco mosaic virus in *Arabidopsis* via the salicylic acid-mediated signalling pathway. Scientific Reports, 6: 26144.

John N, Thangavel M. 2015. Isolation, Screening and identification of marine bacteria for the plant growth promoting activities. Global Journal For Research Analysis, 4(11): 65 – 68.

Jones JDG, Dangl JL. 2006. The plant immune system. Nature, 444(7117): 323 – 329.

Jose PA, Sundari IS, Sivakala KK, et al. 2014. Molecular phylogeny and plant growth promoting traits of endophytic bacteria isolated from roots of seagrass *Cymodocea serrulata*. Indian Journal of Geo-Marine Sciences, 43(4): 571 – 579.

Kaku H, Shibuya N. 2016. Molecular mechanisms of chitin recognition and immune signaling by LysM-receptors. Physiological and Molecular Plant Pathology, 95: 60 – 65.

Korsangruang S, Soonthornchareonnon N, Chintapakorn Y, et al. 2010. Effects of abiotic and biotic elicitors on growth and isoflavonoid accumulation in *Pueraria candollei* var. candollei and *P. candollei* var. mirifica cell suspension cultures. Plant Cell Tissue and Organ Culture, 103(3): 333 – 342.

Kouzai Y, Mochizuki S, Nakajima K, et al. 2014. Targeted gene disruption of OsCERK1 reveals its indispensable role in chitin perception and involvement in the peptidoglycan response and immunity in rice. Molecular Plant-Microbe Interactions, 27(9): 975 – 982.

Laporte D, Vera J, Chandia NP, et al. 2007. Structurally unrelated algal oligosaccharides differentially stimulate growth and defense against tobacco mosaic virus in tobacco plants. Journal of Applied Phycology, 19(1): 79 – 88.

Li HY, Luo Y, Zhang XS, et al. 2014. Trichokonins from *Trichoderma pseudokoningii* SMF2 induce resistance against Gram-negative *Pectobacterium carotovorum* subsp. carotovorum in Chinese cabbage. FEMS Microbiol Lett, 354: 75 – 82.

Li S, Zhu T. 2013. Biochemical response and induced resistance against anthracnose (*Colletotrichum camelliae*) of camellia (*Camellia pitardii*) by chitosan oligosaccharide application. Forest Pathology, 43(1): 67 – 76.

Libault M, Wan JR, Czechowski T, et al. 2007. Identification of 118 *Arabidopsis* transcription factor and 30 ubiquitin-ligase genes responding to chitin, a plant-defense elicitor. Molecular Plant-Microbe Interactions, 20(8): 900 – 911.

Lin SM, Mao SH, Guan Y, et al. 2012. Dietary administration of chitooligosaccharides to enhance growth, innate immune response and disease resistance of Trachinotus ovatus. Fish & Shellfish Immunology, 32(5): 909 – 913.

Lin W, Hu X, Zhang W, et al. 2005a. Hydrogen peroxide mediates defence responses induced by chitosans of different molecular weights in rice. J Plant Physiol, 162(8): 937 – 944.

Lin WL, Hu XY, Zhang WQ, et al. 2005b. Hydrogen peroxide mediates defence responses induced by chitosans of different molecular weights in rice. Journal of Plant Physiology, 162(8): 937 – 944.

Liu H, Zhang YH, Yin H, et al. 2013. Alginate oligosaccharides enhanced *Triticum aestivum* L. tolerance to drought stress. Plant Physiology and Biochemistry, 62: 33 – 40.

Liu R, Jiang X, Guan H, et al. 2009. Promotive effects of alginate-derived oligosaccharides on the inducing drought resistance of tomato. Journal of Ocean University of China, 8(3): 303 – 311.

Liu RF, Zhang DJ, Li YG, et al. 2010. A New Antifungal Cyclic Lipopeptide from Bacillus marinus B – 9987. Helvetica Chimica Acta, 93(12): 2419 – 2425.

Liu TT, Liu ZX, Song CJ, et al. 2012. Chitin-induced dimerization activates a plant immune receptor. Science, 336(6085): 1160 – 1164.

Lohmann GV, Shimoda Y, Nielsen MW, et al. 2010. Evolution and regulation of the lotus japonicus LysM receptor gene family. Molecular Plant-Microbe Interactions, 23(4): 510 – 521.

Lola-Luz T, Hennequart F, Gaffney M. 2014. Effect on yield, total phenolic, total flavonoid and total isothiocyanate content of two broccoli cultivars (*Brassica oleraceae* var italica) following the application of a commercial brown seaweed extract (*Ascophyllum nodosum*). Agricultural and Food Science, 23(1): 28 – 37.

Luo Y, Zhang DD, Dong XW, et al. 2010. Antimicrobial peptaibols induce defense responses and systemic resistance in tobacco against tobacco mosaic virus. FEMS Microbiol Lett, 313(2): 120 – 126.

Ma YF, Huang QC, Lv MY, et al. 2014a. Chitosan-Zn chelate increases antioxidant enzyme activity and improves immune function in weaned piglets. Biological Trace Element Research, 158(1): 45 – 50.

Ma ZW, Hu JC. 2014b. Production and Characterization of ituurinic lipopeptides as antifungal agents and biosurfactants produced by a marine pinctada martensii-derived *Bacillus mojavensis* B0621A. Applied Biochemistry and Biotechnology, 173 (3): 705 – 715.

Madhaiyan M, Poonguzhali S, Kwon SW, et al. 2010. *Bacillus methylotrophicus* sp. nov., a methanol-utilizing, plant-growth-promoting bacterium isolated from rice rhizosphere soil. International Journal of Systematic and Evolutionary Microbiology, 60: 2490 – 2495.

Mancuso S, Azzarello E, Mugna S, et al. 2006. Marine bioactive substances (IPA extract) improve foliar ion uptake and water stress tolerance in potted Vitis vinifera plants. Advances in Horticultural Science, 20(2): 156 – 161.

Menconi A, Pumford NR, Morgan MJ, et al. 2014. Effect of Chitosan on *Salmonella Typhimurium* in Broiler Chickens. Foodborne Pathogens and Disease, 11(2): 165 – 169.

Meng XH, Li BQ, Liu J, et al. 2008. Physiological responses and quality attributes of table grape fruit to chitosan preharvest spray and postharvest coating during storage. Food Chemistry, 106(2): 501 – 508.

Monk J, Gerard E, Young S, et al. 2009. Isolation and identification of plant growth-promoting bacteria associated with tall fescue. Proceedings of the New Zealand Grassland Association, 71: 211 – 216.

Mrozek K, Niehaus K, Lutter P. 2013. Experimental Measurements and Mathematical Modeling of Cytosolic Ca(2+) Signatures upon Elicitation by Penta – N – acetylchitopentaose Oligosaccharides in *Nicotiana tabacum* Cell Cultures. Plants (Basel), 2 (4): 750 – 768.

Murphy P, Dal Bello F, O'Doherty J, et al. 2013. Analysis of bacterial community shifts in the gastrointestinal tract of pigs fed diets supplemented with beta-glucan from *Laminaria digitata*, *Laminaria hyperborea* and *Saccharomyces cerevisiae*. Animal, 7 (7): 1079 – 1087.

Muthezhilan R, Sindhuja B, Hussain A, et al. 2012. Efficiency of plant growth promoting rhizobacteria isolated from sand dunes of Chennai coastal area. Pak J Biol Sci, 15(16): 795 – 799.

Naeem M, Idrees M, Aftab T, et al. 2012. Depolymerised carrageenan enhances physiological activities and menthol production in *Mentha arvensis* L. Carbohydrate Polymers, 87(2): 1211 – 1218.

Niu J, Lin HZ, Jiang SG, et al. 2013. Comparison of effect of chitin, chitosan, chitosan oligosaccharide and N – acetyl – D – glucosamine on growth performance, antioxidant defenses and oxidative stress status of Penaeus monodon. Aquaculture, 372: 1 – 8.

Oliveira HC, Gomes BCR, Pelegrino MT, et al. 2016. Nitric oxide-releasing chitosan nanoparticles alleviate the effects of salt stress in maize plants. Nitric Oxide, 61: 10 – 19.

Omar AEK 2014. Use of seaweed extract as a promising post-harvest treatment on Washington Navel orange (*Citrus sinensis* Osbeck). Biological Agriculture and Horticulture, 30(3): 198 – 210.

Pan HQ, Yu SY, Song CF, et al. 2015. Identification and characterization of the antifungal substances of a novel *Streptomyces cavourensis* NA4. Journal of Microbiology and Biotechnology, 25(3): 353 – 357.

Pan HQ, Zhang SY, Wang N, et al. 2013. New spirotetronate antibiotics, lobophorins H and I, from a south China sea-derived *Streptomyces* sp 12A35. Marine Drugs, 11(10): 3891 – 3901.

Patil V, Kallqvist T, Olsen E, et al. 2007. Fatty acid composition of 12 microalgae for possible use in aquaculture feed. Aquaculture International, 15(1): 1 – 9.

Perez-Balibrea S, Moreno DA, Garcia-Viguera C. 2011. Improving the phytochemical composition of broccoli sprouts by elicitation. Food Chemistry, 129(1): 35 – 44.

Petutschnig EK, Jones AME, Serazetdinova L, et al. 2010. The lysin motif receptor-like kinase (LysM – RLK) CERK1 is a major chitin-binding protein in *Arabidopsis thaliana* and subject to chitin-induced phosphorylation. Journal of Biological Chemistry, 285(37): 28902 – 28911.

Postma J, Stevens LH, Wiegers GL, et al. 2009. Biological control of *Pythium aphanidermatum* in cucumber with a combined application of *Lysobacter enzymogenes* strain 3.1T8 and chitosan. Biological Control, 48(3): 301 – 309.

Renard-Merlier D, Randoux B, Nowak E, et al. 2007. Iodus 40, salicyclic acid, heptanoyl salicylic acid and trehalose exhibit different efficacies and defence targets during a wheat/powdery mildew interaction. Phytochemistry, 68(8): 1156 - 1164.

Sarfaraz A, Naeem M, Nasir S, et al. 2011. An evaluation of the effects of irradiated sodium alginate on the growth, physiological activities and essential oil production of fennel (Foeniculum vulgare Mill.). Journal of Medicinal Plants Research, 5(1): 15 - 21.

Sharma HSS, Fleming C, Selby C, et al. 2014. Plant biostimulants: a review on the processing of macroalgae and use of extracts for crop management to reduce abiotic and biotic stresses. Journal of Applied Phycology, 26(1): 465 - 490.

Shi M, Chen L, Wang XW, et al. 2012. Antimicrobial peptaibols from Trichoderma pseudokoningii induce programmed cell death in plant fungal pathogens. Microbiology - SGM, 158: 166 - 175.

Shimizu T, Nakano T, Takamizawa D, et al. 2010. Two LysM receptor molecules, CEBiP and OsCERK1, cooperatively regulate chitin elicitor signaling in rice. Plant Journal, 64(2): 204 - 214.

Shinya T, Yamaguchi K, Desaki Y, et al. 2014. Selective regulation of the chitin-induced defense response by the Arabidopsis receptor-like cytoplasmic kinase PBL27. Plant Journal, 79(1): 56 - 66.

Shukla PS, Borza T, Critchley AT, et al. 2016. Carrageenans from red seaweeds as promoters of growth and elicitors of defense response in plants. Frontiers in Marine Science, 3. DOI: 10.3389/fmars.2016.00081.

Spolaore P, Joannis-Cassan C, Duran E, et al. 2006. Commercial applications of microalgae. Journal of Bioscience and Bioengineering, 101(2): 87 - 96.

Su HN, Chen ZH, Song XY, et al. 2012. Antimicrobial peptide trichokonin VI - induced alterations in the morphological and nanomechanical properties of Bacillus subtilis. PLoS One, 7(9): e45818.

Sui LY, Wang J, Nguyen VH, et al. 2013. Increased carbon and nitrogen supplementation in Artemia culture ponds results in higher cyst yields. Aquaculture International, 21(6): 1343 - 1354.

Tang JC, Zhou QX, Chu HR, et al. 2011. Characterization of alginase and elicitor-active oligosaccharides from Gracilibacillus A7 in alleviating salt stress for Brassica campestris L. Journal of Agricultural and Food Chemistry, 59(14): 7896 - 7901.

Trouvelot S, Varnier AL, Allegre M, et al. 2008. A beta - 1,3 glucan sulfate induces resistance in grapevine against Plasmopara viticola through priming of defense responses, including HR-like cell death. Molecular Plant-Microbe Interactions, 21(2): 232 - 243.

Vinothini S, Hussain AJ, Jayaprakashvel M. 2014. Bioprospecting of halotolerant marine bacteria from the Kelambakkam and Marakkanam Salterns, India for wastewater treatment plant growth promotion. Biosciences Biotechnology Research ASIA, (11): 313 - 321.

Wan J, Jiang F, Xu QS, et al. 2016. Alginic acid oligosaccharide accelerates weaned pig growth through regulating antioxidant capacity, immunity and intestinal development. Rsc Advances, 6(90): 87026 - 87035.

Wang MY, Chen YC, Zhang R, et al. 2015. Effects of chitosan oligosaccharides on the yield components and production quality of different wheat cultivars (Triticum aestivum L.) in Northwest China. Field Crops Research, 172: 11 - 20.

Wang YF, Fu FY, Li JJ, et al. 2016. Effects of seaweed fertilizer on the growth of Malus hupehensis Rehd. seedlings, soil enzyme activities and fungal communities under replant condition. European Journal of Soil Biology, 75: 1 - 7.

Xie BB, Li D, Shi WL, et al. 2015. Deep RNA sequencing reveals a high frequency of alternative splicing events in the fungus Trichoderma longibrachiatum. BMC Genomics. 16 (1): 54.

Xie BB, Qin QL, Shi M, et al. 2014. Comparative genomics provide insights into evolution of Trichoderma nutrition style. Genome Biol Evol, 6: 379 - 390.

Xu A, Zhan J, Huang W. 2015. Oligochitosan and sodium alginate enhance stilbene production and induce defense responses in Vitis vinifera cell suspension cultures. Acta Physiologiae Plantarum, 37: 144.

Xu YQ, Shi BL, Yan SM, et al. 2013. Effects of chitosan on body weight gain, growth hormone and intestinal morphology in weaned pigs. Asian-Australasian Journal of Animal Sciences, 26(10): 1484 - 1489.

Yamaguchi K, Yamada K, Ishikawa K, et al. 2013. A receptor-like cytoplasmic kinase targeted by a plant pathogen effector is directly phosphorylated by the chitin receptor and mediates rice immunity. Cell Host and Microbe, 13(3): 347 - 357.

Yamasaki Y, Yokose T, Nishikawa T, et al. 2012. Effects of alginate oligosaccharide mixtures on the growth and fatty acid composition of the green alga *Chlamydomonas reinhardtii*. Journal of Bioscience and Bioengineering, 113(1): 112-116.

Yan GL, Guo YM, Yuan JM, et al. 2011. Sodium alginate oligosaccharides from brown algae inhibit *Salmonella Enteritidis* colonization in broiler chickens. Poultry Science, 90(7): 1441-1448.

Yin H, Du YG, Dong ZM. 2016. Chitin oligosaccharide and chitosan oligosaccharide: Two similar but different plant elicitors. Frontiers in Plant Science, 7: 522.

Yin H, Frette XC, Christensen LP, et al. 2012. Chitosan oligosaccharides promote the content of polyphenols in greek oregano (*Origanum vulgare* ssp hirtum). Journal of Agricultural and Food Chemistry, 60(1): 136-143.

Yin H, Li S, Zhao X, et al. 2006. cDNA microarray analysis of gene expression in Brassica napus treated with oligochitosan elicitor. Plant Physiology and Biochemistry, 44(11-12): 910-916.

Yin H, Li Y, Zhang HY, et al. 2013. Chitosan oligosaccharides-triggered innate immunity contributes to oilseed rape resistance against *Sclerotinia Sclerotiorum*. International Journal of Plant Sciences, 174(4): 722-732.

Yin H, Zhao XM and Du YG 2010b. Oligochitosan: A plant diseases vaccine-A review. Carbohydrate Polymers, 82(1): 1-8.

Yin H, Zhao XM, Bai XF, et al. 2010a. Molecular cloning and characterization of a *Brassica napus* L. MAP kinase involved in oligochitosan-induced defense signaling. Plant Molecular Biology Reporter, 28(2): 292-301.

Zahid N, Ali A, Manickam S, et al. 2014. Efficacy of curative applications of submicron chitosan dispersions on anthracnose intensity and vegetative growth of dragon fruit plants. Crop Protection, 62: 129-134.

Zhang DJ, Liu RF, Li YG, et al. 2010. Two new antifungal cyclic lipopeptides from *Bacillus marinus* B-9987. Chemical and Pharmaceutical Bulletin, 58(12): 1630-1634.

Zhang H, Zhao X, Yang J, et al. 2011a. Nitric oxide production and its functional link with OIPK in tobacco defense response elicited by chitooligosaccharide. Plant Cell Rep, 30(6): 1153-1162.

Zhang S, Tang W, Jiang L, et al. 2015. Elicitor activity of algino-oligosaccharide and its potential application in protection of rice plant (*Oryza saliva* L.) against *Magnaporthe grisea*. Biotechnology & Biotechnological Equipment, 29(4): 1-7.

Zhang YH, Liu H, Yin H, et al. 2013a. Nitric oxide mediates alginate oligosaccharides-induced root development in wheat (*Triticum aestivum* L.). Plant Physiology and Biochemistry, 71: 49-56.

Zhang YH, Yin H, Liu H, et al. 2013a. Alginate oligosaccharides regulate nitrogen metabolism via calcium in *Brassica campestris* L. var. utilis Tsen et Lee. Journal of Horticultural Science and Biotechnology, 88(4): 502-508.

Zhang YH, Yin H, Wang WX, et al. 2013b. Enhancement in photosynthesis characteristics and phytohormones of flowering Chinese cabbage (*Brassica campestris* L. var. utilis Tsen et Lee) by exogenous alginate oligosaccharides. Journal of Food Agriculture & Environment, 11(1): 669-675.

Zhang YH, Zhang G, Liu LY, et al. 2011c. The role of calcium in regulating alginate-derived oligosaccharides in nitrogen metabolism of *Brassica campestris* L. var. utilis Tsen et Lee. Plant Growth Regulation, 64(2): 193-202.

Zhao XM, She XP, Du YG, et al. 2007a. Induction of antiviral resistance and stimulary effect by oligochitosan in tobacco. Pesticide Biochemistry and Physiology, 87(1): 78-84.

Zhao XM, She XP, Yu W, et al. 2007b. Effects of oligochitosans on tobacco cells and role of endogenous nitric oxide burst in the resistance of tobacco to Tobacco mosaic virus. Journal of Plant Pathology, 89(1): 55-65.

Zhou TX, Cho JH, Kim IH. 2012. Effects of supplementation of chito-oligosaccharide on the growth performance, nutrient digestibility, blood characteristics and appearance of diarrhea in weanling pigs. Livestock Science, 144(3): 263-268.

第七章

海洋动物疫苗及佐剂的开发与利用

第一节　概　述

随着世界海洋渔业资源的逐年枯竭和各国对水产品消费需求的不断增长，全球水产养殖业在近年来得到了迅速的发展。中国作为人口大国，对于水产品的需求量极为庞大。目前，中国的水产养殖产量占据世界总产量的近60%以上，并在过去10多年间稳步发展，同时带动了与之相关的一系列产业的共同发展。然而，养殖体量的庞大并不意味着养殖方式的先进。在全球海水养殖业已经步入工业化发展新时期的今天，中国的水产养殖业仍以劳动密集型和准工厂化养殖模式为主，尚未实现完全的工业化生产模式。落后的养殖模式必然带来一系列挑战，如水产养殖中传染性疫病的防控是当前所面临的最重要的挑战之一。长期以来，中国主要采用添加抗生素等化学疗法应对水产养殖中的疫病传播，但伴随社会对于食品中抗生素残留危害的日益重视及大量长期用药导致的病原抗药性提高、治疗效果降低等问题，继续大规模应用抗生素已不可取。从人用及畜禽用疫苗发展的经验可以获知，接种疫苗是防止或大幅度减少易感病害发生发展的有效策略之一。然而，相较于国外，我国在水产疫苗的研发和应用方面起步较晚，始于20世纪60年代末；应用的范围较窄，主要针对淡水养殖，而关于海水鱼类疫苗的研究很少，目前仅有1例大菱鲆迟缓爱德华菌弱毒疫苗（EIBAV1株）获得生产许可，另一种用于预防鳗弧菌和迟缓爱德华菌病的牙鲆抗独特性抗体疫苗获得国家新兽药证书，但尚未申报生产许可。上述问题极大地限制了我国水产养殖尤其是海水养殖产业规模的扩大和进一步发展。同时，为取得更好的免疫防护效果，在疫苗中添加佐剂已经成为最有效的解决策略之一。在人用疫苗及兽用疫苗方面，已有铝佐剂、油包水乳液、水包油乳液及复乳液等多种佐剂剂型可供选择。而对于鱼用疫苗佐剂的研究，我国长期以来一直处于空白状态，大多采用添加现有兽用疫苗佐剂（主要是油包水乳液）的方式，这不仅造成疫苗效果差，还存在副反应明显、有机溶剂残留等问题，迫切需要开发新的、针对性更强的鱼用疫苗佐剂。

另外，对于海洋生物资源的进一步深入开发，也给研究者提供了佐剂来源的更多选择。目前，人用疫苗佐剂中，应用时间最长、范围最广的佐剂为铝佐剂。然而，伴随疫苗的发展和应用，铝佐剂存在的一些不足也逐渐显现。例如，其不能有效地增强细胞免疫，对于细胞毒性T细胞（cytotoxic T-lymphocyte，CTL细胞）的成熟和分化有一定的抑制作用；在注射部位易引起较强的炎症反应，甚至出现红斑、皮下结节和肉芽肿等严重的局部反应。上述问题的存在也促使人们积极寻找新的佐剂来源，如病毒样颗粒、免疫刺激复合物、细胞因子类佐剂、

TLR 受体激动剂等,来源于海洋的糖类佐剂也是近年来研究较多的一类新型佐剂。目前,关于海洋多糖作为疫苗佐剂的应用,主要集中在甲壳多糖(主要是壳聚糖)、海藻多糖(主要是海藻酸)上。一方面,可以将上述多糖材料制备成多种剂型,如凝胶、纳微颗粒等,发挥抗原递送系统的作用;另一方面,某些海洋多糖自身还具有一定的免疫调节作用。例如,有研究表明海藻酸具有促进小鼠 T 细胞增殖,诱导细胞分化的作用。因此,有关海洋多糖佐剂的研究越来越受到研究人员的关注和重视。已有研究者将上述糖类佐剂应用于鱼用疫苗,同样获得了良好的效果。在本章中,将分别对近年来海洋动物疫苗的发展及来源于海洋的新型佐剂的开发与利用情况逐一加以介绍。

第二节　海水养殖鱼类疫苗:发展现状与未来趋势

一、世界海水鱼类养殖业发展概况与病害挑战

1. 全球海水鱼类养殖概况与发展趋势

随着全球海洋渔业捕捞产量的停滞和世界范围内对水产品消费需求的不断增长,水产养殖业已经成为全球发展最为快速的动物源性食品生产门类,目前全球范围内约 30 亿人口近 20%的动物源蛋白供应来自水产养殖。据世界粮食及农业组织(FAO)2012 年统计资料显示:自 2000 年起渔品的增长主要来自水产养殖,2010 年水产养殖对全球水产品产量的贡献占到 47%,全球市场规模达到 1190 亿美元,其中鱼类养殖占到近 400 亿美元。目前全球有 600 多个水产养殖品种,其中海水鱼类养殖业 2010 年全球产量约 500 万 t,鲑科鱼类,特别是大西洋鲑,从 1990 年的 29.9 万 t 急剧增加到 2010 年的 190 万 t,平均年增长超过 9.5%。其他鱼类物种养殖产量也以平均年增长超过 8.6%的速度增加,包括海鲈鱼、石斑鱼、大黄鱼、大菱鲆和其他鲆鲽鱼类、鰤鱼、鲳鲹、鳕鱼、河鲀和鲷鱼等。

中国的水产养殖产量占据世界总产量的近 60%以上,是遥遥领先的水产养殖大国。中国的海水鱼类规模化养殖产业兴起于 20 世纪 90 年代初期,并由此掀起了中国第四次海水养殖产业浪潮而受到国际上的巨大关注。国家农业部渔业局 2013 年统计数据报道,2012 年全国海水鱼类养殖产量达到 102.84 万 t,目前已形成了以鲈鱼、鲆鲽、大黄鱼、石斑鱼、军曹鱼、鲷鱼等为代表的多种类规模化养殖局面。其中,鲆鲽鱼类养殖 2012 年全国养殖产量12.36 万 t,占世界养殖量的 80%以上;大黄鱼养殖产量近 10 万 t;鲈鱼 12.58 万 t;石斑鱼养殖产量 7.28 万 t,占全球养殖产量的近 60%。在过去的 10 多年,以中国为主的亚太区域实现了水产养殖业最高速的整体性增长和发展。在称为"海洋世纪"的 21 世纪,展现在我们面前的将是一个以鱼类养殖为发展重点的海水养殖业。据世界粮食及农业组织预测:未来 20 年水产品对世界粮食安全的贡献主要将来自中国水产养殖业的稳定和持续发展。

随着养殖技术的突破、消费需求的持续增长及对高品质和安全渔品的日益关注、养殖面积和水资源的有限及日益严格的环境标准,以鲑鱼、鲆鲽、鰤鱼和鲷类为代表的海水鱼类养殖业正在全球范围内由过去粗犷型的传统管理和生产模式向工业化生产模式转变。所谓工业化模式是指集工程化、工厂化、设施化、集约化、规模化、规范化、标准化、数字化和信息化之大成于一体的一种现代化水产养殖生产模式,是当前国际上现代化海水养殖产业的发展

方向。全球海水养殖工业化最具代表性的就是三文鱼养殖业,主要品种包括大西洋鲑、银鲑和虹鳟,而大西洋鲑是迄今为止全球海水鱼类养殖业产值最高和产量最大的鲑科鱼种,产区主要分布于挪威、智利、加拿大、苏格兰、爱尔兰、冰岛和澳大利亚,挪威的大西洋鲑养殖工业化进程最为典型。挪威的三文鱼产业起始于 20 世纪 70 年代初期,经过近 40 年的发展,随着规模化、集约化和工业化进程的不断推进,目前以大西洋鲑为代表的三文鱼产业在挪威的产量已由最初不足 200t 发展到 100 万 t,全世界的产量更是达到了 200 多万吨。

当前,全球海水养殖业已经步入工业化发展新时期,这必将极大地促进中国海水养殖经济增长方式的转变,以鱼类为重点的中国海水养殖产业必将迎来历史性的变革。目前中国的海水鱼类养殖生产模式总体而言,规模化和集约化程度较低,尚处于劳动密集型和准工厂化养殖水平,这种生产模式易受环境影响和病害的入侵。同时,在当前全球经济大格局下,这种脆弱的非工业化生产模式导致养殖成本不断增加,市场规模难以拓展。加快产业结构调整,向以循环经济为理念的现代工业化生产和管理模式转型已是摆在中国海水养殖业面前的迫切要求。今天,以鲆鲽鱼类为代表的中国海水鱼类养殖业正在经历从粗犷型的农业生产模式向工业化生产模式转型,一个全新的工业化海水养殖大产业在不久的将来必将呈现在世界面前,这是不可逆转的产业发展趋势。

2. 病害挑战

人类从提高产量、品质和管理便利等角度出发发展起来的纯种、高密度现代水产养殖模式并不符合自然生态和谐的法则,随着任何一种生产养殖模式的成熟和规模化发展,接踵而至的是各种病害的蔓延和暴发。由于各种病原可在水体中高效输送转移,因此在高密度的工业化养殖模式下,病原在养殖鱼类间的传播非常容易。无论养殖技术的高与低,病害是养殖业无可回避的挑战。就养殖系统来说,随着养殖规模和集约化程度及产量的日益提高,各种病害的暴发和蔓延不可避免,传染性疫病的风险始终是海水养殖业中最为重大的风险之一。

由病原微生物引起的海水鱼类的疾病,具有流行范围广、发生频繁、病原种类繁多及病原体的变异、发病及死亡率高、在特定水环境中传播速度快等特点,鱼类养殖病害会导致巨大经济损失。起始于 20 世纪 70 年代的北欧和北美鲑鱼养殖业在其逐渐发展的初期便受到日益严重的病害制约。根据挪威、加拿大等海水养殖发达国家的统计资料显示:海水鱼类养殖病害的损失率平均为 7%,每年的经济损失高达数十亿美元。我国海水鱼类养殖的养殖成活率很多低于 50%,养殖业对于病害的相关知识缺乏系统性认知,重治疗轻预防,不重视生产管理中的预防性措施和生物安全问题,一旦病害暴发,鱼类病害导致的死亡率大都在 50%~60%,严重的可高达 90% 以上。我国的海水养殖平均病害死亡损失率在 30% 以上,病害问题也已成为我国海水养殖业健康和可持续发展的关键性制约因素之一。世界各国的生产实践表明,病害暴发和蔓延已经成为目前世界范围内水产养殖业获取更大发展的一个重要制约因素。

以抗生素为核心的化学疗法曾伴随着世界范围内以海水鱼类养殖为代表的水产养殖业发展历程,为病害防治和减少病害损失发挥过应有的积极贡献,现在仍是中国等发展中国家水产养殖业最为主要的病害防治策略和手段,但长期和大量用药导致的病原抗药性和水产品安全问题已日趋突出。

　　智利是除挪威之外的全球第二大养殖大西洋鲑的生产国和出口国。智利有着与挪威非常相似的养殖三文鱼的得天独厚的自然水域环境,但智利一直没有采取与挪威类似的严格的工业化养殖管理措施,也没有采取挪威普遍实行的三文鱼接种疫苗的方式,仍然在使用传统的抗生素来预防和治疗鱼病。2007 年,智利养殖 48 万 t 大西洋鲑,但却使用了高达 351t 的抗生素。同年,挪威对于使用抗生素有着非常严格的检疫方法和使用规定,养殖 75.6 万 t 大西洋鲑却仅仅使用了 130kg 抗生素。2008~2009 年,智利养殖的大西洋鲑大面积暴发传染性三文鱼贫血症,该鱼病造成 2009~2011 年智利养殖三文鱼减产 60% 以上。2006 年下半年发生在中国上海的"多宝鱼药物残留"事件使我国大菱鲆养殖业数月间损失高达 30 亿元,产业几乎毁于一旦。正如一位挪威水产养殖领域的资深学者在欧洲三文鱼养殖业发展历程中曾评价的,"严重的病害损失可能会导致水产养殖业发展的暂时困难,但抗生素的大量使用和滥用所带来的负面影响将会毁灭整个水产养殖业"。

　　世界粮食及农业组织预计到 2012 年水产养殖将满足全球食用鱼 50% 以上的消费需求,但越发严格的市场和环境标准也为水产养殖实现其全部潜力带来严峻挑战,其中一个主要原因是水产养殖品难以满足国际上主要市场的进口要求,涉及药物残留等的食品安全性尤其突出。针对各种水产养殖病害的发生,一个全球性关注的挑战已经凸显:随着越来越多抗生素抗性病原体的出现和发展而导致大量药物防治效力的逐渐丧失,抗生素药物等导致的环境污染、水产品的药物残留等负面影响日趋严重,我们正在进入一个后抗生素时代。水产品安全问题和养殖水环境污染业已成为全球性关注的问题,无论从经济性还是环境友好的角度,病害防控对于水产养殖业的可持续发展都是至关重要和具有决定性影响的。

二、世界海水鱼类疫苗产业发展历程与现状

1. 发展历程

　　预防性治疗和良好的生产管理规范可以防止或大幅度减少易感病害的发生发展。而基于鱼类免疫系统的预防性疫病防控措施则是实现这一目标非常有效的产业发展策略。在同各种传染病害的斗争中,疫苗的贡献最为突出,利用生物技术开发的各种疫苗使人类有更多机会面对各种水产养殖病害的挑战。

　　1942 年,加拿大学者 Duff 首次报道了将灭活的鲑鱼产气单胞菌疫苗应用于硬头鳟获得成功,从而开创了世界渔用疫苗的新纪元。20 世纪 70 年代后期,由挪威 Alpharma 公司率先在世界上推出了首例防治鲑鱼弧菌病(vibriosis)和肠红嘴病(enteric redmouth disease, ERM)的福尔马林细菌性灭活疫苗,通过注射和浸泡给药,有效地抑制了弧菌病的暴发和蔓延,该疫苗于 1976 年在美国商业许可应用(Tebbit,1981),并在北美鲑鱼养殖生产中取得了巨大的商业成功,自此开启了世界鱼类疫苗的商业化进程。在 20 世纪 80 年代中后期,以挪威为主产区的欧洲鲑鱼和鳟鱼养殖业也开始广泛接种疫苗用于防治鳗弧菌、杀鲑弧菌和鲁氏耶尔森氏菌引发的病害。1987 年,挪威法玛克公司率先在欧洲开发出预防冷水弧菌病(cold water vibriosis)的细菌灭活疫苗,并因此拯救了挪威的三文鱼养殖产业。随后,面对欧洲鲑鱼养殖业的另一重大病害疖疮病(furunculosis)的困扰,1991 年法玛克公司开发的世界首例疖病细菌灭活鱼疫苗获得欧洲商业许可,注射接种油基佐剂的杀鲑气单胞菌疫苗有效地控

制了疖疮病对欧洲三文鱼产业的严重威胁。1995年,世界上首例五联鱼疫苗在挪威上市,该疫苗中首次包含有一种传染性胰腺坏死病(infectious pancreatic necrosis,IPN)DNA重组疫苗。在1990~2000年的10年间,以挪威鲑鱼养殖业为主要市场,各水产疫苗公司和研发机构相继商业开发出弧菌病、疖病、冬季溃疡病、胰腺病(pancreas disease,PD)和传染性胰腺坏死病等的三联、四联、五联和六联疫苗。

瑞典诺华公司则在病毒性疫苗的商业开发上占据领先优势,在2009年相继开发出世界上首例传染性鲑鱼贫血病(infectious salmon anaemia,ISA)病毒疫苗和传染性造血组织坏死病(infectious haematopoietic necrosis,IHN)病毒病疫苗。2001年法玛克公司则将开发的首例有效的商品化IPN病毒疫苗在智利许可应用于鲑鱼养殖业中。

上述疫苗的陆续上市和广泛应用,使得欧洲的鲑鱼养殖业的重大传染性病害得到有效控制,并显著降低了抗生素在水产养殖业中的使用量,使挪威乃至整个欧洲的鲑鳟养殖业摆脱了对抗生素的依赖。但在随后近10年的商业开发中,由于这些商品化灭活疫苗持续稳定的防治效果,鲑鱼养殖业中接种的疫苗产品鲜有新开发技术的应用。

2000年以后,针对鳕鱼、欧洲鲈鱼、鲷类等新兴养殖品种的出现,疫苗商业开发的重点逐渐转移到新鱼种上。2003年,荷兰英特威公司的大西洋鳕鱼弧菌病疫苗在挪威上市;2005年,黄鰤鱼弧菌病疫苗进入日本市场,法玛克公司紧随其后推出鳕鱼弧菌病三联疫苗;2004年,德国拜耳公司则在智利市场成功上市了立克次氏体败血症(salmon rickettsia septicaemia,SRS)灭活疫苗。

进入21世纪后,随着基因工程技术的日渐成熟和生物安全性认知的深入,以基因工程疫苗为主要特征的鱼疫苗陆续被商业许可。2001年,世界上首例由荷兰英特威公司开发的鲶鱼肠败血病减毒活菌疫苗获得美国农业部商业许可,用于预防美国鲶鱼养殖业中的迟缓爱德华菌病。2005年,该公司又在美国上市了鲶鱼柱形病(columnaris)减毒活疫苗,每年可挽回病害损失至少8000万美元。目前,该疫苗已被智利商业许可应用于本国的鲑鱼养殖业中,用于预防柱状黄杆菌(*Flavobacterium columnare*)引发的病害。

同时,多价联苗的更新换代,以及在智利、英国、爱尔兰、加拿大等鲑鱼养殖主产国的商业许可拓展成为各疫苗公司的主要开发内容。挪威法玛克公司和荷兰英特威公司相继于2001~2010年间先后在智利、加拿大、英国、冰岛、芬兰、丹麦、爱尔兰、希腊等国获得弧菌病、疖病、IPN病毒病、PD病毒病、立克次体败血症等单联和多联疫苗的市场准入。

2. 发展现状

为遏制各种环境因素和养殖密度激增等造成的水产养殖病害日趋严重的发展趋势,推进水产养殖业的可持续发展,作为符合环境友好、可持续发展战略的疾病控制策略和手段,接种疫苗已在世界范围内的现代水产养殖业中得到广泛应用。商品化疫苗已在以三文鱼为代表的海水养殖业中成功应用30多年,并成为世界范围内三文鱼养殖业获得巨大成功的主要原因之一。此类疫苗的陆续开发和生产应用显著降低了抗生素的使用量。作为世界海水养殖强国和大国,挪威在以疫苗接种为主导的养殖鱼类病害防治应用实践中取得了显著成效。20世纪80年代,挪威的鲑鱼养殖业受病害的影响增长缓慢,每年使用近50t抗生素却无法有效控制病害。90年代初期,由于抗药病原的大量产生,虽然增加使用抗生素,病害却无法得到有效控制,病害损失导致鲑鱼产量连续三年停滞不前甚至出现滑坡。随后挪威开始广泛采用接种疫苗的病害免疫防治措施,鲑鱼养殖业开始复苏并展现良好发展趋势,产量呈现稳步快速倍数增长。仅挪威三文鱼养殖业中的抗生素用量就从 1987 年的 50 多吨下降到 1997 年的不足 1000kg,而养殖产量却从 5 万 t 迅速增长到 35 万 t。至 2002 年,其鲑鱼产量已超过 60 万 t,而抗生素基本停用。随着多种新型疫苗的陆续应用,2010 年时养殖产量已突破 100 万 t(图 7-1)。

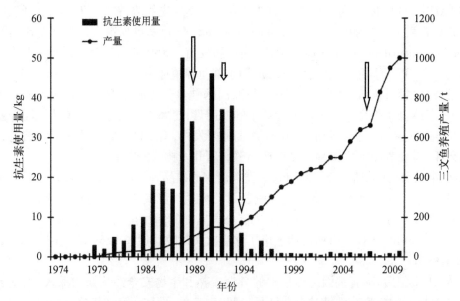

图 7-1 挪威三文鱼养殖业发展历程中疫苗与抗生素使用的消长态势

(数据来源于 The 4th Annual World Congress of Vaccine, Beijing, 2010)

预防接种免疫在当今世界范围内大规模的商业化水产养殖生产中扮演着越来越重要的角色,对世界范围内主要经济鱼类养殖生产的成功起到了关键性的支撑作用。目前,国际水产养殖市场上许多重要养殖品种,如鲑鱼、鳟鱼、欧洲鲈鱼、鲷类、鲶鱼、黄鰤鱼、罗非鱼和大西洋鳕鱼等,都有了相应的商品化疫苗,接种疫苗已成为当前国际水产养殖业的规范性生产标准。自 20 世纪 70 年代美国率先成功商业应用海水养殖鲑鱼疫苗以来,各种鱼类疫苗的开发和广泛生产应用,目前已有超过 17 个工业化养殖鱼类有了各自的商业化疫苗,以用来免疫防治 20 多种细菌性病害和 6 种病毒性病害,应用范围覆盖全球 40 个国家和地区。疫苗业已伴随着世界范围内水产养殖业工业化的进程,在越来越多国家和地区的水产养殖业和养殖品种中得以广泛应用,为全球的水产养殖病害防治提供了有力手段,取得了显著的经济效益和社会效益。这一新兴产业的逐步建立和完善,导致了抗生素病害控制的应用在欧美等水产养殖发达国家和地区迅速锐减和禁用。世界范围内这一水产养殖病害防治策略的发展趋势昭示着抗生素等化学药物防治手段将逐渐退出历史舞台,取而代之的将是以接种疫苗为主的各种免疫防治技术的广泛应用。在大力发展水产养殖业尤其是工业化海水养殖业的进程中,抗生素逐渐被疫苗取代是不可动摇的市场趋势和产业的必然选择。

目前,世界范围内已商业许可批准的海水鱼类疫苗可使养殖企业用于有效防治疖疮病(杀鲑气单胞菌 *Vibiro salmonicida*)、弧菌病(鳗弧菌 *Listonella anguillarum* 和奥氏弧菌

Vibrio ordalii）、冷水弧菌病（杀鲑弧菌 *Vibiro salmonicida*）、冬季溃疡病（黏性被孢霉菌 *Moritella viscosa*）、肠红嘴病（鲁氏耶尔森氏菌 *Yersinia ruckeri*）、立克次体病（鲑鱼立克次体 *Piscirickettsia salmonis*）、细菌肾病（鲑肾杆菌 *Renibacterium salmoninarum*）、传染性胰腺坏死病毒病（IPN virus）、传染性鲑鱼贫血症病毒病（ISA virus）、胰腺病（Salmonid Alpha virus）和传染性造血组织坏死病毒病（IHN virus），以上基本为灭活剂型，主要通过注射接种免疫。商品疫苗多为含有上述病原抗原的多价联苗。

挪威现在每年大约有 3 亿尾大西洋鲑被严格按生产养殖计划接种上述疫苗。地中海地区是欧洲鲈鱼和海鲷的主产区，养殖规模分别为 13 万 t 和 16 万 t，用于防治弧菌病和巴斯德菌病（pasteurellosis）的疫苗被广泛用于生产免疫。作为亚洲最发达的海水鱼养殖国家日本，其年产量达 16 万 t 的鰤鱼养殖业的稳步发展有赖于格氏乳球菌（*Lactococcus garvieae*）和鳗弧菌疫苗的开发和生产免疫接种计划的广泛实施。在日本和韩国，用于防治链球菌（*Streptococcus iniae*）和迟缓爱德华菌（*Edwardsiella tarda*）的疫苗被用于牙鲆的生产养殖中。由此可见，在全球海水鱼类养殖业可持续和健康发展进程中，疫苗和免疫计划的广泛实施已成为经济鱼类工业化养殖生产的重要产业支撑。

三、海水鱼疫苗接种途径与商业化开发限制

1. 接种途径

鱼类疫苗的一个显著特征是对病害的预防性，它可以提前建立起保护养殖鱼类免受生产中可预知病害的抗病能力，这将极大地减少当病害暴发时所产生的死亡损失和治疗成本。由于疫苗对病害防御的特异性，因此一种疫苗往往只能有效抵御一种主要病害。在生产应用中，鱼类疫苗的选择主要依据以下几个方面的考虑：① 根据养殖生产中各养殖阶段的主要病害，选择相应的预防该病害的疫苗产品；② 根据病害的暴发周期，选择效力保护期可覆盖该时间段的疫苗产品；③ 疫苗接种的成本是否可以接受。

鱼类疫苗主要通过三种给药途径实施接种：口服、浸泡和注射。每一种接种方式都各有利弊。最有效的接种途径应该是取决于病原本身及其自然感染途径、鱼的生长阶段、养殖生产技术及其他后勤方面的考量。目前海水鱼类疫苗在生产中的应用主要采用浸泡和注射接种给药方式。但需要特别遵守的一条应用原则是：无论哪种疫苗，也无论哪种给药方式，疫苗只能在健康的鱼群中应用，因为疫苗的功能在于预防而不是治疗。

口服途径是水产疫苗中最具吸引力的一种接种方式。口服接种免疫通常是通过将疫苗和饲料混合后以饲喂方式进行疫苗接种的，是鱼类疫苗最为便利的一种免疫方式，在实际生产应用中最方便也最温和，对鱼的应激胁迫最小，并可同时接种鱼苗和成鱼从而涵盖了鱼类养殖生产的全周期。目前，口服剂型的疫苗常被用于鱼类池塘或网箱养成阶段中的二次增强免疫接种。为了减少疫苗在水体中的溶失和保护疫苗免受鱼类消化系统的破坏，各种被膜剂或涂层剂被用于疫苗的制备中。但从目前国内外的研制开发和实际应用中发现，该类型的疫苗往往保护期很短、免疫效力低。虽然口服接种是最理想的免疫方式，但同其他免疫方式相比，其只能获得短期免疫力。另外，鉴于鱼体消化道内保持疫苗完整性与充分激发免疫系统等方面尚存在诸多未解决的技术问题及大量抗原生产制备问题带来的挑战，目前几

乎没有商业化的口服疫苗产品上市,仅有的一例商品化虹鳟肠红嘴病口服疫苗也仅被用于增强免疫。

口服接种中,抗原主要在鱼后肠中被摄取吸收,鱼体能够摄取完整抗原的量常常影响随后的免疫应答效力,这也是口服疫苗开发中难以准确评估疫苗效力的一个重要因素。其他诸如抗原特性、配伍等也是影响口服免疫效果的常见因素。此外,一次服用高剂量或重复口服低剂量抗原,低温下等都可产生鱼类的口服耐受,导致免疫应答低下或被抑制,从而干扰疫苗的正常保护性免疫应答。这些都是口服给药途径中迫切需要解决的应用挑战。

浸泡接种是将鱼放入一定浓度的疫苗稀释液中一段时间进行疫苗接种的方式。浸泡免疫接种可以使鱼体皮肤和腮部的免疫细胞直接接触到抗原,并即时产生抗体等免疫应答,从而保护鱼体免受未来的病原侵染,随着皮肤和腮部其他各类型免疫细胞将抗原内源化,更多的系统免疫应答陆续被激发。浸泡接种又分为浸渍免疫和浸浴免疫两种方式。浸渍接种一般是将鱼在高浓度的疫苗液中短时(30s~1min)浸蘸,而浸浴接种则是在低浓度的疫苗稀释液中长时间(一小时或更长)浸泡。在实际应用中,浸渍接种往往用于免疫大量的幼稚鱼(1~5g)。同样,浸泡免疫的保护期也不长,需要二次追加免疫接种才能获得足够的免疫保护力。同时,鉴于幼稚鱼的免疫系统往往尚未发育成熟,浸泡免疫更多地作为一种前期的辅助免疫。

注射免疫接种通过肌肉注射或腹腔注射直接激发鱼体的系统性免疫应答。注射型疫苗一般分为油基佐剂和水基佐剂两种类型产品。注射接种是所有接种方式中免疫效果最好的,保护期也最长,一般可提供 6 个月至 1 年的免疫保护期。同时,注射接种可一次性将多种抗原呈递到鱼体内,从而获得对不同病害的免疫力。但由于其接种操作需要大量人力和特殊设备设施,在上述三种接种方式中注射免疫操作最为繁琐,需要将待接种的鱼提前麻醉以减少应激胁迫,同时,注射操作需要更多的时间、劳动量和技术熟练人员。因此给药成本较高,如果养殖鱼类的经济价值不高,往往难以承受注射接种的使用成本。注射接种往往给鱼造成较高的应激刺激,所以副作用和操作损失往往也较高。并且,这种接种方式很难应用到鱼苗期和幼鱼期(注射鱼体大小有要求,一般大于 20g 以上)。在欧美水产养殖发达国家和地区,由于其养殖的鲑鱼类市场价格高,养殖设施现代化程度好,因此注射接种是其主要的疫苗接种形式。

2. 开发限制

理想的鱼疫苗应具备如下产品特质:① 对免疫的鱼、疫苗接种操作者和渔品消费者是安全的;② 具有广谱的病原防控效力和 100% 的保护率;③ 能提供持久的保护期,至少可以涵盖鱼类生产养殖周期;④ 应用简便;⑤ 对多种养殖鱼类都是有效的;⑥ 符合成本效益;⑦ 容易获得行政许可和产品注册。

为设计和构建更好的鱼用疫苗,最需要认知和了解的相关知识是鱼类的免疫力产生和发展途径及清除病原的方式和机制。这将帮助研究开发者了解疫苗应当包含哪种保护性抗原成分及正确地诱导产生期望的免疫反应。另外,这种详尽知识的获得也将有助于选择作为疫苗产品关键性组分的免疫佐剂,以有效激发先天性免疫应答。虽然鱼类的免疫系统拥有大多数同哺乳动物免疫系统相同的细胞和分子,但不能依赖于对哺乳动物免疫力的知识去指导开发制造鱼类疫苗,这其中的一个重要原因是,虽然鱼类拥有同哺乳动物几乎相同的免疫系统组分,但它们的应答机制可能截然不同。为开发高效疫苗,必须了解的一个关键性特殊知识是鱼类的免疫系统是如何识别病原并把它们作为 B 细胞和 T 细胞的靶标。而这需要了解病原的哪一部分蛋白质被 T 细胞和抗体识别以评估他们的一般属性,以及了解主要病原体的特定抗原决定基如何被识别。疫苗开发中,一个关键性认知部分是找到可激活 T 细胞的实际肽序列。不同的海水鱼类品种其免疫系统可能截然不同,不同的生产养殖海洋环境差异(如不同区域海水温度、昼夜长短带来的光照变化、海水深浅等)也会导致鱼类对不同的病原入侵会产生不同的应对策略和应答反应。因此,如果仅仅只了解和认识特定病原的致病机制显然不足以确保构建的疫苗可以产生预期的免疫应答。对不同鱼种免疫系统认知的缺乏会极大限制有效疫苗的开发成功。

另外,作为商业化疫苗,其开发、生产和未来应用成本将成为疫苗产业化进程的一个重要制约因素。例如,病毒性鱼疫苗往往需要更大量的抗原成分才能产生有效的免疫应答,但这将给病毒疫苗的生产制备成本控制带来困难。对需要鱼种来说,注射接种(如果浸泡或口服效果有限)往往难以承受给药成本所带来的疫苗经济性制约。而许多病害多发于鱼苗阶段,不仅给药成本需要考量,鱼的免疫系统是否发育成熟也将极大限制疫苗的开发应用。因此,疫苗的商业化开发绝不仅仅是简单的科学和技术问题,还应考虑其技术所涉及的各种经济性限制。

新的疫苗技术所带来的潜在和不确定的生物安全问题往往会导致疫苗的商业许可周期和上市进程变得漫长和不确定。这一制约性考量在 DNA 疫苗的商业化许可管理中显得尤其突出。DNA 疫苗的安全性考量主要体现在对接种疫苗的免疫动物、环境和消费者的潜在影响。另一个安全性考量就是疫苗从免疫动物中脱落和流出到环境中的潜在风险。在疫苗被许可批准商业化前,行政许可管理部门必须对疫苗进行如下几个方面的充分评估和考量:① 公众对疫苗新技术或新剂型的认知和接受度;② 管理和环境关注;③ 风险收益;④ 疫苗规模化生产制备的可行性和水产养殖业应用的成本适用性;⑤ 知识产权问题。在欧洲实行的兽药标准和管理法规中,政府主管管理部门认为鱼类 DNA 疫苗存在如下风险:① 疫苗的 DNA 质粒可能会与鱼宿主细胞染色体整合;② 可能激发鱼体的不良免疫反应;③ 使用基因编码的细胞因子或共刺激分子导致的风险;④ 抗原基因表达本身展现出不良生物活性等。至今,基于上述考量,在欧洲尚未批准许可任何渔用 DNA 疫苗进入商业化。然而,基于鱼类 DNA 疫苗在研究中所展现出的许多传统疫苗技术无法比拟的免疫优势,欧洲医药管理当局和市场应用许可部门正在研究和修订相关管理标准和法规,以在今后为 DNA 疫苗的商业化提供合理的管控许可。

四、国际上主要商品化鱼类疫苗产品的开发概况与未来展望

1. 细菌性疫苗

目前国际上主要养殖鱼类的重要细菌性病害基本上都有相应的商品化疫苗上市。鱼类疫苗在生产应用中主要有三种接种方式:口服、浸泡和注射。然而,由于一直未能在抗原降解及接种剂量稳定性等上面取得产业化的关键性技术突破,目前市场上销售的疫苗几乎没有通过口服方式进行大规模生产接种的成功案例。尽管浸泡接种对许多细菌性病原非常有

效,并且给药成本低廉和便利,但对于需要接种多联疫苗的情况,注射接种成为唯一选择,这可以确保各种抗原接种的配比与剂量准确和稳定,并且佐剂对于许多抗原具有很好的免疫增强作用。所以,市场上销售的所有疫苗产品在使用说明书中,注射给药操作是不可或缺的重要内容。在国外,疫苗接种是由疫苗公司所属的专业接种团队负责完成的,并配备一整套专业的接种器具和设备(图7-2)。

图7-2 国外养殖三文鱼疫苗注射接种生产操作一览

海水鱼类细菌性疫苗的主要市场是针对北欧、智利、加拿大和美国等鲑鳟鱼主产区的养殖病害,这些地区是当前各主要跨国疫苗公司争夺的主战场,目前已在这些地区商业许可了鲑鱼弧菌病、冷水弧菌病、疖点病、肠红嘴病、立克次体败血症等主要疫病的灭活疫苗,并有水基佐剂和油基佐剂产品系列。其疫苗产品基本上由从这些养殖地区分离到的鳗弧菌(O1和O2型)、杀鲑弧菌、杀鲑气单胞菌、鲁氏耶尔森氏菌等代表性病原毒株全细胞灭活制备而成,为液态悬液剂型,多联疫苗产品则由上述灭活毒株抗原组合而成(表7-1)。而以基因工程技术为主要特征的新型疫苗产品则主要集中于柱状黄杆菌的减毒活菌疫苗上。这是目前世界上为数不多的细菌性活疫苗,为冻干粉产品剂型。

表7-1 国外主要商业许可细菌性海水鱼疫苗产品概览

病害与主要病原	感染养殖品种	应用地区与国家	产品形式	给药途径
弧菌病(vibriosis) (*Listonella anguillarum* 和 *Vibrio* spp.)	鲑鱼、鳕鱼、鲈鱼、鲷、鲹鱼、黄鲕鱼	全球范围	灭活苗	浸泡或注射
冷水弧菌病(cold-water vibriosis) (*Vibiro salmonicida*)	鲑鱼	北欧、加拿大、美国	灭活苗	注射或浸泡
疖疮病(furunculosis) (*Aeromonas salmonicida*)	鲑鱼	北欧、加拿大、美国	灭活苗	注射
肠红嘴病(ERM) (*Yersinia ruckeri*)	鲑鱼	欧洲、智利、加拿大和美国	灭活苗	浸泡或注射
立克次体病(piscirickettsiosis) (*Piscirickettsia salmonis*)	鲑鱼	智利	灭活苗	注射
黄杆菌病(flavobacteriosis) (*Flavobacterium psychrophilum*)	鲑鱼	智利、加拿大、美国	活疫苗	浸泡

（续表）

病害与主要病原	感染养殖品种	应用地区与国家	产品形式	给药途径
柱形病（columnaris） （*Flavobacterium columnare*）	鲑鱼	智利	活疫苗	浸泡
细菌性肾病（bacterial kidney disease） （*Renibacterium salmoninarum*）	鲑鱼	智利、加拿大	活疫苗	浸泡
巴斯德菌病（pasteurellosis） （*Photobacterium damsela*）	鲈鱼、鲷	地中海地区	灭活苗	注射或浸泡
乳球菌病（lactococcosis） （*Lactococcus garvieae*）	鰤鱼	日本	灭活苗	注射或浸泡

出于投资周期、行政许可审批难易程度和产品开发周期等多种商业利益的考量，国外疫苗公司基本上对已商品化的疫苗产品并未表现出应用新技术改进的开发动力和积极性，新技术的应用主要针对新的养殖品种和传统产品无效的新型重大病害。但对于如何加强疫苗产品在各种生产应用环境中的实际效果和接种规范技术却投入了相当的研发力度和资金。同时，筛选更安全、高效的免疫佐剂及多联疫苗配方是另一个商业开发重点。

2. 病毒性疫苗

病毒性疫苗主要基于灭活病毒或重组亚单位抗原蛋白制备而成，且基本上只有注射接种才有效。目前，世界范围内尚未有海水鱼类病毒活疫苗获得商业许可，有报道称美国农业部动植物检疫中心正在审核批准上市用于预防传染性鲑鱼贫血症的病毒减毒活疫苗。世界上首例病毒疫苗是由捷克斯洛伐克的一家兽药公司研制的，主要用于预防鲤鱼春病毒血症病毒病（spring viremia of carp，SVC）。

对于海水养殖鱼类，市场上已有针对鲑鱼多种主要病毒病害的疫苗产品销售，但大多数病毒疫苗的应用效果难以与细菌疫苗相提并论。同时，在早期开发中，各公司的病毒疫苗多以与细菌抗原组成的多价联合疫苗产品形式存在，如1995年世界上首例鲑鱼胰腺坏死病毒疫苗就是以细菌-病毒五联苗的产品形式由荷兰英特威公司推出的，而挪威法玛克公司的首例胰腺坏死病毒疫苗则是以六联苗的产品形式于1997年获得商业许可。

随着疫苗研发技术的成熟，病毒疫苗产品的效力逐步得到提高和改善，并多为单价苗产品（表7-2）。其中智利是这些新型病毒疫苗产品商业许可最多的国家，主要针对鲑鱼IPN病毒和ISA病毒。由诺华公司开发的传染性造血组织坏死病毒疫苗是世界上首个在大西洋鲑养殖病害防治中获得成功的商品化疫苗。2004年，英特威公司的首例病毒性胰腺病苗Norvax ®Compact PD获得成功，目前已在挪威得到广泛应用，并于2009年开始在爱尔兰和苏格兰获得商业许可。亚洲地区主要许可批准了鰤鱼虹彩病毒灭活疫苗。

表7-2 国外主要商品化病毒性海水鱼疫苗产品概览

病害与主要病原	感染鱼类	应用地区与国家	产品形式	给药途径
传染性胰腺坏死病（IPNV）	鲑鱼	全球范围	重组蛋白	注射或口服
病毒性胰腺病（PDV）	鲑鱼	英国、爱尔兰、挪威	灭活苗	注射

（续表）

病害与主要病原	感染鱼类	应用地区与国家	产品形式	给药途径
传染性鲑鱼贫血病（ISAV）	鲑鱼	加拿大、美国、挪威、英国、智利	灭活苗	注射
传染性造血器官坏死病（IHNV）	鲑鱼	加拿大、美国	灭活苗	注射
虹彩病毒病（RSIV）	鲷、鰤鱼	亚洲	灭活苗	注射

3. 寄生虫疫苗

以海虱、变形虫、车轮虫、鞭毛虫、小瓜虫等为代表的寄生虫病害普遍存在于各主要养殖经济鱼类中，但迄今为止尚未有寄生虫疫苗的商业化报道。在疫苗构建技术和免疫学依据上从理论上是可行的，但其商业化开发的限制性因素主要存在于以下几个方面：① 寄生虫培养成本高昂，目前难以为水产疫苗市场所承受；② 利用宿主制备寄生虫会产生潜在安全性隐患，难以通过许可审批。

利用重组技术生产制备寄生虫抗原应该是商业化开发方向。有消息称挪威法玛克公司在海虱疫苗的商业化开发中取得突破性进展，在不久的将来将会上市世界首例鱼类寄生虫疫苗。

4. 未来开发趋势

（1）免疫佐剂

对于灭活疫苗来说，获得足够而长期的免疫保护效力必须依赖于免疫佐剂的使用。尽管目前已商品化的注射灭活疫苗都取得了良好的免疫效果，但也一直存在诸如黑化作用和鱼体内脏粘连等副作用。另一个挑战来自灭活疫苗难以有效应对胞内病原细菌。目前对于已商品化疫苗的佐剂开发主要是进行深入改进和优化配方。但对于胞内病原的挑战，传统佐剂的开发似乎必须筛选寻找新的组分加以替代以形成新的抗原呈递系统。近20年来国际上对佐剂的开发一般可分为两大类：可溶性佐剂和颗粒佐剂。这主要包括开发 Toll 受体配体佐剂、免疫刺激复合物等各类佐剂系统。但是对现有商品化鱼疫苗 W/O 佐剂系统进行优化还是完全替代尚存在不同的分歧。

（2）减毒活疫苗

减毒活疫苗可以同时激发细胞免疫、体液免疫和黏膜免疫，因而可得到长期的高效免疫效力。尽管减毒活疫苗比灭活苗具有更多的免疫优势（尤其是对胞内病原），但市场鲜有商品化鱼类活疫苗上市，这主要是基于包括毒力返强等安全上的考虑。最近有研究报道证实，禽类减毒活疫苗可以重组形成新的致病性病毒。对于海水鱼类疫苗来说，减毒活疫苗的安全评价既包括对鱼类动物和环境的安全性，也包括对疫苗免疫效力的安全性影响。由于海水养殖环境较易传播输送微生物，因此对于水产活疫苗的安全性评价更加严格谨慎。

利用现代基因重组技术构建的各种新型减毒活疫苗（如基因缺失减毒疫苗）在自然条件下基本不会产生毒力返强现象，且遗传重组过程和遗传学分子特征清晰稳定，因而具有良好的环境和产品安全性而日益受到国际上学术界和产业界的广泛关注。利用无毒或减毒的疫苗菌株引入外源抗原而形成的载体活疫苗因可形成对多种病原的多效价免疫保护，成为当前世界各国的又一个开发热点领域和方向。

（3）DNA 疫苗

DNA 疫苗是指含有编码抗原基因的真核表达质粒 DNA，经直接接种体内后（对于鱼类来说主要是通过肌肉注射），可被宿主细胞摄取，转录、翻译并持续表达出相应的抗原，然后通过不同途径刺激机体产生针对此种抗原的免疫应答，对于病毒和胞内细菌病原具有独特的免疫优势。鱼类接受 DNA 疫苗免疫接种后可诱导产生类似于哺乳动物中证实的先天性和适应性免疫应答反应，而且已有的研究开发显示，DNA 疫苗似乎对于诺拉弹状病毒属病毒（novirhbdoviruses，如 VHSV 和 IHNV）特别有效。目前，海水鱼用 DNA 疫苗开发主要针对的是病毒引起的鱼病，其中出血性败血症病毒（VHSV）和传染性造血组织坏死病毒（IHNV）疫苗研究最为集中，这些简单的 RNA 病毒通常含有 5~6 个基因，而其中的病毒表面糖蛋白（G 蛋白）往往被用作保护性抗原，这种 DNA 疫苗主要依赖于 G 蛋白的免疫原性介导的细胞和体液免疫应答获得长期的免疫保护性。而对于其他 RNA 病毒，虽然病毒表面蛋白基因也几乎总是被筛选用于 DNA 疫苗的构建开发，但却往往难以确定保护性抗原。

除了针对病毒病外，目前针对迟缓爱德华菌（*Edwardsiella tarda*）、海豚链球菌（*Streptococcus iniae*）、哈氏弧菌（*Vibrio harveyi*）、溶藻弧菌（*V. alginolyticus*）、嗜冷黄杆菌（*Flavobacterium psychrophilum*）、刺激隐核虫（*Cryptocaryon irritans*）、隐鞭虫（*Cryptobia salmocitica*）、小瓜虫（*Ichthyophthrius multifiliis*）等许多细菌和寄生虫的 DNA 疫苗开发在实验室阶段也展示出良好的应用前景。这些疫苗应用对象涵盖大西洋鲑、虹鳟、牙鲆、大菱鲆、石斑鱼、鲷等多种重要海水养殖品种。相较于细菌性 DNA 疫苗常展现出的免疫高效性，寄生虫疫苗的免疫效果往往难以达到预期。

鱼类 DNA 疫苗的接种方式目前普遍采用肌肉注射，这种免疫方式通常可在接种部位产生抗原基因的高效表达。其他接种途径（如静脉和腹腔注射、口服及粒子轰击等）也有研究开发报道。对于一些病毒，如传染性胰腺坏死病毒，主要在鱼苗期引发病害，而目前主要依赖于注射给药方式的 DNA 疫苗就难以应用，因此通过新的给药途径优化 DNA 疫苗的转染率是现在和今后 DNA 疫苗的一个重要开发方向。筛选开发兼具增强转基因免疫原性和疫苗递送系统（载体系统）的微粒佐剂是近年来鱼类 DNA 疫苗研究开发中的另一个重要领域。使用这些佐剂既可实现比裸 DNA 更高效的免疫应答，也可有效减少 DNA 的降解及输送 DNA 颗粒的有效吸收。聚乳酸-羟基乙酸共聚物［poly（D，L - lactic-co-glycolic acid），PLGA］纳米颗粒或微胶囊颗粒就是其中的一个热点，其他具有潜在开发应用价值的候选佐剂见表 7 - 3。

表 7 - 3　近年鱼类 DNA 疫苗佐剂/载体递送系统开发中的候选微粒系统

微粒系统	载体分子	装配方式	实验品种
藻朊酸盐	ß（1，4）- D - 甘露糖醛醛和 α（1，4）- L - 古罗糖醛酸筛留物	胶囊封装	牙鲆（Tian，2008）
壳聚糖	ß（1，4）- D - 葡萄糖胺和 N - 乙酰葡萄糖胺共聚物	胶囊封装	牙鲆、鲈鱼、大菱鲆（Kumar，2008）
脂质体	人工双脂层囊泡	胶囊封装	石斑鱼（Leon-Rodriguez，2013）

海水鱼类养殖业市场也是为数不多的 DNA 疫苗商业化应用的一个重要领域。除了 DNA 疫苗本身所固有的免疫机制展示出的特有的高免疫效力,从制造商和投资者的角度来看,DNA 疫苗是相对便宜和易于生产制备的,所有 DNA 疫苗的生产过程都是相同的。但 DNA 疫苗也存在着自身免疫性、免疫耐受、注射部位肌肉炎症、宿主染色体整合等诸多潜在风险。特别是由于担心转染基因同鱼宿主染色体整合引发的转基因安全问题,往往成为制约 DNA 疫苗商业化的最大不确定性和障碍。迄今为止,除 2005 年由诺华动保公司(Novartis Animal Health)开发的鲑鱼 IHNV 疫苗(Apex - IHN®)被加拿大食品检验局许可批准用于防治鲑鱼 IHNV 感染外,尚无第二例商业化的渔用 DNA 疫苗上市。

如何增强病毒 DNA 疫苗的应用效力(免疫效力和给药便利性)是今后研究开发的一个重要需求。主要开发方向体现在如下几个方面:① 利用各种载体技术增强鱼类宿主抗原展示细胞的摄取吸收;② 使用纳米颗粒技术增加抗体应答和细胞免疫应答的交叉呈递水平;③ 利用附加佐剂(如 TLR 配体)以促进免疫应答反应。

(4)黏膜疫苗

黏膜是动物机体最大的门户及首道防线,机体 95% 以上的感染是从黏膜入侵的。黏膜表面作为鱼类重要的物理性屏障,可以保护鱼体全身性环境免受病原的侵染。事实上,鱼类的大多数病害常常是由于鱼体的黏膜表面受损(如擦伤导致鱼鳞脱落和鱼体表黏液减少等),且由此引起的免疫功能紊乱造成自身免疫性疾病或机会性感染而被病原微生物侵入。基于诱导激发鱼类黏膜系统免疫应答而开发的各种黏膜疫苗成为近年来水产疫苗的一个重要热点方向。理想的黏膜疫苗应可在侵入门户处诱导产生高效力的保护性免疫以阻止外来病原微生物的入侵、定殖和感染。

鱼类的黏膜组织主要归于四大类:肠黏膜、鳃黏膜、皮肤黏膜和鼻黏膜。各种黏膜疫苗的研究开发在于考察疫苗如何激发这些黏膜组织的免疫应答反应及保护性免疫效力水平。所有的黏膜组织都天生具有抗原呈递细胞(antigen presenting cells,APCs),并在诱导部位发挥关键作用以捕获、处理和呈递抗原给免疫活性细胞以诱导产生长期的保护性免疫应答。对于肠黏膜免疫,目前已有的大量研究表明,抗原物质主要在鱼的后肠吸收储存,因此开发高效的疫苗递送系统以确保抗原可在鱼后肠黏膜组织部位吸收捕获成为口服(黏膜)疫苗开发的主要挑战。鱼皮肤黏膜的保护性免疫机制在于:① 皮肤表面的黏液是皮肤黏膜系统抵御病原入侵的第一道防线,主要通过不断分泌和丢弃黏液以阻止病原在体表的黏附;② 皮肤黏液作为多种免疫因子(如溶菌酶体、蛋白酶、碱性磷酸酶、补体、免疫球蛋白、凝集素等)运载工具可对病原进行降解、调理和中和以阻止其入侵皮肤;③ 对附着在皮肤表面的病原实施细胞吞噬;④ 许多研究业已证实多种鱼类皮肤黏膜同样具有抗原呈递细胞(APCs)实现对抗原的吸收捕获并激活适应性免疫应答,同时通过上调不同 Toll 样受体基因表达来监测病原的入侵。这些皮肤黏膜免疫机制成为通过皮肤接种疫苗的主要开发依据。目前这类黏膜疫苗的开发重点是针对诸如小瓜虫(*Ichthyophthirius multifiliis*)、刺激隐核虫(*Cryptocaryon irritans*)等寄生虫疫苗。

作为黏膜组织的重要成员,鱼鳃黏膜具有如下功能组成:① 鳃黏液层(作为鱼宿主防御素的运载工具);② 抗原呈递细胞系统(由单核细胞、巨噬细胞和树状细胞构成);③ 细胞因子和趋化因子(可调节协同 APCs 的功能活性)。因此,黏膜疫苗同样可诱导鳃黏膜激发保护性先天性免疫及适应性免疫应答。研究同样证实,鱼的鼻黏膜也具有类似的免疫应答机制,但这一发现目前仅在虹鳟中被证实,在其他鱼种的研究需要进一步验证。

在鱼类黏膜疫苗的研究开发中,可同时激发 T 细胞 CD4$^+$ 和 CD8$^+$ 的疫苗被认为是最有应用前景的黏膜疫苗。因此,病毒活疫苗和 DNA 疫苗因可同时促发上述两种 T 细胞的活性,是黏膜疫苗中最受关注的两类疫苗形式。但鉴于病毒活疫苗具有潜在的毒力返强风险,水产养殖中很少应用,而 DNA 疫苗由于被许多国家定位为遗传改造特性的伦理问题而迟迟难以被商业化许可。因此,这是目前黏膜疫苗开发中的最主要的挑战。

水产养殖业对于黏膜疫苗的迫切需求的另一个重要驱动源在于鱼类养殖生产中的许多免疫接种阶段需要一种非肠道免疫接种(如注射)的替代方式以适应实际应用。黏膜疫苗必须能免受物理的清除和化学酶的消化,使疫苗抗原能定位于诱导组织中,激活免疫系统产生有效、适当的免疫应答。这就需要设计好黏膜疫苗的免疫途径、运输载体及佐剂的应用。目前,口服和鼻内给药是主要的黏膜免疫途径,许多研究也证实这两种摄入途径均能诱导保护性免疫应答。黏膜佐剂的作用机制还不完全清楚。黏膜佐剂大概可分为两类:作为免疫刺激分子的一类,包括以毒素为基础的佐剂、细胞因子佐剂和其他黏膜佐剂;作为疫苗运输载体的一类,包括免疫刺激复合物(immune stimulating complexes, ISCOMs)、脂质体、活的减毒菌、壳聚糖、黏膜 DNA 疫苗载体和植物载体等。

五、国外海水鱼类疫苗开发的主要产业化视角和考量

1. 市场价值容量决定产品目标

统观全球水产养殖业的市场价值分布,7%养殖产量的鲑鳟鱼占到了全球水产品 16% 的市场价值,而另一大类以欧洲鲈鱼、鲷类等为代表的淡水鱼类的主产区则分布于地中海地区,贡献了 15% 的全球水产品价值。这些发端于欧美主要发达国家和地区的水产养殖市场布局,决定了国外水产疫苗产业的兴起和产品的商业开发方向必然集中依托于这些高价值鱼类病害的市场需求,现有商品化疫苗针对的就是鲑鱼、鲈鱼、鲶鱼等高值鱼类的重要病害市场,足够的市场价值容量才是各医药公司启动疫苗商业开发的首要考量。

鉴于鳕鱼、欧鲈等正在日益成为欧美等水产养殖发达地区工业化养殖的新方向,市场规模日渐扩大,针对此类鱼种病害的疫苗产品业已成为几家跨国动物保健公司的重点商业开发领域,并已有产品相继上市。

2. 鱼种分类差异导致的产品选择

不同品种的鱼类在进化分类地位上相较哺乳动物其差异要大得多,免疫系统和应答机制可能迥然不同。因此,在疫苗的商业行政许可申报审批中遵循的是一种鱼对应一个疫苗产品注册。面对某一病害在几个养殖鱼种中都存在的市场状况,应从一开始便要衡量各鱼种的当前市场容量和未来市场发展空间,选择具有较好投资回报前景的鱼种进而确定疫苗的产品开发策略,规避因此可能带来的市场风险。

3. 经济性始终是指导疫苗商业开发的考核准则

无论选择何种技术手段,也无论选择何种产品剂型,疫苗产品的市场经济性始终是国际

上鱼类疫苗产品开发成功与否的商业考核准则。一个疫苗产品的最终成本必须能为市场所接受,即疫苗在产品成本、接种成本和便利性上能与所服务的养殖鱼类品种和养殖市场相匹配。所以,在国际上,并非最尖端的技术手段和最新型的疫苗剂型就一定适合鱼类疫苗市场的需要,这也正是目前国际上鱼类疫苗商业开发中许多尖端生物技术的直接应用并不普遍和广泛的主要原因。

六、中国鱼疫苗产业发展概况与海水鱼疫苗开发现状

我国渔用疫苗研究始于20世纪60年代末,草鱼出血病组织浆灭活疫苗("土法"疫苗)是我国第一个水产疫苗,80年代开发的草鱼出血病细胞灭活疫苗则是我国第一个人工水产疫苗,并于1992年获得我国第一个"国家新兽药证书"。2011年由中国水产科学研究院珠江水产研究所开发的草鱼出血病弱毒活疫苗获得我国首例商业许可生产批文,开启了我国水产疫苗产业化新的里程。针对严重危害我国淡水养殖业的嗜水气单胞菌病害,2001年我国批准注册了首例嗜水气单胞菌灭活疫苗药证,并于2012年获得农业部生产文号,这是国内第一个鱼类细菌性疫苗生产批文。

作为海水鱼类疫苗,由第四军医大学主持开发的用于预防鳗弧菌和迟缓爱德华菌的牙鲆抗独特性抗体疫苗于2006年获得我国批准的第一例海水鱼类疫苗国家新兽药证书,但限于商业性应用成本及市场前景等的综合考量,该疫苗一直未申报生产许可。以疫苗为核心的免疫防治策略虽已经成为近几年来国内各种研究机构最为热点的开发前沿领域,但迄今为止在我国尚未有任何一例商品化的海水鱼类疫苗产品上市。

目前我国针对海水鱼类主要疾病,开展了大量的病原学和致病机制的研究,对于鱼类的免疫机制也有了新的认识。在此基础上,设计了许多新的海水鱼类疫苗,特别是针对鳗弧菌、溶藻弧菌、哈氏弧菌、迟缓爱德华菌、嗜水气单胞菌等病原的灭活、减毒、亚单位等各种疫苗。例如,文献已经报道了我国研究的大量用于水产业中防治迟缓爱德华菌的高效候选疫苗,其中有些已经处于向商业化疫苗产品的转化过程中(表7-4)。

表7-4 中国发表的关于爱德华菌病疫苗的文献(引自 Xu and Zhang, 2014)

鱼　种	接种途径	RPS/%	抗　　　原	研制单位
大菱鲆	浸泡	83	重组减毒疫苗,WEDDasdB/pUTta4DGap	华东理工大学
大菱鲆	腹腔注射	73.3~81.1	减毒活疫苗,WED	华东理工大学
大菱鲆	浸泡	35.7~63.3	减毒活疫苗,WED	华东理工大学
大菱鲆	肌肉注射	70.2	重组疫苗株,DmsA－GA	华东理工大学
大菱鲆	浸泡+口服	78.8	P1SW 与 V3SW 组合(P1V3)	中科院海洋所
大菱鲆	腹腔注射	71.9	亚单位疫苗,重组 FimA,rFimA	中科院海洋所
斑马鱼	—	70	MVAV6203/pUTatLNG40	华东理工大学
斑马鱼	肌肉注射	70	重组鞭毛蛋白 FlgD	华东理工大学
牙鲆	腹腔注射	83.3	重组 Eta1,rEta1	中科院海洋所
牙鲆	口服和浸泡	83	重组疫苗株,TX5RMS10	中科院海洋所

（续表）

鱼　种	接种途径	RPS/%	抗　　　原	研制单位
大菱鲆	腹腔注射	76.7	减毒活疫苗 ugd 突变株	华东理工大学
大菱鲆	腹腔注射	>60	重组疫苗,rGAPDH	华东理工大学
牙鲆	腹腔注射	88.9	重组 Inv1,rInv1	中科院海洋所
牙鲆	腹腔注射	69	亚单位疫苗,重组 NanA,rNanA	中国海洋大学
牙鲆	腹腔注射	74	DH5α/pTDK	中科院海洋所
牙鲆	—	70	重组株 BL21(DE3)[Pet-28a-OmpS(2)]	河北师范大学
大菱鲆	腹腔注射	70	福尔马林灭活疫苗	天津水产养殖病害防治中心
斑马鱼	肌肉注射	81	减毒活疫苗,ΔaroCΔeseBCDΔesaC	华东理工大学
大菱鲆	腹腔注射	25.9	重组蛋白 6His-OppA	中科院海洋所
牙鲆	肌肉注射	57	DNA 疫苗 pCEsa1	中科院海洋所
牙鲆	腹腔注射	83	重组亚单位疫苗 rEta2	中科院海洋所
牙鲆	肌肉注射	67	DNA 疫苗 pCEta2	中科院海洋所
大菱鲆	腹腔注射	60	重组细菌载体疫苗,ΔesrB/pUTDgap	华东理工大学
大菱鲆	口服和浸泡	85	重组细菌疫苗,Et15VhD	中科院海洋所
牙鲆	腹腔注射	62	重组 DnaJ,rDna	中科院海洋所

　　近年来,在弧菌疫苗的研究中也取得了可喜的进展。华东理工大学开发的减毒鳗弧菌活疫苗通过缺失毒力相关和定殖相关基因,达到了减毒的效果,并且证实有良好的免疫保护力。中国科学院海洋研究所 Yu 等用利福平抗性筛选到鳗弧菌减毒株 C312M,在去除选择性压力后仍然具有稳定的安全性,通过口服和浸泡免疫牙鲆,产生特异性血清抗体,一个月后的免疫保护率达到 60% ~ 84%。王启要等(2011)通过溶藻弧菌无标记缺失毒力相关的 sRNA 分子伴侣蛋白基因 hfq,构建的减毒突变株消除了传统减毒活疫苗普遍存在的潜在环境和产品安全风险,是针对养殖鱼类的溶藻弧菌病的一种安全、有效、经济的候选疫苗。广东海洋大学的 Cai 等克隆表达了溶藻弧菌的辅助定植因子 A(ACFA),发现重组 ACFA 具有免疫原性,腹腔注射接种红鳍笛鲷产生明显的抗体响应,并且对于 6 种溶藻弧菌菌株的攻毒具有免疫保护作用。浙江万里学院 Mao 等将哈维氏弧菌的外膜蛋白 OmpK 基因转入毕赤酵母,甲醇诱导 72h 后 OmpK 表达水平达到 2mg/L,投喂日本鲈鱼后,检测到了 OmpK 抗体,并且在哈维氏弧菌攻毒时获得了一定的免疫保护。中国海洋大学 Liu 等从副溶血弧菌基因组 DNA 克隆了丝氨酸蛋白酶基因,将 318 位的 Ser 突变为 Pro 后,插入 pEGFP-N1 质粒,构建了一种 DNA 疫苗,注射接种大菱鲆 7d 后在肌肉中观察到了外源基因的表达,鱼体产生了特异性抗体,用副溶血弧菌攻毒获得了高达 96% 的相对保护率。Sun 等从海豚链球菌抗原 Sia10 和鳗弧菌外膜蛋白 OmpU 出发,构建了二价 DNA 疫苗 pSiVal,在接种牙鲆 7d 和 28d 后,在肌肉、脾、肾和肝组织中分别检测到了疫苗质粒和疫苗基因的表达,两个月后分别用海豚链球菌和鳗弧菌攻毒,都获得了 80% 以上的免疫保护率。汕头大学 Lun 等发现外膜蛋白麦芽糖孔蛋白 LamB 具有保守的抗原表位,来自溶藻弧菌的重组 LamB 是一个广谱的弧菌保护性抗原,其产生的抗体对于 18 株弧菌都有结合作用,在斑马鱼上的相对保护率达到

54.1%~77.8%。中山大学的 Huang 等开发了一种针对多种感染性水产病原的组合疫苗,由灭活弧菌和灭活感染性脾肾坏死病毒(ISKNV)组成。当用该组合疫苗免疫点带石斑鱼后,再用溶藻弧菌、哈维氏弧菌、创伤弧菌和 ISKNV 同时攻毒,获得了 80%的相对保护率,同时免疫鱼的抗体滴度、血清溶菌酶活性、头肾细胞呼吸暴发活性、杀菌活性都有相应变化,表明该候选疫苗能够有效保护石斑鱼抵抗多种病原侵染。

在众多的研发中,国家鲆鲽类产业技术体系疾病防控岗位张元兴教授课题组领衔的鲆鲽类系列专用疫苗产品研制开发取得了重要突破,其中海水养殖鱼类鳗弧菌基因工程减毒活疫苗于 2011 年 11 月获得农业部颁发的农业转基因生物安全证书[生产应用,证书号:农基安证字(2011)65 号],迟缓爱德华菌基因工程减毒活疫苗于 2014 年 4 月获得安全证书[生产应用,证书号:农基安证字(2013)第 267 号]。与此同时,大菱鲆腹水病迟缓爱德华菌弱毒活疫苗也于 2012 年获得农业部临床试验许可批准,2013 年完成全部临床试验并于当年 10 月顺利通过了农业部兽药评审中心初审会评审,2015 年 6 月获得我国首例海水鱼类活菌疫苗一类新兽药证书[证号:(2015)新兽药证字 28 号],2016 年 12 月获得生产许可文号(兽药生字 110576037),这也是国际上首个被行政许可的鱼类迟缓爱德华菌活疫苗。大菱鲆鳗弧菌基因工程活疫苗 2014 年也获得农业部临床试验批件,进入临床开发阶段,并于 2015 年在完成全部临床试验的基础上向农业部提交了注册证申报。这些研发进展将加速推进我国系列海水鱼类商品化疫苗进程,并昭示我国的海水鱼类疫苗开发迈入产业化发展的重要阶段,必将为我国以鲆鲽鱼类为代表的海水鱼类养殖产业的健康和可持续发展提供有力的健康解决方案和配套产品支持。

第三节　海洋来源佐剂

关于疫苗佐剂的研究最早可以追溯到 19 世纪初期,1925 年法国兽医兼免疫学家 Gaston Ramon 首次发现对于破伤风和白喉疫苗制剂,除抗原自身外,一些成分(如明矾、油、淀粉、皂苷等)的加入有助于获得更高的抗毒素水平。由此,佐剂(adjuvant)这一概念被正式提出,并广为人知。尤其是伴随现代疫苗的发展,免疫原性强但存在安全隐患的减毒疫苗的应用逐步减少,安全性更高但免疫原性较弱的裂解疫苗、亚单位疫苗、基因重组疫苗等得到更为广泛的应用,更进一步推动了佐剂的研究。随着对佐剂研究的深入,人们发现佐剂的加入不仅可以增强抗原的免疫原性,同时还可以发挥一些其他的效应,如调节抗体的亲和力、特异性和亚型分布、刺激细胞免疫应答、降低疫苗中抗原的剂量、减少免疫接种的频率及提高免疫功能不全者(儿童和老年)的应答成功率等。

目前,人用疫苗佐剂中,应用时间最长、范围最广的佐剂为铝佐剂。在 1997 年油乳佐剂 MF59 被欧洲药监部门批准使用之前,铝佐剂一直是人用疫苗中唯一获许应用的佐剂。然而,伴随疫苗的发展和应用,铝佐剂存在的一些不足也逐渐显现。例如,其不能有效地增强细胞免疫,对于细胞毒性 T 细胞的成熟和分化有一定的抑制作用;在注射部位易引起较强的炎症反应甚至出现红斑、皮下结节和肉芽肿等严重的局部反应。上述问题的存在也促使人们积极寻找新的佐剂,如病毒样颗粒、免疫刺激复合物、细胞因子类佐剂、TLR 受体激动剂等。来源于海洋的糖类佐剂也是近年来研究较多的一类新型佐剂,其可以单独使用,也可以和其他佐剂配合使用,同时还可以制备成多种剂型用于不同的免疫途径,因此广受关注。

一、多糖疫苗佐剂

目前,关于海洋多糖作为疫苗佐剂的应用,主要集中在甲壳多糖(主要是壳聚糖)、海藻多糖(主要是海藻酸)上。

1. 甲壳多糖作为免疫佐剂

（1）研究历史及免疫增强机制

早在 19 世纪 80 年代,Suzuki 和 Nishimura 等就发现甲壳素和壳聚糖能够促进白细胞及活性氧的产生,激活巨噬细胞分泌细胞因子,从而发挥肿瘤抑制和免疫增强作用。随后,国内外许多学者开展了大量关于甲壳素、壳聚糖及其衍生物作为免疫佐剂的研究。总的来说,目前的研究表明甲壳素和壳聚糖作为免疫佐剂的作用机制主要体现在以下几个方面。

1）储库作用：壳聚糖可以停留在注射部位,募集免疫活性细胞,刺激细胞因子、趋化因子和前炎性因子的分泌,促使抗原的内吞和归巢到引流淋巴结。Neimert - Andersson 等将 $200\mu m$ 的壳聚糖颗粒对小鼠进行颈部皮下注射,可以在注射部位持续观察到细胞的浸润现象长达 7d,在注射后 24h 内所募集的细胞主要为中性粒细胞和嗜酸性粒细胞,24h 后可以观察到 $CD11b^+/CD11c^+$ 细胞的增加,这表明壳聚糖不仅可以发挥免疫储库的作用,同时还可募集白细胞到注射部位,并推动免疫细胞的成熟和分化。

2）提高细胞对抗原的摄取量：由于壳聚糖具有正电荷,而抗原提呈细胞的表面带负电荷,因此壳聚糖可以促进细胞对抗原的摄取。研究发现抗原提呈细胞对包埋在壳聚糖颗粒中的抗原的摄取量,与颗粒粒径、表面电荷、抗原浓度和与细胞接触的时间相关。有研究表明,当采用不同壳聚糖衍生物制备粒径相似、表面电荷不同的颗粒时,仅有带正电的壳聚糖及其衍生物组成的颗粒可以促进细胞对抗原的摄取。抗原摄取量的增加可以帮助抗原提呈细胞的活化和前炎性因子($IL-1\beta$、$IL-6$)的分泌和 T 细胞的分化。此外,将壳聚糖与其他材料复配也可以促进细胞对抗原的摄取。例如,将壳聚糖镀层到聚乳酸颗粒后,不但可以促进颗粒对抗原的吸附,并且同样可以促进细胞对抗原的摄取和细胞因子的分泌和抗体的产生。

3）与巨噬细胞表面受体相互作用并激活巨噬细胞分泌细胞因子：Shibata 等最早开展了关于甲壳素及其相关细胞表面受体的研究。他们发现甲壳素颗粒可以与巨噬细胞表面的甘露糖受体相互作用,进而被巨噬细胞内吞,并激活巨噬细胞分泌细胞因子,如 IL - 12、$TNF-\alpha$、IL - 18 等。随后的研究发现,除甘露糖受体外,还有多种信号通路可以在这一过程中发挥作用,如 TLR - 2 受体、C -型凝集素受体 Dectin - 1 等。

4）调节 Th1 及 Th2 型免疫应答：目前大多数研究认为甲壳多糖可以上调 Th1 型免疫应答(主要介导细胞免疫应答),同时下调 Th2 型免疫应答(主要调节体液免疫应答)。例如,有研究者将壳聚糖颗粒对致敏小鼠口服给药后,发现可以降低血清中 IgE 的水平和肺部嗜酸性粒细胞的数量。但是也有部分文献报道甲壳多糖可以促进 Th2 型免疫应答。例如,有报道提出具有适当大小的甲壳素碎片($40\sim70\mu m$)可以通过 TLR - 2 依赖性机制刺激巨噬细胞产生 IL - 17A。由于甲壳多糖是一种天然多糖,造成上述矛盾的研究结果可能与甲壳多糖的不同来源、加工工艺、灭菌方法造成所用甲壳多糖的性质不同有关。

5）生物黏附性：壳聚糖具有较强的生物黏附性，用作黏膜免疫佐剂时，可有效延长抗原的停留时间，增强免疫效果。Xie 等采用壳聚糖作为幽门螺旋杆菌疫苗的口服免疫佐剂，发现与其他组［磷酸盐缓冲溶液组、单抗原组、霍乱毒素（CT）佐剂组］相比，壳聚糖佐剂的加入能有效地促进血清抗体、Th1 型和 Th2 型细胞因子的分泌，获得较好的免疫保护效果（与单抗原组相比，攻毒后免疫保护率为 60%）。一般认为壳聚糖的黏膜黏附作用归因于其链上所带的大量氨基，通过与黏膜上带负电荷的黏蛋白发生静电相互作用，实现黏膜黏附。但研究者发现除静电作用外，疏水作用及氢键作用在壳聚糖的黏膜黏附性中也发挥了重要作用。例如，将壳聚糖与胃黏蛋白混合，当加入 0.2mol/L 的氯化钠后（屏蔽壳聚糖与黏蛋白之间的静电作用力），壳聚糖仍能使黏蛋白聚集，表明壳聚糖与黏蛋白之间的相互作用不止静电相互作用力一种。而加入 8mol/L 的尿素或 10%v/v 的乙醇（降低壳聚糖与黏蛋白之间的氢键作用力及疏水作用力）后，壳聚糖对黏蛋白的絮凝能力有所降低，表明疏水作用及氢键作用在壳聚糖与黏蛋白之间的相互作用中发挥了作用。

（2）常用剂型

对于壳聚糖来说，可以将其制备成不同的剂型，利用剂型本身的特点增强其作为免疫佐剂的效果。例如，将壳聚糖制备成颗粒剂型，用于包埋抗原，既可以保护抗原活性，免受体内不利因素的影响，还可以发挥抗原储库作用，延长抗原的作用时间。目前，壳聚糖作为疫苗佐剂已报道的剂型主要包括溶液、凝胶及颗粒剂型。

Zaharoff 等采用 β-半乳糖苷酶作为模型抗原，以壳聚糖溶液作为免疫佐剂，对 C57BL/6 小鼠进行皮下注射免疫，并采用铝佐剂、不完全弗氏佐剂作为对照组。结果表明，壳聚糖溶液组可以有效地增强体液及细胞免疫应答。与单抗原注射组相比，壳聚糖溶液组可以分别促进抗原特异性血清 IgG 水平提高 5 倍以上，以及抗原特异性 CD4$^+$细胞增殖 6 倍以上，其免疫增强效果优于铝佐剂组，而与不完全弗氏佐剂相当。其免疫增强作用主要归因于两方面：一方面壳聚糖溶液可以促进淋巴细胞的增殖；另一方面，壳聚糖溶液的黏度很高，可以在注射部位形成抗原储库，延长抗原的释放周期，单抗原组在注射 8h 后，只有少于 9% 的抗原停留在注射部位，而壳聚糖溶液组在注射一周后还能保留 60% 以上的抗原在注射部位。

然而，目前采用壳聚糖溶液作为免疫佐剂的报道并不多见。主要是由于两个原因：① 壳聚糖不溶于水，需要采用乙酸等弱酸性溶液溶解。弱酸环境对于某些抗原的活性有一定的影响，同时也降低了疫苗制剂的生物相容性。② 壳聚糖溶液具有高黏度，虽然可以起到抗原缓释的作用，但同时对注射造成困难，限制其实际应用。

此外，对于某些免疫途径，采用特殊的剂型有望取得更好的免疫效果。例如，针对鼻腔黏膜免疫接种所开发的温度敏感壳聚糖凝胶体系。鼻腔黏膜免疫制剂是近年来新型疫苗制剂研究的热点之一。这是由于人体上呼吸道是唯一直接暴露在外界环境中的黏膜部位，也是大量吸入性抗原包括病毒、细菌及其他抗原物质进入机体的首要关口。大部分的病毒和细菌性病原体都是经呼吸道黏膜黏附后大量繁殖而感染机体的。注射免疫往往不能引起呼吸道黏膜免疫应答，而经呼吸道免疫不仅可以在系统内产生针对病原体的抗原特异性免疫反应，还可引起机体黏膜的共同反应。同时，鼻黏膜免疫更容易被接受，也更容易在大规模人群中应用，可以避免在不发达地区由于重复使用注射器或消毒不彻底所带来的感染的风险。

　　然而,目前临床上应用的经鼻免疫制剂并不多。其中主要的限制因素包括:① 鼻黏膜纤毛的快速清除作用。据报道人类鼻腔黏膜纤毛的摆动频率可达到 300~500 次/min。抗原等不具有黏附性的外界异物在进入鼻腔后的短时间内(一般为 15~20min),就会被鼻黏膜上的黏膜纤毛清除。② 上皮细胞的屏障效应。鼻黏膜上皮由上皮细胞刷状缘的严密的脂质双分子层及细胞侧缘一连串的细胞连接(紧密连接、黏附连接)构成,其结构的致密性也阻碍了抗原的渗透吸收。由于上述问题的存在,目前的经鼻免疫制剂一般采用免疫原性较强的减毒抗原或使用较大的抗原用量,但上述措施降低了疫苗的生物安全性,限制了其应用范围。例如,美国批准上市的经鼻免疫流感疫苗 FluMist® 由于使用减毒活病毒,其适用范围限制在青少年和成人中,不能用于免疫力低下的婴幼儿和老年人。

　　针对上述问题,中国科学院过程工程研究所 Wu 等开发出一种新型的具有温度敏感性的壳聚糖季铵盐凝胶,并将其用于 H5N1 禽流感裂解疫苗及埃博拉病毒核酸疫苗的鼻黏膜免疫。该凝胶由壳聚糖季铵盐{N-[(2-hydroxy-3-trimethylammonium) propyl] chitosan chloride, HTCC}与甘油磷酸钠组成,在低温下为溶液状态,受热升温至其低临界转变温度(lower critical solution temperature, LCST)上时(一般为 37℃,可以通过改变体系组成调节 LCST),体系从溶液状态转变为凝胶状态。

　　这一温敏性质对于其作为鼻黏膜免疫佐剂具有十分重要的意义。由于在室温下体系为低黏度的溶液状态,因此可以与抗原充分混合后采用滴鼻或喷雾免疫接种,与黏膜取得充分的接触面积。在进入鼻腔后,由于环境温度的升高,体系发生胶凝,延长抗原的停留时间。同时,研究发现,该凝胶制剂可以可逆地影响鼻黏膜的紧密连接蛋白(ZO-1 蛋白)的形态,打开细胞间通路,促进抗原渗透吸收。进一步的研究发现,与抗原溶液相比(抗原为 H5N1 禽流感裂解疫苗),凝胶组可以有效延长抗原在鼻腔处的停留时间,并促进抗原的渗透吸收。

　　动物实验结果表明,该凝胶作为 H5N1 禽流感裂解疫苗鼻黏膜免疫佐剂时,与单抗原滴鼻组相比,凝胶制剂能够显著增强抗原特异性的血清抗体免疫反应,并且显著优于或达到 MF59 佐剂或者单抗原肌肉注射的抗体水平,流感血凝抑制 HI 效价也显示出该水凝胶优良的黏膜抗原递送能力。同时,黏膜 IgA 抗体水平也展示出凝胶增强局部免疫应答的作用,而注射免疫难以诱导黏膜 IgA 抗体反应。凝胶诱导产生高水平的 IL-4 和 IFN-γ 等细胞因子分泌的同时,不改变免疫的细胞和体液免疫反应的平衡,并能明显激活 NALT 淋巴细胞的活化和成熟,刺激产生强烈的鼻黏膜淋巴细胞的免疫记忆。

　　壳聚糖作为免疫佐剂的另一重要剂型为颗粒制剂。纳微颗粒是近年来广受关注的一类佐剂剂型。其优势在于以下几个方面:① 实现抗原的缓控释。通过将抗原吸附或包埋在颗粒上,可以保护抗原活性,避免受体内不利环境的影响,同时可通过调节颗粒组成成分、结构等调节抗原的释放曲线,增加抗原与免疫细胞的有效作用时间。还可对颗粒进行表面修饰或尺寸调控等,靶向体内的特定组织或器官,实现抗原的靶向释放。② 促进抗原提呈。将抗原负载在颗粒上,有助于增加抗原被抗原提呈细胞摄取的能力。③ 部分纳微颗粒制剂还可起到调节免疫能力的作用。例如,某些带有正电荷的颗粒可以通过溶酶体逃逸,改变抗原的提呈途径,从而实现增强细胞免疫应答的目的。

对于纳微颗粒制剂来说,其粒径大小直接影响其免疫效果。Koppolu 和 Zaharoff 通过硫酸盐共沉淀法制备了具有不同粒径(300nm、1μm 和 3μm)的包埋有模型抗原[牛血清白蛋白(BSA)及卵清蛋白(OVA)]的壳聚糖颗粒,采用流式细胞仪考察了颗粒粒径与抗原提呈细胞[包括树突状细胞(DC)及巨噬细胞]之间的相互作用,结果表明颗粒粒径对于颗粒与巨噬细胞之间的作用影响较大。当颗粒粒径为 1μm 时其免疫佐剂效果最为显著,能够获得最高的抗原摄取量并显著活化巨噬细胞(RAW 264.7),上调抗原提呈分子(MHC Ⅰ和 MHC Ⅱ)及共刺激表面标记物(CD40、CD80 和 CD86)的表达。而对于髓源树突状细胞(BMDC),颗粒粒径对其抗原摄取量及表面标记物表达水平的影响并不显著。

但上述研究并未对颗粒自身的摄取情况及颗粒的细胞内吞途径等进行深入的机制研究。此外,为便于定性和定量评价颗粒的粒径效应,需要实现颗粒在细胞或机体内的可视化。传统方法主要是用化学偶联或者包埋荧光素分子的方法对颗粒进行标记,不仅制备过程较为复杂,还存在以下两个问题:① 偶联过程中颗粒表面的官能团可能会发生变化,从而导致颗粒性质发生改变,影响颗粒与细胞的相互作用,干扰粒径效应的评价;② 包埋或偶联后的颗粒容易发生荧光分子泄露或脱落的现象,导致实验样本荧光背景过高,影响实验结果的可靠性。

中国科学院过程工程研究所 Wei 等发现采用戊二醛交联制备的壳聚糖颗粒具有自发荧光特性,可以利用这一性质对颗粒在细胞内及体内的行为进行示踪,避免传统荧光标记方法存在的上述问题。随后,他们利用这种具有自发荧光性质的壳聚糖颗粒,从细胞水平上研究了不同颗粒粒径(430nm、1.9μm 和 4.8μm)对细胞摄取能力、胞内运输和细胞因子表达的影响。他们发现不同粒径大小的颗粒,其细胞内吞动力学存在明显区别。粒径为 430nm 的颗粒在 1h 内就可以被巨噬细胞快速而有效地摄取,而 1.9μm 和 4.8μm 的微米颗粒的摄取量在 1h 时分别为 11% 和 6%,在细胞摄取作用的初始阶段表现出明显的滞后性。通过将流式测得的细胞平均荧光强度归一化为细胞摄取颗粒的总数量、总比表面积及总体积 3 个指标可看出,每个细胞摄取纳米颗粒的平均个数远远超过 1.9μm 和 4.8μm 的摄取数量;并且内化的纳米颗粒还展示出更大的内吞颗粒总表面积,超出微米颗粒至少 3 倍以上(图 7-3)。

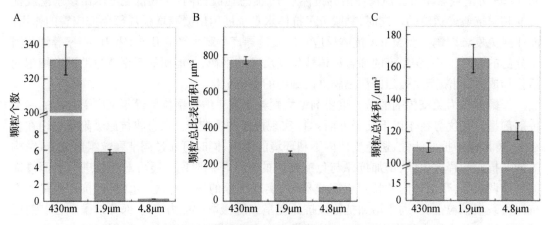

图 7-3　巨噬细胞与纳微颗粒共孵育 24h 后平均每个细胞摄取颗粒的
个数(A)、颗粒总比表面积(B)和颗粒总体积(C)

为深入阐明纳微颗粒被摄取进入胞内的过程,他们进一步采用激光共聚焦显微镜(CLSM)对细胞与颗粒的相互作用进行了观察。结果表明,纳米颗粒的识别只需要巨噬细胞的少数触角参与,而粒径较大的微米颗粒则需要更多触角的感知和包围。因此,细胞在摄取大粒径微米颗粒时将比纳米颗粒耗费更多的"准备"时间。此发现为粒径较大的微米颗粒在内吞初始阶段有明显的滞后期做出了合理的解释。同时,通过采用特异性抑制剂对细胞进行处理,他们还发现纳微颗粒的粒径直接影响巨噬细胞对其的内吞机制。小粒径颗粒可通过笼形蛋白介导的内吞、小窝蛋白介导的内吞、巨胞饮及吞噬途径等多种内吞机制被巨噬细胞摄取,而微米颗粒的内吞机制则主要依赖于肌动蛋白细胞骨架重排的吞噬作用及微管运动。进一步的研究表明,纳米颗粒对于细胞因子的调节作用更为显著,可以上调 IL - 12、IFN - γ 及 TNF 细胞因子分泌水平,同时较大程度地提高共刺激因子 CD80 和 CD86 的表达水平。基于上述研究可以发现,作为疫苗佐剂,壳聚糖纳米颗粒比微米颗粒具有更大的优势。

除粒径外,对于壳聚糖颗粒来说,其颗粒表面功能基同样是影响其佐剂效果的重要因素之一。Liu 等(2013)分别采用化学交联法和层层自组装技术制备了两种带有不同功能基团的壳聚糖颗粒。其中化学交联法所制备的壳聚糖颗粒(CS - CL 颗粒)采用戊二醛交联,表面富含叔胺,Zeta 电势为 (1.59 ± 1.02) mV。层层自组装技术制备的颗粒(CS - NH$_2$ 颗粒)采用海藻酸钠与壳聚糖相互作用,表面富含伯胺,Zeta 电势为 (22.05 ± 2.46) mV。两种颗粒除表面功能基团不同外,具有相似的平均粒径(1μm 左右)、表面形貌(球形,表面光滑)和抗原负载量(65% 左右)。在细胞学研究和动物实验中,他们发现表面功能基团对于树突状细胞对颗粒的摄取量没有明显的影响(均在 72% 左右),但对于补体活化能力影响较大。通过检测人正常血清与不同颗粒共孵育后补体活化标志分子 C3a 浓度的变化,他们发现血清在与不同浓度富含伯胺的 CS - NH$_2$ 颗粒共孵育后 C3a 的浓度可以提高约 12 倍,而与 CS - CL 颗粒共孵育的血清中 C3a 含量仅为原血清的 4 倍,表明 CS - NH$_2$ 颗粒具有更强的激活补体的能力,其原因可能在于 C3a 是由补体激活途径的关键分子 C3 活化裂解为 C3a、C3b 两个片段得到,表面富含伯胺的 CS - NH$_2$ 颗粒可与补体系统中的 C3b 分子共价结合,进而促进 C3 活化裂解,得到更多的 C3a。

此外,壳聚糖颗粒的正电荷特性还可以帮助抗原实现溶酶体逃逸,改变抗原的提呈途径,使外源性抗原按内源性抗原递呈途径进行加工和处理,从而实现增强 Th1 细胞免疫的目的。壳聚糖颗粒的溶酶体逃逸能力与其 pH 敏感性直接相关。例如,同样采用壳聚糖季铵盐制备纳微颗粒,一种是采用戊二醛共价交联的化学交联颗粒,由于壳聚糖链上的大多数氨基与戊二醛反应,因此该颗粒不具有明显的 pH 敏感性。另一种颗粒采用前述的壳聚糖季铵盐温度敏感凝胶制备,颗粒的固化方式为升温固化。所得到的颗粒具有明显的 pH 敏感性,在酸性环境中溶胀乃至溶解,快速释放所包埋的抗原,而在中性或碱性环境中保持稳定,抗原释放较慢。将上述两种颗粒与小鼠髓源树突状细胞共孵育后进行激光共聚焦显微镜观察,可以发现凝胶颗粒组中有较多的抗原可以从溶酶体中逃逸出来,抗原与溶酶体的共定位率是 20% 左右,而化学交联颗粒组中的共定位率在 65% 左右。进一步的研究表明该颗粒的促溶酶体逃逸能力与两种机制有关。其中之一是"质子泵"效应,即阳离子聚合物中的游离氨基在溶酶体的酸性环境能发生质子化,氢离子的增加使得氯离子、水能进入溶酶体,从而导致溶酶体渗透压改变发生裂解或溶胀。另一机制是凝胶颗粒在酸性环境中的溶胀或溶解使得溶酶体渗透压增大,并导致溶酶体膜的不稳定甚至破裂。通过进一步的动物免疫实验,结果证实凝胶颗粒组可以显著诱导小鼠体内效应性记忆 T 细胞的增殖,同时促进细胞因子的分泌,而化学交联颗粒组并未表现出上述特性,表明凝胶颗粒的 pH 敏感性可以通过帮助抗原实现溶酶体逃逸来获得更强的细胞免疫应答。随后的研究发现,该凝胶颗粒佐剂除可实现溶酶体逃逸功能外,还具有延长抗原在注射部位的停留时间,促进抗原提呈细胞对抗原的摄取,激活树突状细胞等免疫增强机制。在上述机制的协同作用下,该凝胶颗粒可以显著增强小鼠的体液及细胞免疫应答,效果远优于铝佐剂组。

除制备不同的剂型外,壳聚糖还可配合其他佐剂共同使用。例如,可以将另一种免疫佐剂 CpG(含有未甲基化 CpG 的寡核苷酸片段)与壳聚糖复配,制备包埋 CpG 的壳聚糖纳米颗粒,用于免疫小鼠。结果发现,与对照组相比,壳聚糖佐剂组的小鼠血清中 IgG、IgM、IgA 的水平明显升高,白细胞和淋巴细胞数量增加,IL-2、IL-4 和 IL-6 的分泌增强,从而有效抵御了大肠杆菌的感染并存活了下来。而对照组则表现出明显的感染症状。Seferian 和 Martinez 设计了两种含有壳聚糖的新型佐剂,乙酸锌-壳聚糖颗粒及含有壳聚糖、角鲨烯和 Pluronic® L121 的乳液制剂,将其作为重组人绒毛膜促性腺激素(rβhCG)的注射佐剂,对小鼠和豚鼠分别进行腹腔和肌肉注射,结果发现这两种佐剂不仅能有效地升高体液中 IgG 抗体的水平,还能够维持高抗体水平较长时间(可达 181d)。锌的加入是为了增强颗粒与精氨酸标签重组蛋白之间的亲和性,同时锌自身也具有一定的免疫佐剂作用。乳液制剂中引入了角鲨烯及 Pluronic® L121 佐剂,其中角鲨烯已在 MF59、AS03 等商品化油乳佐剂中广泛应用。也有报道证明 Pluronic® L121 的加入,既可作为乳液稳定剂,又可活化补体,从而有利于抗原定位到滤泡树突状细胞,并进而刺激 B 细胞的分化。在黏膜免疫佐剂方面,有研究者比较了壳聚糖与其他佐剂用于幽门螺杆菌尿素酶重组抗原鼻腔黏膜免疫的效果,结果表明与霍乱毒素 B 亚单位(CTB)(一种已知可以引起强烈体液免疫效果的黏膜免疫佐剂)和胞壁酰二肽(MDP)(主要增强细胞免疫)相比,壳聚糖可以引起与 MDP 相当的免疫反应,并且将上述佐剂组合使用,可以取得更高的免疫效果。

(3)作为疫苗佐剂的安全性

关于壳聚糖的安全性研究,有多个研究组从不同的方面进行了考察,如壳聚糖的自身性质、不同的给药途径、不同的给药剂型及对不同种属动物的影响等。体外降解实验表明壳聚糖可以被溶菌酶完全降解,其降解的速率与分子质量和脱乙酰度有关。体内实验同样表明壳聚糖可以被降解为小分子质量的壳寡糖后清除出体外。其体内降解行为受到给药途径和剂型的影响。例如,作为注射给药制剂,皮下注射时壳聚糖溶液剂型会在 2~3 周被巨噬细胞和中性粒细胞浸润并降解。用壳聚糖溶液对小鼠进行腹腔注射,绝大多数壳聚糖在 14h 内会被降解为小分子质量产物并被肾小球过滤清除。如果将壳聚糖制备成较大的微米级颗粒,对小鼠进行肌肉注射,其倾向于停留在注射部位,并被缓慢降解。脱乙酰化壳聚糖颗粒比乙酰化壳聚糖颗粒的降解速度更慢。如果将壳聚糖制备成纳米纤维膜后植入皮下,其降解速度更慢,可以维持形态 16~20 周。

然而,目前大多数关于壳聚糖安全性的研究集中于将其作为药物载体,而关于壳聚糖作为疫苗佐剂方面的安全性研究较少。用途上的区别决定了在用法、用量和对不良反应的评价方面都存在一些细微的差异。例如,相对于作为药物载体,用作疫苗佐剂的壳聚糖用量少(通常在微克或毫克级别)、给药次数较少(一般为一到三次)、给药周期较短(一般为一个月),因此通常不需要对佐剂进行基因毒性及致癌毒性研究。此外,与药物制剂主要应用于某一特殊的患病人群不同,疫苗制剂的应用人群更为广泛,可能涉及孕期、哺乳期妇女及青少年儿童,因此对于疫苗佐剂的生殖毒性、遗传毒性及其对生长发育的影响需要格外关注。

同时,应该注意的是,壳聚糖是一种天然产物,其自身性质和组成复杂,包括不同脱乙酰度、分子质量和纯度等,且其性质容易受到来源地、来源生物和季节等多种外界因素的影响,造成批次间质量控制困难。而无论是作为药物载体还是作为疫苗佐剂,壳聚糖都必须符合药用辅料的标准。目前,欧洲、日本和美国等对壳聚糖研究较早及应用较广的国家已经将壳聚糖或其衍生物载入药典,或者制定了相关的质量标准和检测方法。例如,美国药典中对壳聚糖的质量标准进行了明确的限定(表7-5)。而我国在相关的标准和方法的制定和实施方面相对滞后,目前大多数厂家大多参考国外同类标准或制定单独的企业标准,这在一定程度上限制了我国壳聚糖的研究和应用,亟需得到相关部门的重视和推动。

表7-5　美国药典(USP35-NF30)中对壳聚糖的质量要求

项　　目	标　　准
鉴别	红外光谱、将其溶于乙醇酸溶液中,加入十二烷基硫酸钠水溶液,可形成凝胶状沉淀
脱乙酰度	70.0%~95.0%
灼烧残渣	不超过1.0%
重金属(总含量)	≤10.0ppm
铅	≤0.5ppm
汞	≤0.2ppm
铬	≤1.0ppm
镍	≤1.0ppm
镉	≤0.2ppm
砷	≤0.5ppm
铁	≤10.0ppm
蛋白质含量	不超过0.2%
细菌内毒素	遵照相关剂型规定
微生物限度检测及特定微生物检测	≤1000cfu/g,霉菌和酵母菌的总和≤100cfu/g,绿脓杆菌和金黄葡萄球菌不得检出
表观平均分子质量和分子质量分布范围	表观分子质量和分子质量分布范围应在标签所列数值的85%~115%(适用于分子质量不超过1000kDa的壳聚糖)
干燥失重	≤5.0%

(4)应用范围

虽然壳聚糖被公认为是具有良好生物相容性及安全性的材料,但是截至目前,其在生物医药领域的应用仍集中在作为医疗器械,如伤口敷料、外用栓剂等方面。作为人用疫苗佐剂尚未获得上市,仅有少数几篇文献报道了壳聚糖作为人用疫苗佐剂在人体上的实际应用。

2003 年,Mills 等在健康志愿者身上实验了壳聚糖作为白喉疫苗佐剂的效果。将灭活白喉类毒素(CRM197)与壳聚糖混合通过鼻腔免疫接种的方式对志愿者免疫。结果表明,单次鼻腔接种后志愿者血清中的抗毒素和活性可以达到和肌肉注射白喉疫苗相当的水平,证明了壳聚糖显著的免疫增强作用。该研究小组随后在 2005 年进行了壳聚糖作为脑膜炎多糖结合疫苗佐剂的人体实验。结果表明,壳聚糖的免疫增强效果明显,而且更为重要的是仅有壳聚糖鼻腔免疫组,可在鼻腔洗液中检测到高的 MCP 特异性分泌 IgA 抗体。

目前已知的已经进入临床的人用壳聚糖疫苗佐剂有由美国 LigoCyte 公司(现已被 Takeda Pharmaceutical 收购)开发的治疗 Norovirus 病毒 VLP 干粉喷鼻疫苗 Norwalk VLP(GI. 1 genotype),其中所使用的壳聚糖佐剂商品名为 Chisys®,是一种壳聚糖谷氨酸盐(chitosan glutamate)干粉,由 Archimedes Development Ltd 公司研制和开发。该疫苗已经于 2012 年 5 月完成临床 I 期实验。随后,该公司进行了 Norovirus 双价干粉喷鼻疫苗 Norwalk VLP(GI.1/ GII.4 genotype)的临床试验,并于 2013 年 3 月正式完成。年龄在 18~49 岁的健康志愿者被分为两组,分别接受两次鼻腔接种(疫苗组和阴性对照组,接种时间间隔为 21d),持续观察 180d。结果表明最常见的不良反应为流涕、打喷嚏和鼻塞,没有观察到严重的不良反应。在最优剂量下(100μg VLP 每剂),IgG 和 IgA 的抗体水平可以分别增加 4.8 倍和 9.1 倍。

另一进入临床的人用壳聚糖疫苗佐剂为由瑞典 Viscogel AB 公司开发的低脱乙酰度(50%)、高纯度壳聚糖颗粒佐剂。该壳聚糖颗粒的制备流程为先向壳聚糖盐酸盐溶液中加入一定量的氢氧化钠,将溶液的 pH 调至中性,然后在剧烈搅拌下加入方酸二乙酯,将混合体系置于玻璃瓶中在 40℃ 下封口反应 3d 后可以得到凝胶。再采用机械搅拌的方式将凝胶粉碎为凝胶颗粒,颗粒的粒径大小为(200±150)μm。Viscoge AB 公司将该壳聚糖凝胶颗粒用作乙型流感嗜血杆菌疫苗的注射免疫佐剂,在 2013 年完成了临床 I 期和 II 期。在临床实验 I 期中,有约 30 位健康成年志愿者参加了临床实验,分别接受了三个不同剂量(25mg、50mg 和 75mg)佐剂的肌肉注射。接种后持续观察 28d,没有出现一例严重的不良反应,最常见的症状为注射部位疼痛和红肿。随后进行的 II 期临床实验,主要目的确定疫苗制剂的有效性,志愿者被分为五组,分别接种了不同剂量的疫苗制剂,结果表明 ViscoGel® 具有良好的安全性和免疫佐剂效果。上述研究为实现壳聚糖作为免疫佐剂的临床应用起到了极大的推进作用。

然而,目前大多数文献报道仍然集中于壳聚糖的鼻腔免疫接种,这一方面表明人们对于壳聚糖的安全性仍存在着一定的顾虑,另一方面也提示壳聚糖的鼻腔免疫接种是一种很有前景的免疫制剂,有望更快地获得临床应用。

除作为人用疫苗佐剂外,壳聚糖在动物疫苗中也可以发挥良好的疫苗佐剂作用。例如,牛 I 型疱疹病毒是牛鼻气管炎的病原,采用壳聚糖制备微米颗粒(粒径在 10μm 以下)及凝胶剂型,用作牛 I 型疱疹病毒疫苗的黏膜免疫佐剂时,结果表明,无论是颗粒还是凝胶剂型,均不会影响抗原的免疫原性。当用作黏膜免疫佐剂时,由于壳聚糖良好的黏膜黏附性,有望取得更高的免疫效果。更重要的是,还可以将壳聚糖作为鱼用疫苗佐剂,充分发挥壳聚糖来源于海洋、服务于海洋的潜力。例如,在虹鳟鱼的饲料中添加一定浓度的壳聚糖,持续喂养 56d 后,虹鳟鱼的部分血液指标(淋巴细胞、中性粒细胞、单核白细胞等)均会升高,抵抗不利环境如低氧、盐、低温等环境影响的能力都有所增加,证明壳聚糖对于鱼具有一定的免疫调节作用。Kumar 等采用壳聚糖纳米颗粒作为鳗弧菌 DNA 疫苗的口服免疫佐剂。壳聚糖长链分子上的正电荷能与带负电荷的 DNA 形成聚电解质聚合物,使 DNA 分子由伸展结构压缩为体积相对较小的 DNA 粒子,并可吸附于表面带负电荷的细胞,从而更有利于质粒 DNA 进入细胞。他们采用壳聚糖颗粒包埋鳗弧菌的外膜孔蛋白基因($pVAOMP38$)对亚洲鲈鱼进行口服免疫,通过免疫组化实验观察到 DNA 质粒在不同部位(鳃肝、脾、胰脏)中的表达(图 7-4)。并且在攻毒试验后,佐剂组也表现出较好的相对存活率(46%)。

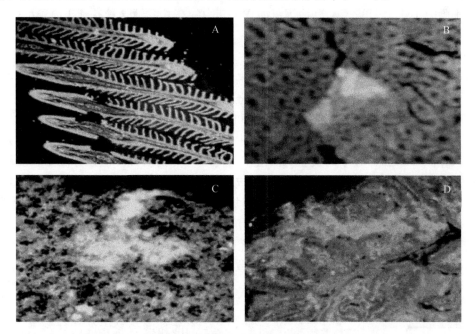

图 7-4　通过免疫组化法检测到的壳聚糖包埋的鳗弧菌外模孔蛋白基因($pVAOMP38$)在亚洲鲈鱼不同部位的表达(引自 Kumar et al., 2008)

A. 鱼鳃;B. 肝;C. 脾;D. 肠

2. 海藻多糖作为免疫佐剂

(1) 免疫增强机制

海藻多糖是另一种来源于海洋并在生物医药领域具有重要用途的多糖材料,尤其是来源于褐藻的海藻酸盐,其作为组织工程材料、医疗器械和药物载体均已有大量的研究报道和实际应用。同样的,关于其作为免疫佐剂的研究已有多年的历史。最早的文献报道可以追溯到 1950 年英国 Moredun Institute 的 Slavin 在 *Nature* 上发表的文章。他将含有抗原的海藻酸溶液和氯化钙溶液先后注射到兔子的同一部位,海藻酸与钙离子发生相互作用从而在注射部位处形成凝胶。凝胶可以作为抗原储库持续释放抗原,避免多次注射。随后的研究表明海藻酸还具有一定的免疫调节作用。例如,Son 等将海藻酸溶液注射到小鼠腹腔,经过一段时间后取出小鼠腹腔巨噬细胞进行检测。结果发现与对照组相比,海藻酸处理组中的小鼠腹腔巨噬细胞能够分泌更多的 NO、H_2O_2 和 TNF-α,更有效地抑制肿瘤细胞生长。

由于海藻酸主要由 β-D-甘露糖醛酸(Mannuronic acid,简称 M)和 α-L-古洛糖醛酸(guluronic acid, G)通过 β-1,4 糖苷键连接而成,其中 M 和 G 在海藻酸中的含量和排列对于海藻酸的性质具有很大的影响。例如,海藻酸在钙离子存在时的胶凝行为和形成凝胶的黏弹性受到 M 和 G 含量的影响。由于 Ca^{2+} 主要是与海藻酸钠中的古洛糖醛酸单元(G)结合形成蛋盒结构得到凝胶,因此当海藻酸中的 M 含量增加时,胶凝需要的 Ca^{2+} 数量降低。随着海藻酸作为免疫佐剂的研究逐步深入,人们研究发现海藻酸中 M 和 G 的含量对其免疫性质也有一定的影响。多篇文献报道具有高 M 含量的海藻酸具有更好的抗癌效果和促细胞因子生成的能力。有研究者发现当海藻酸相对分子质量高于 20 万时,高 M 含量的海藻酸能促进单核细胞中 TNF-α 的分泌,其原因可能在于其中的高甘露糖含量有利于海藻酸靶向 DC 细胞。

(2) 常用剂型

目前关于海藻酸作为免疫佐剂的研究同样主要集中在凝胶和颗粒两种剂型。其中凝胶剂型主要是利用海藻酸上的 G 片段可以与部分金属离子(主要是钙离子)形成蛋盒结构,从而制备凝胶。研究者大多利用这一性质制备可注射凝胶,实现抗原的缓控释放。所报道的制备方法主要包括两种。一种是在短时间内先后将海藻酸溶液与氯化钙溶液分别注射到同一部位,如由 Slavin 最早发表的关于海藻酸作为免疫佐剂的研究。但该方法要求实验人员操作迅速,注射部位准确,以免影响凝胶的形成。另一方法是利用人体或动物体内天然存在的钙离子实现海藻酸溶液的胶凝,如 1959 年加拿大 University of Alberta 的 Amies 的研究。他没有外加钙盐溶液,而是利用动物体内已有的钙离子与海藻酸反应,在注射部位形成凝胶。然而,由于体内的钙离子浓度较低,需要很长的时间(1h 左右)才能实现海藻酸的完全胶凝。在此期间,容易造成抗原的高突释,导致凝胶所起的抗原缓释作用有限。实验结果也表明,与铝佐剂组相比,这一剂型的免疫增强效果较弱。并且,海藻酸溶液较高的黏度和较大的注射剂量(每只豚鼠 1ml)给注射带来了很大困难,也限制了其实际应用。针对上述问题,随后的研究者开展了大量研究。例如,Hori 等提出了一种新的海藻酸可注射体系,他先制备了钙离子交联的海藻酸钙颗粒(20μm 左右),然后将海藻酸钙颗粒与海藻酸溶液混合,由于钙离子会从颗粒中向外逐步缓释并与海藻酸溶液反应,可促使在颗粒周围形成海藻酸凝胶(图 7-5)。通过改变颗粒中钙离子的浓度和颗粒的加入量可以调节形成凝胶的速度和机械强度。他们将这一可注射体系用作载有抗原的 DC 细胞包埋,可在注射部位实现 DC 细胞的缓释及 T 细胞的募集,有望用于肿瘤或持续感染部位的治疗。

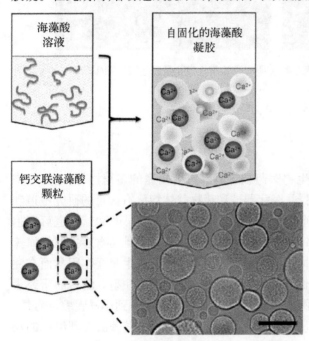

图 7-5 结合海藻酸钙颗粒和海藻酸溶液制备的自固化剂型(图中标尺为 50μm)(引自 Hori et al., 2008)

除凝胶外,海藻酸颗粒作为免疫佐剂的相关报道更多。采用颗粒剂型,不仅可实现对抗原的包埋、缓释,还可用于注射、口服、滴鼻等多种免疫途径,为其临床应用提供了便利。例如,可以制备海藻酸纳米颗粒用于包埋白喉毒素,与磷酸铝吸附抗原相比,包埋在海藻酸颗粒中的抗原释放速度更为缓慢持久,能够取得比磷酸铝佐剂组更好的免疫效果。也有研究者制备包埋 CpG‐ODN 和高压蒸气处理过的利什曼原虫的海藻酸颗粒,并对小鼠进行皮下注射免疫。在免疫 3 次后对小鼠采用利什曼原虫进行攻毒实验,通过检测小鼠足垫的肿胀程度来评价感染情况。结果发现与单独抗原组、抗原+CpG‐ODN 组、只包埋抗原的海藻酸颗粒组、包埋抗原的海藻酸颗粒与 CpG‐ODN 混合组相比,将 CpG‐ODN 与抗原共同包埋在海藻酸颗粒中可以获得最好的攻毒保护效果。此外,还有文献将海藻酸与聚乙烯亚胺(PEI)2000 通过静电作用及二硫键交联制备成可生物还原的纳米凝胶颗粒(平均粒径在 80nm)。该纳米凝胶颗粒可在胞内的还原环境下[主要是胞液和细胞核中的还原性谷胱甘肽(γ‐glutamyl-cysteinyl-glycine,GSH)及晚期胞内体中的半胱氨酸]降解并释放出包埋的抗原。体内外实验表明,该凝胶颗粒不仅能够促进抗原被小鼠髓源树突状细胞(BMDCs)吞噬,还可以促进抗原在胞液内的释放和降解。与不具有生物还原性的纳米凝胶相比,该纳米凝胶可以增强抗原特异性抗体的产生和 $CD8^+T$ 细胞介导的肿瘤细胞裂解。

对于海藻酸颗粒的形成,最常用的方法是加入钙离子,利用钙离子与海藻酸之间的螯合作用,可以得到凝胶颗粒。例如,可以采用油包水乳液法制备海藻酸颗粒,首先采用均质将海藻酸溶液分散在含有表面活性剂的异戊醇中,然后外加氯化钙溶液以促使颗粒的固化。但这一方法的缺点在于氯化钙溶液是后添加到乳液中的,需要通过扩散进入海藻酸液滴中促使其固化,造成固化效率较低,同时固化大多发生在表面,难以实现均匀交联,影响抗原的包埋和释放。同时,凝胶颗粒为高分子网络结构,对于小分子抗原,还容易造成其药物包埋率低,药物释放速率较快。为解决上述问题,Leonard 等提出了一种新的制备方法。他们采用溴十二烷对海藻酸进行疏水修饰,将长的烷基链通过共价交联连接到多糖链上,并将修饰后的两亲性海藻酸溶液滴加到氯化钠溶液中,利用多糖链自身的分子间及分子内疏水作用可以得到海藻酸颗粒。与采用钙离子交联的海藻酸颗粒相比,疏水修饰所得到的海藻酸颗粒具有更高的抗原包埋率(对于脲酶和 BSA,均可以达到 95% 以上)和更为缓慢的抗原释放曲线。将该海藻酸颗粒包埋脲酶后,对小鼠进行皮下注射免疫,可以提高 IgG1 和 IgG2a 抗体亚型水平,实现感染率的下降。

调节海藻酸颗粒渗透性的另一常见方法是加入带正电荷的其他材料,如壳聚糖、聚赖氨酸等对颗粒进行镀层修饰。Suksamran 等分别采用甲基化的 N‐($4-N,N$‐二甲基氨基肉桂基)壳聚糖对海藻酸颗粒及海藻酸-山药淀粉复合颗粒进行镀层,结果发现与未镀层颗粒相比,镀层后的颗粒具有更好的溶胀性、生物黏附性及更为稳定的释放速度(图 7‐6)。

更为常见的海藻酸颗粒剂型为海藻酸镀层的壳聚糖颗粒。由于海藻酸为聚阴离子高分子,其生物相容性比具有正电荷的壳聚糖更好。与未镀层的壳聚糖纳米微球相比,海藻酸镀层的壳聚糖纳米微球对 DC 细胞的活性影响较小。同时,海藻酸颗粒的 pH 敏感性和生物黏附性,也使其更适于作为表面镀层材料应用于口服给药制剂。与壳聚糖相反,海藻酸盐所形成的凝胶在酸溶液中处于稳定的收缩状态,在中性或弱碱性环境中,凝胶溶解,从而释放包埋的抗原或药物,因此可以避免胃部酸性环境对抗原活性的影响,而在肠部定点释放药物。

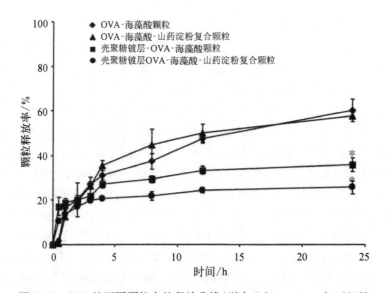

图7-6 OVA从不同颗粒中的释放曲线(引自 Suksamran et al., 2013)

上述颗粒先在 0.1mol/L 的 HCl(pH 1.2)溶液中浸泡 2h 然后分散到 PBS(pH 7.4)中一直检测到 24h。每个点的数据为三次实验的平均值,* 表示 $P<0.05$)

关于海藻酸的黏膜黏附性,有研究认为阴离子聚合物比阳离子聚合物和非离子化聚合物具有更强的黏附性。研究者检测了不同材料制备的颗粒与从小鼠空肠中取出的肠上皮之间的相互作用力,结果发现与其他材料(包括聚苯乙烯、壳聚糖、羧甲基纤维素和聚乳酸)相比,海藻酸颗粒与肠上皮之间存着最强的黏附作用。因此,海藻酸镀层有利于口服颗粒制剂的抗原活性保护、定点释放、黏膜渗透吸收。采用海藻酸对壳聚糖纳米颗粒镀层,还可提高颗粒的稳定性并调控抗原在不同 pH 下的释放速率以便其用于口服免疫。海藻酸镀层后,壳聚糖颗粒的 Zeta 电位会从正值下降为负值,表明海藻酸已经镀层在壳聚糖颗粒上。同时,镀层后的颗粒在模拟肠液(pH 7.4)中可表现出比模拟胃液(pH 5.5)中更快的抗原释放速度。

除壳聚糖外,聚乳酸-乙醇酸共聚物(PLGA)也是经常与海藻酸配合使用的材料。可以采用水包油包水复乳法制备海藻酸-PLGA 复合颗粒,亲水性海藻酸的加入能够稳定乳滴,有利于抗原包埋率的提高,同时抗原可以在内水相中均匀分布,降低抗原在微球表面的分布,从而实现突释的降低。也有研究者将海藻酸、壳聚糖及 PLGA 这三种制备颗粒佐剂常用的材料复配制备海藻酸-壳聚糖-PLGA 复合颗粒。他们首先采用了油包水乳化法制备了钙离子交联的海藻酸颗粒,然后将该颗粒先后分散在壳聚糖酸溶液及溶有 PLGA 的乙腈中,得到了 PLGA 和壳聚糖双重镀层的海藻酸颗粒。PLGA 镀层前后,颗粒的大小分别为 300nm 和 5μm 以下。他们将这一复合颗粒用于包埋乙型肝炎表面抗原 HBsAg,结果表明该制剂可以作为 HBsAg 的单针注射制剂,免疫效果达到与注射两次含有铝佐剂的抗原组相当的水平。这一方法制备的纳微颗粒还可用作动物疫苗佐剂,如作为嗜水气单胞菌的鱼用注射疫苗制剂。与 PLGA 颗粒相比,复合颗粒具有更高的抗原包埋率及更低的突释,能够促使受种鱼体内产生并维持高的抗体水平达 9 周。

对于海藻酸、壳聚糖及 PLGA 的免疫佐剂效果,中国海洋大学的田继远在 2008 年先后报道了采用海藻酸、PLGA、壳聚糖制备了负载 DNA 疫苗的颗粒,对牙鲆进行口服免疫,用于淋巴囊肿病的预防,部分结果如图 7-7 所示。其中海藻酸微粒对核酸疫苗的载药百分比为 1.8%,10μm 以下,pH2.0(模拟胃液)中 12h 内小于等于 10% 的 pDNA 被释放,在 pH9.0(模拟肠液)中 12h 内少于 6.5% 的 pDNA 释放,90d 后鱼体内仍有绿色荧光蛋白的显著表达,体液抗体水平值在 11~14 周达到峰值。PLGA 微粒对核酸疫苗的载药百分比为 0.5%~0.7%,

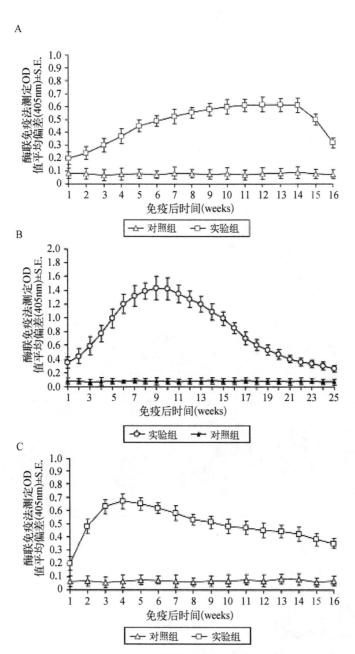

图 7-7　分别采用海藻酸(A)、PLGA(B)、壳聚糖(C)颗粒作为淋巴囊肿病核酸疫苗
载体对牙鲆进行口服免疫后的体液抗体水平(引自田继远,2008)

0.6～14μm,pH2.0(模拟胃液)中12h内pDNA被完全释放,在pH9.0(模拟肠液)中12h内释放35%的pDNA,18h后完全释放,90d后鱼体内仍有绿色荧光蛋白的显著表达,体液抗体水平值在9周达到峰值。壳聚糖微粒对核酸疫苗的载药百分比为0.3%,0.2～14μm,pH2.0(模拟胃液)中和pH9.0(模拟肠液)中pDNA的释放比PLGA组慢,分别在第8天和第14天释放完全,90d后鱼体内仍有绿色荧光蛋白的显著表达,体液抗体水平值在4周达到峰值。Tian等综合比较后认为PLGA颗粒的效果最好,但其价格相对昂贵,制备工艺复杂(采用复乳法制备);壳聚糖和海藻酸颗粒因为均为亲水体系,只需用单乳法制备,二者相比较壳聚糖的免疫效果较好。在上述研究的基础上,如果能够结合不同材料的结构、性质及免疫作用机制,分析其产生不同免疫起效时间、持续时间之间的关系,将会对作为免疫佐剂的颗粒材料的选择提供非常有借鉴意义的指导。

Babensee和Paranjpe在这方面做出了一些尝试。他们考察了由不同生物材料制备的薄膜[海藻酸、琼脂糖、壳聚糖、透明质酸、PLGA(75∶25)]与人源未成熟DC细胞之间的相互作用,结果发现壳聚糖及PLGA处理的DC细胞能够上调表面标志分子CD86、CD40和HLA-DQ的表达,琼脂糖的促DC细胞成熟的能力次之,而海藻酸和透明质酸起到下调DC细胞CD86、CD40表达的作用。经不同材料处理后的DC细胞形态如图7-8所示,可以看出壳聚糖和PLGA处理后的DC细胞与成熟DC(mDC)细胞类似,而琼脂、海藻酸、透明质酸处理后的DC细胞与未成熟DC(iDC)细胞更相像。

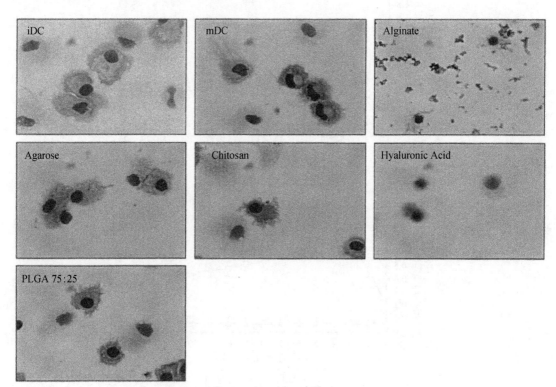

图7-8　与不同生物材料相互作用后的DC细胞形态(放大倍数40倍)
(引自 Babensee and Paranjpe,2005)

（3）应用范围

由于海藻酸的性质受其来源、产地的影响很大，质量控制困难，因此目前海藻酸作为人用疫苗免疫佐剂的研究仍大多停留在实验室研究阶段。经过文献检索，我们尚未发现在人类志愿者身上进行海藻酸佐剂的临床实验报道。因此，开发海藻酸作为动物疫苗佐剂是加快其实际应用的途径之一，尤其是其独特的 pH 敏感性和黏膜黏附性为其作为口服动物疫苗制剂应用提供了便利。例如，将海藻酸颗粒用于包埋多杀性巴氏杆菌的硫氰酸盐提取物，对家兔进行口服免疫，结果发现口服免疫可以增强家兔的血清 IgG、黏膜 IgA 抗体水平，并能提供更好的攻毒保护率。口服免疫的好处在于可以促进黏膜 IgA 抗体的产生，对于通过呼吸道、消化道、生殖道等黏膜感染的疾病可取得更好的免疫预防保护率，并且还可以通过黏膜免疫细胞的归巢效应，实现黏膜系统的共同免疫应答。

特别是近年来将海藻酸作为鱼用疫苗制剂的研究报道呈逐年增长的趋势。与畜禽养殖不同，水产养殖的养殖规模大、尾数多，注射免疫存在操作繁琐，人工和时间成本较高的问题，尤其是对于某些需要多次免疫的疫苗来说，其养殖成本更是可观。因此，开发鱼用口服疫苗，可以采用与饵料混合投喂的方式，操作简单方便，具有很高的应用前景。部分关于海藻酸用作鱼用口服疫苗制剂的研究如表 7-6 所示。然而，考虑到和饵料混合投喂的方便，目前文献报道中所用的海藻酸颗粒粒径均较大，一般在几到几十个微米，而较大的颗粒不利于其在肠部的吸收。如果针对鱼用口服疫苗制剂的特点，设计具有新型结构的颗粒制剂，如在大颗粒中包埋小颗粒，口服给药后在肠道处崩解为可透膜吸收的小颗粒，有望取得优于目前的免疫保护效果。

表 7-6　海藻酸用作鱼用疫苗口服制剂的部分报道

抗　原	海藻酸剂型	实验动物	结果总结
灭活温和气单胞菌	海藻酸颗粒	鲨	相对攻毒保护率达到 89.5%
嗜水气单胞菌	海藻酸镀层壳聚糖颗粒［平均粒径在（1101±10.3）nm］	南亚野鲮	海藻酸镀层壳聚糖颗粒可以同时提升适应性和固有性免疫应答水平长达 6 周
灭活格氏乳球菌	海藻酸颗粒［平均粒径在（0.2±0.01）μm］	虹鳟鱼	相对攻毒保护率为 50%
胰腺坏死病毒 DNA 疫苗	海藻酸颗粒（粒径在 1~1.7mm）	虹鳟鱼	相对攻毒保护率达到 85%
迟缓爱德华菌外膜囊泡	海藻酸镀层聚己内酯颗粒［平均粒径为（2.41±0.87）μm］	南亚野鲮	体内实验结果证明海藻酸镀层颗粒可以同时提升适应性和固有性免疫应答水平长达 63 天
鳗弧菌疫苗	海藻酸颗粒（粒径在 1~20μm）	鲤鱼、虹鳟鱼	与注射组相比，口服组在肠和鳃处黏膜抗体水平较高
抗溶藻弧菌 IgY	与饲料共混（含量在 24.5%）	小鲍鱼	相对攻毒保护率达到 65%~70%
杀鲑气单胞菌蛋白疫苗	海藻酸颗粒	鲫鱼	可保持高的抗体水平两个月以上
灭活温和气单胞菌	海藻酸颗粒（平均粒径为 3.03μm）	ICR 小鼠	相对攻毒保护率达到 87.5%
胰腺坏死病毒 DNA 疫苗	海藻酸颗粒（粒径小于 10μm）	鲑鱼	相对攻毒保护率达到 80%
哈氏弧菌亚单位疫苗	海藻酸颗粒	牙鲆	相对攻毒保护率达到 85.2%

3. 其他多糖佐剂

除壳聚糖和海藻酸外,关于其他海洋多糖用作免疫佐剂的研究也时见报道。例如,卡拉胶是从红藻中提取的一种高分子亲水性多糖,又称为鹿角菜胶、角叉菜胶。有多篇文献报道其可以导致豚鼠发生过敏反应。有研究者发现将灭活的鸡毒支原体菌苗与 0.2% 的卡拉胶混合可以降低小鸡肺泡炎的发生,而不含卡拉胶的疫苗组保护效果不明显。进一步的研究表明,免疫途径也会影响其保护效果。例如,分别采用不同的接种方式(包括气管滴入、滴鼻、口服、体腔注射、皮下注射和静脉注射)进行免疫,结果表明对于这一剂型,采用体腔注射/滴鼻及体腔注射/气管滴入组合的方式在促进特异性 IgG 和 IgA 抗体产生方面更为有效,个别组可以获得 100% 的攻毒保护率。还有文献报道,卡拉胶作为多肽疫苗佐剂"人乳头瘤病毒 16(HPV - 16)"E7 肽疫苗能够产生较强的抗原特异性反应和抑瘤效果。

除此之外,从褐藻中提取出的岩藻多糖也具有多种免疫调节功能,包括促进抗原提呈、增强抗病毒和抗肿瘤活性。注射岩藻多糖可以上调巨噬细胞表面共刺激分子 CD40、CD80 和 CD86 的表达,并促进脾 DC 细胞分泌 IL - 6、IL - 12 和 TNF - α。当采用 OVA 模型抗原进行免疫时,岩藻多糖可以促进 OVA 特异抗体的产生,并能促进 OVA 特异性 T 细胞的 IFN - γ 分泌。其免疫增强机制主要是促进 Th1 免疫反应和 CTL 活化,适于作为肿瘤疫苗佐剂。还有研究者从海洋丝状真菌草茎点霉(*Phoma herbarum* YS4108)中分离出一种促有丝分裂的多糖(YCP)。体内外实验发现这一多糖可以促进腹腔巨噬细胞和网状内皮细胞的吞噬活性,具有一定的免疫调节作用。还有报道对大西洋鲑鱼腹腔注射从海带中提取的昆布糖,可以降低两种模型病原体(*Vibrio salmonicida* 和 *Aeromonas salmonicida*)的感染率。但是关于上述海洋多糖的报道,往往比较零散,缺乏深入、系统的研究,同时来自不同研究组间的研究结果存在较大差异,这可能与天然产物自身性质受产地、来源等外界环境的影响较大、成分复杂等因素有关。因此,对于海洋多糖佐剂的研究,还需要配合生物分离、分析技术,对其活性成分进行分离、鉴别后,系统地考察其生物活性。

二、寡糖疫苗佐剂

海洋寡糖疫苗佐剂是近些年兴起的研究领域和朝阳产业,随着世界各国不断加大对海洋糖类资源的开发利用,世界上已经形成了美国、欧洲、日本三足鼎立的局面,同时涌现出大量致力于糖类疫苗和免疫佐剂开发的医药公司,我国在海洋寡糖佐剂研究领域也有自己的特色与优势。目前我国的疫苗佐剂以盐类、油乳、微生物成分等为主,但他们都不可避免地存在一些缺点。理想的佐剂不仅能够促进体液和细胞免疫反应,还可以作为弱免疫性抗原,不引起有害副作用,应用于畜禽动物不产生毒素残留,同时也能有效影响免疫反应质量。来源于海洋的某些寡糖兼具运输和免疫刺激功能,是极好的免疫佐剂候选物,具备成为新一代免疫佐剂的潜质。加快海洋寡糖佐剂产业化进程,在激烈的竞争中形成具有自主知识产权的免疫佐剂产品具有重大经济和社会意义。

1. 已发现的寡糖免疫佐剂

海洋寡糖种类和存量比较丰富,目前研究多聚焦在来源于虾蟹壳的壳寡糖和来源于海洋藻类的海藻寡糖。我国于 20 世纪 50 年代就已经开始对甲壳素的制备与应用进行研究与开发,2000 年前后酶法生产壳寡糖的方法被攻克,标志着甲壳素的研究进入一个全新的时代——壳寡糖时代。严格意义上,壳寡糖是指由 2~10 个氨基葡萄糖通过 β-1,4-糖苷键连接而成的一种寡糖,其分子中的糖基数称为聚合度(DP),文献中通常将聚合度在 10~20 的寡糖也归到壳寡糖中。目前文献中有多种表示壳寡糖的英文名词,如 chitooligosaccharides、chitosan oligosaccharide、oligochitosan 和 glucosamine oligosaccharide 等,其中前两个较为常用。壳寡糖分子中的羟基、氨基可以与黏液中带负电荷的糖蛋白形成氢键而产生黏附作用,这样可以延缓疫苗抗原的清除,延长疫苗抗原与黏膜接触,使抗原更加容易穿过黏膜屏障,与黏膜下的淋巴组织发生作用。壳寡糖还可以增强疫苗的渗透和吸收,并能够保护疫苗抗原避免被破坏;此外,壳寡糖也可使膜上皮细胞紧密结合蛋白的结构发生改变,导致跨膜通道开放,提高黏膜通透性,促进肽类等水溶性大分子的跨黏膜吸收。海藻寡糖中比较有代表性的是来源于褐藻的海藻酸钠寡糖,它可以通过降解海藻胶获得。海藻胶的特殊结构使得制备获得的海藻胶寡糖(alginate oligosaccharides, AOS)结构复杂多样,可以分为 M 寡糖、G 寡糖和 M/G 混合寡糖,它们不仅与海藻胶多糖具有诸多类似的生物活性,还有黏度低,水溶性好等特点,同时突破了海藻胶的应用限制,扩展了其研究领域,丰富的结构特征也为其作为免疫佐剂的开发奠定了理论基础。

2. 海洋寡糖的安全性和免疫活性

来源于虾蟹壳的壳寡糖具有较高溶解度,所以很容易被吸收利用,Chae 等对水溶性壳聚糖的口服吸收状况进行了研究,发现分子质量是影响其吸收的主要原因,随着分子质量的增加,壳聚糖的吸收却在减少,与 230kDa 的高分子质量壳聚糖相比,分子质量为 3.8kDa 的壳寡糖吸收剂量增加了 25 倍。壳寡糖的生物安全性目前也有较多的研究,其中 Kim 等给 SD 大鼠喂食壳寡糖研究其毒性,结果表明:每天给大鼠喂食 2g/kg 的壳寡糖,对大鼠行为、体重、进食、尿、血、相对器官重及组织病理等方面没有明显的影响,与对照组相比无显著性差异。Qin 等给小鼠喂食壳寡糖,发现其最大口服耐受量为 10g/kg,而连续喂食 3% 的壳寡糖 30d,小鼠并未出现异常症状和临床病症,小鼠的血液学检测、临床化学检测、器官/体重比也未出现显著性改变,证明短期摄取壳寡糖是无毒的。此外,壳寡糖还作为饲料添加剂,喂食虾、蟹、虹鳟鱼、仔鸡和仔猪也都未见不良影响。近年来的研究表明壳寡糖对巨噬细胞、中性粒细胞、自然杀伤细胞等免疫细胞都有一定的调控作用。研究学者将巨噬细胞和壳寡糖一起孵育 12h 后,发现壳寡糖能显著诱导巨噬细胞产生一氧化氮(NO),用 NF-κB 的抑制剂 PDTC 处理巨噬细胞后,NO 的产生明显被抑制,而加入壳寡糖后,NO 的含量显著回升,证明壳寡糖可能通过调控 NF-κB 信号通路来激活免疫防御过程。Chen 等研究发现壳寡糖作用于粉尘螨激活的巨噬细胞,能使细胞因子趋向于 Th1 方向,减少炎症性细胞因子 IL-6 及 TNF-α 的产生,降低 CD44 及 TLR 的表达,并抑制 T 细胞的增殖,扫描电镜观察壳寡糖抑制了巨噬细胞伪足的形成,并且通过抑制 PKC θ 的磷酸化及 NF-κB 信号转导途径的活化发挥作用。杜昱光研究团队从新西兰兔的外周血中分离获得粒细胞,壳寡糖处理后,正常的粒细胞有被活化的迹象,细胞活力显著增强,同时细胞产生的 NO 增加,然而壳寡糖对糖原诱导的小鼠腹膜炎中性粒细胞有促进凋亡的作用,阻止炎症型粒细胞的过度活化,并且 PLD 和 PI3K 可能参与这个过程。Maeda 等通过体内及体外实验证明壳寡糖促进小肠内皮淋巴细胞及脾淋巴细胞中的自然杀伤细胞活力,同时增强其对 S180 肿瘤细胞的细胞毒作用,推测壳寡糖可能是通过增强自然杀伤细胞的活性来抑制肿瘤的生长。

　　海藻酸钠寡糖可以通过降解海藻酸钠多糖制备获得,海藻酸钠在海带中的含量为15%~30%(干重),2010 年我国海带养殖面积超过 2.4 万 hm^2,产量 83 万 t,而海带早已作为食品为人们所食用,海藻酸钠在我国也早已作为食品添加剂被广泛使用(GB1976),具有较好的安全性。日本研究学者发现不饱和的海藻酸钠寡糖能够诱导巨噬细胞株 RAW264.7 分泌 TNF-α,而饱和的海藻酸钠寡糖诱导活性很低,揭示海藻酸钠寡糖不饱和端的结构对于诱导 TNF-α 是很重要的。对于白介素-1α、白介素-2β 和白介素-6 等细胞因子的诱导也存在类似的结构依赖。研究还指出,在一系列不饱和的寡糖中,古罗糖醛酸八糖(G8)和甘露糖醛酸七糖(M7)显示出最高活性,该结果暗示这两种寡糖可能具有最合适的分子尺寸或整体结构构象,类似于微生物产物与巨噬细胞上的受体识别,从而激发先天性免疫。Yamamoto 等进一步研究表明聚合度为 3~6 的古罗糖醛酸寡糖和甘露糖醛酸寡糖可以诱导小鼠巨噬细胞分泌包括粒细胞集落刺激因子、单核细胞趋化蛋白-1、巨噬细胞集落刺激因子在内的多种细胞因子。诱导作用不同程度地依赖于海藻酸钠寡糖结构,而甘露糖醛酸寡糖趋向于比古罗糖醛酸寡糖有更高的诱导活性,这一趋向在三糖(M3 和 G3)中表现得尤为明显(图 7-9)。因此,分子构象可能是影响寡糖诱导细胞因子活性的一个重要因素。Yamamoto 等给小鼠腹腔注射不同剂量的海藻酸钠寡糖混合物,然后检测小鼠血清中细胞因子水平。结果显示海藻酸钠寡糖混合物诱导 20 种细胞因子增加,而海藻酸钠聚糖没有如此效果。诱导后各细胞因子增加的水平和动力学模式不同,其中粒细胞集落刺激因子增加的水平最高。另外,寡糖混合物的免疫诱导活性是剂量依赖的,注射量为 70mg/kg 可诱导血清中粒细胞集落刺激因子达到最高浓度水平。由此可见,海藻酸钠寡糖对细胞和动物有较好的细胞免疫激活作用。

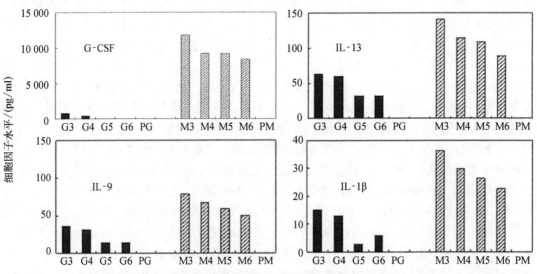

图 7-9　古罗糖醛酸寡糖和甘露糖醛酸寡糖激活不同的免疫因子(引自 Yamamoto et al., 2007)

3. 海洋寡糖作为疫苗佐剂的研究

　　有效的疫苗都需要一个合适的抗原传递系统,即存在佐剂依赖性或载体依赖性。一些研究表明海洋寡糖可有效地促进局部,特别是黏膜局部的免疫反应,增强抗原传递系统功能,具有免疫佐剂的效应。DNA 疫苗是利用重组 DNA 技术将保护性抗原蛋白基因克隆到真核表达载体,然后将重组的质粒 DNA 直接导入宿主体内,使抗原蛋白经过内源性表达递呈给免疫系统,诱发机体产生特异性的体液免疫和细胞免疫反应,从而达到预防和治疗疾病的目的。尽管 DNA 疫苗已经用于治疗一些动物疾病,但 DNA 疫苗在人体的免疫原性弱,不能有效诱导免疫应答限制了它的应用。将基因疫苗涂抹在皮肤表面进行免疫,由于免疫原性弱,影响皮肤对质粒的吸收及免疫效果,同时由于质粒本身容易降解,不能产生足够高的抗体水平来保护宿主不受疾病的感染。壳聚糖及其衍生物能与 DNA 形成聚电解质聚合物,对质粒 DNA 进行保护,减少质粒 DNA 的降解,增强免疫细胞的识别,延长疫苗的作用时间,从而加强免疫效果。李萍等国内研究学者将不同剂量的壳寡糖与甲型肝炎病毒疫苗混合免疫小鼠,探讨其对小鼠体液免疫应答的影响。研究结果表明,壳寡糖佐剂能有效提高甲型肝炎病毒抗原诱导小鼠体液免疫应答水平,且抗体持续时间较长,其中壳寡糖 2.5mg、5mg 和 10mg 剂量组在整个实验过程中均能保持较高的抗体水平,与铝佐剂对照组抗体应答水平相当,甚至高于铝佐剂对照组,而且生物安全性良好,表明壳寡糖具有成为新型疫苗佐剂的潜质。鱼类疫苗是通过激活宿主免疫来预防鱼类疾病的有效方法之一,实际上,一些疫苗佐剂往往可以提高疫苗的作用效果,特别是对于一些甲醛灭活疫苗。张元兴等国内研究学者将灭活的鳗弧菌疫苗与壳寡糖联合使用,可以有效提高斑马鱼和比目鱼的疫苗保护率,与灭活疫苗单独接种相比,添加壳寡糖佐剂后,保护率从 48% 提高到 89%,而且添加佐剂组的高抗体反应增多,提示添加寡糖佐剂后显著激活宿主的体液免疫应答,有利于抑制病原体的侵染作用。

　　口服和鼻腔接种疫苗能够诱导黏膜免疫,这种局部免疫对于抵御经黏膜感染的病原微生物是极其重要的。然而,口服疫苗在消化道内容易被降解,抗原的吸收效率低。经鼻腔接种的疫苗虽不像在肠道内那样降解明显,但在鼻腔内半清除时间仅为 15min,抗原很难逾越上皮屏障。将疫苗和递呈系统混合制备成微粒,就可以有效地防止疫苗在到达黏膜组织前被降解,因此一些研究学者将壳聚糖用于黏膜递呈和免疫佐剂的研究。然而,壳聚糖只能溶于酸性的溶液在很大程度上抑制了壳聚糖疫苗佐剂的广泛使用,壳寡糖是通过水解壳聚糖获得,具备壳聚糖的免疫刺激活性和安全性,同时又具有水溶性。Yang 等系统地评价了低分子质量的壳聚糖(5kDa、8kDa、32kDa、173kDa 和 425kDa)对 DNA 疫苗黏膜免疫的佐剂效果,在体外试验发现低分子质量的壳聚糖(5kDa)与疫苗混合体具有更高的转染效率,是高分子质量壳聚糖(173kDa)的两倍,这可能是由于高分子质量壳聚糖与 DNA 疫苗结合得更稳固,具有更强的亲和力,进而阻止了 DNA 从载体上释放,成为 DNA 疫苗胞内释放和进入细胞核的限速步骤,因此降低了转染效率。在兔的体内疫苗佐剂实验研究中,低分子质量的壳聚糖(5kDa)与疫苗混合体可诱导特异性的抗 CETP 免疫球蛋白 G 抗体的产生,并可持续超过 21 周,对兔的血脂和脂蛋白进行分析,抗动脉硬化症的高密度脂蛋白胆固醇(HDL - C/TC)显著增加,而促动脉硬化症的低密度脂蛋白胆固醇(LDL - C/TC)显著降低,同时兔主动脉内的动脉粥样硬化斑块显著减少,但由于 DNA 疫苗体内积累的原因,低分子质量的壳聚糖疫苗佐剂效果和高分子质量的壳聚糖疫苗佐剂效果相当。壳寡糖能携带疫苗抗原靶向作用于对象,减少不良反应,其作用对象可以是靶器官、靶细胞及细胞内靶结构等。此外,壳寡糖可有效促进局部(特别是黏膜局部)免疫反应,增强抗原递送系统的功能,具有免疫佐剂和免疫调节效应。研究发现,壳寡糖能够提高巨噬细胞的活性和积聚能力,抵制病原微生物的侵入,诱导细胞因子的产生,增强迟发型变态反应(DTH)。此外研究人员采用化学的方法,将壳寡糖和脱氧胆酸(DOCA)形成纳米颗粒(COSDs),此纳米颗粒具有很好的基因凝聚作用,可以保护基因免受核酸内切酶的攻击,起到很好的基因载体作用,在 HEK293 细胞中可以增加 20~100 倍的基因转染效率,被视为潜在有效的非病毒基因疫苗载体。壳寡糖纳米颗粒递送系统是一种新型的缓控释系统,由于其粒径小,疫苗抗原包裹于壳寡糖或其衍生物的纳米颗粒后,其释放主要取决于壳寡糖的生物降解和溶蚀,因此能持续缓慢释放,有效延长疫苗作用时间,避免突释效应,维持有效的产物浓度,减少疫苗接种次数,减轻或避免毒副反应,形成高的局部浓度,从而提高疫苗免疫效果。此外,壳寡糖具有良好的生物相容性,其与疫苗 DNA 质量比大于 20 时,两者能通过静电作用结合形成复合体。壳寡糖能在一定程度上保护 DNA 免受 DNA 降解酶的降解,携带疫苗 DNA 进入细胞,促进目的基因的表达。壳寡糖与质粒 DNA 的质量比升高,转染效率也有所提高。壳寡糖有调节免疫、防治癌症、调节血脂、防治糖尿病等活性,因此可以作为一种多功效的基因疫苗佐剂进行开发。

实用而高效的 Th1 佐剂可以诱导 Th1 细胞因子(白细胞介素 12、白细胞介素 18 和肿瘤坏死因子 α)的产生,而并不诱导 Th2 细胞因子(白细胞介素 10)的产生。Nishiyama 等研究发现 N-乙酰化的氨基葡萄糖胺聚合物可以被巨噬细胞吞噬,导致 MAPK 信号通路活化,进而产生高水平的肿瘤坏死因子 α 和环氧合酶-2,增加前列腺素 E2 的释放。然而,N-乙酰化的氨基葡萄糖胺聚合物却不能诱导白细胞介素 10 的产生,壳聚糖和大于 $10\mu m$ 的几丁质基本不具备上述活化 Th1 途径的作用,主要是小于 $10\mu m$ 的 N-乙酰化的氨基葡萄糖胺聚合物可以通过胞吞作用进入细胞,实现增强 Th1 细胞免疫的功效。研究学者比较了低分子质量壳聚糖(LMWC)、壳寡糖寡聚物(聚合度 1~6),壳聚糖水解产物三种相关样品对干扰素-γ 的免疫协同增强作用,发现壳寡糖寡聚物联合干扰素-γ 可以通过诱导型一氧化氮合酶基因的表达,显著诱导一氧化氮的产生,并且增强核转录因子($NF-\kappa B$)向细胞核的转入及与 DNA 的结合活性,采用核转录因子的抑制剂(MG132)可以消除这种免疫协同作用。此外,CD14、TLR4、CR3 抗体与细胞共孵育,同样可以阻止一氧化氮的产生,上述结果说明壳寡糖寡聚物联合干扰素-γ 协同诱导核转录因子活化 NO 的产生,这一过程与巨噬细胞表面的 CD14、TLR4、CR3 受体密切相关。Quan 等充分肯定了壳寡糖作为疫苗佐剂的潜质,提出壳寡糖作为黏膜佐剂用于治疗肿瘤转移的研究假设,目前针对肿瘤转移相关的乙酰肝素酶设计的肿瘤疫苗免疫刺激性低,壳寡糖可以很好地作为此类肿瘤疫苗佐剂,增加疫苗对乙酰肝素酶的靶向性。

在海洋寡糖疫苗佐剂的研究中,除了壳寡糖,β-葡寡糖、甘露寡糖、海藻酸钠寡糖等也有相关研究报道。Wang 等以 DNA 疫苗为研究对象免疫小鼠,诱导特异性的 CD8 阳性 T 细胞免疫反应,但由于 DNA 疫苗在哺乳动物中响应级较低,因此选用低聚的 β-葡六糖作为疫苗佐剂,研究其对 CD8 阳性 T 细胞的 DNA 疫苗(编码 HBcAg)辅助激活效应,结果显示 β-葡六糖可以促进树突细胞的募集和成熟,增强 CD8 和 CD4 阳性 T 细胞的激活(图 7-10),同时免疫接种 HBcAg DNA 疫苗和 β-葡六糖可以增加抗-HBc 的 IgG 和 IgG2a 抗体滴度,这些结果表明 β-葡六糖可以增强 DNA 疫苗诱导的病毒特异性 Th1 响应,可见 β-葡六糖可以作为一种 DNA 疫苗的候选佐剂进行深入研究。甘露寡糖可以增加细胞因子的释放,细胞因子可以协调不同免疫细胞的活动,也能提高 IL-2 的浓度,促使 T 细胞增殖和分化。另外,甘露寡糖还能够增强干扰素的活性,促进白细胞向感染部位迁移,活化巨噬细胞以杀灭入侵的细菌,这说明甘露寡糖具有提高动物细胞免疫的功能。近些年来的研究发现,机体内甘露糖受体(MR)可以识别暴露在病原体表面的甘露糖残基,内化甘露糖基化抗原,从而增强机体对抗原递呈作用,提示甘露寡糖具有潜在的佐剂效应,国内研究学者 Cai 等将氢氧化锌与甘露寡糖复合形成佐剂,用于狂犬病疫苗体液免疫效果的研究,发现氢氧化锌和甘露糖复合佐剂 3 次免疫组 IgG 水平高于单纯狂犬病疫苗 3 次免疫组($P<0.05$),提示在免疫初期氢氧化锌和甘露糖复合佐剂能显著增强狂犬病疫苗诱导的体液免疫应答。而且各个复合佐剂实验组心、肝、脾、肺、肾的病理切片结果未见异常,甘露糖复合佐剂有望进一步研发成为人用疫苗佐剂。Xu 等在巨噬细胞中研究了褐藻酸钠寡糖的结构与免疫调节作用,发现不饱和的古罗糖醛酸寡糖可以诱导一氧化氮和一氧化氮合酶的产生,这种激活免疫反应很大程度上依赖于核转录因子和促分裂原活化蛋白激酶两条信号通路的活化,而糖链的不饱和末端结构和分子质量大小、甘露糖醛酸与古罗糖醛酸的比例关系都是决定糖链免疫激活的重要因素,可见糖链结构对海洋寡糖的免疫佐剂活性有较大的影响。

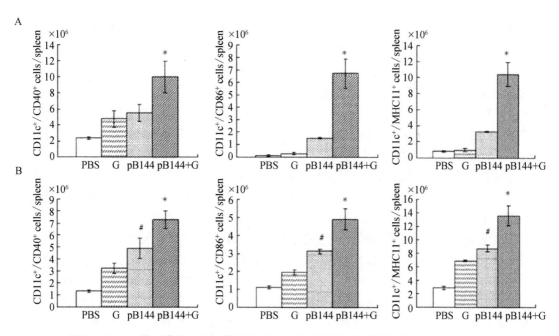

图 7-10　β-葡六糖对 *pB144* 诱导的 *CD11c*+树突细胞成熟(引自 Wang et al., 2010)

小鼠注射 β-葡六糖(G, 1mg/kg)、pB144(100μg/只)、pB144+β-葡六糖(pB144+G)、PBS。A. 第 5 天激活;B. 后 5 天加强

4. 海洋寡糖疫苗佐剂的市场潜力

目前我国医药和兽药总消费额保持年均 15% 左右的增长速度。2012 年兽药总产值达到近 400 亿元,其中兽用生物制品(主要是动物疫苗)占 20% 以上,佐剂又是动物疫苗制品的重要组成部分,目前佐剂市场的产品多以化学制剂和微生物制剂为主,随着国家和百姓对食

品安全问题关注程度的增加,绿色高效疫苗佐剂市场需求量极大,如果能利用丰富的海洋资源开发出符合市场需求的疫苗佐剂将实现海洋产业与农业的双赢。我国2012年海洋生产总值超过5万亿元,但大部分海洋资源仅以原料的形式进入市场,未形成高附加值产品。海洋作为丰富的生物资源库,可以用于制备功能糖类的海洋动植物资源丰富,为研制开发海洋糖类疫苗佐剂提供了充足的资源。海洋寡糖作为免疫佐剂,可有效地诱导局部黏膜免疫、体液免疫和细胞免疫反应。海洋寡糖及其衍生物良好的生物黏附性,具有促进吸收作用及免疫调节作用,使其在疫苗黏膜给药系统中的应用有着其他载体材料不可比拟的优势。以海洋寡糖为佐剂的生物黏附给药系统可显著提高药物在各黏膜表面的滞留时间,从而提高生物利用度。从海洋中获取功能糖类物质开发成动物疫苗佐剂,可以提高动物疫苗功效,减少饲用抗生素滥用,确保国民健康和畜禽养殖业健康,作为可持续发展的一个重要保障,同时也可以很大程度地提高海洋资源开发的附加值。综上所述,随着研究的不断深入,海洋寡糖作为免疫佐剂必将发挥更重要的作用。

三、其他

除海洋糖类外,还有其他一些来源于海洋的天然产物也被发现具有免疫调节功能,如皂苷类、蛋白质类。早在1983年,就有文献报道了海鞘提取物对于小鼠、虾、蟹、鳗鱼等的单核细胞吞噬系统具有活化效果。随后的一系列研究也报道了从海洋对虾和腹足动物中提取的物质可以增强巨噬细胞的吞噬活性。有研究者通过醇沉和色谱分离等处理手段,提取了8种海藻活性成分,研究其对于人淋巴细胞的免疫调节作用。结果表明,部分海藻提取物能够刺激人淋巴细胞发生分化,增强细胞毒性T淋巴细胞(CTL)的活性,并能促进IgG抗体产生和TNF的分泌。然而这些早期报道中所使用的活性物质一般为混合物,其中发挥免疫调节活性的有效成分组成及结构并不明确。

伴随生物分离、分析技术的发展,随后的研究者对于海洋天然产物中的活性成分开展了更为系统、深入的研究。俄罗斯Far Eastern Federal University的Sanina带领的研究组分别从5种海洋植物中提取甘油糖脂,分析其性质与免疫增强效果。他们发现根据来源不同,所提取的甘油糖脂的脂肪酸组成和微黏度也会发生变化,进而影响其佐剂作用。该研究组利用不同的甘油糖脂与胆固醇和来源于海洋刺参的活性皂苷构建了类似ISCOMs的新型管状颗粒佐剂(TI-复合物),用于假结核耶尔森菌疫苗制剂(皮下注射免疫接种)。小鼠实验表明,来源于海蒿子(*Sargassum pallidum*)和石莼(*Ulva fenestrata*)的甘油糖脂组成的TI复合物具有最强的促抗体生成能力,而来源于大叶藻(*Zostera marina*)、伊谷草(*Ahnfeltia tobuchiensis*)和海带(*Laminaria japonica*)的免疫佐剂能力依次下降。

从海洋腹足动物中提取的血蓝蛋白(hemocyanin)也是报道较多的具有免疫调节活性的一类海洋活性物质。血蓝蛋白是一种含铜呼吸蛋白,在动物体内主要发挥携氧作用,由于携氧时呈现蓝色而得名。近年来的研究发现血蓝蛋白具有一定的免疫调节作用,是一种重要的免疫蛋白。研究者发现从海洋腹足动物 *Rapana thomasiana* 和 *Megathura crenulata* 中提取的血蓝蛋白可作为流感亚单位疫苗和破伤风类毒素疫苗的佐剂,对于流感疫苗可以显著增强CTL的活性和提高抗体水平,对于破伤风类毒素疫苗的免疫增强效果可以达到和完全弗氏佐剂相当的水平。进一步的研究发现血蓝蛋白来源对其免疫调节作用有一定的影响,与其他来源(*Concholepas concholepas*、*Megathura crenulata*)的血蓝蛋白相比,来源于 *Fissurella latimarginata* 的血蓝蛋白具有更强的免疫调节作用和抑瘤活性。

第四节 存在问题和发展趋势

中国海域辽阔,蕴藏了丰富的渔业和海洋生物资源,有待于研究者的发掘。一方面中国是海水养殖的大国,我国海水养殖鱼类疫苗的研究,经过多年的积累,已经具备了深厚的基础,特别是在病原微生物的致病机制、各种疫苗的分子设计、接种方式及其激发的免疫应答、疫苗生物安全、疫苗的 GMP 制备、疫苗免疫保护评价等,都逐步建立了一套日臻成熟的规范和程序,为新疫苗的开发奠定了基础。目前,大菱鲆鳗弧菌基因工程活疫苗已完成全部临床试验,进入新兽药注册申报程序,可望在不远的将来在国家疫苗证书上获得突破。大菱鲆迟缓爱德华菌的活菌疫苗在 2015 年获得国家一类新兽药注册证的基础上,于 2016 年底又获得生产文号,完成了疫苗商业化的最后一步,正在进行生产应用示范推广。同时,处于不同研发阶段的海水鱼类疫苗还有各种弧菌疫苗、嗜水气单胞菌疫苗、虹彩病毒疫苗等,疫苗的种类有灭活疫苗、减毒活疫苗、亚单位疫苗、DNA 疫苗等。开发的疫苗中,接种方式以注射接种为主,浸泡接种和口服接种也有许多有效的范例。面向的靶动物,目前以养殖规模大、病害比较严重、容易接种的鲆鲽类居多,针对大黄鱼、石斑鱼、鲷科和河豚鱼的细菌性疫苗也在迅速发展中,而针对病毒性病原的疫苗则主要用于石斑鱼,少量研究针对鲆鲽类。由于疫苗开发难度大,针对寄生虫病的疫苗开发相对滞后。但是,寄生虫病在海水养殖业中造成的损失相当严重,致病寄生虫种类较多,疫苗研发需要从基础研究扎实做起,不宜急于求成。总之,海水养殖鱼类疫苗的关键技术已经取得重大突破,产业化应用即将启动,这将为海洋动物健康和福利、减少海水养殖业抗生素的使用以及海洋食品安全带来更加可靠的保障。

另一方面,关于海洋生物材料的高值化利用,一直是我国海洋资源开发的热点之一。在《国家中长期科学和技术发展规划纲要(2006—2020 年)》中将水和矿产资源列为发展的重点领域,海洋资源高效开发利用是其中的优先主题之一,其中明确指出,在 2006~2020 年的国家科技发展中,开发海洋生物资源保护和高效利用技术是海洋资源高效开发利用中的重要组成部分。

然而长期以来,我国对于海洋生物资源的利用大多仍处于初加工阶段,产品附加值低、价格低廉,并且技术落后,资源利用率低,对环境的污染大。例如,我国虽然是壳聚糖的生产和出口大国,全球 85% 以上的甲壳素、壳聚糖及其降解和衍生产物来源于中国。但是迄今国内所生产的壳聚糖大多作为工业原材料或饲料添加剂等附加值不高的产品出口,缺乏对壳聚糖的深度开发。近年来,我国加强了壳聚糖等海洋生物材料的高值化开发,开发了包括组织工程材料、伤口敷料、外用栓剂等多种生物医药产品。在上述研究的基础上,如能以海洋生物材料开发新型佐剂,对于提升海洋资源综合利用水平,拓宽海洋资源应用领域,实现海洋经济的可持续发展具有重要意义。

此外,对于海洋水产养殖疫苗来说,我国目前还没有商品化可用的佐剂,而传统的人用铝佐剂和畜禽用油乳佐剂在水产养殖疫苗上的免疫增强效果不佳、副作用大,迫切需要寻找新的佐剂。已有文献报道,来源于海洋的壳聚糖、海藻酸等材料对于水产养殖疫苗可以发挥良好的佐剂效果,且生物相容性良好。例如,华东理工大学的张元兴教授课题组发现以壳寡糖为佐剂的鳗弧菌灭活疫苗具有良好的免疫保护力。中国科学院海洋研究所孙黎研究员课题组在开发海藻酸颗粒作为鱼用分子疫苗口服制剂方面开展了大量的研究。上述报道为海洋生物资源的利用提供了一条新的道路,即结合新型水产养殖疫苗研究和海洋生物材料佐剂开发,从而实现"来源于海洋,服务于海洋"这一战略目标。

(马光辉　张元兴　马悦　吴頔　许青松)

主要参考文献

雷霁霖.2013.呼吁工业化养鱼建设现代渔业.水产前沿,11:12.

李萍,孙静,王陈芸,等.2015.壳寡糖佐剂对甲型肝炎病毒疫苗诱导小鼠体液免疫应答的影响.中国生物制品学杂志,28:
　　475-478.

马悦,张元兴.2012.如何给工业化养殖鮃鲽鱼接种疫苗.水产前沿,11:72.

马悦,张元兴.2014.疫苗:我国海水鱼类养殖业向工业化转型的重要支撑.中国工程科学,9:4-9.

农业部渔业局.2013.2013中国渔业统计年鉴.北京:中国农业出版社.

田继远.2008.淋巴囊肿病毒口服微囊核酸疫苗的研制与免疫效果研究.青岛:中国海洋大学博士学位论文.

王启要,刘欢,张元兴,等.2011.一种溶藻弧菌野生毒株的无标记基因缺失减毒突变株、相关制剂及应用.中国发明专利.ZL
　　201110266453.5.

Babensee JE, Paranjpe A. 2005. Differential levels of dendritic cell maturation on different biomaterials used in combination
　　products. J Biomed Mater Res A, 74: 503-510.

Ballesteros NA, Saint-Jean SR, Perez-Prieto SI. 2014. Food pellets as an effective delivery method for a DNA vaccine against
　　infectious pancreatic necrosis virus in rainbow trout (Oncorhynchus mykiss, Walbaum). Fish Shellfish Immunol, 37:
　　220-228.

Behera T, Swain P. 2012. Antigen adsorbed surface modified poly-ε-caprolactone microspheres stimulates both adaptive and
　　innate immune response in fish. Vaccine, 30(35): 5278-5284.

Behera T, Swain P. 2014. Antigen encapsulated alginate-coated chitosan microspheres stimulate both innate and adaptive immune
　　responses in fish through oral immunization. Aquacult Int, 22: 673-688.

Cai SH, Huang YC, Lu YS, et al. 2013. Expression and immunogenicity analysis of accessory colonization factor A from Vibrio
　　alginolyticus strain HY9901. Fish Shellfish Immunol, 34: 454-462.

Chae SY, Jang MK, Nah JW. 2005. Influence of molecular weight on oral absorption of water soluble chitosans. J Control Release,
　　102: 383-394.

Chen CL, Wang YM, Liu CF, et al. 2008. The effect of water-soluble chitosan on macrophage activation and the attenuation of mite
　　allergen-induced airway inflammation. Biomaterials, 29: 2173-2182.

Cox JC, Coulter AR. 1997. Adjuvants-a classification and review of their modes ofaction. Vaccine, 15: 248-256.

de las Heras AI, Saint-Jean SR, Pérez-Prieto SI. 2010. Immunogenic and protective effects of an oral DNA vaccine against
　　infectious pancreatic necrosis virus in fish. Fish Shellfish Immunol, 28: 562-570.

Duff DCB. 1942. The oral immunization of trout against Bacteriumsalmonicida. Journal of Immunology, 44: 87-94.

Frey J. 2007. Biological safety concepts of genetically modified live bacterial vaccines.Vaccine, 25: 5598-5605.

Gudding R. 2010. Vaccination of fish: Present status and future challenges. The 4th Annual World Congress of Vaccine, Beijing.

Hori Y, et al. 2008. Injectable dendritic cell-carrying alginate gels for immunization and immunotherapy. Biomaterials, 29:
　　3671-3682.

Huang ZJ, Tang JJ, Li M, et al. 2012. Immunological evaluation of Vibrio alginolyticus, Vibrio harveyi, Vibrio vulnificus and
　　infectious spleen and kidney necrosis virus (ISKNV) combined-vaccine efficacy in Epinephelus coioides. Vet Immunol

Immunopathol, 150; 61-68.

Håstein T, Gudding R, Evensen O. 2005. Bacterial vaccines for fish: an update of the current situation worldwide. Development in Biologicals (Basel), 121; 55-74.

Joosten PHM, et al. 1997. Oral vaccination of fish againstVibrio anguillarumusing alginate microparticles. Fish Shellfish Immunol, 7; 471-485.

Kim SK, Park PJ, Yang HP, et al. 2001. Subacute toxicity of chitosan oligosaccharide in Sprague-Dawley rats. Arzneimittelforschung 51; 769-774.

Kontali seabass & seabream monthly report. 2012, http://www.kontali.no/? div_id=73&pag_id=75.

Koppolu B, Zaharoff DA. 2013. The effect of antigen encapsulation in chitosan particles on uptake, activation and presentation by antigen presenting cells. Biomaterials, 34; 2359-2369.

Kumar SR, Ahmed VPI, Parameswaran V, et al. 2008. Potential use of chitosan nanoparticles for oral delivery of DNA vaccine in Asian sea bass (Lates calcarifer) to protect from Vibrio (Listonella) anguillarum. Fish Shellfish Immunol, 25; 47-56.

Lee SW, Markham PF, Coppo MJ, et al. 2012. Attenuated vaccines can recombine to formvirulentfield viruses. Science, 337; 188.

Leonard M, et al. 2004. Hydrophobically modified alginate hydrogels as protein carriers with specific controlled release properties. J Control Release, 98; 395-405.

Leon-Rodriguez L, Luzardo-Alvarez A, Blanco-Mendez J, et al. 2013. Biodegradable microparticles covalently linked to surface antigens of the scuticociliate parasite P. dicentrarchi promote innate immune responses in vitro. Fish Shellfish Immunol, 34; 236-243.

Liu R, Chen JX, Li KS, et al. 2011. Identification and evaluation as a DNA vaccine candidate of a virulence-associated serine protease from a pathogenic Vibrio parahaemolyticus isolate. Fish Shellfish Immunol, 30; 1241-1248.

Liu Y, et al. 2013. Engineering biomaterial-associated complement activation to improve vaccine efficacy. Biomacromolecules, 14; 3321-3328.

Lun JS, Xia CY, Yuan CF, et al. 2014. The outer membrane protein, LamB (maltoporin), is a versatile vaccine candidate among the Vibrio species. Vaccine, 32; 809-815.

Ma Y, Zhang YX, Zhao DL. 2008. Polyvalent attenuated live vaccine for preventing and curing vibriosis of cultivated fish. US Patent US7,794,730 B2.

Mao ZJ, He CJ, Qiu YY, et al. 2011. Expression of Vibrio harveyi ompK in the yeast Pichia pastoris: The first step in developing an oral vaccine against vibriosis? Aquaculture, 318; 268-272.

Mardonesa FO, Pereza AM, Valdes-Donosoa P, et al. 2011. Farm-level reproduction number during an epidemic of infectious salmon anemia virus in southern Chile in 2007-2009. Preventive Veterinary Medicine, 102; 175-184.

Maurice S, et al. 2004. Oral immunization of Carassius auratus with modified recombinant A-layer proteins entrapped in alginate beads. Vaccine, 23(4); 450-459.

Neimert-Andersson T, et al. 2011. Improved immune responses in mice using the novel chitosan adjuvant viscogel, with a haemophilus influenzae type b glycoconjugate vaccine. Vaccine, 29; 8965-8973.

Nishiyama A, Tsuji S, Yamashita M, et al. 2006. Phagocytosis of N-acetyl-D-glucosamine particles, a Th1 adjuvant, by RAW 264.7 cells results in MAPK activation and TNF-alpha, but not IL-10, production. Cell Immunol, 239; 103-112.

Palti Y. 2011. Toll-like receptors in bony fish: from genomics to function. Dev CompImmunol, 35; 1263-1272.

Quan HZ, Xu ZR. 2012. Hypotheses: A New Way Against Cancer Metastasis, Chitooligosaccharides as Mucosal Adjuvant for Therapeutic Vaccination Targeting Heparanase. J Anim Vet Adv, 11; 2788-2791.

Romalde JL, et al. 2004. Oral immunization using alginate microparticles as a useful strategy for booster vaccination against fish lactoccocosis. Aquaculture, 236; 119-129.

Seferian PG, Martinez ML. 2000. Immune stimulating activity of two new chitosan containing adjuvant formulations. Vaccine, 19; 661-668.

Son EH, et al. 2001. Stimulation of various functions in murine peritoneal macrophages by high mannuronic acid-containing alginate (HMA) exposure in vivo. Int Immunopharmacol, 1; 147-154.

Suksamran T, et al. 2013. Methylated $N-(4-N, N-$ dimethylaminocinnamyl) chitosan-coated electrospray OVA-loaded microparticles for oral vaccination. Int J Pharm, 448: 19 − 27.

Sun HX, et al. 2007. The immune response and protective efficacy of vaccination with oral microparticle Aeromonas sobria vaccine in mice. Int Immunopharmacol, 7: 1259 − 1264.

Sun K, et al. 2009. Immunoprotective analysis of VhhP2, a Vibrio harveyi vaccine candidate. Vaccine, 27: 2733 − 2740.

Sun Y, Zhang M, Liu CS, et al. 2012. A divalent DNA vaccine based on Sia10 and OmpU induces cross protection against Streptococcus iniae and Vibrio anguillarum in Japanese flounder. Fish Shellfish Immunol, 32: 1216 − 1222.

Tebbit GL, Erickson JD, Van de Water RB. 1981. Development and use of *Yersinia ruckeri* bacterins to control enteric red mouth disease. Developmental Biological Stand, 49: 395 − 401.

Tian JY, Sun XQ, Chen XG. 2008. Formation and oral administration of alginatemicrospheres loaded with pDNA coding for lymphocystis disease virus(LCDV) to Japanese flounder. Fish Shellfish Immunol, 24: 592 − 599.

Wang J, Dong SF, Liu CH, et al. 2010. beta-Glucan Oligosaccharide Enhances CD8(+) TCells Immune Response Induced by a DNA Vaccine Encoding Hepatitis B Virus Core Antigen. J Biomed Biotechnol.

Wei W, et al. 2007. Preparation and application of novel microspheres possessing autofluorescent properties. Adv Funct Mater, 17: 3153 − 3158.

Wu CJ, et al. 2011. Passive immune-protection of small abalone against Vibrio alginolyticus infection by anti-Vibrio IgY-encapsulated feed. Fish Shellfish Immunol, 30: 1042 − 1048.

Wu J, et al. 2007. A thermosensitive hydrogel based on quaternized chitosan and poly(ethylene glycol) for nasal drug delivery system. Biomaterials, 28: 2220 − 2232.

Xie Y, et al. 2007. The immune response induced by H pylori vaccine with chitosan as adjuvant and its relation to immune protection. World J Gastroentero, 13: 1547 − 1553.

Xu TT, Zhang XH. 2014. Edwardsiella tarda: an intriguing problem in aquaculture. Aquaculture, 431: 129 − 135.

Xu X, Wu XT, Wang QQ, et al. 2014. Immunomodulatory Effects of Alginate Oligosaccharides on Murine Macrophage RAW264.7 Cells and Their Structure-Activity Relationships. J Agr Food Chem, 62: 3168 − 3176.

Yamamoto Y, Kurachi M, Yamaguchi K, et al. 2007. Stimulation of multiple cytokine production in mice by alginate oligosaccharides following intraperitoneal administration. Carbohyd Res, 342: 1133 − 1137.

Yang XR, Yuan XY, Cai DN, et al. 2009. Low molecular weight chitosan in DNA vaccine delivery via mucosa. Int J Pharmaceut, 375: 123 − 132.

Yang ZG, Pan HJ, Sun HX. 2007. The immune response and protective efficacy of oral alginate microparticle Aeromonas sobria vaccine in soft-shelled turtles (Trionyx sinensis). Vet Immunol Immunop, 119: 299 − 302.

Yu LP, Hu YH, Sun BG, et al. 2012. C312M: an attenuated Vibrio anguillarum strain that induces immunoprotection as an oral and immersion vaccine. Dis Aquat Organ, 102: 33 − 42.

第八章

海洋功能食品的开发与利用

第一节 概 述

一、海洋功能食品概况

功能食品在我国又称为保健食品,是介于食品和药品之间的一种特殊食品,强调所含功效成分对人体生理机能的调节作用,其特点是具有一般食品的营养功能和感官功能,同时具有一般食品不具有或不强调的调节人体生理活动的功能,功能食品不能取代药品。海洋功能食品是指以海洋生物或提取的功能因子为主要原料制备而成的功能食品。

二、海洋功能食品种类

海洋生物一直是人类可开发利用的重要资源,是为人们提供药品、保健品、食品和生物材料的巨大宝库,近年来海洋生物资源产业发展迅猛,已成为海洋经济的重要组成部分。海洋产品多具有高蛋白、低脂肪的特点,而且许多海洋生物含有陆地上动植物所没有的重要元素。许多海洋生物含有蛋白质/多肽、多糖/寡糖、不饱和脂肪酸、特殊氨基酸、微量元素及其他小分子化合物等,并含有具有许多特殊作用的生理活性(如抗菌、抗病毒、抗肿瘤、降压、减肥、抗凝血、防止动脉硬化、甚至抑制艾滋病毒等药理活性)物质,而且还含有抗应激、抗氧自由基、增强记忆力、调节免疫功能、促进血液流变学改变和改善微循环等功能的物质。此外,海洋生物资源可再生的能力很强。从海洋生物中获取生物活性物质并制备海洋功能食品已发展成为十分活跃的研究领域,海洋功能食品产业也成为功能食品业中的一个重要分支。

海洋功能食品主要原料按照功能因子的种类主要分为以下几类。

1) 膳食纤维:膳食纤维作为功能性食品的重要基料,成为现在食品领域研究的热点,从褐藻、海藻江蓠、海芦笋等海洋资源中提取的海藻酸、卡拉胶、琼胶等,具有改善肠道、预防与心血管和内分泌系统有关的多种疾病的功效。

2) 牛磺酸:海鱼、紫菜,墨鱼、章鱼、虾等,以及贝类中的牡蛎、海螺、蛤蜊等资源中含有丰富的牛磺酸,对中枢神经系统发育,如细胞增殖与分化有特殊效果,以及对心肌保护具有一定的功效,且具有抗氧化等作用,特别是提高血细胞抗氧化活性,并可提高细胞免疫吞噬功能,促进免疫球蛋白的生成。

3）磷脂质：南极磷虾、南美白对虾、海鱼、海星、海参、罗氏海盘车和海鞘中含有大量的磷脂，具有一定的降血糖的作用，对肝脏疾病和癌症有效，具有类似干扰素的作用。

4）不饱和脂肪酸：不饱和脂肪酸按照第一个双键距离甲基端碳原子数的不同分为 $n-3$ 族、$n-6$ 族、$n-9$ 族等，其中 DHA 具有抗衰老、防止大脑衰退、降血脂、抗癌等多种作用，EPA 则用于治疗动脉硬化和脑血栓，还有增强免疫力的功能。不饱和脂肪酸对婴幼儿的智力和视力的发育至关重要，成为婴幼儿奶粉及辅食特别强化的重要营养物质，并具有多种生物活性。海藻和深海鱼类等海洋生物质含有丰富的不饱和脂肪酸，尤其海藻，含有大量的多不饱和脂肪酸，从鲸、海马等体内也获得多种不饱和脂肪酸。

5）维生素：β-胡萝卜素有抗氧化作用，可以用来预防肿瘤、心血管疾病，尤其对防治癌的恶化非常有效。它还能阻止或延缓因紫外线照射引起的皮肤癌，对慢性萎缩性胃炎和胃溃疡也有疗效。类胡萝卜素具有着色功能，可增强对高氨和低氧的耐受性作用，增强免疫力，促进生长和成熟，改善卵质，提高繁殖力。因此，可作为抗氧化剂、脂质过氧化的抑制剂和抗紫外线辐射的光保护剂等。盐泽杜氏藻在适宜的环境条件下可大量积累 β-胡萝卜素和类胡萝卜素，最高可达干重的 10% 左右。维生素 E 是一种强氧化剂，可清除自由基、增强人体免疫功能，维生素 A、维生素 D 等对人体具有重要的生理调节作用。

6）矿物元素：海洋生物尤其是海藻中含有丰富的铜、铁、钙、镁、锌、铬、硒等矿物元素，许多矿物质与甲状腺肿、造血功能、免疫功能、智力发育及骨质代谢有密切关系，对儿童生长发育尤为重要，且对正常人群的健康有着不可估量的作用。

7）海洋生物活性肽、蛋白质：海洋生物毛蚶、蛤蜊、贻贝、扇贝、鲍鱼、鳗鱼等含有丰富的活性肽和蛋白质，海藻、鱼类和贝类中的蛋白质采用适当的酶降解后也会释放出大量的多肽，其生物活性多种多样，如抗高血压和高血脂、增加骨密度的多肽，抗菌多肽和预防糖尿病的多肽等，多肽的生物活性与蛋白质来源和酶的种类及多肽的分子质量密切相关。

8）活性多糖：多糖是一大类海洋生物活性物质，由各种海洋生物中分离的多糖已被证明具有各种各样的生物活性，许多海洋生物多糖具有抗癌、提高免疫力、抗病毒或抗菌活性等功效，如海藻硫酸多糖能防止病毒与靶细胞的结合，能干扰病毒吸附和渗入细胞，提高免疫力，壳聚糖或壳寡糖具有抑菌和提高免疫力等效果。

三、海洋功能食品发展趋势

我国保健食品是从 20 世纪 80 年代初起步，自 1996 年我国开展保健食品审批以来，截至 2011 年底，据不完全统计，已审批保健食品 11 862 个，其中国产 11 197 个，涉及海洋生物及水产原料种类超过 60 种，使用次数超过 700 次。

随着对海洋特殊环境和海洋生物中具有生理活性的海洋资源的认识逐步加深，海洋功能性食品日益引起广大消费者的重视，尤其是我国健康服务业及健康养老相关产业发展规划的出台，其发展前景将越来越广阔。近年来，海洋功能食品的研发及产品的应用呈现以下趋势。

1）活性物质筛选的高通量化：海洋生物活性物质筛选技术正朝高通量化方向发展，将功效研究、体外检测及分子识别等技术相结合，建立海洋生物资源样品库和活性物质数据库及高通量药物筛选技术,对采集到的海洋生物提取物进行大规模、高效率、有秩序、多靶点的活性筛选。

2)多学科交叉优势:将分子模拟技术与生物学、生物化学、医药学、分子生物学、遗传学等相结合,针对不同人群设计出具有应用针对性的药品或功能食品,如使用生命活动中具有重要作用的受体、酶、离子通道、核酸等生物分子作为大规模筛选的作用靶点,来进行活性物质的筛选等。

3)在制备工艺方面:现代分离技术与规模化制备技术在海洋功能食品制备中的应用日益广泛,可极大地保留海洋生物的天然特性和营养成分。超临界流体萃取、双液相萃取、灌注层析、分子蒸馏、膜分离技术和离子液体等许多新技术已应用于海洋生物活性物质的分离、纯化及制备过程;此外,将海洋生物发酵工程、生物反应器及酶工程等相结合可有效解决规模化制备过程中的瓶颈。

4)产品剂型方面:将纳米技术、微囊和控释技术应用于海洋功能食品,提高功能因子在终端产品中的均匀性或分散效果,提高产品储存稳定性、延长保存期或降低产品的储运条件等。

5)高效的产品质量控制方法:将现代仪器分析技术、ELISA 等快速检测方法用于产品的质量控制,动物溯源或功效成分的快速分析。

6)产品应用针对性日益突出:如针对孕、婴、童的功能产品和针对老年人群、术后患者及消化系统存在障碍的功能产品种类日益增多。

第二节　海洋肽类功能食品

一、海洋肽类功能食品概况

海洋肽类功能食品是指以海洋功能肽为主要原料制备而成的功能食品。海洋功能肽是海洋生物体内天然存在的或体内蛋白质经生物酶法降解后获得的,具有特殊生理活性的肽类物质的总称。生物活性肽在人体内具有易消化、吸收率快和利用率高等特点,其吸收机制主要基于肽运转载体实现跨膜转运的方式实现,是传统代谢模式认为蛋白质必须水解成游离氨基酸才能被吸收的机制的重要补充。相关文献报道,小肽吸收过程具有逆浓度梯度特点,其转运系统可能有三种类型,即依赖 H^+ 浓度或 Ca^{2+} 浓度的主动转运过程、pH 依赖性的非耗能性 Na^+/H^+ 交换转运系统和谷胱甘肽转运系统。生物活性肽吸收机制主要特点如下。

1)不需消化,直接吸收,该过程与多肽序列长度、氨基酸组成密切相关,不受人体内的酶催化的二次水解过程影响,以完整的形式直接进入小肠,进入人体循环系统并发挥其功能。

2)吸收速度快,吸收进入循环系统的时间短,可快速发挥作用。

3)吸收效率高,部分寡肽可 100%吸收,没有任何废物及排泄物。

4)主动吸收,迫使活性肽吸收入体内。

5)吸收过程能耗极低,不会增加胃肠功能负担。

6)具有一定的载体作用,将部分营养物质运载输送到人体的细胞或组织。

此外,多肽作为食品安全性高,针对营养不良或消化吸收有问题的患者,配方食品中的多肽或蛋白质水解物已经逐渐成为补充氮源的重要原料,提供人体生长发育所需的营养物质,并且已经证明多数二肽或三肽的消化吸收率较氨基酸高。

生物活性肽作为一种新兴的功能性蛋白配料近年来在国内外发展迅速,在功能性食品、饮料、化妆品及药品等领域应用十分广泛。国家卫生和计划生育委员会在 2013 年的 7 号公告指出,以可食用的动物或植物蛋白质为原料,经《食品添加剂使用标准》(GB2760—2011)规定允许使用的食品用酶制剂酶解制成的多肽类物质可直接作为食品原料,加速了以海洋生物蛋白质为原料多肽技术研发与产品应用。

海洋生物的多样性和复杂性及其生存环境的特殊性使源于海洋生物的功能肽种类十分复杂,海洋生物在其生长和代谢过程中会产生各种具有特殊生理功能的活性肽,海洋生物蛋白质的酶解产物中也存在丰富的具有生物活性的肽。天然存在的海洋生物活性肽及酶解海洋蛋白质得到的活性肽都具有不同的生理活性,如保护胃黏膜及抗溃疡作用、抗过敏、降血压、降胆固醇、抗衰老、抑制肿瘤细胞生长、促进伤口愈合、增强骨强度和预防骨质疏松、预防关节炎、促进角膜上皮损伤的修复和促进角膜上皮细胞的生长等。此外,还有些肽可改善食品的风味,如酸味肽、增甜肽、苦味肽和某些碱性肽等。生物活性肽在功能食品领域具有广阔的应用前景,在各种保健食品、饮料或食品添加剂领域被广泛应用。日本作为生物活性肽开发较前端的国家,已生产出了含生物活性肽的降血压、降胆固醇的固体饮料及有助于矿物元素吸收的软饮料等,欧洲国家也生产了含生物活性肽的食品和食品基料,可用于调节血压/血脂、缓解压力、促进矿物质吸收或调节免疫,美国生产的肽产品包括用于抑菌、预防龋齿或抗血栓及抗肿瘤等功能。

二、抗氧化肽

1956 年 Harman 等提出了自由基理论。目前,衰老及许多疾病与自由基之间的关系成为非常活跃的研究方向。人体内新陈代谢过程中会不断地产生各种自由基并作为代谢产物排泄到人体内环境中,紫外线和电子辐射、体内微量元素和维生素的缺乏及恶劣自然环境等因素也会引起人体内自由基数的增加。正常情况下,人体自发生成的抗氧化剂或抗氧化酶可有效消除自由基,以维持自由基的产生和清除动态平衡。然而当这一平衡被破坏并导致体内自由基量集聚时会导致氧化应激或生物膜受损、蛋白质变性或 DNA 链的破坏等并影响机体健康。大量研究表明,许多组织病变或器官功能衰竭等均与体内氧自由基含量的增加有关。从动植物体内提取抗氧化剂用于消除体内活性氧自由基成为十分活跃的研究领域,其中具有抗氧化活性的多肽在功能食品领域应用十分广泛。

海洋生物的多样性及其极端的生存环境条件使其产生了与陆地生物不同的代谢系统和防御体系,一些具有抗氧化活性的多肽及蛋白水解物中的抗氧化活性肽逐渐被挖掘出。目前,从海洋生物中发现的天然抗氧化活性肽包括谷胱甘肽、肌肽和甲肌肽等,广泛存在于许多鱼类、藻类和贝类等海洋生物体内。还原型谷胱甘肽在生物体内具有十分重要的生理功能,具有清除自由基、解毒、促进铁质吸收和维持红细胞膜的完整性等作用。肌肽和甲肌肽均为天然的抗氧化二肽,可有效抑制或延缓脂质氧化,保护脂质体系和膜质的完整性。谷胱甘肽、肌肽和甲肌肽在许多海洋鱼类、藻类、贝类及软体动物中陆续被发现。

由于天然抗氧化活性肽含量低或分离难度大，以海洋生物的蛋白质为原料，采用合适的酶制备蛋白质水解物并从中筛选抗氧化肽成为趋势。由于酶促反应条件温和易于控制，专一性较强、副产物少等优点，基于酶法的蛋白质降解方式制备抗氧化肽成为主要的方法。近年来，国内外研究者已从多种海洋生物蛋白酶解液中分离出具有抗氧化活性的肽片段。表8-1列出了从海洋鱼类、贝类或微藻中识别出的部分具有抗氧化活性的多肽及其氨基酸序列或分子质量范围。在抗氧化活性测定方面，清除 1,1-二苯基-2-三硝基苯肼(DPPH)和 2,2'-Azino-bis-(3-ethylbenzothiazoline-6-sulfonic acid)(ABTS)所产生的自由基能力是体外评价物质抗氧化性能的一种快速简便的方法，在公开发表的文献中使用较为普遍。从产品原料来源分析，主要采用鱼的肌肉或贝类、藻类的全蛋白为原料进行酶法制备。近年来，采用鱼加工行业的副产物如鱼皮或鱼鳍及鱼骨为原料制备抗氧化多肽的研究日益增多。文献报道的酶解方法中选用的酶主要有木瓜蛋白酶、菠萝蛋白酶等植物蛋白酶，胰蛋白酶、胃蛋白酶等动物蛋白酶，以及枯草芽孢杆菌、地衣芽孢杆菌等微生物产生的蛋白酶，其中胃蛋白酶是应用最为普遍的酶。多肽的抗氧化活性与其分子质量有关，分子质量低于 5kDa 的多肽抗氧化活性较高，大部分生物活性肽的分子质量低于 1kDa。从栉孔扇贝中提取的海洋多肽，分子质量为 800~1000Da，具有抗氧化损伤作用并能清除超氧负离子和羟自由基，显著增强免疫细胞的代谢和增殖，是一种有潜力的抗氧化剂和免疫细胞调节剂。海洋抗氧化肽的活性主要与肽序列中的疏水性氨基酸、酸性氨基酸、抗氧化性氨基酸(如半胱氨酸等)及肽分子结构密切相关。酶解鳕鱼排得到的多肽主要是由天冬氨酸、谷氨酸、甘氨酸和丙氨酸等亲水性氨基酸组成，适于作亲水性天然抗氧化剂。鱼皮胶原酶解得到的多肽也具有较好的抗氧化活性，不同酶对鱼胶原的水解作用及酶解产物对羟自由基的清除作用存在显著差异。制备工艺对多肽活性的影响较为复杂，如采用木瓜蛋白酶降解钝顶螺旋藻的佳适工艺条件为酶底比([E]/[S])1.6%、温度 60℃、水解时间 9h、pH7.0，分子质量范围为小于 3kDa 的酶解液的抗氧化活性最高，而影响藻蓝蛋白抗氧化肽制备的各因素排列顺序为时间>温度>pH>[E]/[S]。

表8-1　从海洋生物蛋白酶解产物中识别出的抗氧化多肽

来　源	组　织	制备方法	氨基酸序列或分子质量
鳕鱼	肌肉	胃蛋白酶，胰蛋白酶	<1kDa
黄花鱼	肌肉	胃蛋白酶、碱性蛋白酶	VLYEE, YLMSR, MILMR
蛤蜊		胰蛋白酶	LDY, WDDMEK, WHNVSGSP, LYEGY, MEMK
蓝鳍金枪鱼	鱼皮	碱性蛋白酶	FIGP, GSGGL, GPGGFI
牡蛎		蜡样芽孢杆菌蛋白酶	LANAK, PSLVGRPPVGKLTL, VKLLEHPVL
鲱鱼	肌肉	超滤分离	10~50kDa, 1~10kDa
灰星鲨	肌肉	醇沉	GAA, GFVG, GIISHR, ELLI, KFPE
贻贝	肌肉	中性蛋白酶	YPPAK
路氏双髻鲨	肌肉	木瓜蛋白酶	LDK
鲽鱼	肌肉	糜蛋白酶	VCSV, CAAP
三文鱼	鱼鳍/骨	胃蛋白酶	1~2kDa

（续表）

来　源	组　织	制　备　方　法	氨基酸序列或分子质量
牡蛎	肌肉	胃蛋白酶	LKQELEDLLEKQE
椭圆小球藻	破碎液	胃蛋白酶	LNGDVW
绿藻小球藻	破碎液	胃蛋白酶	VECYGPNRPQF
白虾	虾头	醇沉淀法	0.4~1kDa,4~7kDa

我国于2012年发布了《关于印发抗氧化功能评价方法等9个保健功能评价方法的通知》（国食药监保化〔2012〕107号），对抗氧化保健食品的功能评价方法进行了规范。抗氧化保健食品作为功能食品的一个重要类型，产品数量日益增加。高抗氧化性活性海洋肽的制备对于开发预防糖尿病、心血管疾病和癌症等疾病的功能食品具有重要意义。

三、辅助降血压肽

高血压病是一种以血压升高为主要临床表现而病因尚未明确的常见多发病，早期可能无症状或症状不明显，随着病程延长或血压明显的持续升高，逐渐会出现各种症状。高血压是引起心肌梗死、动脉硬化、充血性心力衰竭和肾功能衰竭的主要原因，也是目前十分严重的社会公共卫生问题。血管紧张素转化酶（ACE）是一种催化血管紧张素Ⅰ转化为血管紧张素Ⅱ的酶，血管紧张素Ⅱ的增多可使血压升高。ACE抑制剂可以有效抑制ACE的活性并增加缓激肽的活性，因此ACE也成为治疗高血压、心力衰竭、糖尿病合并高血压等疾病的理想靶点。自1977年Cushman等根据ACE底物的化学结构推测出ACE活性部位的模型并在此基础上开发和设计了第一个化学合成血管紧张素转换酶Ⅰ肽以来，其作用得到医学界的普遍认可，其治疗高血压的益处已被大家所接受，但其对肾脏的毒副作用及其他一些副作用如低血压、干咳等使研究者开始寻找安全性高的ACE抑制剂。来源于食物蛋白的降血压肽的降血压效果虽然不及化学合成的药物，但没有毒副作用，除了具有降血压功能以外往往还具有免疫调节、减肥、易消化和吸收等功能。20世纪90年代初从食品中研究开发血管紧张素转化酶抑制肽的研究成为热点，近年来从海洋生物中筛选降压肽的研究报道日益增多。

目前，该领域的研究主要集中在两个方面：一是抗高血压肽的构效关系研究，如具有降压生物活性多肽的结构与作用机理研究。有研究表明，多肽C端氨基酸种类和ACE抑制活性有关系，许多抗高血压活性多肽的C端氨基酸含有芳香族氨基酸（如色氨酸、苯丙氨酸、脯氨酸或酪氨酸），具有较高的抑制ACE活性，另外许多ACE抑制的多肽序列中含有亮氨酸、酪氨酸或缬氨等且末端都含有一个脯氨酸，研究多肽结构与生物活性之间的关系有助于深入探索降压机理、新型降压肽的筛选方法，并有助于新型抗高血压药物的研究与开发。二是具有抗高血压生物活性多肽的来源及其制备工艺研究，成为动物或植物加工废弃物或副产物中蛋白质高值化综合利用的一种重要途径，酶解工艺影响活性多肽的收率与最终产品的成本。

多肽的抗高血压活性肽活性评价方面包括体外活性测定法和体内活性测定法。体外ACE抑制活性检测方法是1971年Cushman等建立起来的一种基于分光光度分析的快速检测方法,但该方法使用乙酸乙酯萃取马尿酸过程中将马脲酰-组氨酰-亮氨酸(HHL)也萃取出,导致最终分析结果偏高,而改进的方法是采用 HPLC 或 HPCE 代替分光光度检测,可有效提高方法的准确度。体内活性测定是基于动物实验的活性测定方法,该方法一般以原发性高血压大白鼠模型为基础,采用胃插管等给食方法,测定服用肽前后的血压,比较不同多肽灌胃前后血压变化的差异。该方法可有效评估胃消化对多肽活性的影响,因此比体外检测方法更为可靠。评价 ACE 抑制活性有两种表示方法:百分比抑制率和 IC_{50}。百分比测定相对简单,但难以评价不同水解物活性的差异。IC_{50} 又称为半抑制浓度,即对 ACE 的抑制率达到 50% 的抑制剂浓度,是评价抗高血压体外 ACE 抑制活性的准确指标,该值越低则其抑制活性越强。值得提出的是,体外 ACE 抑制活性和体内降压作用之间并没有直接的对应关系,体内降压作用与多肽在人体或动物胃肠内消化酶进一步的降解有关,两种测定结果相结合可用于探究抗高血压肽的肽链结构和降压活性之间的关系或用于探索降压机理等。

从海洋生物中提取蛋白质,利用生物酶解技术制备具有降压活性的多肽是近年来的研究热点。研究人员采用酶工程技术已从多种海洋生物中分离出多种具有抗高血压作用的活性肽。常用工具酶与制备抗氧化多肽的工具酶类似。ACE 抑制肽的分离提纯大致可分为两种情况:一种是从工程角度考虑,采用超滤等方法以最大限度降低成本;另一种是从活性收率角度并综合考虑多肽结构和功能之间的关系,常用的分离方法包括离子交换层析、吸附层析和凝胶层析等制备方法。螺旋藻、裙带菜和小球藻等海洋藻类中、鲽鱼、鳕鱼、鲣鱼等海洋鱼类中,以及磷虾、螃蟹、扇贝等海洋贝类与软体动物中均发现了具有新的氨基酸序列的降压肽(表 8-2)。降血压活性肽有不同长度和结构且没有固定的结构类型,有很多短肽的氨基酸组成相近,分子质量相差不大,但降血压活性却有很大差异,如何将有降血压活性的肽片段分离出来,成为降血压肽整个分离过程中的难点,也成为产品生产的瓶颈。研究发现,在体外有较好的 ACE 抑制活性的一些肽段,在体内经消化分解后,ACE 抑制活性很低,甚至消失,ACE 抑制活性在体外和体内并没有确定的对应性。从嗜热菌蛋白酶消化的鲣鱼中得到 8 种具有不同抑制活性的肽类,部分多肽在口服 4h 后具有最强的降压效果,且效果可持续到口服之后 6h。鳕鱼排酶解得到的多肽的 ACE 抑制活性随其分子质量降低而显著增加,分子质量为 3kDa 的多肽具有最强的 ACE 抑制活性。以阿拉斯加狭鳕鱼皮胶原蛋白为原料,采用三步循环膜反应器,分离得到的肽的分子质量为 0.9~1.9kDa 时具有较高的 ACE 抑制活性。太平洋牡蛎用胃蛋白酶水解,检测水解物抑制 ACE 的能力,质量浓度为 0.4mg/ml 的牡蛎功能短肽的 ACE 抑制率超过 51%。在活性多肽筛选中,即使利用相应的原料制备出的抗高血压多肽的氨基酸序列和生物活性也不尽相同,与酶的种类、降解工艺和多肽分子质量范围等密切相关。据报道,日本已有用沙丁鱼制取的酶解降血压肽问世,患者每人每天试用 6g,可使血压下降 10mmHg。

全球高血压患者已超过 5 亿,开发具有调节血压作用的保健食品具有重要的理论意义和应用价值。在我国高血压患者已超过 1.6 亿,对高血压疾病防治研究是医学科学热门研究领域,而对血管紧张素转化酶研究是其重要方向之一。ACE 抑制肽的食物来源广泛,我国海域宽广,海洋生物种类繁多,蛋白质资源十分丰富,而海洋生物蛋白无疑是非常理想的 ACE 抑制肽的原料来源,而且具有安全性高、无毒副作用等很多优点,来源于天然海洋生物蛋白的降血压肽具有非常大的市场潜力。

表 8 - 2 海洋生物蛋白酶解产物中识别出的抗高血压活性多肽

来 源	组 织	酶解或分离方法	氨基酸序列或分子质量
鲣节		嗜热菌蛋白酶	LKPNM
狭鳕	鱼骨	胃蛋白酶	FGASTRGA
黄盖鲽	鱼骨	糜蛋白酶	MIFPGAGGPEL
鰤鱼	鱼骨、鱼皮	高温芽孢杆菌蛋白酶	<1kDa
丽文蛤	肉	热降解、胃蛋白酶	VRK,YN
南极磷虾	虾头		KLKFV
贻贝	肉	发酵	EVMAGNLYPG
牡蛎	肉	发酵	MW 592.9Da
牡蛎	肉	胃蛋白酶	VVYPWTQRF
毛虾	全虾	高温芽孢杆菌蛋白	FCVLRP,IFVPAF,KPPETV
虾	全虾	蛋白酶 S	VWYHT, VW
虾	头胸部	风味酶	—
乌贼	皮	植物酯酶	GRGSVAP * GP
条斑紫菜	蛋白	碱性蛋白酶	—
椭圆小球藻	破碎液	碱性蛋白酶	VEGY
小球藻	破碎液	胃蛋白酶	VECYGPNRPQ

四、辅助降血糖肽

糖尿病是一组以高血糖为特征的代谢性疾病,是威胁人类健康的三大慢性疾病之一。2010 年 3 月,国际顶级医学刊物《新英格兰医学杂志》(*The New England Journal of Medicine*)发表了针对中国成人糖尿病患病率的调查,发病率达到 9.7%,发病人数为 9240 万。另据预测,到 2030 年患病人数将达到 3.36 亿。此外,我国 18 岁以上居民高血压患病率达 18.8%,估计全国患病人数超过 1.6 亿。这两大疾病形势相当严峻,且存在病理学联系。75 岁以上的糖尿病患者高血压的发病率可高达 60%,当糖尿病合并广泛肾损害时,几乎 100%有高血压。高血糖则是由于胰岛素分泌缺陷或其生物作用受损,或两者兼有引起,其中 I 型糖尿病是由于胰岛 β 细胞受损造成胰岛素分泌量不足,患者需要不断地注射胰岛素防止酮酸中毒。II 型糖尿病是为胰岛素抵抗和由胰岛细胞功能失调所致的胰岛素分泌相对不足,形成持久的高血糖,并可产生多种致命性并发症。糖尿病患者中 90%以上都属于 II 型。

近年来,国内外学者不断地从海洋生物中分离出具降血糖功能的多肽类物质,并对其结构和作用机理进行了研究,其中一些已经作为保健食品上市,为糖尿病的预防和治疗开辟了一条新路。多肽的降血糖功能评价主要通过动物实验验证,选取成年动物禁食一定时间后注射诱导化合物进行造模,选高血糖模型动物按血糖水平分组,随机选模型对照组和不同剂量组,测空腹血糖值(禁食同实验前),比较各组动物血糖值及血糖下降百分率。四氧嘧啶是一种细胞毒剂,可选择性地损伤多种动物的胰岛细胞,造成胰岛素分泌低下,引起实验性糖尿病,通过该方法可制造胰岛损伤高血糖动物模型。胰岛素抵抗糖/脂代谢紊乱动物模型可通过两种方法实现,糖皮质激素具有拮抗胰岛素生物效应的作用,可抑制靶组织对葡萄糖的摄取和利用,促进蛋白质和脂肪的分解及糖异生作用,导致糖、脂代谢紊乱,胰岛素抵抗,诱发实验性糖尿病;高热能饲料喂饲基础上,辅以小剂量四氧嘧啶,造成糖/脂代谢紊乱,胰岛素抵抗,诱发实验性糖尿病。

从海洋生物中筛选具有降血压功能的多肽也是功能食品研究的热点。有研究表明鲨鱼肝和海洋鲑鱼中均存在具有降血糖活性的多肽,其中鲨鱼肝活性肽 S-8300 能通过抗四氧嘧啶损伤和抗凋亡来改善胰岛素抵抗。海洋鲑鱼皮短肽则可能是通过下调Ⅱ型糖尿病氧化应激和炎性反应介导抑制胰腺 β 细胞的凋亡,并且通过调节代谢性核受体的潜在机制来改善胰岛素抵抗。大量实验结果表明,海洋胶原肽可有效控制或部分控制糖尿病的症状,并具有明显的辅助降血糖功能,对防治糖尿病具有一定的应用价值。彭宏斌等研究了海洋鱼胶原蛋白肽辅助降血糖功能的临床效果,通过人体试验观察并记录每个患者血糖调整期的长短(天数),分析并比较海洋胶原肽干预组和对照组的患者平均血糖调整期长短是否不同;观察并记录两组患者夜间低血糖发生的情况,分析比较两组夜间低血糖发生率之间的差异,证明海洋胶原肽的糖耐量试验结果和空腹血糖试验结果都是阳性,可判定具有辅助降血糖功能;海洋胶原肽短期干预可以改善糖尿病患者胰岛素敏感性和改善胰岛素分泌功能并可缩短糖尿病患者的血糖调整期,降低夜间低血糖的发生率。张辉等通过生物酶解技术制备了牡蛎酶解液,经 SephadexG-50 柱层析分离制备了分子质量主要集中在 5kDa 以下的生物活性肽,动物实验结果表明牡蛎活性肽中、高剂量组小鼠的血糖水平均显著性低于模型对照组($P<0.05$);病理学观察发现,牡蛎活性肽组小鼠的胰岛损害程度较模型组轻,高剂量组小鼠的胰岛有较大程度的改善;对正常小鼠的血糖、体重、器官重量无明显影响;牡蛎活性肽能阻抑四氧嘧啶诱导的小鼠血糖,对四氧嘧啶诱导小鼠糖尿病的形成、胰岛的损伤有一定的保护作用,并具有促进胰岛组织修复和恢复其分泌的功能。

五、增强免疫力肽

人体免疫系统是在长期的进化过程中与体内、外各种致病因子不断竞争中形成的机体自身防御机制,是人体识别和消灭外源异物,处理衰老、损伤、死亡、变性的自身细胞,以及识别和处理体内突变细胞和病毒感染细胞的能力。机体免疫机能降低导致对外界环境和疾病的抵御能力减弱,容易产生疾病,特别是容易受感染,出现免疫综合征,容易发生肿瘤等。多肽具有低免疫原性,这些肽类物质可被肠道以完整肽段的形式吸收,进入循环系统与靶位点结合,不仅能够刺激机体自身淋巴细胞的增殖、促进细胞因子的释放、增强机体巨噬细胞的吞噬能力,还不会引起机体的免疫排斥反应。免疫活性肽作为一类小分子物质,具有相对分子质量低、活性强、用量少的独特优势。源于海洋生物的免疫调节活性肽近年来越来越引起人们的普遍关注。

多肽提高免疫力功能实验可按照我国保健食品增强免疫力功能评价方法进行,其中在用正常动物实验中,在细胞免疫功能、体液免疫功能、单核-巨噬细胞功能及 NK 细胞活性四个方面测定中,任两个方面试验结果为阳性,可以判定多肽样品具有增强免疫力的作用;采用免疫功能低下动物实验中,在免疫功能低下模型成立的条件下,血液白细胞总数、细胞免疫功能、体液免疫功能、单核-巨噬细胞功能及 NK 细胞活性五个方面测定中,任两个方面试验结果为阳性,判定多肽样品对免疫功能低下者具有增强免疫力作用。

几乎所有细胞都受多肽调节,如细胞分化、神经激素递质调节、免疫调节等均与活性多肽密切相关。具有提高免疫力的海洋活性多肽的筛选及其作用机理研究是活性多肽研究的重要内容,其中研究较多的是胶原蛋白水解物中活性多肽的筛选。明霞水母胶原蛋白肽不具有任何毒性,以 25mg/kg、50mg/kg、100mg/kg 的剂量给小鼠连续灌胃 30d,小鼠吞噬细胞吞噬功能测定结果表明,3 项免疫指标与空白对照组相比有显著($P < 0.05$)或极显著($P < 0.01$)差异,证明霞水母胶原蛋白活性肽具有一定的免疫增强作用。鱼鳞胶原蛋白对大鼠成纤维细胞增殖、免疫低下小鼠皮肤伤口愈合具有重要影响,利用环磷酰胺诱导小鼠免疫低下模型,MTT 法检测鱼鳞胶原蛋白对成纤维细胞增殖影响的实验结果表明鱼鳞胶原蛋白可促进成纤维细胞增殖,并呈一定剂量的依赖关系,当浓度达到 40mg/L 时,增殖率可达 38.65%。在低剂量条件下可促进免疫低下小鼠伤口愈合,并且增加了伤口处 M2 型巨噬细胞含量。海蜇富含一些具有生物活性的物质,如胶原蛋白、毒素、糖胺聚糖、糖蛋白等,其中胶原蛋白的含量最为丰富。高剂量海蜇胶原蛋白肽能明显提高小鼠的碳廓清指数 K、吞噬指数 α 和脾脏指数,显著促进伴刀豆球蛋白诱导的 T 淋巴细胞增殖。目前,关于胶原蛋白肽的提高免疫力作用机理尚不清楚,海蜇胶原蛋白中含有丰富的甘氨酸、谷氨酸和精氨酸等,推测谷氨酸是肌肉合成谷氨酰胺的前提物,而谷氨酰胺能通过参与淋巴细胞的代谢,影响多种激素及细胞因子的分泌等,对机体免疫应答发挥调节作用。甘氨酸和谷氨酸是细胞合成谷胱甘肽的重要原料,谷胱甘肽在机体的抗氧化中起着重要作用,尤其是还原型谷胱甘肽能促进白丝杀伤细胞的活化与增殖,提高机体防御能力。螺旋藻有许多优异的保健功能,其中调节免疫和抗疲劳是其中最有特色的功能,NIH 小鼠饲喂螺旋藻后体液免疫、细胞免疫及巨噬细胞吞噬能力均显著提高,不但能提高机体非特异性免疫功能,而且能促进特异性免疫功能的提高。刘晓萍等研究了扇贝多肽的免疫增强作用,采用噻唑盐比色方法考察在紫外线辐射损伤条件下扇贝多肽对免疫细胞的保护作用及对胸腺细胞和脾细胞活性的影响,证明扇贝多肽具有抗紫外线氧化损伤的作用,可减轻或抑制紫外线对胸腺细胞和脾细胞的氧化损伤,并且呈剂量依赖性,扇贝多肽在 0.5%~10.0% 的浓度范围内,其抗氧化能力随浓度的增高而增强。此外,科研工作者在鲑鱼和海獭等海洋生物中也发现了具有提高免疫力的多肽。

六、其他肽类功能食品

肿瘤是全球较大的公共卫生问题之一,极大地危害人类的健康并且患病人数呈现逐年增加的趋势,在各类疾病中恶性肿瘤死亡率仅次于心血管疾病位居第二。由于工业化、城镇化和人口老龄化进程的加快,以及不良生活方式和环境污染等问题,我国面临的恶性肿瘤的形势也愈发严峻。食品中能抵抗肿瘤的活性成分研究十分活跃,包括生物活性肽、活性多糖、膳食纤维、维生素与微量元素等。随着医学的发展,近年来基于免疫和分子生物学的抗肿瘤肽成为肿瘤治疗研究的一个热点。许多小肽由于具有低分子质量、极易穿透瘤细胞、较强的稳定性的特点,可以通过提高免疫应答、抑制肿瘤血管形成等作用抑制肿瘤的生长和转移,从而达到抗肿瘤的效果。尽管我国公布的保健食品的 27 种功能中不含抗肿瘤功效的保健食品,但抗肿瘤多肽筛选及功能研究始终比较活跃。

天然存在的抗肿瘤肽具有活性高、结构明确等特点,目前已发现的海鞘肽、海兔环肽、海参五肽、海七鳃鳗肽、扇贝肽和转移因子等海洋生物肽中,部分多肽已被研发成为预防或治疗肿瘤的药物,如鱼精蛋白是一种碱性蛋白,可明显降低肿瘤内血管密度,抑制血管生成和诱导细胞凋亡,体外实验研究发现鱼精蛋白能明显抑制鸡胚绒毛囊膜上的血管生成,给移植瘤和荷瘤动物皮下注射鱼精蛋白,肿瘤生长明显受到抑制。

天然生物活性肽具有含量低和提取难度大等特点,而且提取成本高。研究人员逐渐把重点转移到水解蛋白中的抗肿瘤活性肽研究。海洋生物蛋白水解产物中释放出的许多抗肿瘤肽可通过增强机体的特异性和非特异性免疫功能而发挥作用的,不仅能增强机体的免疫力,还能刺激机体淋巴细胞的增殖,增强免疫器官的免疫应答能力及巨噬细胞的吞噬能力,以提高机体对外界病源物质的抵抗能力,达到预防肿瘤的目的。转移因子能将特异性细胞性免疫能力转移给受者的 T 细胞,以提高免疫缺陷患者的皮肤迟发性超敏反应,增强其免疫力和抗肿瘤能力。鲨鱼软骨中存在的一类多肽可阻止肿瘤周围毛细血管生长,从而达到抑制肿瘤的作用,对肝癌、乳腺癌、消化道肿瘤、肺癌和子宫颈癌等有一定的抑制作用。陈建鹤等采用超滤和层析等方法从盐酸胍抽提的姥鲨软骨蛋白中纯化出血管抑制因子 Sp8,该抑制因子在体外能抑制血管内皮细胞增殖,在体内能抑制小鼠移植 S180 肉瘤生长。黄蓓等首次用胃酶降解及柱层析法获得了 6 种藻红蛋白的色基多肽,用藻红蛋白及其色基多肽对两种肿瘤细胞进行体外激光疗法增敏作用实验,其细胞的生存率为 16%,并显示出良好的剂量效应。此外,海参上皮组织中存在由亮氨酸、脯氨酸、丝氨酸、精氨酸构成的五肽,具有抗肿瘤和抗炎活性,牡蛎匀浆液存在具有抗肿瘤作用的低分子活性肽,可以明显抑制胃腺癌和肺腺癌细胞的生长和分裂增殖。扇贝多肽对免疫细胞的保护作用也已被实验证实。文蛤含有多种多糖及人体易吸收的各种氨基酸和维生素,其中文蛤糖蛋白 MGP0501 是一种糖蛋白,具有很好的体外细胞毒活性,在体内具有稳定的抗肿瘤作用和免疫调节功能。乌贼墨酶解液中也存在抗肿瘤活性的多肽。

抗菌肽研究已成为当前国际食品添加剂行业中的热点方向。尽管抗菌肽在品种和产量上还很难成为主要食品防腐剂系列中的主角,但随着生活水平的不断提高和对健康的日益关注,人们对防腐类食品添加剂的安全性提出新的要求。由于抗菌肽类防腐剂所具有的安全无毒害,甚至对人体有一定营养保健作用等优点,研究和开发抗菌肽类食品防腐剂具有广阔的发展前景。

抗菌肽是生物体内先天免疫体系中一种重要组成之一。抗菌肽对细菌具有很高的毒性,对动物细胞却没有。随着细菌对抗生素耐药性的快速增长已严重威胁人类健康,抗菌肽则被认为是传统抗生素有力的替代者。相比于传统抗生素,抗菌肽的优势在于:① 使用方式较为灵活,既可以单独使用,又可与其他抗菌肽或抗生素协同作用,还可进行免疫调控;② 起效快速,多数抗菌肽的最小抑制浓度和最小杀菌浓度重合,使其能在较低浓度杀灭细菌;③ 作用机制多样,除与细胞膜作用外,许多抗菌肽可以进入胞内,抑制生物大分子及某些酶的合成,这样的多位点作用导致细菌对其不易产生抗性;④ 生物活性特殊,许多抗菌肽具有中和脓毒症和内毒素血症的能力,某些抗菌肽已被证明能够在杀菌的同时刺激先天免疫系统的炎症反应。因此,抗菌肽的抗菌机理完全不同于抗生素,因病原菌不易对其产生耐药性,具有独特的研究和应用价值。

目前,所发现的海洋动物抗菌肽主要来源于刺胞动物、环节动物、软体动物、甲壳动物、棘皮动物、原索动物和鱼类等,已识别出的抗菌肽主要以天然存在的多肽为主,如抗菌肽 Myticin、Halocyntin 和 Hedistin 等。海洋生物资源不但种类多,数量大,而且生物多样性极其丰富,这意味着大量结构独特、功能强大的新型抗菌肽等待被挖掘,发展高灵敏度、高选择性、高通量的生物分析、分离纯化和鉴定方法有助于充分开发海洋动物抗菌肽资源。

第三节　海洋糖类功能食品

一、海洋糖类功能食品概况

功能食品是指对增强人体免疫力,增强防御机能,调节生理节律,预防疾病和促进康复等具有明显调节功能的食品。功能糖,特别是虾蟹、海参、牡蛎、鲍鱼、海藻等海洋生物来源的功能糖,是功能食品中重要的组成部分。很多海洋糖类存在较多的硫酸基、酰胺基、氨基等特殊的修饰基团,使其具有独特的生理功能和理化特性,展现出许多生物功能,包括抗病毒、抗凝血、抗增殖、抗血栓形成和抗炎活性。本节将主要围绕海洋糖类增强免疫力、抗氧化、辅助降血脂等功能展开。

二、增强免疫力糖类

多种由海洋源多糖及寡糖制备的功能食品具有良好的免疫调节活性。海洋糖类物质对机体的免疫作用主要包括激活巨噬细胞、B 细胞和 T 细胞,活化树状细胞和 NK 细胞,激活补体和促进免疫器官发育等。例如,由中国科学院大连化学物理研究所研制的奥利奇善壳寡糖胶囊是由壳寡糖和灵芝孢子粉复合而成,该产品具有调节免疫力和预防疾病的功效。壳寡糖是由 2~20 个氨基葡萄糖由 $\beta-1,4$ 糖苷键连接而成的寡糖(图 8-1)。

壳寡糖的分子结构

图 8-1　壳寡糖及其分子结构式

研究表明,壳寡糖的生理活性与其聚合度存在相关性,即不同聚合度的壳寡糖可能具有不同的生理活性和功能,然而不同聚合度的壳寡糖在活性和功能上到底有多大不同尚不清楚,一部分原因在于壳寡糖单体(具有单一聚合度的壳寡糖)的分离纯化成本较高,难以直接用于活性和机理研究。建立一种低成本制备壳寡糖单体的生产技术和工艺将是我们更深入了解壳寡糖的功能和作用机制,深度开发壳寡糖功能食品的关键。杜昱光等在《壳寡糖的功能研究及应用》一书中针对壳寡糖的制备、壳寡糖的活性及作用机制等方面进行了非常详细和系统的综述。壳寡糖具有安全无毒、水溶性好、功效显著等特点,而且壳寡糖在动物体内易被吸收(图 8 - 2)。2002 年,壳寡糖被韩国食品药品管理局(KFDA)认证为机能性健康食品。2014 年,壳寡糖被国家卫计委批准认证为新资源食品。

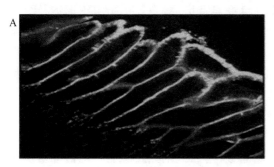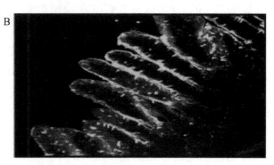

图 8 - 2 荧光物质修饰后的壳寡糖在动物体内的吸收

A. 十二指肠;B. 空肠,未发表数据

研究表明壳聚糖及壳寡糖具有很好的免疫调节作用,是一种有效的免疫促进剂。壳聚糖和壳寡糖可以增强细胞免疫、体液免疫、单核巨噬细胞功能及 NK 细胞活性,促进巨噬细胞吞噬能力,从而增强机体非特异性免疫功能,并可以提高脾脏抗体生成细胞的活性。Lavelle 课题组利用 HI 抗原去刺激小鼠,实验组加入了壳聚糖进行刺激,证明壳聚糖刺激能够依赖于 cGAS - sting - IFNR1 信号通路激活小鼠 Th1 细胞免疫反应,通过该信号通路促进树突细胞的成熟,进一步增强免疫反应。

运用现代生物技术,通过进一步的酶催化水解,可将壳聚糖降解为低聚合度的、水溶性的壳寡糖,壳寡糖对巨噬细胞有很好的调控作用。Yu 等将巨噬细胞与壳寡糖一起孵育 12h 后,发现壳寡糖能显著诱导 NO、TNF - α 的产生;用 NF - κB 的抑制剂 PDTC 处理巨噬细胞,NO、TNF - α 的产生明显被抑制,而加入壳寡糖后,NO、TNF - α 的含量显著回升,证明壳寡糖可能与 NF - κB 的抑制剂来竞争性结合 NF - κB。而 Chen 等的研究发现壳寡糖作用于粉尘螨激活的单核细胞来源的巨噬细胞,能使细胞因子趋向于 Th1 方向,减少炎症性细胞因子IL - 6 及 TNF - α 的产生,降低 CD44 及 TLR 的表达并抑制 T 细胞的增殖。扫描电镜观察壳寡糖抑制了过敏性哮喘患者的巨噬细胞伪足的形成,并且是通过抑制 PKC θ 的磷酸化及NF - κB 信号转导途径的活化起作用的。通过鼻滴的方式将壳寡糖作用于哮喘小鼠,发现其能通过抑制炎症性细胞浸润、内皮损伤、杯状细胞增生及诱导型一氧化氮合酶的表达来减缓肺部炎症。聚合度为 1~6 的壳寡糖混合物也能刺激 RAW 264.7 系巨噬细胞产生 NO,但也必须在 IFN - γ 的共同作用下才能有此效果,且呈剂量依赖性,这种作用通过激活 NF - κB 促进其向核的转移及增强其与 DNA 的结合能力调节 iNOS 的表达来实现。NF - κB 的抑制剂 MG132 清除了壳寡糖与 IFN - γ 协同作用刺激的 NO 的产生。用 CD14、TLR4、CR3 的抗体处理 RAW264.7 细胞发现 NO 的产生也被抑制,结果说明 CD14、TLR4、CR3 对壳寡糖与

IFN－γ 协同刺激 NO 产生至关重要。此外,其分子质量及乙酰化水平与免疫增强活性密切相关。

海参为海洋棘皮动物的一种,食用和药用的价值较高,在我国一向被视为佐膳珍品。海参多糖主要有两种:一种为海参糖胺聚糖或黏多糖,是由 N-乙酰氨基半乳糖、葡萄糖醛酸和 L-岩藻糖组成的杂多糖;另一种为海参岩藻多糖,是由 L-岩藻糖组成的杂多糖。两者的糖链都富含硫酸酯基。大量的研究表明,海参多糖具有免疫调节功效。朱新红等针对海参多糖细胞免疫调节,从基础研究进展的层面进行了较为详细的综述。研究表明,海参岩藻聚糖硫酸酯(SC－FUC)及其酶解产物可以通过提高免疫器官指数,恢复小肠组织形态及综合功能状态,调节免疫细胞因子分泌,促进肠道黏膜免疫抗体 IgA 高表达来增强肠道黏膜免疫功能等方式调节免疫。海参多糖还可以调节外周血中 T 细胞表面的 CD2、CD28 分子的表达,从而促进 T 细胞的免疫功能调节,并改善机体的细胞免疫功能。2003 年海参多糖在我国已获得卫生部"免疫调节"功能的保健食品批文,市场现有多种相关产品。

贝类是海洋多糖的重要来源。从海洋贝类提取的一些多糖,也从不同程度上展现出一定的免疫增强活性。张旭等发现紫贻贝多糖能上调免疫抑制小鼠的 Th1 细胞功能,纠正 CTX 引起的免疫抑制状态下的 Th1 向 Th2 形成的漂移,增强细胞免疫功能。刘倩等发现牡蛎糖胺聚糖具有增强正常小鼠的脾指数和胸腺指数,促进小鼠脾淋巴细胞的增殖,增强小鼠腹腔巨噬细胞吞噬中性红的能力等免疫调节活性。

海藻是生长于海洋中的低等植物,是海洋生物的重要组成之一。海藻多糖是一种海藻来源的功能糖,在功能食品领域具有重要的应用。褐藻包含岩藻聚糖(fucoidan)、海藻酸(alginate)、海带多糖(laminarin)等多种多糖组分。岩藻聚糖主要存在于褐藻的细胞间,特别是在细胞壁外层占优势。我们通常在海带叶片的外表上看到的那层黏液就含有岩藻聚糖。岩藻聚糖主要是以 1,2 和 1,4 键合的含硫酸基的 α-L-褐藻糖多聚物,并且还含有不同比例的半乳糖、木糖、葡萄糖醛酸和少量的蛋白质,在不同的藻类里提取的岩藻聚糖也不完全一样。岩藻聚糖及褐藻中的其他多糖均已证明具有免疫调节功能并已取得相关保健食品批文。海藻寡糖是海藻酸经过生物或化学降解后得到的寡聚糖。海藻寡糖具有抑制肿瘤、抗氧化、抑菌等生物活性,被认为是一种功能性寡糖。海藻寡糖主要由甘露糖醛酸和古洛糖醛酸两种单元糖组成。海藻寡糖分子质量低,不仅水溶性强、稳定性高,还具有多种生物活性。在免疫调节方面,海藻寡糖能刺激免疫反应相关细胞分泌细胞因子,使机体的免疫系统得到恢复和加强,并能通过免疫调节作用发挥多种生理活性。海带多糖由 β-1,3 及 1,6 连接的葡萄糖构成,其低分子质量组分也具有较强免疫增强活性。裙带菜(*Undaria pinnatifida sporophylls*)岩藻聚糖可以提高巨噬细胞的细胞因子表达水平,从而具有免疫激活活性。

绿藻是种类最多的一类海藻,是藻类植物中最大的一门,约有 350 属,7500～8000 种。水溶性硫酸多糖是绿藻多糖的主要成分,其组分和结构随着绿藻种类的不同而不同,通常可分为两类:一类为木糖-阿拉伯糖-半乳糖聚合物,另一类为葡萄糖醛酸-木糖-鼠李糖聚合物。绿藻多糖具有显著的免疫调节活性,能在多个途径、多个层面对免疫系统发挥调节作用,如能提高 T 淋巴细胞转化率,活化巨噬细胞,诱导免疫调节因子的表达,促进干扰素、白细胞介素的生成等。目前,已发现了多种绿藻多糖具有免疫调节作用。浒苔多糖是一种水溶性硫酸杂多糖,主要由鼠李糖、葡萄糖醛酸、葡萄糖、木糖、半乳糖组成。其中硫酸基含量为 18%,糖醛酸含量在 20% 左右。浒苔多糖能促进 T 淋巴细胞、B 淋巴细胞增殖,增强巨噬细胞的吞噬作用,促进巨噬细胞分泌 NO,增强诱导型一氧化氮合酶活性,促进 TNF−α 和 IL−6 的分泌。小鼠体内研究结果表明,浒苔多糖不仅可以增强机体的吞噬指数和自然杀伤力,还可以增加 ConA 诱导的脾细胞增殖。徐大伦等观察了浒苔多糖对机体免疫的影响,发现适宜浓度的浒苔多糖明显地促进 T 淋巴细胞、B 淋巴细胞的增殖,而且适当浓度的浒苔多糖对抗原提呈细胞活化所致的诱导干扰素−γ(IFN−γ)的产生有非常明显的增强作用。Shan 等将 8 种海藻中提取的水溶性多糖用人体淋巴细胞进行免疫活性研究,结果表明绿藻多糖能明显促进人体淋巴细胞的增殖,显示了其提高免疫活性的良好作用。从硬石莼(*Ulvarigida*)提取的多糖则被证明可以提高巨噬细胞的细胞因子表达水平而具有免疫激活活性。小球藻(*Chlorella stigmatophora*)的一些多糖可能通过阻断 Th2 活性产生免疫抑制作用。

红藻在我国沿海区域分布很广,多年来一直作为食品被人们食用。红藻多糖的提取分离简便易行,其多糖是由 D−半乳糖、3,6−内醚半乳糖和硫酸根组成。卡拉胶(carrageenan)是从红藻细胞壁中提取的亲水性高分子硫酸多糖,硫酸基团含量为 15%~40%,且平均分子质量在 100kDa 上,具有多种生物活性。研究表明,卡拉胶多糖对淋巴细胞的分裂和分化有促进作用。刘雪冰等通过分离制备了卡拉胶三糖、卡拉胶十一糖和卡拉胶十九糖共三种寡糖,发现卡拉胶十一糖调节免疫活性最好,可引起 RAW264.7 的免疫应答反应,激活巨噬细胞,提高细胞的吞噬能力、NO 产生能力及 TNF−α 的分泌量;同时初步推测 RAW264.7 细胞对卡拉胶十一糖的免疫应答是通过 TLR4−NF−κB 通路。但另一方面,卡拉胶可以抑制 T 细胞增殖,削弱体液免疫和补体系统的激活,从而产生抑制免疫作用。目前我国已有多种以卡拉胶为原料的免疫调节保健食品获批生产。

从海洋微藻螺沟藻(*Gymnodinium impudicum*)及三角褐指藻(*Phaeodactylum tricornutum*)提取的多糖也具有免疫调节作用。此外,一些藻类多糖能够结合 toll 样受体−4 或模式识别受体,参与先天免疫反应。在假微型海链藻 *Thalassiosira pseudonan*,中肋骨条藻 *Skeletonema costatum*、柔弱角毛藻 *Chaetoceros debilis*、新月菱形藻 *Nitzschia closterium*、多枝舟形藻 *Navicula ramosissima*、三角褐指藻 *Phaeodactylum tricornutum* 等海洋微藻中,均发现了具有增强免疫活性的以葡聚糖为主的多糖。

海洋细菌和真菌中也发现多种具有免疫调节活性的多糖。李晶等发现南极海洋菌 *Pseudoaltermonas sp.* S−5 胞外多糖 PEP 可以通过 NF−κB 和 P38MAPK 信号转导通路上调 RAW264.7 的免疫活性,激活处于静息状态的 RAW264.7 细胞。苏文金等对 996 株海洋放线菌胞外多糖产量和体内外免疫增强活性进行了研究,发现有 3 株放线菌胞外多糖具有较好的免疫活性,其中 *Streptomyces sp.* 2−30−5 菌株的胞外多糖具有较高的非特异性、细胞及体液免疫增强活性。陈佳等从海洋红树林泥样中分离到一株海洋芽孢杆菌和一株海洋弧菌均可产生胞外多糖,发现从两种海洋细菌分离得到的多糖均具有促进小鼠 T 淋巴细胞、B 淋巴细胞增殖和促进巨噬细胞吞噬功能的作用。

牛庆凤等从花刺柳珊瑚虫共附生真菌 *Penicillium sp.* gxwz446 中分离纯化出了一种葡萄糖构成的葡聚糖 GX1−1,分子质量为 5.0kDa,将其硫酸酯化得到 GX1−1S,发现二者均能够显著提高 RAW264.7 细胞的吞噬功能,并且对吞噬细胞释放 NO 能力具有促进作用,GX1−

1S 作用效果比 GX1－1 作用效果明显。高向东等从一株海洋真菌 *Keissleriella* sp.YS 4108 中分离纯化出一种多糖 YCP，其相对分子质量为 $2.4×10^6$，主链为葡聚糖由 α－(1,4)糖苷键连接，并含有少量 α－(1,6)连接的葡萄糖侧链，研究发现其能促进巨噬细胞中 NO 和 IL－1 的合成，并能显著增强小鼠腹腔巨噬细胞吞噬中性红的作用，具有较好的免疫调节活性。

三、抗氧化糖类

目前，市场上已有多种基于壳寡糖、壳聚糖及海藻多糖等海洋糖类抗氧化活性开发的功能食品。

壳寡糖的抗氧化作用已见于诸多报道。壳寡糖对很多氧自由基有直接清除效果，且这种效用与壳寡糖的聚合度及脱乙酰度等结构特性密切相关。细胞实验表明，壳寡糖可以有效抑制过氧化氢诱导的脐静脉内皮细胞凋亡，通过降低胞内 ROS 水平，抑制过氧化氢引起的胞内抗氧化酶 SOD 和 GSH－PX 活力的降低，从而有效保护细胞免受过氧化造成的损伤。壳寡糖抗氧化作用在小鼠试验中也得到了验证。

岩藻聚糖的抗氧化活性与其硫酸化程度及聚合度大小密切相关。在体外还原活性测试中相较于海藻酸和海带多糖，岩藻聚糖的活性更为显著。盐藻聚糖还展现出超氧自由基、羟自由基、一氧化氮及过氧化氢清除能力，其中低聚合度(1~10kDa)硫酸化岩藻聚糖的清除效果更佳。岩藻聚糖、海藻酸及海带多糖的金属螯合活性也有助于其抗氧化功能。

海藻寡糖具有抗氧化活性，体外条件下对活性氧具有很好地清除效率。活性氧是造成人体内氧化压力的主要因素，而神经退行性疾病和氧化压力有关，因此科学家研究了海藻寡糖在体内对神经元细胞的作用。海藻寡糖有明显的镇静催眠、抗惊厥及抗焦虑的作用，且呈一定剂量依赖性。

绿藻多糖也具有抗氧化活性，能够延缓衰老。Guzman 等发现小球藻 *Chlorella stigmatophora* 和 *Phaeodactylum tricornutum* 水溶组分具有自由基消除能力。另外，研究发现，酶消化后产生的绿藻寡糖具有较高的过氧化氢消除能力和还原能力。浒苔多糖是一种水溶性硫酸杂多糖，其抗氧化活性受多糖的硫酸化程度、分子质量、构型及糖链分支情况等因素的影响。宋雪原报道浒苔多糖对羟自由基和超氧阴离子具有良好的清除能力。石学连等同样发现浒苔多糖具有显著的抗氧化作用。

多种类型的卡拉胶均具有抗氧化活性。体外实验表明卡拉胶可作为铁离子的有效稳定剂。卡拉胶寡糖可以影响过氧化氢酶和超氧化物歧化酶的活性而产生抗氧化功能。细胞水平研究证明卡拉胶寡糖可以保护胸腺淋巴细胞免受过氧化氢的损伤，动物实验也证明其可以降低脂类过氧化水平。不同降解方式及硫酸化程度，均可影响卡拉胶寡糖的抗氧化活性，目前研究主要是清除超氧阴离子、羟自由基等体外检测试验，而在体内的研究仍相对较少。

四、辅助降血脂糖类

大量动物和临床试验表明，壳聚糖及其衍生物能显著降低血清与肝脏中甘油三酯和总胆固醇水平，增加血清中高密度脂蛋白含量，降低低密度脂蛋白，从而达到降低血脂和保护肝脏的作用。壳寡糖具有降低血液中胆固醇、三酰甘油、低密度脂蛋白浓度的作用,其作用可能通过抑制 HMG-CoA 还原酶活性产生。在小鼠实验中发现,壳寡糖可以抑制高脂食物引起的血液胆固醇含量升高,也有可能对极低密度脂蛋白和低密度脂蛋白合成降解速率产生影响。有研究表明,壳聚糖带有的大量正电荷可以与胆汁酸结合,并促进肝脏将胆固醇转化为胆汁酸,从而降低血液中的胆固醇含量。壳聚糖还可能与食物中的脂类结合从而抑制其吸收,促进其排泄。在我国,多种壳聚糖及壳寡糖作为原料的降脂保健品已进入市场。

海参等一些海洋软体动物的多糖也具有降血脂活性。研究表明海参消化道多糖能显著降低高脂血症小鼠的胆固醇、甘油三酯和低密度脂蛋白胆固醇,同时升高高密度脂蛋白胆固醇,表明其具有降血脂功能。

在降血脂方面,20 世纪 70 年代初就有人研究得出结论,多数绿藻都有降低血浆胆固醇水平的作用,后经证实其活性组分为多糖。相继有报道证实了绿藻多糖的降血脂作用。周慧萍等从福建产的浒苔中分离和纯化得到一种酸性异多糖,并研究证实其有降血脂及提高超氧化物歧化酶活力、降低脂质过氧化物含量的抗衰老作用。浒苔多糖可显著降低高脂血症模型的血清总胆固醇、甘油三酯、低密度脂蛋白胆固醇和丙二醛含量,并且可以显著提高高密度脂蛋白胆固醇含量。原因可能与机体的免疫调节有关,浒苔多糖能有效增强机体的免疫能力,加快肝胆循环,使肝内的酮体和肝外组织所能利用的限度达到很好的平衡,从而降低了血脂在血液中的堆积。

卡拉胶能有效降低血清低密度脂蛋白、胆固醇和控制动脉粥状硬化的形成等作用。卡拉胶不仅能够影响胆固醇的吸收,还可以与胆酸结合,从而引起胆酸减少,促进机体利用胆固醇来合成胆酸,从而导致血脂降低。

此外,海带多糖、裙带菜多糖、岩藻聚糖等多种藻类多糖也被证明具有降血脂活性。该活性可能与其胰腺胆固醇酯酶抑制活性相关。通过对该酶的抑制,可以减少胆固醇在小肠内的吸收水平。这种抑制效果与这些多糖聚合度和硫酸化程度往往成正相关。此外,岩藻聚糖能够调节脂肪细胞中脂类分解,提高激素敏感性脂肪酶的表达和活性,刺激了脂类分解,进而降低了脂质的累积。微藻中的多糖多数也高度硫酸化,使其具备作为降血脂活性产品开发的可行性。相关研究相对较少,但关于果囊藻、紫球藻的研究表明其具有较高的降脂活性。

五、其他糖类功能食品

壳聚糖及壳寡糖能激活胰岛细胞,促进胰岛素分泌,使葡萄糖得到有效利用,从而使血糖下降,因而具有良好的降血糖功效。壳寡糖还具有调节肠道菌群、保肝护肝、减肥和调节激素分泌水平等多种功效。基于我们对于壳寡糖功效的不断了解,壳寡糖已被开发成多样化的功能性保健食品。除此之外,韩国 kittolife 公司开发的自由氨基壳寡糖产品(FACOS)具有抗肥胖功效,韩国 Ecobio 公司开发的壳寡糖产品(T-NORM)具有调节激素水平的功效,这几款功能糖产品均已进入欧美市场。

岩藻多糖具有降血糖生物活性,用于糖尿病患者和高血糖人群的食疗。绿藻多糖也具有降血糖生物活性。左绍远等研究螺旋藻多糖降血糖活性,发现螺旋藻多糖能有效地降低糖尿病小鼠血糖。卡拉胶可降低正常/糖尿病小鼠的血糖,提高正常小鼠的耐糖量,具有降血糖的活性。海藻类生物中含有丰富的膳食纤维,海带中的水溶性高纯膳食纤维含量尤为丰富。海藻类膳食纤维具有吸附亚硝酸盐离子和胆汁酸,软化肠内物质,刺激胃壁蠕动,辅助排便,降低血液中胆固醇含量,抑制餐后血糖上升等生理功能。

此外,岩藻多糖等藻类多糖具有金属螯合活性可抑制肠腔对重金属的吸收,所开发的排铅保健食品也已在我国获批上市。

第四节　功　能　脂　类

在海洋脂类中,以鱼油的产量最大,鱼油的功能性成分为 EPA 和 DHA 两种极长链多价不饱和脂肪酸。据统计,近年来,世界鱼油产量一直在 100 万~140 万 t,这些鱼油主要源于鱼粉生产的副产物。

自 20 世纪 70 年代,人们发现海洋动物油脂中的 EPA 和 DHA 对人类健康的有益作用后,相关功能性食品市场快速增长,逐渐发展成为最重要的功能性脂类产品。据估计,目前每年已有约 30 万 t 鱼油被开发成供人们食用的产品,并且人们对 EPA/DHA 的需求仍在不断增长。

巨大的潜在市场需求也刺激了人们采用多种手段获得 EPA 和 DHA。在此背景下,利用海洋微生物和微藻发酵生产功能性油脂技术应运而生。发酵技术可以无限生产人们需要的功能性脂肪酸,而且可以彻底解决海洋鱼油的有害物风险,是海洋功能性油脂生产的重要手段。除鱼油外,海洋脂类还包括鱼肝油、海豹油、磷虾油等,这些油脂的生理活性物质不仅包括 EPA 和 DHA,还包括维生素、虾青素、角鲨烯和烷氧基甘油等成分,也成为海洋功能性的脂类产品家族的重要成员。

据估计,以海洋脂类作为主要活性成分的功能性食品的市场约为 50 亿美元/年,主要是软胶囊产品;而包含有海洋脂类活性成分的普通食品市场可能达到了每年数百亿美元,包括乳品、饮料、饼干和糖果等。目前,海洋脂类的健康概念已经深入人心,随着海洋脂类加工技术的成熟,尤其是提纯、脱腥和抗氧化技术的进步,海洋脂类功能食品行业在今后几十年仍然会保持快速增长。

一、海洋动物来源功能性脂类

1. 海洋鱼油

海洋鱼油产品是海洋脂类产品中最重要的成员,占 80% 以上市场份额。海洋鱼油富含 $\omega-3$ 脂肪酸,包括 C18∶3、C18∶4、C21∶5、C22∶5、EPA 和 DHA,其中 EPA 和 DHA 的含量较高。通过图 8-3,我们可以更清楚地理解 EPA 和 DHA 在人体健康中发挥的作用。由图 8-3 可见,亚油酸和亚麻酸是人体最严格的必需脂肪酸,二者分别是 $\omega-6$ 和 $\omega-3$ 系列脂肪酸的前体物。近年来,人们发现,保持人体的 $\omega-6$ 和 $\omega-3$ 脂肪酸的平衡对于健康具有重要意义。通常,人们普通缺乏 $\omega-3$ 脂肪酸,补充 $\omega-3$,尤其是补充 EPA 和 DHA,可以取得很好的健康效应。EPA 和 DHA 虽然都属于 $\omega-3$ 脂肪酸,但它们生理功能有差异,这也是不同用途的鱼油制品具有不同的 EPA/DHA 比例的原因。

早期,鱼油被视为一种低质量的油脂,主要用于工业和饲料,人们甚至通过加氢反应将鱼油改造成饱和类脂肪应用。直到 20 世纪 70 年代,人们发现了海洋鱼油的生理功能后,鱼油才逐渐流向食用领域。直到 2000 年左右,世界鱼油资源还是过剩的,鱼油的价格通常要低于大宗普通植物油价格 20% 以上。2010 年以后,鱼油原料的价格不断持续上涨,也表明近年来鱼油类生物制品的需求正在快速增长。

（1）鱼油产品

主要有以下几种剂型。

1）软胶囊:软胶囊是油剂产品生产最常用和最主要的剂型。

乳化体系:是将水、鱼油、乳化剂、增稠剂、甜味剂和香味剂等混合后,均质得到一种稳定性的水包油乳化体系。乳化液鱼油由于油脂处于乳化体系中,口感不油腻,加上甜味剂和香味剂对味觉的矫正,该产品有愉悦的口感,尤其受到儿童的喜欢。鱼肝油常常采用乳化体系剂型。

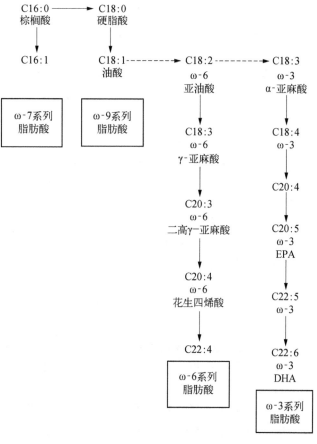

图 8-3 人体内脂肪酸代谢途径

（引自杨博,2002）

———▶代表路径畅通 ------▶代表路径不通或合成不足

2）液体油:在脱腥鱼油中直接加入香精矫正味道,以油的形式直接口服。该产品可以满足希望大量服用鱼油而又不喜欢吞服胶囊的消费者。通常,这种产品形式对鱼油原料的质量要求比较高。

3）微胶囊:微胶囊造粒技术就是将固体、液体或气体包埋、封存在一种微型胶囊内成为一种固体微粒产品的技术。微胶囊用于鱼油包埋,可以掩盖腥味、隔绝氧气和方便使用,鱼油微胶囊常常作为功能性原料添加于乳品、糖果和烘焙制品中。

（2）鱼油功能食品

按照鱼油本身化学结构和有效成分含量,鱼油功能食品大致包括以下几种类型。

1）直接精炼鱼油。该类产品是以海洋鱼油毛油为原料,经过精炼和冬化后获得,产品仍然保持甘油三酯型天然结构。早期的鱼油产品都是该种类型,今天国内外市场仍有大量供应。该类产品中代表性规格要求 EPA 和 DHA 的总含量为 30%,并且 EPA/DHA 的比值为 2:1 左右,这种高 EPA 鱼油符合中老年人群使用。

2）乙酯型鱼油。海洋鱼油原料是鱼粉加工的副产物,通常作为初级原料的鱼油中EPA+DHA含量为23%~33%。EPA和DHA的比例变化主要受鱼的品种、海域和季节等因素的影响。然而,作为商品的鱼油,人们希望其EPA和DHA含量和比例是均一不变的。在天然甘油酯型鱼油中,EPA和DHA被均匀地分布在甘油三酯分子中,很难调整其含量和比例。为解决该问题,人们采用乙酯化工艺将鱼油甘油三酯转化为单链的脂肪酸乙酯,从而可以更方便地进行分离和浓缩,人们几乎可以生产任意EPA/DHA的鱼油产品,这解决了鱼油产品生产中标准化管理的问题。

乙酯型鱼油可以根据EPA+DHA的含量进一步细分为乙酯型普通鱼油和乙酯型浓缩鱼油,乙酯型普通鱼油中EPA+DHA的含量为30%左右,和天然鱼油中的含量基本一致;而乙酯型浓缩鱼油中EPA+DHA含量一般为50%~70%。

鱼油产品的浓缩,从工艺复杂度的角度,大致可以按EPA+DHA的总浓度为70%为界区分,高于70%时,生产控制的难度大幅度增加,通常称为高浓缩鱼油。目前,由于生产成本问题,高浓缩鱼油的市场份额不高。高浓缩鱼油是一种同时可以用作保健食品和医药原料的产品,经多项国际大型临床试验证实,这种高含量的多烯酸乙酯(EPA和DHA乙酯)具有较高的临床有效性,得到药学和医学临床专家的认可。

1994年,挪威Pronova公司首先推出了含EPA+DHA乙酯84%及4单位的维生素E的多烯酸乙酯处方药,商品名为Omacor。我国2000年颁布的标准将EPA乙酯、DHA乙酯的总含量确定为不少于55%。2004年11月,美国FDA依据数个大型临床试验的结果批准了高纯度ω-3脂肪酸(EPA+DHA>84%)作为处方药上市,适应证为治疗高甘油三酯血症及冠心病的二级预防。2005年12月30日,国家食品药品监督管理总局颁布多烯酸乙酯国家药品标准修订件,将EPA和DHA的总含量提高到80%以上。

单体EPA产品是指几乎纯净的EPA产品,该产品是高浓缩鱼油进一步采用色谱分离技术将EPA纯化所获得产物。单体EPA主要用于医药用途,国际上,日本的持田制药公司分离获得了纯度在96%以上的EPA乙酯,开发成降血脂处方药,商品名为Epadel。

3）甘油三酯(TG)型浓缩鱼油。早在1988年,人们就在关注不同的EPA/DHA存在形式的生物利用度。研究发现,脂肪酸形式的EPA和DHA几乎可以被100%吸收,甘油酯形式的EPA和DHA大约有70%被吸收,而乙酯形式的EPA和DHA的生物利用度只有20%左右。由于脂肪酸非常容易氧化,不具有开发成产品的可行性,甘油三酯型产品则成为人们的首选。

人们围绕TG浓缩鱼油开发了一系列方法,具体如下。

深度冷冻法:在有机溶剂中将鱼油冷冻至零下几十度,由于富含不饱和脂肪酸的甘油酯不容易结晶,可以分离低温的液相组分获得TG浓缩鱼油。EPA和DHA在甘油酯分子中是近似平均分布的,因此深度冷冻法的浓缩能力非常有限,而且得率非常低,并未实现大规模生产。

脂肪酶的选择性水解法:多数脂肪酶对脂肪酸的链长和双键数具有选择性,可以选用合适的脂肪酶选择性水解鱼油中非EPA/DHA脂肪酸,从而获得一定的浓缩效应。由于尚缺乏高度特异性的脂肪酶,该方法的浓缩效率有限,而且只能得到偏甘油酯,偏甘油酯的抗冻性不良,因此该方法几乎未用于产业化。

固定化脂肪酶法：以脂肪酸乙酯和甘油为底物，通过固定化脂肪酶转化为 TG 浓缩鱼油，由于脂肪酸乙酯的规格可以任意调整，可以很容易地通过控制乙酯浓度来控制 TG 型鱼油的浓度，是普遍认为的最具有前景的方法。该方法的核心技术是酶工程技术，技术难度较高，目前只有少数企业掌握。

目前，TG 型鱼油在国际上多以高端产品的形式销售，该产品不但具有更高的生物利用度，而且有害物残留水平非常低。目前，TG 型浓缩鱼油在市场占有份额仍然不高，随着酶工程技术的进步，TG 型浓缩鱼油的生产成本会进一步下降。可以预期，未来 TG 型浓缩鱼油将成为市场的主流产品。

目前，全球对鱼油生物制品逐渐进入理性消费的阶段，但现有的鱼油生物制品主要集中在降血脂和促进脑部发育。事实上，EPA 和 DHA 的生理功能是多方面的，近期研究表明，$\omega-3$ 脂肪酸可以和人体的 G 蛋白受体 GPR120 结合，所以鱼油制品也可能作为肥胖、糖尿病和其他慢性炎症的辅助治疗手段。随着人们对鱼油生物制品认识的增强，以及产品质量的进一步提高，必然会进一步促进鱼油生物制品市场拓展，而鱼油原料也将成为一种稀缺资源。

2. 磷虾油

磷虾油中最重要的生理活性物质也是 EPA 和 DHA，而且含量和鱼油相当。其和甘油三酯型鱼油相比，主要的区别如下。

1）磷虾油中的 EPA 和 DHA 主要结合于磷脂分子和甘油三酯分子中，而鱼油中 EPA 和 DHA 结合于甘油三酯上。关于二者的生物利用度，动物实验表明鱼油中的 $\omega-3$ 比磷虾油中 $\omega-3$ 脂肪酸更容易结合于组织中；而人体实验结果则显示磷虾油的生物利用度更高。通常可以认为鱼油和磷虾油这两种天然结构的 EPA 和 DHA 都具有很高的生物利用度。

2）磷虾油还含有丰富的维生素 A、维生素 E、虾青素、磷脂质、类黄酮等功能性成分。虾青素抗氧化能力是维生素 A、维生素 E 的 300 倍，是叶黄素和鱼油的 48 倍，是辅酶素 Q10 的 35 倍，是番茄红素的 6.5 倍。

3）磷虾油的气味具有虾的特征气息，而非鱼油的腥味。早期的鱼油，由于精炼技术的落后，通常具有强烈的腥味，即使服用软胶囊鱼油，仍不能完全解决不愉快的腥味。近年来，对于甘油三酯型鱼油，人们已经可以很好地进行脱腥。经过脱腥和抗氧化处理的鱼油，腥味可以降低到不易觉察的程度。对于磷虾油的气味，不同人有不同的反馈，多数人认为容易接受。所以，在气味的角度，磷虾油和鱼油很难比较优劣。不过，磷虾油的特征气味难以脱除，而鱼油已经可以实现无腥化。

4）磷虾油来源于更加洁净的南极地区，污染较少。

5）从成本角度，磷虾油的生产成本高于鱼油，从补充 EPA 和 DHA 的经济性角度，磷虾油产品的竞争力较低。

6）磷虾油的缺点之一在于其含有致敏原，对海鲜过敏的人群服用磷虾油有发生不良反应的风险。

综上所述，磷虾油是一种高质量的海洋 $\omega-3$ 产品，是海洋脂类生物制品的重要细分品种。磷虾油产品尚处于起步阶段，尽管还存在某些缺点，但不影响其不断增加的接受度和广阔的市场发展空间。2013 年 12 月 24 日,国家卫计委批准磷虾油为新资源食品。

3. 鲨鱼肝油

鲨鱼肝油中含有角鲨烯(Squalene)和烷氧基甘油(AKGS)两种主要活性成分。

角鲨烯最初由日本化学家 Tsujimoto 于 1906 年在黑鲨鱼肝油中发现而得名。角鲨烯又名鲨烯、三十碳六烯、鱼肝油萜,化学名为 2,6,10,15,19,23 -六甲基- 2,6,10,14,18,22 -二十四碳六烯,是一种高度不饱和烃类化合物。

鲨鱼肝油的主要功能如下。

1) 抗癌、抗肿瘤作用。角鲨烯具有极强的供氧能力,可抑制癌细胞生成,减少癌细胞扩散,对胃癌、食道癌、肺癌、卵巢癌均具有明显疗效。研究表明,角鲨烯可降低砷盐在细胞内聚集,抑制亚砷酸钠致癌作用及 4 -甲基亚硝胺-1 -3 吡啶-1 -丁酮所诱导的肺癌,对结肠癌也有预防作用。据报道,角鲨烯胶囊治疗白细胞减少症临床有效率达 82.1%,但治疗机制尚不明确。角鲨烯能显著提高血液 SOD 活性,减轻造血组织损伤,加速造血细胞的生成,减少白细胞的破坏。同时,角鲨烯可增强白细胞代谢活动,对肿瘤化疗等所致的白细胞减少症有较好疗效。

2) 抗疲劳作用。疲劳是一种复杂的生理生化过程,通常与代谢紊乱、自由基过多、免疫功能失调有关。角鲨烯具有消除自由基、调节免疫功能等作用。角鲨烯能促使超氧化酶与乳酸脱氢酶显著升高,乳酸迅速分解,体内能量代谢旺盛,体力快速恢复,疲劳及时消除。同时,角鲨烯还可使体内红细胞增多,有效预防和缓解因缺氧引起的多种疾病,并为组织细胞制造能量,减轻体力疲劳。

3) 抗心血管疾病。高血压、高血脂、高血糖是心脑血管疾病的元凶,角鲨烯能促进血液循环,预防及治疗因血液循环不良而引起的心脏病、高血压、低血压及中风等,对冠心病、心肌炎、心肌梗死等有显著缓解作用。可显著降低胆固醇和甘油三酯含量,强化某些降胆固醇药物药效,抑制血清胆固醇浓度,降低脂蛋白浓度,并加速胆固醇从粪便中排泄,延缓动脉粥样硬化形成。角鲨烯还能增加高密度脂蛋白和增加富含携氧细胞体,是人体"血管清道夫"。

4) 抗感染作用。角鲨烯具有渗透、扩散、杀菌作用,可用作杀菌剂。对白癣菌、大肠杆菌、痢疾杆菌、绿脓杆菌、金黄色葡萄球菌、溶血性链球菌及念珠菌等有杀灭和抑制作用,可预治细菌引起上呼吸道感染、皮肤病、耳鼻喉炎等;还可治疗湿疹、烫伤、放射性皮肤溃疡及口疮等。

5) 增加缺氧耐受力。缺氧对机体而言是一种劣性刺激,能严重影响机体的氧化供能,最终导致机体的心、脑等重要器官氧供应不足而死亡。角鲨烯作为一种脂质不皂化物,具有提高体内超氧化物歧化酶(SOD)活性、增强组织对氧的利用、增强机体免疫功能、抗衰老等多种生理功能。

6) 免疫调节。烷氧基甘油主要功能为免疫调节功能,能刺激免疫细胞生成,提高白细胞、淋巴细胞和血小板的数目,并能促进免疫细胞的活化,增强疾病抵抗力。

此外,鲨鱼肝油也包含鱼肝油中常见成分,如 EPA、DHA 和维生素 A、维生素 D 等,是一种多功能的膳食营养补充剂。不同来源的鲨鱼肝油中角鲨烯和烷氧基甘油的含量不同,根据二者的含量可以将鲨鱼肝油分为中老年人适用型和婴幼儿适用型。中老年人适用型鲨鱼肝油中一般含有角鲨烯、烷氧基甘油(AKGS)、EPA 等;而婴幼儿适用型鲨鱼肝油中除维生素 A、维生素 D 之外,主要是烷氧基甘油。

4. 鱼肝油

狭义的鱼肝油是指由海鱼类肝脏炼制的油脂,其中,鳕鱼是鱼肝油的主要来源;广义的鱼肝油还包括鲸、海豹等海兽的肝油。鱼肝油常温下呈黄色透明的液体状,有鱼腥味,主要由不饱和度较高的脂肪酸甘油酯组成,此外还有少量的磷脂和不皂化物。鱼肝油中的主要成分是脂溶性维生素 A 和维生素 D。

在人们真正认识 $\omega-3$ 脂肪酸之前,就开始利用鱼肝油作为维生素 A 和维生素 D 的补充剂。维生素 A 的主要功能是维持机体正常生长、生殖、视觉、上皮组织健全及抗感染免疫功能。维生素 A 缺乏时可引起小儿骨骼发育迟缓、牙釉质细胞发育不良、上皮组织结构受损及呼吸道、消化道和泌尿道的各种感染。维生素 D 的主要功能是促进小肠黏膜对钙、磷的吸收,促进肾小管对钙、磷的重吸收。维生素 D 缺乏时可引起钙磷经肠道吸收减少、骨样组织钙化障碍、佝偻病等。

因为维生素 A 和维生素 D 都是脂溶性维生素,长期过度补充就会中毒。关于服用鱼肝油补充维生素 A 和维生素 D,现代的观点认为,在过去食品短缺、营养匮乏的时期,人们普遍缺乏维生素 A 和维生素 D,合理补充是必要的。而如今人们有了更多渠道摄取维生素 A 和维生素 D。所以,如何补充维生素 A 和维生素 D 成为一个需要重新思考的问题。通常,鱼肝油中的维生素 A 和维生素 D 含量是不平衡的,维生素 A 是过量的,所以天然的鱼肝油并非补充维生素 A 和维生素 D 的完美方式。

5. 其他海洋动物油脂

（1）海狗油

海狗油来源于海狗的脂肪油。北极海狗常年生活在-40℃的水域,为抵御寒冷,体内聚集脂肪,是 $\omega-3$ 脂肪酸的丰富来源。海狗油作为药物收载于《纲目拾遗》《中药大辞典》等中,海狗油富含 EPA、DPA、DHA 等多种 $\omega-3$ 系多不饱和脂肪酸。相比于鱼油,其中 DPA 是海狗油所独有的特征成分之一,还含有 2%~3% 的角鲨烯。

（2）海豹油

海豹油来源于海豹的脂肪油。多年前,爱斯基摩人的健康体魄引起了科学家的关注,研究发现这和他们以海豹为食物有一定关系。海豹油中包括 EPA、DPA、DHA 及 $\gamma-$ 亚麻酸等,其中 EPA 和 DPA 的含量比例约为 2：1,EPA 和 DHA 含量比例约为 1：1。海豹油在改善、治疗心脑血管疾病和提高记忆力的同时,还可有效改善其他症状,如便秘、失眠、乏力、视力模糊等。

二、海洋微藻功能性脂类

20 多年前,DHA 开始被广泛用于婴幼儿和孕产妇食品。鱼油普遍含有 EPA,EPA 可以在体内代谢成前列腺素,某些前列腺素有导致儿童性早熟的风险,尽管没有证据表明食用海鱼会导致性早熟,很多消费者还是宁愿相信 EPA 对儿童是有风险的,至少孕产妇和婴幼儿没必要补充 EPA。鱼油具有强烈的腥味,以及可能存在重金属污染和有机物污染的风险,也影响了其在食品中的应用。但是,对于食品用途的鱼油,已经有足够的技术可以脱除以上有害物。从发展的角度,海洋鱼油提供的 EPA 和 DHA 是有限的,而人类对 EPA 和 DHA 的需求是不断增加的,仅仅依赖鱼油作为 EPA 和 DHA 的来源是不够的。

海洋微藻才是 EPA/DHA 的真正初级生产者。通过对海洋微藻进行异养发酵,可以获得很高的发酵密度,油脂产量也达到可商业化的水平。目前,进入产业化生产的仅仅是 DHA 油脂,EPA 油脂的发酵尚处于起步阶段。DHA 油脂的发酵,最早是由美国 Martek 公司推出,采用隐甲藻(*Crypthecodiumcohnii*)作为发酵藻种。研究表明,裂殖壶菌(*Schizochytrium* sp.)是一种更加高效的 DHA 油脂生产菌种,其总脂中 DHA 含量高达 35%~40%,结构类似的脂肪酸含量低,容易分离纯化,油脂腥味小。

鱼油和 DHA 藻油的比较如表 8-3 所示。从表 8-3 可见,DHA 藻油的主要质量指标高于传统金枪鱼油,是一种更好的 DHA 来源。

表 8-3　金枪鱼油和 DHA 藻油对比

项　目	金 枪 鱼 油	DHA 藻油
生产方法	金枪鱼内脏提取	发酵生产
有效成分	DHA 含量 25%左右	DHA 含量≥35%
存在形式	甘油三酯或乙酯	甘油三酯
有害物控制	精炼脱除	通过发酵原料控制
过氧化值	高	低
风味	鱼腥味重	腥味轻微

DHA 藻油可以认为是鱼油的替代产品,可开发的产品和鱼油产品类似,包括软胶囊产品、乳化油脂口服液和微胶囊形式等。

三、其他衍生产品

1. DHA 蛋

研究表明,禽类有在蛋中高效积累 DHA 的特性,而且 DHA 在磷脂上的分布要高于在甘油三酯上的分布。常规的家禽蛋中,均含有少量的 DHA,DHA 量的多少和饲料的脂肪成分有关。有意思的是,ω-3 系列的三种重要脂肪酸——亚麻酸、EPA 和 DHA,只有 EPA 不容易在蛋中积累。通常,人们在饲料中强化 3%~5%的海洋鱼油或者海洋微藻 1 周时间,即可生产出高 DHA 蛋。以鸡蛋为例,平均每个蛋中的 DHA 含量可以达到 100~150mg,而每个传统的鸡蛋的 DHA 含量一般不足 20mg。

在蛋中富集 DHA 的主要优点如下。

1) 经济性好:由于 DHA 蛋可以采用粗加工鱼油,鱼油本身又发挥了能量饲料的作用,节约了饲料用量,综合计算,DHA 蛋的生产成本增加并不显著。

2) 高 DHA,低 EPA:研究表明,即使在饲料中添加大量 EPA,蛋中也不会有 EPA 积累。由于 EPA 对于孕妇和儿童不是必要的,所有 DHA 蛋非常适合孕妇和婴幼儿食用。

3) 无氧化风险:以软胶囊形式存在的 DHA 尽管有胶皮的隔绝空气,其仍然在缓慢氧化,而 DHA 被封装在蛋中,是一种更加密封的保存方式,而且蛋本身存在的保鲜期也决定了

DHA 不存在氧化风险。

4）易于吸收：蛋中 DHA 是以磷脂和甘油三酯结合方式存在，更易于被人体吸收。

DHA 蛋的生产，早在 30 年前就在加拿大、美国和德国等世界各地出现，目前已经形成了稳定的供应。中国的鸡蛋消费已经连续 20 多年排名世界第一。2013 年，世界蛋产量是 6000 万 t，中国的产量达到 2700 万 t，4000 多亿枚。由此可见，用鸡蛋作为载体补充 DHA 具有辐射范围广、社会效益好的特点，DHA 蛋在中国具有巨大的潜力。另外，鸡蛋经常用来生产蛋黄粉、蛋黄磷脂等产品，如果以 DHA 蛋为原料，则可以生产富含 DHA 的鸡蛋深加工产品，可以作为添加剂用于多种食品加工领域。

2. DHA 奶

牛奶作为人们日常生活中营养丰富的全价食品，其消费群体越来越大。和 DHA 蛋的生产方法类似，也可以通过营养调控技术来提高牛奶中 DHA 和 EPA 含量。一般情况下乳中的脂肪酸约有 50% 是由瘤胃发酵产物乙酸和 β -羟丁酸，再经乙酰辅酶 A 羧化酶（ACC）和脂肪酸合成酶（FAS）途径重新合成；40%～50% 直接从日粮中摄取，由体内脂肪提供的不足 10%。相对于奶牛其他组织而言，乳成分更容易受到日粮因素的影响。目前研究主要集中在奶牛日粮中添加鱼油或者海藻，以提高奶牛日粮中目标脂肪酸的总量。研究表明，给处于分泌乳中期阶段的奶牛日粮中添加 2% 的鱼油，可使乳脂中 EPA 和 DHA 含量升高，二者转移到乳中的效率分别为 9.3% 和 16.2%。

尽管目前的科学研究已经在此方面取得了很大的进步，但通过营养学调控手段来生产天然富含 DHA 和 EPA 牛奶的研究还有许多问题尚待解决。主要表现为以下两个方面：一方面，由于奶牛生理机能和体内代谢的复杂性，研究还处于探索和不成熟的阶段，有许多问题尚待解决，如干物质采食量下降、乳脂率降低和奶产量下降等；另一方面，目前的研究主要集中于日粮调控方面，对瘤胃代谢调控的研究较少；对乳腺不饱和酶调控的研究主要集中于人类和小鼠，而对于奶牛的研究却鲜见报道。因此，加强这些方面的基础研究，可为功能性牛奶的生产和乳品加工提供科学依据。

第五节 存在问题与发展趋势

一、存在问题

我国海洋功能食品产业虽然起步晚、基数小、但成长速度快，总体发展态势良好。在基础研究、工艺技术与装备研发及市场开拓方面取得了较为显著的成绩，已经形成较为完善的基础研究、技术和产品开发体系，产品市场规模不断提升，国际市场竞争力持续增强，但仍存在不少问题。

1. 产业规模小、水平低、缺乏市场竞争力

目前以普通食品为载体形式出现、能让消费者享受到食品特有"色香味"感受的营养与保健食品较少，且目前大多数产品价格昂贵，主要面向高端消费人群，缺乏完整梯度化产品系列。同时，我国海洋功能食品开发未充分发掘我国丰富的传统食品资源和药食同源、食疗胜于药疗为主的疾病预防思想，产品特色不够鲜明，无法形成独具的竞争力。

2. 标准体系不够完善,标准缺乏

目前我国海洋功能食品产业存在多头管理、各部门间职责分工不明确、监管滞后、执行不力、注册周期较长等问题。目前我国虽然食品法规较多,但无明确的指南性质资料,相关海洋功能食品执行的强制性标准主要是有关食品安全方面,卫生系统与检验系统对标准理解不一致,给企业造成极大的困惑,企业实际操作起来存在一定的困难。《食品安全国家标准保健食品》(GB16740—2014)是海洋功能食品标准制定的准则,但该标准中的一些指标较为笼统。另外,海洋功能食品产业数据尚未纳入国家统计局的统计目录中,不利于及时了解行业发展状况,分析和解决问题。

3. 科技与创新有待加强,产品特色不够鲜明,装备水平有待提升

我国海洋功能食品中小型企业的科研投入较低,特别是在基础研究方面,研发投入占总销售收入的比例约为1.5%,研发水平明显滞后西方国家。在功能成分保持、货架期预测等关键技术方面存在较大差距,导致海洋功能食品产业没有形成大规模的通过专利形成技术竞争力和垄断的能力。海洋功能食品制造业领域内不同层次人力资源相对短缺,目前行业人才缺口约40万人,特别是具有高水平实践技能的保健品研发、生产及经营人才较为紧缺。

同时,海洋功能食品行业的原料综合利用率和废弃物直接资源化或能源化的比例较低,产业链条有待进一步完善。在海洋功能食品相关的机械装备制造业方面,企业在高端设备的研发投入和能力与国外知名制造商仍然存在较大差距,自主创新研发的具有自主知识产权的产品比例较低。

4. 产品缺乏正确的舆论宣传,市场销售有待进一步规范

一方面,企业的虚假、夸大宣传和概念炒作,导致消费者对整个海洋功能食品产业产生了信任危机;部分媒体推波助澜,过分夸大相关行业存在的问题,在一定程度上抑制了公众的消费欲望。另一方面,直销企业存在超范围经营、跨地区经营、培训报备要求等问题。因此,如何引导正确的舆论宣传、规范市场销售,给海洋功能食品产业一个良性的市场竞争环境是目前面临的重大问题。

二、发展趋势

为迎接日趋激烈的国际竞争,使我国海洋功能食品赶上并超过国际先进水平,根据目前行业发展存在的重点、难点问题和急需解决的重大关键技术,今后应重点突破以下几个方面。

1. 建立健全海洋功能食品法规、标准体系

完善与海洋功能食品原料资源、研发程序、生产过程安全性评价和监管、评价体系及生产流通领域相关的法律法规,进一步建立健全海洋功能食品生产和流通原材料及辅料质量、设备、工艺流程、产品质量、功能评价方法相关标准的制定。建立完善的海洋功能食品标准,针对原材料及辅料质量、生产设备、产品配方、工艺流程、产品质量、功能评价、安全性评价、生物利用度等关键环节,制定(修订)一批行业标准或国家标准,并与国际标准相接轨,以保障产品质量,从而引导企业致力于产品质量、品牌形象,让消费者不再盲从,结合自身需求理性消费。随着备案制的进一步扩大,在市场监管方面需加大力度,出台一批监管细则,加大执法力度,加大惩罚力度,构建新型的、具有我国特色的海洋功能食品监管系统,督促企业加强行业自律,以保障消费者权益,引导行业健康发展。

2. 突破海洋功能食品领域急需关键技术

针对人群健康需求,提高食物原料及新食物资源利用水平,构建海洋功能食品功能因子的挖掘、功能及安全评价技术方法体系。从动物水平、细胞水平和分子水平、人群试食等方面,构建海洋功能食品的体外体内评价等技术体系,根据其特点,明确功能因子的生物利用度及体内代谢过程,为功能因子的筛选、发现、评价及应用提供依据和借鉴。

重点研究营养功能因子提取的原料前处理技术,高效提取工艺技术,高效、绿色、低成本分离纯化和规模制备技术,节能干燥技术,突破营养功能因子生产的关键技术瓶颈,为营养功能因子的规模化、集约化生产提供技术支持,促进我国海洋功能食品的产业升级。

针对海洋功能食品存在的质量和安全问题,研究建立功能因子的定性、定量分析技术,制定功能因子的质量控制规范。针对海洋功能食品原料的假冒伪劣问题,建立原料的真伪鉴别技术;对食品原料及生产过程中可能掺入的非法添加物和有害污染物开展相关鉴别检测技术研究。

根据营养功能因子特性,灵活运用食品加工新技术,保持营养功能因子在体内生物活性达到最佳效果,开发功能特性与食品特性相结合,与食品更接近、消费者接受程度更高的营养与保健食品。重点开展针对不同原料、不同产品的新型工艺和质量控制方法研究及集成,研究开发原料资源综合利用与加工,产品质量可控、环境友好的清洁生产工艺。

3. 营养与保健食品产品开发

国民健康状况在很大程度上已成为国际社会衡量一个国家社会进步的标志,人口健康水平是事关我国国策和经济与社会可持续发展的重大战略问题。随着人们的医疗观念由病后治疗型向预防保健型转变,对"绿色、健康、方便"营养与保健产品的需求急剧放大,亟需进行与国民健康密切相关的营养与保健品开发,以满足消费者日益增长的消费需求。开发打造具有中国特色的营养与保健产品,将我国传统文化与食疗养生知识融进产品开发,提升产品品质,提高品牌社会知名度及加快品牌国际化,促进食品产业结构的改善及产业布局的合理化,并在相关龙头企业进行产业化示范,推进培育优势品牌,提升产品的国际竞争力。

4. 构建营养与保健食品产品商业模式

充分利用信息网络技术拓展营养保健产品的销售渠道,突破传统的商务模式,改变过去科研、生产、销售单打独斗、各行其道的状况,促进融合发展。针对研发和生产不衔接,生产与销售不对称,导致产销不对路等状况,将互联网+作为桥梁和纽带,促进政产学研用媒金介有机融合,通过企业+互联网创新和构建符合和适应企业发展的商业模式、新的业态和新平台。

(张贵锋　孔英俊　杜昱光　曹海龙　王倬　王永华)

主要参考文献

陈建鹤,焦炳华,缪为民,等.2000.中国姥鲨软骨源新生血管抑制因子(Sp8)的分离纯化及生物学活性.第二军医大学学报, 21:107-110.

邓超,汤鲁宏,陈伟.2009.霞水母胶原蛋白活性肽对小鼠免疫功能的影响.安徽农业科学,37(8):3557-3558.

丁进锋,苏秀榕,李妍妍.2011.海蜇胶原蛋白肽的免疫活性的研究.水产科学,20(6):359-361.

丁云超,张士璀.2013.海洋动物抗菌肽研究进展.中国海洋药物,32(6):87-96.

杜昱光.2009.壳寡糖的功能研究及应用.北京:化学工业出版社.

黄蓓,李振刚,王广策,等.2001.R-藻红蛋白色基多肽对肿瘤细胞光动力杀伤作用的实验研究.中国科学技术大学学报,31:241-246.

黄凤杰,钱碌,吴梧桐.2007.鲨鱼肝活性肽S-8300对糖尿病小鼠受损胰岛β细胞和肾小球细胞凋亡的影响.中国临床药理学与治疗学,12(9):993-997.

林心銮.2007.海洋鱼、虾、贝类的生物活性肽研究进展.福建水产,9(3):58-61.

刘晓萍,王玉贞,韩彦弢,等.2001.扇贝多肽在体外对免疫细胞活性的影响及其抗紫外线的氧化损伤作用.海洋鱼湖沼,32(4):414-419.

苏文金,黄益霜,黄耀坚,等.2001.产免疫调节活性多糖海洋放线菌的筛选.海洋学报(中文版):114-119.

王康,吕华侨.2014.我国保健食品产业现状及发展前景.食品工业,35(12):237-239.

吴杰连,徐珊,罗珊珊,等.2014.文蛤糖肽MGP0501体内抗肿瘤活性.南昌大学学报,38(5):492-497.

严薇,任敏,姚文兵,等.2010.海洋真菌多糖YCP的酶法降解及其产物分析.中国药科大学学报:76-80.

杨博.2002.γ-亚麻酸油脂发酵和改性研究.广州:华南理工大学博士学位论文.

张树政.2012.糖生物工程.北京:化学工业出版社.

张旭,费红军,杨立峰,等.2011.紫贻贝粗多糖提取物对小鼠免疫相关因子的影响.营养学报:497-501.

赵芹,王静凤,薛勇,等.2008.三种海参的主要活性成分和免疫调节作用的比较研究.中国水产科学,15(1):154-159.

朱世华.2001.海洋保健食品发展趋势及对策.海军医学杂志,22(2):168-169.

朱新红,李王林.2014.海参多糖抗肺癌活性及对T细胞免疫功能调节研究进展.中华临床医师杂志,8:1945-1948.

Carroll EC, Jin L, Mori A, et al. 2016. The Vaccine Adjuvant Chitosan Promotes Cellular Immunity via DNA Sensor cGAS-STING-Dependent Induction of Type I Interferons. Immunity, 44: 597-608.

Chen CL, Wang YM, Liu CF, et al. 2008. The effect of water-soluble chitosan on macrophage activation and the attenuation of mite allergen-induced airway inflammation. Biomaterials, 29: 2173-2182.

Dyerberg J, Madsen P, Møller JM, et al. 2010. Bioavailability of marine n-3 fatty acid formulations. Prostaglandins, Leukotrienes and Essential Fatty Acids, 83(3): 137-141.

Fu J, Chen T, Lu H, et al. 2016. Enhancement of docosahexaenoic acid production by low-energy ion implantation coupled with screening method based on Sudan black B staining in Schizochytriumsp. Bioresource Technology, 221: 405-411.

Guzman S, Gato A, Calleja JM. 2001. Antiinflammatory, analgesic and free radical scavenging activities of the marine microalgae Chlorella stigmatophora and Phaeodactylumtricornutum.Phytother Res, 15: 224-230.

Ko SC, Jeon YJ. 2013. Marine Peptides for Preventing Metabolic Syndrome. Current Protein & Peptide Science, 14(3): 183-188.

Lawson LD, Hughes BG. 1988. Human absorption of fish oil fatty acids as triacylglycerols, free acids, or ethyl esters. Biochemical and biophysical research communications, 152(1): 328-335.

Lewis NM, Seburg S, Flanagan NL. 2000. Enriched eggs as a source of n-3 polyunsaturated fatty acids for humans. Poultry Science, 79(7): 971-974.

Marr AK, Gooderham WJ, Hancock RE. 2006. Antibacterial peptides for therapeutic use: obstacles and realistic outlook. Current Opinion Pharmacology, 6(5): 468-472.

Olefsky JM. 2012. Omega 3 fatty acids and GPR120. Cell metabolism, 15(5): 564-565.

Ulven SM, Holven KB. 2015. Comparison of bioavailability of krill oil versus fish oil and health effect. Vascular health and risk management, 11: 511.

Yu Z, Zhao L, Ke H. 2004. Potential role of nuclear factor-kappaB in the induction of nitric oxide and tumor necrosis factor-alpha by oligochitosan in macrophages. International immunopharmacology, 4: 193-200.

Zhu CF, Li GZ, Peng HB, et al. 2010. Effect of marine collagen peptides on markers of metabolic nuclear receptors in type 2 diabetic patients with/without hypertension. Biomedical and Environmental Sciences, 23(2): 113-120.